理工系の基礎

生命科学入門

池北 雅彦／武村 政春／鳥越 秀峰／田村 浩二／水田 龍信
橋本 茂樹／太田 尚孝／鞆 達也／和田 直之／松永 幸大
吉澤 一巳／鈴木 智順／秋本 和憲 著

丸善出版

刊行にあたって

　科学における発見は我々の知的好奇心の高揚に寄与し，また新たな技術開発は日々の生活の向上や目の前に山積するさまざまな課題解決への道筋を照らし出す．その活動の中心にいる科学者や技術者は，実験や分析，シミュレーションを重ね，仮説を組み立てては壊し，適切なモデルを構築しようと，日々研鑽を繰り返しながら，新たな課題に取り組んでいる．

　彼らの研究や技術開発の支えとなっている武器の一つが，若いときに身に着けた基礎学力であることは間違いない．科学の世界に限らず，他の学問やスポーツの世界でも同様である．基礎なくして応用なし，である．

　本シリーズでは，理工系の学生が，特に大学入学後1, 2年の間に，身に着けておくべき基礎的な事項をまとめた．シリーズの編集方針は大きく三つあげられる．第一に掲げた方針は，「一生使える教科書」を目指したことである．この本の内容を習得していればさまざまな場面に応用が効くだけではなく，行き詰ったときの備忘録としても役立つような内容を随所にちりばめたことである．

　第二の方針は，通常の教科書では複数冊の書籍に分かれてしまう分野においても，1冊にまとめたところにある．教科書として使えるだけではなく，ハンドブックや便覧のような網羅性を併せ持つことを目指した．

　また，高校の授業内容や入試科目によっては，前提とする基礎学力が習得されていない場合もある．そのため，第三の方針として，講義における学生の感想やアンケート，また既存の教科書の内容などと照らし合わせながら，高校との接続教育という視点にも十分に配慮した点にある．

　本シリーズの編集・執筆は，東京理科大学の各学科において，該当の講義を受け持つ教員が行った．ただし，学内の学生のためだけの教科書ではなく，広く理工系の学生に資する教科書とは何かを常に念頭に置き，上記編集方針を達成するため，議論を重ねてきた．本シリーズが国内の理工系の教育現場にて活用され，多くの優秀な人材の育成・養成につながることを願う．

2015年4月

東京理科大学　学長

藤　嶋　　昭

序　文

　本書は,「理工系の基礎」シリーズの一冊として, 理工系のみならず文系も含めた学生が, 特に初年次において身につけておくべき「生命科学」における, 基礎的, 普遍的な事項をまとめた生命科学の入門書である.

　20世紀前半は, 物理学, 化学を土台とした「科学と技術革命の時代」であったが, 1953年に遺伝子の二重らせん構造が明らかとなり, また遺伝子の本体はDNAであることが説明できるようになった. そして, 分化が完了した細胞に全能性を与える技術が確立したことによって, 1998年にはクローン羊ドリーがつくり出され, 2003年にはヒトゲノムの全構造が解読完了した. こうして, 21世紀は, 生命についても物理と化学の言葉で理解できるようになってきたことから, 生命科学の進歩によって人間社会が大きく変革される「生命と科学の時代」だといわれるようになった. クローン牛, 寒さに強いイネ, 病害虫に強いトウモロコシ, トキなどの絶滅危惧種の保存, ヒトの胚性幹細胞（ES細胞）の樹立など, 我々の生命や生活に身近に関わる実にさまざまな発見が毎日のように報道されている.

　約38億年前に生物が誕生して以来, 水素, 炭素, 酸素, 窒素などの共通の元素を材料に各生物が独自の進化を遂げた結果, 現在, 地球上には1億種近い生物が棲んでいるといわれている. 21世紀の地球に住む我々人間にとって, 多様な生物とヒトとの関わり合いを考えることがますます重要な時代となっている.
　一方で, 多様な生物個体を細胞, 細胞内小器官（オルガネラ）, 分子（遺伝子など）, 元素へと細分化していくと, 生物に共通した美しい構造と絶妙なしくみがみえてくる. 生物は, 例外なく生き物としての働きを守っていることが理解でき, このことが「生命とは何か」,「進化によってヒトはどのようにして生まれたのか」といった, 人間が共通にもっている根源的興味の解決につながる.
　さらに, 地球レベルでの課題, すなわち, 先進諸国を中心に進む超高齢化, 食糧, 地球温暖化などに対応していくことは, 特に理工系人材一人一人に課せられた義務であるが, このような喫緊の課題に適切に対処するためにも, 理工系, 文系問わずすべての人が生命科学の現状を理解して, 将来の問題にも対処できる科学的, 倫理的な考えを身に

つけておく必要がある．このように「生命科学」は，21世紀の教養として，なくてはならない分野の一つである．

　本書を通して，このような生物のもつ美しさや奥深さ，生命科学の進歩，そこに潜む倫理問題についてまでも理解していただけると確信している．そしてこのことは，ヒトやヒト以外の生命体を理解することにつながるとともに，子孫が安全に生きやすい環境を守っていくという，我々に課せられた義務にもつながることと思われる．

　本書を読んでくださった多くの方々に，一生手元において，新しい生命科学の未来，面白さを感じていただくとともに，地球環境の保護にも役立てていただければ幸いである．

　最後になったが，丸善出版株式会社の諏佐海香氏，東條健氏をはじめとする企画・編集部の方々には，企画，編集，出版を通して一貫して大変お世話になった．この場を借りて厚くお礼申し上げる．

2016年3月

執筆者を代表して

池 北 雅 彦

目　次

1. 生物の多様性と物質としての単一性　　1

1.1　生命科学は何を対象とする学問か　　1
1.1.1　基礎科学としての「生命科学」の成り立ち　　1
1.1.2　応用科学としての「生命科学」　　3

1.2　生物とは何か・生命とは何か　　4
1.2.1　生物とは何か　　4
1.2.2　生命とは何か　　5

1.3　生物の共通性　　5
1.3.1　生物はDNAをもつ　　5
1.3.2　生物は環境に対して応答する　　6
1.3.3　生物は進化する　　6

1.4　生物を構成する物質　　6
1.4.1　生物の元素組成の特徴　　7
1.4.2　低分子物質　　7
1.4.3　生体高分子　　7

1.5　進化の光を当てる　　9
1.5.1　進化論から進化学へ　　9
1.5.2　生命科学と進化の結びつき　　10

1.6　生物の多様性　　11
1.6.1　遺伝子の多様性　　11
1.6.2　種の多様性　　11
1.6.3　生態系の多様性　　11

2. 生物を構成する物質　　13

2.1　生物に共通する特徴　　13

2.2　生物を形づくる分子　　14
2.2.1　生物の元素レベルでの組成　　14
2.2.2　生物の組成：分子レベル　　16
2.2.3　生物における水の存在　　16
2.2.4　生物を構成する化合物　　17
2.2.5　細胞質を構成する物質　　18
2.2.6　生体高分子化合物の特徴　　19

2.3　タンパク質　　19
2.3.1　ポリペプチドと高次構造　　19
2.3.2　高次構造を支える力　　20

2.4　脂質　　21
2.4.1　脂質の働き　　21
2.4.2　脂肪酸　　21
2.4.3　中性脂肪　　21
2.4.4　複合脂質　　22
2.4.5　ステロイド　　23

2.5　糖質　　24
2.5.1　ヘキソースの基本構造と二糖類　　24
2.5.2　エネルギーを蓄える高分子糖鎖　　25
2.5.3　複合糖鎖　　25

2.6　生物に必要な物質の吸収と利用　　26
2.6.1　生体分子の消化と吸収　　26
2.6.2　必須アミノ酸　　26
2.6.3　ビタミン　　26

2.7　核酸と遺伝子　　27
2.7.1　生物の設計図　　27
2.7.2　生物の設計図であるDNAのゲノム情報　　28

3. タンパク質と酵素　29

- 3.1 タンパク質を構成するアミノ酸 ── 29
  - 3.1.1 アミノ酸の構造と鏡像異性体　29
  - 3.1.2 アミノ酸の電離　29
  - 3.1.3 アミノ酸の分類　30
- 3.2 タンパク質の構造と機能 ── 31
  - 3.2.1 ペプチド結合　31
  - 3.2.2 タンパク質の階層的構造　32
  - 3.2.3 タンパク質の変性　34
  - 3.2.4 タンパク質の全体的な形状　34
  - 3.2.5 タンパク質の構成成分　34
  - 3.2.6 タンパク質の機能　34
  - 3.2.7 多機能性タンパク質　35
- 3.3 酵素の基本的性質 ── 35
  - 3.3.1 酵素の種類　35
  - 3.3.2 酵素による活性化エネルギーの減少と反応速度の増加　36
  - 3.3.3 酵素存在下における反応後の生成物量の不変性　36
  - 3.3.4 酵素の基質特異性　36
  - 3.3.5 酵素と基質の結合様式　37
  - 3.3.6 酵素活性に必要な補因子　37
  - 3.3.7 酵素活性に対するpHの影響　37
  - 3.3.8 酵素活性に対する温度の影響　37
  - 3.3.9 酵素活性の定量的取扱い　37
  - 3.3.10 酵素活性の阻害　38
- 3.4 酵素活性の調節 ── 39
  - 3.4.1 アロステリック調節　39
  - 3.4.2 共有結合を介した可逆的修飾による酵素活性の調節　39
  - 3.4.3 プロセシングによる酵素活性の調節　40

4. 遺伝子の構造　42

- 4.1 核酸とは ── 42
  - 4.1.1 ヌクレオチド　42
  - 4.1.2 DNAとRNA　43
  - 4.1.3 DNAの二重らせんモデル　44
- 4.2 DNAの複製 ── 46
  - 4.2.1 DNAの半保存的複製　46
  - 4.2.2 DNA複製の過程　46
  - 4.2.3 DNAの伸長方向　47
  - 4.2.4 複製の開始と終了　48
- 4.3 遺伝子とは ── 49
  - 4.3.1 ゲノムと遺伝子　49
  - 4.3.2 遺伝子構造　50
  - 4.3.3 クロマチン　51
- 4.4 DNAの損傷と修復 ── 52

5. 遺伝子の発現　55

- 5.1 セントラルドグマ ── 55
  - 5.1.1 セントラルドグマ　55
  - 5.1.2 遺伝暗号　55
  - 5.1.3 RNAの種類　56
- 5.2 遺伝子の転写 ── 60
  - 5.2.1 RNAポリメラーゼ　60
  - 5.2.2 プロモーターと転写反応　60

5.3 RNAのプロセシングと輸送 ─ 61
- 5.3.1 mRNAのプロセシング 61
- 5.3.2 RNAの輸送 63

5.4 遺伝子の翻訳 ─ 63
- 5.4.1 タンパク質合成とtRNA 63
- 5.4.2 アミノアシルtRNA合成酵素 64
- 5.4.3 リボソーム 64
- 5.4.4 翻訳の概略 65
- 5.4.5 翻訳の開始 65
- 5.4.6 ペプチド鎖の延長 66
- 5.4.7 翻訳の終結 68
- 5.4.8 ポリソーム 68

6. 細胞の構造　69

6.1 真核細胞の構造 ─ 69
- 6.1.1 細胞質 71
- 6.1.2 核 74
- 6.1.3 植物細胞 74
- 6.1.4 細胞間の結合 75
- 6.1.5 生体膜の物質輸送 76

6.2 原核細胞とウイルス ─ 78
- 6.2.1 原核生物 78
- 6.2.2 ウイルス 78

7. 代謝と生体エネルギー生産　81

7.1 生物とエネルギー ─ 81
- 7.1.1 異化と同化 81
- 7.1.2 代謝のあらまし 81
- 7.1.3 エネルギー源としての糖類 82
- 7.1.4 エネルギーを取り出すしくみ 83

7.2 エネルギー代謝の経路と反応 ─ 84
- 7.2.1 解糖系の反応 84
- 7.2.2 クエン酸回路の反応 84
- 7.2.3 好気呼吸と嫌気呼吸 86
- 7.2.4 グルコースの再生 87

7.3 酸化的リン酸化によるATP合成のしくみ ─ 87
- 7.3.1 電子伝達とプロトン勾配の形成 87
- 7.3.2 プロトン駆動力とATP合成 88
- 7.3.3 ATP合成の収支 89
- 7.3.4 好気呼吸のエネルギー保存効率 90

8. 光合成　91

8.1 光合成の意義と概略 ─ 91
- 8.1.1 光合成の意義 91
- 8.1.2 光合成の概略 91
- 8.1.3 光合成の場 92

8.2 光エネルギー変換反応 ─ 92
- 8.2.1 光合成色素による光エネルギー捕集 92
- 8.2.2 光合成色素の分布 92
- 8.2.3 光エネルギーの吸収と励起 92
- 8.2.4 反応中心での電荷分離と酸化還元 93
- 8.2.5 光化学系Ⅱにおける反応 94
- 8.2.6 光化学系Ⅱタンパク質複合体 94
- 8.2.7 シトクロム b_6/f 複合体 95
- 8.2.8 光化学系Ⅰにおける反応 95
- 8.2.9 光化学系Ⅰタンパク質複合体 96
- 8.2.10 ATPの合成 96
- 8.2.11 循環的電子伝達系 96

8.3 炭素固定反応	97
8.3.1 はじめに	97
8.3.2 カルビン回路	98
8.3.3 光呼吸	99
8.3.4 C_4型光合成	99
8.3.5 CAM型光合成	100
8.3.6 pHと二酸化炭素	101
8.3.7 藻類の二酸化炭素固定	102
8.3.8 炭素固定反応の未来	102

9. 細胞分裂と細胞周期　104

9.1 細胞分裂のしくみ	104
9.1.1 細胞分裂とは	104
9.1.2 核分裂にはいくつかの段階がある	104
9.1.3 細胞質分裂	106
9.1.4 植物細胞の細胞分裂	106
9.1.5 特殊な細胞分裂	107
9.2 染色体分配のしくみ	108
9.2.1 複製されたDNA（染色体）をまとめる	108
9.2.2 コヒーシンの解離（～中期まで）	108
9.2.3 コヒーシンの解離（後期）	108
9.3 細胞骨格の働き	109
9.3.1 細胞骨格の種類	109
9.4 細胞周期のしくみ	111
9.4.1 細胞周期の四つの時期	111
9.4.2 Cdk-サイクリン複合体	111
9.4.3 チェックポイント	112
9.4.4 リン酸化による細胞周期の制御	112
9.5 細胞周期の異常と病気	114
9.5.1 細胞周期に関わるがん遺伝子	115
9.5.2 細胞周期に関わるがん抑制遺伝子	115

10. 有性生殖と個体の遺伝　117

10.1 遺伝の概念と変異	117
10.1.1 遺伝とその法則	117
10.1.2 複雑な遺伝	118
10.1.3 遺伝と染色体の挙動，連鎖，組換え	119
10.1.4 性決定と伴性遺伝	120
10.1.5 突然変異	120
10.2 減数分裂	122
10.2.1 減数分裂の意義	122
10.2.2 減数分裂の特徴	122
10.2.3 減数分裂の実際の過程と染色体の挙動	122
10.2.4 交叉（乗換え）	124
10.2.5 遺伝的多様性	124
10.2.6 染色体数異常と疾患	125
10.3 配偶子形成と受精：主に卵と精子	125
10.3.1 配偶子形成および精子，卵の構造	125
10.3.2 受精	127
10.3.3 多精拒否	128

11. 個体の発生

11.1 動物の体制 — 129
11.2 卵割と初期発生：軸性形成から胚葉分化 — 129
- 11.2.1 卵割 129
- 11.2.2 カエルの発生（全体像，背腹軸形成，胚葉分化，陥入と神経誘導） 130
- 11.2.3 背腹軸形成 131
- 11.2.4 中胚葉誘導 132
- 11.2.5 哺乳類の初期発生 132

11.3 体節形成と領域の特殊化 — 133
- 11.3.1 体節形成 133
- 11.3.2 体節とホメオティック遺伝子 133

11.4 細胞・組織間相互作用と組織分化 — 135
- 11.4.1 細胞・組織間相互作用とそれを担う分子 135
- 11.4.2 細胞間・組織間相互作用の例 136
- 11.4.3 細胞分化 138

11.5 器官形成 — 140
- 11.5.1 四肢（手足）の形成 140
- 11.5.2 心臓の形成 141
- 11.5.3 脳胞の領域特異化 141

11.6 植物の発生 — 142
- 11.6.1 植物の器官と体制 142
- 11.6.2 植物の組織 142
- 11.6.3 植物の器官の発生 143

12. 個体の維持と恒常性

12.1 ホメオスタシスの概要 — 147
- 12.1.1 生体の調節機構 147

12.2 内分泌系（ホルモン） — 148
- 12.2.1 ホルモンの役割 148
- 12.2.2 ホルモンの分泌機構・作用機構 148
- 12.2.3 視床下部ホルモン・下垂体ホルモン 148
- 12.2.4 甲状腺ホルモン・副甲状腺ホルモン 150
- 12.2.5 副腎ホルモン 150
- 12.2.6 性ホルモン 151
- 12.2.7 消化器ホルモン 152

12.3 細胞内情報伝達 — 152
- 12.3.1 細胞膜受容体 152
- 12.3.2 細胞内受容体 155
- 12.3.3 セカンドメッセンジャー 155
- 12.3.4 タンパク質のリン酸化，脱リン酸化 155

12.4 神経系による情報伝達 — 156
- 12.4.1 ヒト神経系の構成 156
- 12.4.2 神経系を構成する細胞 157
- 12.4.3 静止膜電位の発生 157
- 12.4.4 活動電位の発生 158
- 12.4.5 興奮の伝導 158
- 12.4.6 シナプスにおける興奮伝達 160

12.5 感染と免疫 — 161
- 12.5.1 免疫システム 161
- 12.5.2 自然免疫 163
- 12.5.3 獲得免疫 164

13. ゲノム，進化，系統

13.1 生物の三つのドメイン — 168
- 13.1.1 これまでの生物分類 168
- 13.1.2 三超界分類 168

13.2 細菌と古細菌（バクテリアとアーキア） — 169
- 13.2.1 原核生物という分類 — 169
- 13.2.2 細菌（バクテリア） — 169
- 13.2.3 細菌とヒトとの関わり — 171
- 13.2.4 古細菌（アーキア） — 172

13.3 真核生物の新しい系統分類体系 — 174
- 13.3.1 スーパーグループの提唱 — 174
- 13.3.2 それぞれのスーパーグループの特徴 — 174

13.4 進化のしくみ — 176
- 13.4.1 進化する単位としての種 — 176
- 13.4.2 突然変異 — 176
- 13.4.3 遺伝子頻度の変化と自然選択 — 177

13.5 ゲノムからみた進化 — 179
- 13.5.1 ゲノムとは — 179
- 13.5.2 ゲノム情報 — 179

13.6 分子進化学と分子系統学 — 179
- 13.6.1 分子進化学 — 180
- 13.6.2 分子系統学 — 181

13.7 ゲノムの変化と進化 — 182
- 13.7.1 遺伝子重複 — 182
- 13.7.2 反復配列 — 183

13.8 生命の起源の謎に迫る — 183
- 13.8.1 原始地球と化学進化 — 183
- 13.8.2 原核細胞から真核細胞への進化 — 185

14. 地球エネルギーと生物の関わり　189

14.1 エネルギーの獲得 — 189
- 14.1.1 酸素の獲得 — 189
- 14.1.2 二酸化炭素の推移 — 190
- 14.1.3 窒素 — 190
- 14.1.4 リン — 192
- 14.1.5 太陽光エネルギー — 192
- 14.1.6 化石燃料 — 193

14.2 バイオマス — 194
- 14.2.1 主なバイオエネルギー — 194
- 14.2.2 藻類バイオエネルギー — 195

15. 環境と微生物　197

15.1 微生物とは — 197
- 15.1.1 生命過程にはエネルギーが必要 — 197
- 15.1.2 エネルギー獲得形式 — 197

15.2 炭素循環 — 198
- 15.2.1 炭素が生物以外で存在する場所 — 198
- 15.2.2 二酸化炭素の固定 — 198
- 15.2.3 二酸化炭素の発生 — 198
- 15.2.4 メタン生成 — 198
- 15.2.5 メタン酸化 — 199

15.3 窒素循環 — 199
- 15.3.1 硝化 — 199
- 15.3.2 硝酸還元 — 200
- 15.3.3 窒素固定 — 200

15.4 硫黄循環 — 201
- 15.4.1 硫化水素の生成 — 201
- 15.4.2 硫黄化合物を酸化する微生物 — 201
- 15.4.3 硫黄鉱床の形成 — 202

15.5 鉄循環 — 202
- 15.5.1 二価鉄の酸化 — 202
- 15.5.2 三価鉄の還元 — 202
- 15.5.3 バクテリアリーチング — 202

15.6 水銀循環 — 203
- 15.6.1 水銀 — 203
- 15.6.2 メチル水銀 — 203

15.6.3	硫化水銀	203	
15.6.4	水銀抵抗性	203	

15.7 汚水処理 ———————— 204
- 15.7.1 嫌気・好気式活性汚泥法　204
- 15.7.2 嫌気性微生物消化法　204
- 15.7.3 植生浄化法（ファイトレメディエーション）　205

15.8 微生物群集構造解析法 ———————— 205
- 15.8.1 培養法によるモニタリング　205
- 15.8.2 分子生物学的手法によるモニタリング　205
- 15.8.3 特定の微生物の検出　205
- 15.8.4 微生物叢の解析　205
- 15.8.5 微生物数の定量　206
- 15.8.6 微生物活性の推定　206
- 15.8.7 特定微生物の観察および計数　206

16. バイオテクノロジー　208

16.1 バイオテクノロジーとはどういう技術か ———————— 208

16.2 遺伝子組換え実験の道具立て ———————— 208
- 16.2.1 ベクター　208
- 16.2.2 制限酵素　209
- 16.2.3 DNAリガーゼ（DNA連結酵素）　209
- 16.2.4 コンピテントセル　209

16.3 遺伝子組換え実験の手法 ———————— 210

16.4 遺伝子組換え技術の発展 ———————— 211
- 16.4.1 PCR法　211
- 16.4.2 ゲノム編集　211

16.5 遺伝子組換え技術の作物への応用 ———————— 213
- 16.5.1 遺伝子組換え作物・遺伝子組換え食品　213
- 16.5.2 GM食品をつくる方法　213
- 16.5.3 GM食品の問題点　213

16.6 細胞工学の発展 ———————— 214
- 16.6.1 細胞工学とは　214
- 16.6.2 細胞培養技術　215
- 16.6.3 細胞株　215
- 16.6.4 細胞融合　215
- 16.6.5 モノクローナル抗体の作成　216
- 16.6.6 万能細胞　216

16.7 細胞への遺伝子導入 ———————— 216
- 16.7.1 マイクロインジェクション法　217
- 16.7.2 リポソームによる遺伝子導入法　217
- 16.7.3 遺伝子改変動物の作製　217

17. がんと治療　219

17.1 細胞のがん化 ———————— 219
- 17.1.1 遺伝子病としての「がん」　219
- 17.1.2 細胞の運命を制御する機構とその破綻　219
- 17.1.3 発がんに関与する遺伝子変異　220
- 17.1.4 がん幹細胞　220

17.2 がんの治療 ———————— 222
- 17.2.1 殺細胞薬　222
- 17.2.2 分子標的治療薬　224
- 17.2.3 細胞死の制御異常と薬物療法　227

18. 創薬と生命科学　228

18.1　新薬開発の過程　228
- 18.1.1　新薬の候補となる化合物　228
- 18.1.2　新薬の標的となる生体分子　228
- 18.1.3　化合物のスクリーニング　229
- 18.1.4　新薬の候補化合物の特許出願　229
- 18.1.5　非臨床試験　230
- 18.1.6　臨床試験　230
- 18.1.7　新薬の承認申請と審査　231

18.2　創薬とコンピュータ　231
- 18.2.1　インシリコ創薬　231
- 18.2.2　タンパク質の立体構造に基づく薬剤設計（SBDD）　232

18.3　バイオ医薬品　233
- 18.3.1　従来の医薬品とバイオ医薬品の相違　233
- 18.3.2　バイオ医薬品の重要性　233
- 18.3.3　バイオシミラー　233
- 18.3.4　新世代の多様なバイオ医薬品　233

19. 脳の働き　236

19.1　脳の構造　236
- 19.1.1　大脳皮質　236
- 19.1.2　大脳辺縁系・大脳基底核　238
- 19.1.3　間脳　238
- 19.1.4　脳幹　239
- 19.1.5　小脳　239
- 19.1.6　中枢神経系と末梢神経系　239

19.2　脳神経疾患　240
- 19.2.1　パーキンソン病・ハンチントン病　240
- 19.2.2　アルツハイマー型認知症　240
- 19.2.3　脊髄小脳変性症　241
- 19.2.4　筋萎縮性側索硬化症（ALS）　241

19.3　精神疾患　241
- 19.3.1　統合失調症　241
- 19.3.2　気分障害　242
- 19.3.3　神経症・心身症　242
- 19.3.4　薬物依存症　242

20. 器官再生と医療　245

20.1　生体で起こる組織・器官の再生　245
- 20.1.1　器官再生の概要　245
- 20.1.2　有尾両生類の再生　245
- 20.1.3　ゼブラフィッシュの再生　246
- 20.1.4　哺乳類における再生　246

20.2　細胞分化制御　247
- 20.2.1　分化の概念　247
- 20.2.2　分化と遺伝子発現制御　248

20.3　細胞の脱分化とクローン動物　248

20.4　さまざまな幹細胞，ES 細胞と iPS 細胞　250
- 20.4.1　幹細胞の定義と種類　250
- 20.4.2　ES 細胞：体を構成するすべての細胞に分化できる細胞　250
- 20.4.3　ES 細胞の医療応用と，その諸問題　250
- 20.4.4　iPS 細胞　251

20.5　再生医療　253
- 20.5.1　再生医療とは　253
- 20.5.2　幹細胞の医療応用　253
- 20.5.3　課題　253

21. 生命倫理　254

- 21.1 生命科学の流れと生命倫理 —— 254
- 21.2 科学研究の倫理的・法的・社会的諸問題 —— 254
- 21.3 医の倫理と生命倫理 —— 255
- 21.4 21世紀の生命工学と生命倫理 —— 256

コラム

自由エネルギーと生体反応	81
高エネルギー化合物 ATP	82
生体内の酸化と還元	83
ATP のエネルギーと反応の共役	85
アセチル CoA の構造と働き	86
電子伝達系の阻害剤	89
ATP 合成酵素の働き	89
体外受精（人工受精）	126
ショウジョウバエの体節形成とホメオティック遺伝子	135
位置価と位置情報	137
膜電位の計算	158
ヤリイカを用いた活動電位の測定	159
アセチルコリン受容体	160
神経伝達物質の行方	160
大量絶滅	181
ミラーによる有機物生成の検証	184
熱水噴出孔に生息する生物	185
RNA ワールド仮説	186
細胞内共生説	187
江戸時代の硝石（KNO_3）製造	200
イネの秋落ち	201
下水処理施設のコンクリート腐食	204
がん診断機器	226
脳の診断機器	239
細胞の自己組織化による器官形成	252

1. 生物の多様性と物質としての単一性

1.1 生命科学は何を対象とする学問か

21世紀は生命科学（life science）の時代であるといわれて久しい．一般的にも生命科学という言葉がかなり浸透してきていることを実感するが，それではいったい生命科学という学問がどのような学問で，何を対象として研究する学問であるのかについては，研究者の中でも統一的な考え方があるというわけではない．むろん生命科学とはその名のとおり「生命」を研究対象とする科学であるが，それでは，生命科学が対象とする「生命」とは，いったい何であろうか．

1.1.1 基礎科学としての「生命科学」の成り立ち

生命科学と密接な関わりをもつ古典的な学問であり，その基礎の最も重要な部分を形成するのが「生物学」である．その名のとおり，「生物」を対象とする学問である．ここではまず，その歴史を概観する．

a. 生物学

生物を研究するという態度は，アリストテレスの時代より，科学者（あるいは研究者）たちが身の回りに棲む生物の世界に魅力を感じ，連綿とその研究を続けてきたわけであるから，その歴史はかなり古いといえる．しかし実は生物学（biology）という言葉は比較的新しくできたもので，1802年，ドイツのトレヴィラヌスによって『Biologie, oder die Phiosophie der lebenden Natur』の中で用いられたのが最初とされている．あるいは同じ頃，進化論で有名なフランスのラマルクが，それまでの動物学と植物学を合わせて「生物学」の語を用い始めたのが最初である，ともいわれる．

それ以降，19世紀から20世紀，そして21世紀へと，200年以上かけて，ミクロな分子の世界からマクロな生態系まで，ありとあらゆる階層における生物のしくみが調べられ，研究され，生物のしくみとそのありように関するさまざまな知見が蓄積してきた．

生命科学は，そうした生物学の発展を基盤として，20世紀の中葉から後半にかけて，我々人間の社会生活と密接につながる形で成立した学問であるといえる．生物学の中で，とりわけ現代生命科学を語るに重要ないくつかの分野について，その歴史的経緯をひも解いてみよう．

b. 近代生物学の誕生

階層構造は，生物学ではきわめて重要な概念である．個別の学問としては，それぞれの階層構造の中で完結する場合はあるが，生物のしくみとそのありようの全体を余すことなく理解し，かつそれぞれの階層における諸現象の生物学的意義を正確に理解するためには，階層相互の関連性と，その連続したつながりを前提としなければならないからであり，これが生物学の特殊性の一つである．階層の例をあげれば，分子，細胞，個体，生態系など，研究手法そのものが大きく異なるさまざまなものがあるが，その中でも，生物の階層構造を完全に二分する基準として，「肉眼でみえる階層」と「肉眼ではみえない階層」がある．両者はそれぞれ独立した研究体系をもつが，生物学の発展には，両方の理解を必要とする．したがって，アリストテレスの時代から16世紀にかけて，ほとんど前者の階層のみが研究対象であったものが，16世紀末にオランダのヤンセン父子によって顕微鏡が発明されてから，後者の階層を対象にすることができるようになり，その後の生物学の発展が決定づけられたといえる．それまで肉眼ではみえなかった微細な世界への興味と，イタリアのヴェサリウスによる解剖学の劇的な発展が，16世紀に始まる近代生物学の夜明けとなったのである．

c. 細胞説と細胞学の発展

現代の生命科学の最も重要な基本的概念であり，かつその営みの基本的単位が細胞（cell）である．その意味では，現代の生命科学の直接的な源流は，細胞の発見にまでさかのぼることができるといえる．17世紀は，まさにそうした時代であった．英国のフックが

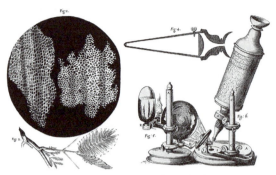

図 1-1 フックの観察した細胞

著した『ミクログラフィア』(1665) における「cell」の記述 (図 1-1), オランダのレーウェンフックによる微生物の発見, マルピーギによる毛細血管の発見とそれによるハーヴェーの血液循環説の完結は, 細胞学と生理学という, 生命科学の最も重要な学問分野を生み出すもとになった.

それに続く 18 世紀は, 発生学と分類学の土台が築かれた時代である. 顕微鏡を活用することで生物発生の細胞レベルでのしくみが徐々に明らかとなるとともに, スウェーデンのリンネによる生物分類法の確立により生物世界の多様性のありようを科学的に探究する扉が開かれた.

さらに 19 世紀に至ると, ドイツのシュライデンとシュワンによる「すべての植物 (と動物) は細胞を構成単位とする」とする 細胞説 (cell theory) の提唱と, フィルヒョーによる「すべての細胞は細胞から生ずる (Omnis cellula e cellula)」という概念が確立された (図 1-2). これにより, 生物共通の基本単位と

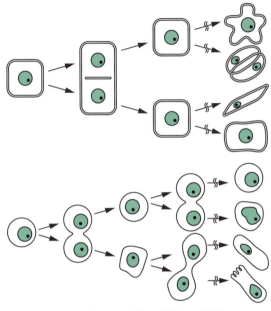

図 1-2 すべての細胞は細胞から生ずる

して, その普遍的な生命現象を探求するという, 現代生命科学の中心軸をなす細胞学 (細胞生物学) が花開いた.

d. 生化学の発展

19 世紀末, ブフナーによって, 生物としての酵母をつぶし, その抽出液を使って, 生物特有の現象と考えられていた発酵現象が観察された. これを契機に, 生物学的現象を化学の視点から考究しようという生化学が発展を始めた. 19 世紀末から 20 世紀はじめにかけて, フィッシャーによる タンパク質 (protein) がアミノ酸のペプチド結合重合物であることの発見, ミーシャーによるヌクレイン (核酸) の発見, レヴィーンによる DNA と RNA の発見が次々となされ, 現代生命科学の担い手である核酸とタンパク質の実体が徐々に明らかにされていった.

マルチェロ・マルピーギ

イタリアの医者. 解剖学者, 生理学者でもあり, 顕微鏡解剖学の創設者として有名. マルピーギ管など顕微鏡レベルの構造が彼の名にちなんでつけられている. (1628-1694)

ウィリアム・ハーヴェー

英国の解剖学者. 血液循環説を唱えた. 動物の心臓は切り出しても自ら収縮・弛緩することを知り, 血液を押し出す機能をもっていると考えた. (1578-1657)

ヨハン・フリードリッヒ・ミーシャー

スイスの生理学者. 1869 年, 膿の細胞核からリンを含む物質を発見し, これを細胞の核を意味するギリシャ語にちなんでヌクレイン (今日の核酸) と名づけた. (1844-1895)

1.1 生命科学は何を対象とする学問か　3

学の誕生である．

　コーンバーグによりDNAポリメラーゼが発見され，バーグにより **組換えDNA実験（recombinant DNA experiment）** の基礎が築かれると，遺伝子を操作することで遺伝子の機能や細胞の機能を解明することができることがわかり，さまざまな研究が行われるようになった．そうして，遺伝子工学や細胞工学を主体とする現代生命科学が発展したのである．

1.1.2 応用科学としての「生命科学」

　生命科学は，基礎科学としての「生物学」と対をなすようにさまざまな応用科学が含まれた，総合的な学問であるといえる．とりわけ，人間社会とのつながりを重視し，医歯薬，農，工をはじめとする多くの応用科学が，生命科学にとって重要な一領域を形成している．

a. 医学との関わり

　生命科学の諸分野のうち多くは，医学の進歩と切っても切れない関係にある．なぜなら生命科学の目的の多くが，医学的知見の蓄積と，それに伴う医療の発展にあるからである．ただそれは格別驚くに値するものではなく，そもそも生命科学の基盤をなす生物学自体が，人間たちの医学的かつ根源的な問いかけ，すなわち「人はなぜ病気になるのか」，「人はなぜ死ぬのか」に関する知識欲が生み出した「医学」を源流としているのである．そうした欲求に根差した生物学の発展を考えれば，現代生命科学が多くの分野で医学と密接に関連していることは当然といえる．遺伝子操作を基本とした遺伝子医療は，遺伝子診断や遺伝子治療として発展しつつあり，またiPS細胞に代表される再生医学は，細胞生物学と分子生物学の知見の上に成り立っている．さらに，健康問題の多くは，ヒトの生物学的現象に立脚している．

b. 農学との関わり

　健康問題と大きく関わるのが，我々の食生活である．農学は，農産物すなわち我々の口に入るさまざまな食品に関する基礎的な学問を包含する．食品というのは，もともとは人間以外の生物だったものにほかならず，それを食べるという行為は，我々の体内における生体構成物質，栄養物質の代謝という生命科学的現象と深く関わっている．したがって，生命科学には，遺伝子組換え作物をめぐる社会問題をはじめ，栄養科学や食品科学，畜産学など，多くの分野が密接に関わっているといえる．

図1-3　DNA二重らせんモデル

e. 遺伝学・分子生物学の発展

　19世紀末から20世紀前半にかけての時代は，メンデルにより遺伝の法則が示され，さらにそれがド・フリースらにより再発見された後，**遺伝子（gene）** というものの存在が徐々に明らかになっていく時代であった．エイヴリーにより遺伝子の本体がDNAであることが示され，ワトソンとクリックによりそのDNAの構造（図1-3）が明らかになると，生物学の主流はよりミクロな分子の挙動へと移っていった．分子生物

ユーゴー・ド・フリース

オランダの植物学者．オオマツヨイグサを用いた実験により，メンデルの法則を再発見するとともに，1901年，進化突然変異説を初めて提唱した．原形質分離など植物生理学への貢献も大きい．（1848-1935）

オズワルド・エイヴリー

アメリカの医師．1944年，肺炎レンサ球菌の研究から遺伝子の実体がDNAであることを発見し，分子生物学の礎を築いた．1945年にコプリ・メダルを受賞．（1877-1955）

c. 工学との関わり

昨今の工学には，生命科学的知見が活かされた新たな分野が存在する．人間工学，生命工学などといわれる分野である．なお，生物工学（バイオテクノロジー）という分野もあるが，これはどちらかというと工学というより，純粋な生物学研究の一助として開発された技術のことを指すことが多いので，ここでは割愛する．

人間工学は，人間の体のしくみや特性に照らして，その生活の質の向上を目指したものづくりを行うための学問であるが，人間，すなわち生物の体のしくみが基礎となり，構築されているという点で，生命科学が密接に関わっている工学分野であるといえる．もっとも，航空機が鳥の飛翔メカニズムを参考にしてつくられたものであることが知られているように，生物のしくみを工学に活かすというのは，実は昔から行われてきたものである．昨今は，ロボットの開発に生物（人間や昆虫など）が動くしくみに関する知見が応用されつつある．

> **1.1 節のまとめ**
> - 生物学は，生命科学と密接な関わりをもつ古典的な学問である．
> - 生命科学は，生物学の発展を基盤として，人間の社会生活とつながる形で成立した．
> - 医歯薬，農，工をはじめとする多くの応用科学が，生命科学の重要な一領域を形成している．

1.2 生物とは何か・生命とは何か

以上みてきたように，生命科学の成り立ちには，基礎科学としての生物学が大きな役割を担っている．しかしながら，「生物」学（生物科学ともいう）と「生命」科学では，その言葉の違いがそのまま表しているように，対象とする事象がそもそも違うことも忘れてはならない．

いったい，生物学が対象とする「生物」と，生命科学が対象とする「生命」との間には，どのような違いがあるのだろうか．

1.2.1 生物とは何か

人によって若干の違いはあるが，だいたいコンセンサスを得られている，「生物」が備えている最低限の要素というものがある．一つに「細胞からできている」こと，二つに「自立して代謝を行う」こと，三つに「自己複製を行う」ことである（図 1-4）．

a. 細胞からできていること

地球上のすべての生物は「細胞」を基本的単位として成り立っている．細胞は，外界と自らとの間を「細胞膜」によって隔てている．細胞からできているということはすなわち，生物は外界とはっきりと区別できる境界をもち，一つの閉じた（実質的には開いている）システムを構成していることを意味する．

生物には，一つの細胞からできている**単細胞生物**（unicellular organism）と，複数の細胞からなる**多細胞生物**（multicellular organism）があり，またその細胞内部に核がある**真核生物**（eukaryote）と，核のない**原核生物**（prokaryote）があるが，いずれの分け方であっても，細胞からできていることには変わりない．

b. 自立して代謝を行うこと

生物は，さまざまな活動を行うのにエネルギーを必要とする．このエネルギーの化学的実体は**アデノシン三リン酸**（adenosine triphosphate：ATP）という物質であるが，この ATP を得るために，生物は外界からそのもとになる物質を取り入れ，体内でさまざまな化学反応により ATP を合成する．この ATP を利用

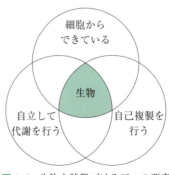

図 1-4　生物を特徴づける三つの要素

して，体を構成するタンパク質などを合成したり，老廃物を除去したりといったさまざまな活動を行う．これらの活動を，他の助けを借りず，自らの力で行うことができるということが，生物の基本的な必要条件であるといえる．

c. 自己複製を行うこと

生物の最大の特徴は，自己複製を行い，自らの"コピー"を増やすことであるといえる．すなわち，生物は自分と同じ構造をもつ個体（子孫）をつくり，形質を子孫に伝えるしくみをもつのである．多くの単細胞生物は，基本的には分裂によって"コピー"を増やし，多くの多細胞生物は，有性生殖という複雑なしくみを用いて子孫をつくる．

1.2.2 生命とは何か

厳密にいえば，生物と生命は異なる概念である．生物は，実体としてそこにある生きているものを指すのに対して，「生命」とは，その生物を生物たらしめている性質，すなわち生物が共通してもつ性質を指すことが多い．さらに「生命」は，生物よりも広い意味で用いられることが多く，より概念的で，哲学的な意味を含めて「生命」とよばれる場面が多く見受けられる．

生物を生物たらしめている性質が「生命」であると述べたが，現在の定義では生物に含まれないものにも，「生命」という言葉を当てはめる場合がある．その代表がウイルスで，ウイルスは細胞からできていないため生物ではないが，より広い意味で「生命体」として捉えられることがほとんどである．

以上のことから，生命科学の対象は，基本的には生物学における対象と大きく重複するが，「生物」ではなく「生命」現象を広く対象とするという意味で，生命科学は，生物学よりも広い範囲の事象をカバーする学問であるといえる．

1.2 節のまとめ
- 生物を特徴づける三つの要素は，「細胞からできている」こと，「自立して代謝を行う」こと，「自己複製を行う」ことである．
- 生物と生命は異なる概念である．
- 生命とは，その生物を生物たらしめている性質のことであり，かつ生物よりも広い範囲を指すことが多い．

1.3 生物の共通性

生物にとって最低限必要な三つの要素「細胞」，「自立した代謝」，「自己複製」は，すべての生物に備わっている性質（少数だが例外もある）であるが，これらのほかにも，それがないと生物とはいえないというほどの制限があるわけではないが，すべての生物に共通して存在する性質がいくつかある．これらの性質は現在のところ，地球上にみつかっているすべての生物で見出される（と考えられる）性質である．こうした性質が存在することを「生物の共通性（統一性）」という．

果たして，生物に共通してみられる性質とは，どのようなものなのだろうか．

1.3.1 生物はDNAをもつ

生物に必要な3要素のうち「自己複製」には，大きく分けて三つの階層がある．一つは，個体における自己複製であり，要するに生物の個体が生殖活動を行い，子孫を残すということで，これが最も大きな階層である．次の階層は，細胞における自己複製である．単細胞生物の場合はこの階層が最も大きなものであるが，多細胞生物の場合には，多細胞個体をつくり上げる細胞の分裂と，生殖細胞の形成を意味する．そして最後の階層は，細胞の分裂に先立ち，その内部で生じるDNAの複製（replication）である．この階層におけるDNAの複製が，その上の階層である細胞分裂，さらに個体の生殖において，非常に重要な意味をもつ．

生物が自分と同じ構造をもつ個体（子孫）をつくり，自らの形質をその子孫に伝えるしくみをもつということは，自らの形質を伝える遺伝（heredity）のしくみをもつということである．DNAはまさに，そのしくみの主役であり，すべての生物はこのDNAを遺伝子の本体としてもつ（図1-5）．

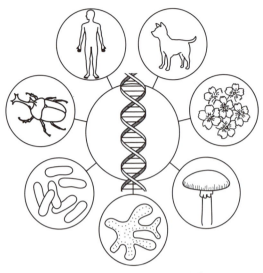

図 1-5　すべての生物は DNA をもつ

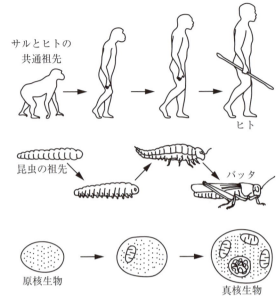

図 1-6　生物は進化する

1.3.2　生物は環境に対して応答する

　生物は，地球上のそれぞれ適当な環境に生息し，環境との相互作用を行いながら日々の活動を行い，生きている．したがって，すべての生物は，環境からもたらされる何らかの刺激を受容し，その刺激に対して何らかの応答を示す．このような環境応答は，動物であろうと植物であろうと，普遍的に存在するしくみであり，例えば我々は，外気温の変化という環境からの刺激に対して，発汗をしたり身震いしたりして，自らの体内温度を一定に保とうとする．植物もまた，気候が変化し，秋から冬へと移り変わる時期に，葉を落とし，自らを乾燥から守ろうとする．こうした環境応答は，動物であろうと植物であろうと，また微生物であろうと，すべての生物に備わった基本的な性質であるといえる．

1.3.3　生物は進化する

　地球上のすべての生物は，過去にさかのぼっていくと，共通の祖先へとたどり着くことができると考えられている．これまでに蓄積された膨大な生物の化石や分子進化学的解析などから，生物が時代とともに徐々に形質を変え，多様な種を生み出してきたことはほぼ確定的な事実であると考えられている．すべての生物が細胞をもち，遺伝子の本体として DNA をもつということは，すべての生物が時間的・空間的につながっていることを意味しており，これもまた，生物が長い時間をかけて**進化**（evolution）してきたことを示している（図 1-6）．

> ### 1.3 節のまとめ
> - 生物には，すべての生物でみられる共通性がある．
> - すべての生物は DNA をもち，遺伝のしくみをもつ．
> - すべての生物は，環境に対して何らかの応答を行う．
> - 生物は，長い時間をかけて進化する．

1.4　生物を構成する物質

　これまでみてきたように，すべての生物に共通する性質にはさまざまなものがあるが，より基本的な構造に注目するならば，すべての生物は細胞からできている，とする前に，すべての生物は同じ種類の物質から

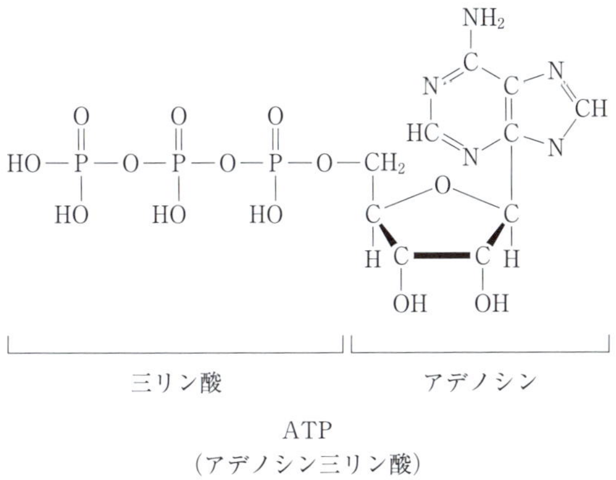

図 1-7 エネルギーの共通通貨 ATP

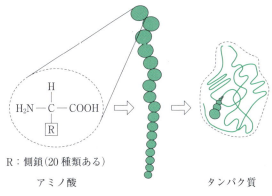

図 1-8 タンパク質とアミノ酸

構成されている，との文言を入れるべきであろう．生物共通の，その体を構成する物質の元素組成は，非生物における元素組成と大きく異なり，さらに生物は，その性質を特徴づけるさまざまな物質から成り立っている．

1.4.1 生物の元素組成の特徴

生物の体の元素組成に関する最も顕著な特徴は，炭素（C），酸素（O），水素（H），窒素（N）の四つの元素（4 大元素）が非常に多く含まれることである．これらにリン（P）ならびに硫黄（S）を加えて 6 大元素とよばれることもある．

1.4.2 低分子物質

ヒトの体は，その約 70 %は水でできている．クラゲなどのような生物では，実にその 97 %は水である．水は，① 生体内で行われる化学反応のうち加水分解反応などに直接関与する，② 生体内の化学物質の溶媒として働く，③ 血液やリンパ液の主成分として生体内の物質循環に重要な役割を果たすという，きわめて重要な三つの働きがある．前 2 者は，すべての生物に共通して存在する，水の基本的かつ重要な役割であるといえる．

アデノシン三リン酸（ATP，図 1-7）は，すべての生物がエネルギー物質として利用する低分子有機化合物である．「エネルギーの共通通貨」などともよばれ，すべての生物が，ATP が加水分解される際に放出されるエネルギーを利用して，さまざまな化学反応を進行させる．

アミノ酸は，すべての生物がタンパク質を合成するのに用いる重要な低分子有機化合物である．一つの分子内に，水溶液中でプラスの電荷を帯びるアミノ基と，マイナスの電荷を帯びるカルボキシ基をもつ．

このほかにも生体内には，酸素，二酸化炭素，アンモニアをはじめ，ビタミン，補酵素，そしてカルシウムやマグネシウムなどの元素が存在し，それぞれ重要な役割を果たしている．

1.4.3 生体高分子

生物の体を構成する，分子量が比較的大きな分子を生体高分子といい，細胞内外における生命活動において中心的な役割を果たしている．

a. タンパク質

タンパク質（protein）は，生体内での化学反応の触媒として働き，細胞内外の構造維持，筋肉の収縮，免疫反応など，ありとあらゆる生命活動を担う生体高分子であり，20 種類のアミノ酸（amino acid）から構成されている（図 1-8）．酵素タンパク質，構造タンパク質，貯蔵タンパク質，収縮タンパク質，防御タンパク質，運搬タンパク質などに大別され，ヒトでは数万〜十数万種類ものタンパク質が存在すると考えられている．

b. 糖質

糖質（炭水化物，carbohydrate）は，生物が ATP をつくり出すもととなる物質で，とりわけ生体高分子として重要なものは，主に光合成を行う植物などがつくり出すデンプン，セルロース，そして動物がつくり出すグリコーゲンである．セルロースは植物細胞の細胞壁の主成分であり，デンプンやグリコーゲンは，ATP をつくり出す反応経路の出発物質であるグルコース（ブドウ糖）の貯蔵糖質である．デンプン，セルロース，グリコーゲンなどは多糖とよばれる．これに対して，ブドウ糖や果糖などは単糖，麦芽糖やショ糖

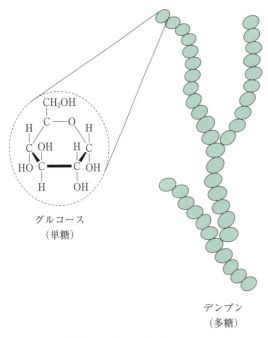

図 1-9 デンプンとグルコース

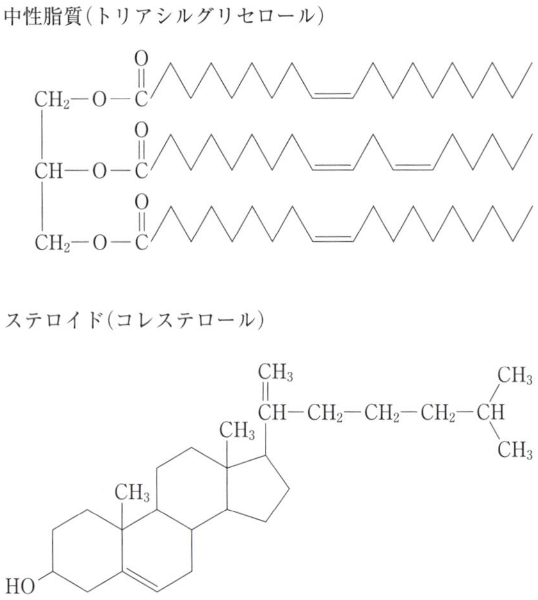

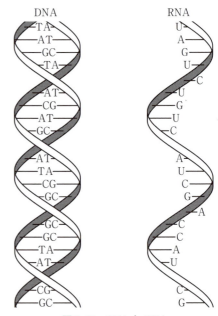

図 1-10 脂質

（砂糖の主成分）などは少糖（オリゴ糖）とよばれる．いずれも，単糖が単位となって複数個の単糖がつながった構造となっている（図 1-9）．

c. 脂質

脂質（lipid） は，有機溶媒に溶解するが水にはなじまない物質の総称である（図 1-10）．中性脂質，リン脂質，コレステロールなどが含まれる．中性脂質は，我々の脂肪組織などに，栄養貯蔵物質として蓄えられる．リン脂質は，細胞膜の主成分であり，細胞機能に非常に重要な役割を果たしている．コレステロールもまた細胞膜の成分であり，ビタミンDの前駆物質でもある重要な脂質である．中性脂質においては，その構成成分である**脂肪酸（fatty acid）** が，その機能に重要な意味をもっている．

d. 核酸

核酸（nucleic acid） には，DNAとRNA（図1-11）が含まれる．水溶液中では負電荷を帯びており，特にDNAは，真核生物では細胞核内に存在する．核酸の構成単位はヌクレオチドとよばれる低分子物質で，五炭糖，リン酸，塩基からなる．DNAの場合，五炭糖の種類はデオキシリボース，RNAの場合はリボースである．DNAは遺伝子の本体としての役割を

図 1-11 DNAとRNA

担う核酸であり，複製し，親（あるいは親細胞）から子（あるいは子細胞）へと受け継がれる．RNAは遺伝子からタンパク質がつくられる際に重要な役割を果たす核酸であり，最近では遺伝子発現制御の中枢を担う重要な核酸であることが明らかになりつつある．

1.4 節のまとめ
- 生物の元素組成は非生物と異なり，4大元素が中心となる．
- ヒトの体の70%は水であり，その他にさまざまな低分子物質，生体高分子などからなる．
- 生体高分子にはタンパク質，糖質，核酸などがあり，それぞれ重要な役割を果たしている．

1.5 進化の光を当てる

生物学者ドブジャンスキーが，「生物学のすべての事象は進化の光に照らしてみなければ意味がない (Nothing in biology makes sense except in the light of evolution)」と述べたように，生物学を考えるうえで，そのしくみがいかにして成立してきたかに解答を与える過去の出来事，すなわち生物の進化を知ることは，必要不可欠である．

1.5.1 進化論から進化学へ

かつては，地球上に存在するすべての生物は，それぞれ別個につくり出されたとする創造説（創造論）が信じられていた時代があった．この考え方が衰退し，生物の進化という概念が成立したのは，くしくも細胞説の成立，メンデルによる遺伝の法則の発見，そしてミーシャーによる核酸の発見と，ほぼ同じ時期（1850〜70年代）であった．

a. 進化論

生物が進化する，すなわち種が変化しうることを最初に説いたのは，ビュフォンである．その教えを受けたラマルクは，生物の器官の変化が，環境条件や習性などによってもたらされ，それが子孫に受け継がれると考えた．ダーウィンは，ガラパゴス諸島における動植物の観察記録から，生物が進化することを確信し，1859年に歴史的な書物『種の起源』を刊行した．ダーウィンと同じ時期に，ウォレスもまた，同様の考えをもっていた．

ラマルクの考えは「獲得形質の遺伝」とよばれるもので，現在では明確に否定されている（ただし，分子レベルではそれに似たような現象はある）．現在の生物進化に関する主流の考え方は，ダーウィンやウォレスによる**自然選択**（natural selection）である．

b. 自然選択説

自然選択とは，いくつかの形質をもつ生物（集団）のうち，生息環境（自然）によって，生存に有利な形質をもつ生物（集団あるいは個体）が生き残り，それ

テオドシウス・ドブジャンスキー

ウクライナ生まれの遺伝学者．後にアメリカに帰化した．ショウジョウバエを対象とした集団遺伝学的研究を行い，1937年『遺伝学と種の起原』を出版．(1900-1975)

ジャン=バティスト・ラマルク

フランスの博物学者．ビュフォンの助力を得，王立植物園（後の自然史博物館）に勤務．無脊椎動物の研究家となり分類体系を整えた．初期進化論，「生物学」という語の提唱者としても知られる．(1744-1829)

チャールズ・ダーウィン

英国の博物学者．1831年から5年間，ビーグル号で南半球を周航して動植物・地質を調査し，自然淘汰による生物進化説の基盤を得た．1858年，ウォレスと連名で進化論について発表した．翌年に『種の起源』を刊行し，生物進化の理論を確立した．(1809-1882)

アルフレッド・ラッセル・ウォレス

英国の博物学者．1854年から8年間，マレーシアで生物相の研究を行い，生物区系の境界線（ウォレス線）があることを指摘した．この期間に自然淘汰説に思い至り，ダーウィンと連名で進化論について発表した．晩年は心霊主義に執着した．(1823-1913)

が生物進化のもとになるとする考え方である．あたかもそうした有利な形質をもつ生物が，その子孫を多く残せるように「選択」されるようにみえることから，このようによばれる．

ダーウィンが唱え，「ダーウィンのブルドッグ」とも称されたハクスリーなどにより広められた自然選択説は，その時点ではあくまでも「進化論」に留まっていた．進化の証拠を明確に示すものが化石などのほかにはほとんどなかったためである．20世紀の後半に入り，分子生物学の発展によって遺伝子の塩基配列情報を利用できるようになった頃，進化論に大きな転機がやってきた．

c. 分子進化

遺伝子の塩基配列が，その生物の形質を規定していることが明らかになると，塩基配列の変化（突然変異）が形質の変化をもたらす可能性をもつことから，生物の進化を遺伝子の塩基配列の変化，すなわち遺伝子の進化を基準に解明しようとする動きが広まった．遺伝子が進化するとは，突然変異の積み重ねによって遺伝子の塩基配列が徐々に変化する，ということである．このような，DNAの塩基配列やタンパク質のアミノ酸配列の変化などの分子レベルの進化を**分子進化**（molecular evolution）という．木村資生により分子進化の中立説（13.6節参照）が提唱されると，自然選択説の中に遺伝子の塩基配列の変化という，データとして測定可能な要素が入り，生物進化の道筋を質的に推測することができるようになった．

1.5.2　生命科学と進化の結びつき

生物進化を考える土俵が「進化論」から「進化学」へと昇華してくると，これまで進化とは無縁と思われていた分野が，生物進化の知見を取り入れながら発展するという流れが生じるようになった．ドブジャンスキーが言及した「進化の光」は，思わぬところで芽生えを生んでいる．

a. エボデボ（発生進化生物学）

ヘッケルは，生物の個体発生と系統発生の関係を，生物発生の原則として位置づけた．つまり，俗に省略されていうところの「個体発生は系統発生を繰り返す」である．この考え方は，厳密な意味では正しくはなかったが，昨今では，生物発生と生物進化を結びつけて研究する方法論が，急速に発展をみせている．**発生進化生物学**（evolutionary and developmental biology）がそれで，英語を略して**エボデボ**（Evo Devo）とよばれている．生物発生現象に，どのような生物進化的な背景があるのかを明らかにしながら，発生現象を解明しようとする学問であり，その前提には分子進化学がある．例えば，遺伝子レベルでその塩基配列を比較することにより，それまでは相同ではないと考えられていた異なる生物種同士の器官が，実は相同器官だったといったことが発見されている．

b. 進化医学

なぜ壊血病という病気があるのかといえば，我々ヒトがビタミンCを体内で合成できないからであり，なぜ合成できないかというと，進化の過程でその働きを喪失したからである．このように，病気の原因を遠く進化の過程に求め，その知見をもとに病気の成り立ちを探る医学が**進化医学**（evolutionary medicine）である．直接治療に結びつく医学ではないが，より包括的な立場で医学を捉えるという意味で，病気への理解を深めるために重要な分野であるといえる．

エルンスト・ヘッケル

ドイツの生物学者．1866年から1901年にかけ，カナリア諸島，紅海，セイロン島，ジャワ島にて研究旅行を行った．ダーウィンの進化論を支持し，生物の進化類縁関係を系統樹で示した．「生態学」という言葉を定義づけた．（1834-1919）

1.5 節のまとめ

- 生物学を考えるうえで，生物の進化を知ることは必要不可欠である．
- 現在の生物進化に関する主流な考え方はダーウィンなどによる自然選択説である．
- エボデボや進化医学など，最近は生命科学と進化の結びつきが強くなっている．

1.6 生物の多様性

生命科学教育において重要なことの一つに，「生物は多様でありながらも共通性をもった存在である」ことを学ばせるということがある．DNAをもつこと，同じような生体構成物質からなること，進化することなどは，どの生物にも認められる「共通性（統一性）」であるといえる．そうした共通性を基盤として，それぞれ異なる環境で生きている生物たちが，それぞれ独自のしくみを構築し，独自の種として進化してきたのが，現在の地球生態系にみられる多種多様な生物たちである．「多様性」は，生物を知るうえで，欠くべからざるもう一つの性質であるといえる（図1-12）．

1.6.1 遺伝子の多様性

DNA複製時に生じる複製エラーやDNA損傷などに起因する突然変異は，種内において遺伝子の多様性をもたらす．我々ヒトがもつDNA多型もまた，そうした遺伝子の多様性の一つである（例えば，アルコールを飲める・飲めない，耳垢が湿っている・乾いているなどは，ある特定の塩基の違いのみで説明できる）．ナミテントウの翅の模様，イヌの多様な品種なども，遺伝子の多様性がもたらした形質の違いであるといえる．

1.6.2 種の多様性

こうした種内における遺伝子の多様性は，地理的隔離などの環境条件の下で，種と種が分かれる，いわゆる種分化を引き起こすことがある．地理的隔離によって，別々に分かれた二つの集団の間で自由交配の機会が失われると，それぞれの集団内で別個の突然変異が広まり，やがて再びそれぞれの個体同士が出合っても，もはや交配すること（繁殖力のある子孫をつくること）ができなくなる．こうした種分化が，種の多様性をもたらす．我々の多くが生物の多様性としてイメージするものは，外見から容易に判断できる，この種の多様性であろう．

1.6.3 生態系の多様性

種の多様性は，生物的環境（ある生物に影響を与える他の生物が環境要因となって構成される環境のこと）の多様化のもととなる．これが結果として生態系の多様性をもたらす．熱帯多雨林，夏緑樹林，針葉樹林，ツンドラなど，地球上には多様な生態系が広がっているが，それぞれの生態系もまた，互いに何らかの影響を及ぼし合い，全体としてつり合いのとれた地球環境を形成している．

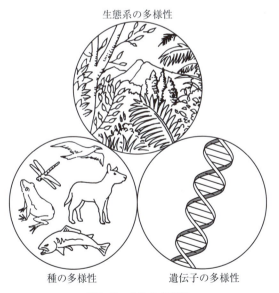

図1-12 生物の多様性

> **1.6 節のまとめ**
> - 生物には，すべての生物にみられる共通性と，それぞれの生物が独自に編み出してきた多様性が共存している．
> - 遺伝子の多様性，種の多様性，生態系の多様性が，生物の多様性をもたらしている．

参 考 文 献

[1] 武村政春，ベーシック生物学，裳華房（2014）．

[2] J.B. Reece ほか著，池内昌彦，伊藤元己，箸本春樹監訳，キャンベル生物学 原書 9 版，丸善出版（2013）．

2. 生物を構成する物質

2.1 生物に共通する特徴

　地球上には深海から高地までさまざまな環境に適応した動物，植物，微生物などに分類される種々の生き物が暮らしている．我々はこれらの生き物を「生物」とよんでいる．地球上には命名されているものだけでも約175万種，未知のものまで含めると3000万種ともいわれる生物が存在している．

　生物とよばれるものは多種多様であるが，生物は，無生物とは区別される，次のような共通した特徴がある．

(1) 微生物からヒトまですべての生物は**細胞（cell）**とよばれる基本構造からできている．細胞は外界と細胞膜によって区画化された構造体で，その中にはさまざまな分子や構造物（細胞内オルガネラ）が入っており，複雑な化学反応を行うことができる．細胞の数でいえば，大腸菌のように1個の細胞で一つの生物を形成するものもあれば，ヒトのように数十兆個の細胞からなる生物もいる．

(2) 生物はエネルギーとしての**アデノシン三リン酸（ATP）**を自らつくり，このエネルギーを使って自身の秩序を維持し生命活動を行っている．

(3) 生物は外界からのさまざまな刺激を受けると反応することができる．すなわち，生きていることの特徴の一つは，外界から刺激を受けるとそれに対して反応することである．植物の場合も，例えば朝顔が光の度合いや温度などの外界の変化に応じて花を開いたり閉じたりするように，動物に比べると非常にゆっくりした速度ではあるが刺激に対して反応している．

(4) 生物は遺伝に関わる物質として**デオキシリボ核酸（DNA）**または**リボ核酸（RNA）**とよばれる共通の分子，核酸を用いている．細胞や生物個体の形や性質（形質）は核酸（DNA, RNA）によって決まっていて，核酸は細胞分裂によって新しい細胞へと分配されて次世代へ受け継がれていくしくみをもっている．

　一方で，これらの生物の基本的条件を満たしてはいないが，生物と無生物の境界にあるものも自然界にはいろいろと存在している．

　例えば，精子や卵子は生物か，という問題がある．精子や卵子の中には遺伝情報を有したDNAを含んだ核のほかにミトコンドリアなどの細胞内オルガネラも存在する．さらに，精子はATPのエネルギーを使って動くことができるなどの特徴をもち，精子と卵子はそれぞれ1個の細胞である．しかし，精子や卵子は自分自身では増殖することはできないことから，生物体を構成するそれぞれ1種類の細胞ではあっても単体では生物とよぶことはできない．

　また，植物の花粉も動物の精子と同様にそれ自身では増殖することはできないという点で生物体の一部であって，花粉を生物とよぶことはできない．

　さらに，タンパク質でできた殻の中にDNAまたはRNAが収められた非常に小さな粒子であるウイルスが存在する．ウイルスは，宿主となる生物の細胞に付着して自身のDNAやRNAを細胞内に注入しDNAやRNAのコピーを宿主細胞につくらせる．すなわち，ウイルスに記録されている遺伝子の情報を使って，自身の殻をつくるのに必要なタンパク質を細胞に合成させ，その結果，ウイルス自身と同じ粒子が合成されて細胞から放出して子孫を増やすことができる．このように，ウイルスは，遺伝情報をもったDNAまたはRNAとタンパク質分子からできていて，子孫をつくって増えるなど，生物と非常によく似た物質やしくみをもっている．しかし，ウイルスは自分自身だけでは子孫をつくる能力はもたず，また，ATPのエネルギー分子を用いて自身の秩序を維持するしくみももっておらず，細胞構造も有していない．したがって，ウイルスはそれ自体が生物だということはできない．

2.1 節のまとめ

- 生物には，次の特徴（細胞から成り立つ，ATP を使って生命維持活動をする，外界からの刺激に反応する，遺伝に核酸を用いる）がある．
- 生物と無生物の境界にあるものとして，精子，卵子，ウイルス，花粉などがある．

2.2 生物を形づくる分子

現在，地球上で確認されている生物の体はすべて元素から成り立っている．現在，確認されている元素の総数は 118 種類にのぼるが，生物は進化の過程で宇宙や地球に存在する多くの元素を取り込み，生物として正常な機能を維持するために利用している．現在，地球上に認められている多様な生物がどのような物質からできているかについて，ヒトの元素組成を主としてみてみよう．

2.2.1 生物の元素レベルでの組成

生物の体を構成するアミノ酸，タンパク質，脂肪，糖質，核酸などの基本分子に利用されている元素は総称して生元素（bioelement）とよばれる．

元素数からいえば，圧倒的に多いのは酸素（O）と水素（H）である．これは生物体の約 70% が水であることに由来する．また，酸素と水素は，水を形成する以外に，炭素（C）と結合してさまざまな生体高分子を形成している．

次に多い元素は炭素である．炭素は，同時にほかの四つの元素と結合することができる元素の一つで（図 2-1），炭素同士も一重結合，二重結合，三重結合の 3 通りの方法で結合することができる．このため，炭素は多数が鎖状や環状に結合した種々の化合物を形成することができる．このような多彩な結合ができる元素は炭素のみで，これが生体を構成するタンパク質，脂質，糖，核酸などの高分子化合物で，炭素のつながった鎖が構造の中核になっている大きな理由の一つである．

生体内で炭素の次に多い元素は窒素（N）で，タンパク質の基本骨格や，核酸の塩基部分に含まれている．次に多い元素はカルシウム（Ca）で，リン酸カルシウムとして骨を構成するとともに，カルシウムイオンとして細胞内の酵素の働きの制御や情報の伝達に欠かせない調節因子として働いている．

リン（P）は酸素と結合してリン酸イオンを形成し，DNA や ATP，細胞膜のリン脂質など種々の生体成分に欠かせない元素の一つである．硫黄（S）は，タンパク質を構成するアミノ酸の一部に含まれている．

カリウム（K），ナトリウム（Na），塩素（Cl），マグネシウム（Mg）は主にイオンとして存在し，カルシウムと同様に酵素の働きや情報の伝達に欠かせない元素である．細胞の内外ではこれらのイオンの濃度は大きく異なっていて，細胞はこれらの特定のイオンの出入りをコントロールすることによって種々の機能を制御している．

生物には，その他の元素も体重 1 kg あたり 1〜100 mg と微量ではあるが含まれており（微量元素），生体の機能に重要な役割を果たしている．元素として，鉄（Fe），フッ素（F），ケイ素（Si），亜鉛（Zn），ルビジウム（Rb），ストロンチウム（Sr），臭素（Br），鉛（Pb），マンガン（Mn），銅（Cu）などがある．

例えば，鉄は，血液中の赤血球細胞に存在するヘモグロビンやフェリチン，筋肉細胞に存在するミオグロビン分子に結合している．ヘモグロビンやミオグロビン分子は酸素を肺から各細胞に運搬して貯蔵するために不可欠で，鉄分が不足すると酸素が十分に運ばれないために貧血症状になる．

亜鉛は，DNA や RNA の合成，タンパク質の合成などの化学反応に必須な酵素タンパク質やホルモン，サイトカインに結合している．これらの分子に結合した亜鉛が不足すると，代謝や細胞応答が正常に機能できなくなる．一例として，ヒトの舌に存在する味覚細胞は細胞寿命が 10 日程度で新しい細胞に入れ替わっているが，亜鉛が不足すると死んでいく細胞を補うだけの十分な数の細胞をつくることができなくなるために，味を感じにくくなるなどの味覚障害が起こる．

タンパク質以外の分子に組み込まれている元素もあ

図 2-1　炭素，窒素，酸素，水素の価数

表 2-1 生元素とその主な働き

分類	元素	体内存在量	主な存在部位	主な働き	欠乏したときに起こる症状
多量元素（6元素）ヒトにおける必須元素	酸素	99.3%		細胞内の有機化合物　普遍的な成分	
	炭素				
	水素				
	窒素				
	カルシウム		骨	酵素の補欠因子，浸透圧調節	くる病，骨の軟化
	リン		骨，歯，核酸	エネルギー（ATP），核酸成分，代謝調節	腸管吸収障害
少量元素（5元素）ヒトにおける必須元素	硫黄		タンパク質	タンパク質成分	S含有アミノ酸の合成阻害
	カリウム		体液	浸透圧の調節，神経興奮，筋収縮	頻脈，心血管拡張
	ナトリウム		体液	浸透圧維持，神経興奮	けいれん，下痢
	塩素		体液	体液中の主要イオン	
	マグネシウム		骨	酵素の補助因子	血管拡張，けいれん
微量元素（10元素）ヒトにおける必須元素（鉄，亜鉛，マンガン，銅）	鉄	0.7%	タンパク質と結合して存在	ヘモグロビン，フェリチン，ミオグロビン，金属酵素の補助因子	貧血
	フッ素		骨，歯	う蝕・骨粗鬆症の予防	
	ケイ素		毛髪，骨	成長，骨代謝	骨の形成不全
	亜鉛		前立腺，骨，腎臓，筋肉，肝臓	金属酵素・サイトカイン・ホルモンなどの補助因子	細胞内代謝，シグナル伝達機構への影響を介して免疫系，ホルモン系などの恒常性障害
	ルビジウム		骨，脾臓		
	ストロンチウム		骨	カルシウムとともに骨形成	
	臭素				
	鉛				
	マンガン		肝臓，腎臓	トランスフェリン，金属酵素の補助因子	
	銅		肝臓，腎臓	アルブミン，セルロプラスミン，酸化還元酵素の補助因子	セルロプラスミン，シトクロム c 酸化酵素などの活性低下
超微量元素（14元素）ヒトにおける必須元素（セレン，ヨウ素，モリブデン，クロム，コバルト）	アルミニウム，カドミウム，スズ，水銀，バリウム，セレン，ヨウ素，モリブデン，ニッケル，ホウ素，クロム，ヒ素，コバルト，バナジウム		ヨウ素（甲状腺，肝臓，肺），モリブデン（体液，肝臓，腎臓など），コバルト（肝臓，腎臓，骨）	セレン（酵素の補助因子），ヨウ素（ヨードチロシン，チロキシン），モリブデン（糖質・脂質・尿酸の代謝補助，酵素の補助因子），ニッケル（酵素の補助因子，糖質代謝促進），クロム（炭水化物・脂質の代謝），コバルト（ビタミンB_{12}），バナジウム（代謝調節）	セレン（心筋症），ヨウ素（クレチン病，粘液水腫，基礎代謝低下），モリブデン（頻脈，嘔吐，昏睡），クロム（成長阻害，代謝異常，動脈硬化），コバルト（貧血，体重減少）

（荒川泰昭ほか，微量元素の代謝と生理的機能，臨床検査，53(2)，pp.149-153, 2009 を改変）

る．例えば，コバルトはビタミン B_{12} とよばれる分子に含まれており，脂肪の分解や核酸の合成を触媒する酵素は，ビタミン B_{12} の銅を化学反応の際に利用している．

さらに，体重 1 kg あたり 1 mg 以下（μg/kg ＝ ppb オーダー）しか存在しない超微量元素として，アルミニウム（Al），カドミウム（Cd），スズ（Sn），水銀（Hg），バリウム（Ba），セレン（Se），ヨウ素（I），モリブデン（Mo），ニッケル（Ni），ホウ素（B），クロム（Cr），ヒ素（As），コバルト（Co），バナジウム（V）などがあり，これらの元素の多くは，タンパク質に取り込まれてその機能を発現するために使われている．

例えば，ヨウ素は，甲状腺でつくられる甲状腺ホルモンのチロシンと結合して，甲状腺ホルモンとしての機能を活性化させる働きをしている．

以上のように，ヒトにおける**必須元素（essential elements）**は，多量元素（酸素，水素，炭素，窒素，カルシウム，リン），少量元素（硫黄，カリウム，ナトリウム，塩素，マグネシウム），微量元素（鉄，亜鉛，マンガン，銅），超微量元素（セレン，ヨウ素，モリブデン，クロム，コバルト）を合わせると20元素となり，各元素がそれぞれの濃度で存在し一定のバランスを保って生命の維持，生体の発育・成長，正常な生理機能を担っている．これらの生体内に存在する主な元素の働きは**表 2-1**にまとめた．

2.2.2　生物の組成：分子レベル

次に，生物，例えばヒトを構成する成分の組成をみると，水が生体全体の約 60～70% を占め，次に多いのがタンパク質で約 20%，脂質，糖質，核酸はそれぞれ，5%，4%，1%，残りはミネラルなどの低分子で 2% 程度である．

2.2.3　生物における水の存在

地球という惑星の特徴は「水と生命体が存在する星」ということになる．地球は表面の 70% 以上を水に覆われ，現在，水の存在する惑星は地球以外に見つかっていない．また，現時点では生物も地球以外からは見つかっていないことを考えあわせると，生物は水と非常に密接な関係があるということになる．今から約 2500 年前に，ギリシャの哲学者ターレスが「万物は水である」といったのには非常に驚かされる．

どうして水が生物と密接に関わっているのかをみてみよう．水分子（H_2O）の大切な点は地球上に大量に存在し，その形体の大部分は液体であるということで

表 2-2　体内における水の摂取と排出（24 時間）

補給される水（mL）		消費される水（mL）	
飲料水として	1200	尿	1400
食物から	1000	大便	200
代謝で生じる水	300	汗・息など	900
計	2500	計	2500

ある．いくら地球が広いといっても，大部分の生物は温度が約 −50～100℃ の環境で生きている．生物が生きていくためには水が必要で，かつその水は液体でなくてはいけない．

水は生体の重量の約 60～80% 含まれていて，クラゲのような生物では 90～97% 以上を占め，すべての生物は水なしには生きていけない．水分子はヒトの一般的な細胞の内部でも 65～77% 含まれている．しかし，生物に多量な水が存在する理由は，地球には水が多量に存在するからという単純なことではない．水分子には，ほかの分子にはみられない，以下に示す四つの特徴があり，それが生物に多量に存在する水が重要な役割を果たす大きな理由になっている．

(1) 生体反応に関わる物質を溶かすための溶媒となる．これは加水分解反応をはじめとする複雑な化学反応を行う際に非常に重要な性質である．すなわち，生体における化学反応は水がないと進行しないことから，水分子は生体にとって必須分子ということになる．
(2) 物質の輸送のための媒体となる．
(3) 生体高分子の立体構造を維持する．タンパク質の立体構造，DNA の二重らせん構造の維持も水分子が存在してはじめて可能になる．
(4) 水分子は大きな熱容量をもっていることから生体の温度を安定化させる．環境の温度変化，すなわち急激な加熱や冷却から生物を守り，一定の体温を維持する役割もしている．さらに，生体内では骨，皮膚，筋肉などが絶えず動いていて，水は潤滑剤としての重要な働きもしている．

ヒトが生体を維持するためには 1 日あたりどのくらいの水が消費され，それがどのように補給されているかというと，おおよそ**表 2-2**のようになる．

このように，生体にとって非常に重要な役割を果たす水分子の化学的特性について次に考えてみよう．

水分子の生体での働きは当然のことながら，H−O−H という構造にある．H（水素原子）と O（酸素原子）の間の［−］は，2個の電子を表していて，電子を点で書けば H：O：H と表現することがで

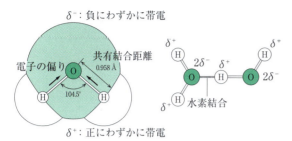

図 2-2 水分子の構造

きる.しかし,HとOの間の2個の電子(：)は,HとOの周りに雲のように広がって分布している(図 2-2).水分子としては,正味の電荷をもっていないが,酸素原子と水素原子を比べると酸素原子の方が電子を引きつける力(電気陰性度)が強いことから,実際には水素原子と酸素原子の間の電子の雲は均等に分布しているのではなく,酸素原子の方に偏っている.このために,H−Oの結合ではO(酸素原子)の周りが負に,H(水素原子)の周りが正になっている.このように,一つの分子の中で電子の分布が偏り,正や負の電荷を帯びている部分がある状態を**極性(polarity)**があるといい,その分子を極性分子という.水の極性は,水分子同士や他の分子との間でくっつき合う力(**水素結合(hydrogen bond)**)となり,このことが食塩(Na^+Cl^-)などの電荷をもつイオン分子を取り囲んで(**水和(hydration)**して),よく溶かす要因となっている(図 2-3).そして,ヒドロキシ基(−OH),アミノ基($−NH_2$),カルボキシ基(−COOH)などの極性基を有するタンパク質,核酸,糖質などの生体高分子は水分子と水素結合をつくりやすいため水に溶けやすい.

一方,生体物質の中には,極性部分と極性のない部分(非極性部分)の両方を1分子中にもった両親媒性物質とよばれる化合物も存在し,生体膜を構成する脂肪酸などがその例である.このような物質は,水溶液中では極性部分は水分子によって水和され,非極性部分は水分子から遠ざかろうとする.そのために,親水性部分は表面に位置し,非親水性部分を内側にした規則的な球状のミセル構造物をつくって安定化する.この構造が生体膜の基本構造である.また,タンパク質,DNAなどの複雑な構造も,水中に存在することによってはじめてそれぞれの形を安定して保つことができる.

以上のように,水分子は生物にとって生命現象の基本となる複雑な代謝系を成立させるためには不可欠な成分といえる.地球上に存在する生物に似た生命体が

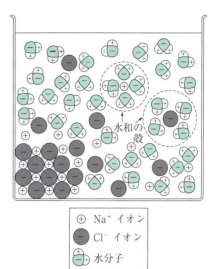

図 2-3 食塩水におけるイオンの水和

機能するためには,液体としての水が存在することが必要不可欠で,他の惑星に生命体の存在の可能性を調べる際に,水の存在の有無が科学的関心の大きな対象になっているのはこのためである.

2.2.4 生物を構成する化合物

真核生物(eukaryotie cell)を構成する真核細胞の中には,核,ミトコンドリア,リソソーム,小胞体,ゴルジ体,葉緑体など,多くの生体膜で囲まれた細胞内オルガネラとよばれる構造体が存在している(表2-3).これらの細胞内オルガネラは,細胞の中で行われている化学反応の場であるということができ,脂質,タンパク質,糖質などの高分子化合物でできた膜構造によって囲まれている.膜構造の内側にはタンパク質,糖質,ビタミン類,無機イオンなどのいろいろな物質が存在している.とくに,核やミトコンドリアの内部にはこれらの物質のほかに核酸も存在している.

タンパク質,核酸,糖質,脂質などの生体物質の多くは,さらに集まって会合体を形づくっており,分子量が大きいことから生体高分子ともよばれている.細胞の内部にはこれらの高分子物質のほかに,低分子量のビタミン,無機イオン,有機化合物や無機化合物も存在している.ここで,忘れてはならないもう一つの重要な生体物質として,上述した水の存在がある.水は,いろいろな生体物質を溶解したり懸濁したりすることによって,各物質の構造を安定化して機能を発現するために重要な役割を果たしていることは前に述べたとおりである.

表 2-3 真核細胞と原核細胞の細胞小器官と主な構成成分・機能

細胞小器官	真核細胞		原核細胞	
	構造・物質	機能	構造・物質	機能
核	DNA・タンパク質	遺伝情報の伝達	DNA・タンパク質（核としては存在しない）	遺伝情報の伝達
ミトコンドリア	脂質・タンパク質	呼吸		
リソソーム	タンパク質	消化・分解		
小胞体	脂質・タンパク質	代謝・分泌		
ゴルジ体	脂質・タンパク質	代謝		
リボソーム	RNA・タンパク質	タンパク質合成	RNA	タンパク質合成
生体膜	脂質・タンパク質	物質・情報の輸送	脂質・タンパク質	物質・情報の輸送
葉緑体	脂質・タンパク質	光合成		
細胞壁	セルロースなど	細胞の保護	ペプチドグリカンなどタンパク質	細胞の保護
鞭毛	タンパク質	運動	タンパク質	運動

表 2-4 細胞質を構成する各種物質の分子数の比較 (Sponsler, Bath, Giese)

物質名	重量パーセント（平均）	平均分子量	分子数の比較値（DNAを1とする）
水	75〜87 (85)	18	1.2×10^7
タンパク質	2〜15 (10)	36 000	7.0×10^2
DNA	(0.4)	10^5	1
RNA	(0.7)	4.1×10^4	44
脂質	1〜13 (2)	700	7.0×10^3
他の有機化合物（糖質など）	(0.4)	250	4.0×10^3
無機物質	2〜4	55	6.8×10^4

表 2-5 生物が有する主な高分子化合物

物質	基本単位	種類	結合に関わる官能基	結合
タンパク質	アミノ酸	20	$-COOH$, $-NH_2$	ペプチド結合
核酸	ヌクレオチド	8	$-PO_4H$, $-OH$	ヌクレオチド（リン酸ジエステル）結合
糖質	単糖	多糖類	$-CH-OH$, $-OH$ $\quad\mid$ $-O$	グリコシド結合
脂質	脂質	多糖類	長鎖アルキル基	——

このような生物を構成している化学物質を生体物質とよんでいる。これらの物質によって細胞内で化学反応や自己の複製などが行われていることから，その作業場所ともいうべき細胞内オルガネラが存在している。細胞質を構成する物質についてもう少し詳しくみてみよう．

2.2.5 細胞質を構成する物質

細胞質（cytoplasma）を構成する各種物質の組成は生物や細胞の種類によって若干の違いがあるものの，平均的には表 2-4 に示したようになっている．細胞質には水が最も多く存在し約80%を占め，次いで，タンパク質，脂質，無機物質，核酸，糖質の順になる．核酸は，DNAとRNAを合わせても1%程度であるが，遺伝現象といった生命現象の中心的役割を果たしている物質で，量の程度と機能の重要度を並べて論じることはできない．これらの物質の組成は，同一個体であっても組織や器官が異なると違ってくる．これらの違いは，それぞれの組織，器官を構成している細胞がつくり出した産物（後形質）の含有量の違いなどにも依存している．

細胞質内には，DNAを1分子とすると，約40分子のRNA，約700分子のタンパク質分子，約7000分子の脂質，約1200万分子の水分子が存在することになる．水分子を除くと，生体を構成する分子の大部分が分子量1万以上の高分子化合物ということになる（表 2-4）．そして生体を構成する物質は主として次のような元素からできている．

- タンパク質（C, H, O, N, S）
- 脂質（C, H, O, N, P）
- 核酸（C, H, O, N, P）
- 糖質（C, H, O）

2.2.6　生体高分子化合物の特徴

地球上に生存する生物は種が確定しているものだけでも175万種といわれ非常に多種多様であるが，これらの生命体を構成している基本的な物質はすべての生物に共通していて，多くの生体物質は分子量の大きい高分子化合物である．これらの生体高分子化合物の共通の特徴の一つは，一定の化学構造をもった基本単位からなる化合物が結合した重合体であり，それらの結合には酸素，窒素，リンなどの元素が使われていることである．例えば，タンパク質の場合は，基本単位がアミノ酸で各アミノ酸をつないでいるのが窒素原子である．核酸の場合には，基本単位が糖-塩基化合物で，それらをつないでいるのがリン元素（リン酸）である（表2-5）．このように，基本単位となる化合物が酸素や窒素，リンなどの炭素以外の元素によって結合していることから，この結合部分が酸素によって加水分解されたり転移されたりすることによって，生体を構成する非常に複雑な高分子化合物が合成・分解されるのである．また，タンパク質や核酸などの生体高分子の構造は生物を問わず共通していて，このことが生命現象にみられる共通性をもたらしている．

2.2 節のまとめ
- 生物を構成する主な物質として，アミノ酸，タンパク質，脂肪，糖質，核酸などがある．
- 生物を構成する元素（生元素）として，多量元素（6元素：酸素，炭素，水素，窒素，カリウム，リン），少量元素（5元素），微量元素（10元素），超微量元素（14元素）がある．
- 生体に存在する水は，生体分子の溶媒，輸送の媒体，立体構造の維持，環境の温度変化の対応，潤滑剤などの役割をしている．

2.3　タンパク質

タンパク質（protein）は，**アミノ酸（amino acid）**とよばれる一連の化合物が直列につながってつくられる分子群である．タンパク質の英語名は「第一（proto）のもの」というギリシャ語に由来する．タンパク質は，名前に示されたとおり生体を構成する高分子の約50％を占める重要な分子群で，人間では2万以上の種類が存在し，その種類や役割も非常に多様である．

このように，タンパク質を構成するアミノ酸は一つの炭素分子の周りにアミノ基（−NH₂），カルボキシ基（−COOH），水素原子（−H）と，側鎖（残基（residue：R））とよばれる分子鎖が結合した構造をしている．ほとんどの生物には，側鎖が異なる20種類のアミノ酸が存在している．

このような構造をした一つのアミノ酸のアミノ基の水素原子（H）とほかのアミノ酸のカルボキシ基のOHが反応して水分子が外れ，残りの部分が脱水縮合することによって生じた結合を**ペプチド結合（peptide bond）**とよんでいる．したがって，タンパク質は，各アミノ酸の炭素原子がペプチド結合でつながった基本構造をしていて，各アミノ酸に結合する多数の側鎖が出た直鎖構造をしている．

2.3.1　ポリペプチドと高次構造

アミノ酸がペプチド結合によって数個から数十個程度つながったものをオリゴペプチド（または**ペプチド（peptide）**），さらに多数つながったものをポリペプチドとよび，タンパク質はアミノ酸が100個以上つながった構造（一次構造）をしている．

タンパク質は，すべてアミノ酸が直列につながったペプチド鎖からできている．このようなペプチド鎖から複雑なタンパク質の構造が形成される過程は，次の三つのレベル（構造）に分けて考えることができる．

ヒトの場合でも，何万種類といわれるタンパク質が存在しているが，それらの各立体構造を比べると，それぞれのタンパク質で立体構造自体は異なっている．しかし，ポリペプチド鎖の折り畳まれ方にはタンパク質の種類によらずよく似た代表的なαヘリックスとβシートとよばれるパターンが共通した構造（二次構造）が認められる．そして，αヘリックスやβシートをつないでいる部分はループやターンとよばれる構造（二次構造）がみられ，各タンパク質の立体構造（三次構造）ができあがっている．さらに，タンパク質によっては，1本のペプチド鎖でできているものばかりではなく，複数個のペプチド鎖からなるタンパク質も存在する．このように，複数個のペプチド鎖からなる

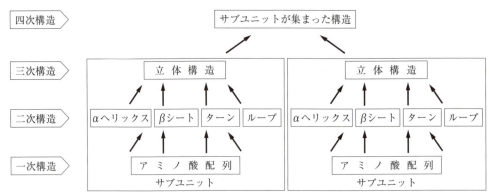

図 2-4 タンパク質の構造

タンパク質の場合，それぞれのペプチド鎖を**サブユニット（subunit）**とよび，サブユニットの構造と数を含めた立体構造を四次構造とよんでいる．タンパク質のこれらの構造（二次，三次，四次構造）をタンパク質の高次構造とよぶ（図 2-4）．

2.3.2 高次構造を支える力

アミノ酸からなるペプチド鎖が複雑に折れ曲がった立体構造を安定に保ったり，複合体を形成する複数のタンパク質が互いに親和性を示したりするためには，溶媒である水との相互作用も含めて，次に示す共有結合および非共有結合に分類される重要な力がある（図2-5）．

(1) **共有結合（covalent bond）**
- ポリペプチド鎖の骨組みであるペプチド結合，および側鎖を形成する共有結合
- 分子内のメチオニン同士によるジスルフィド結合（S-S 結合）

(2) **非共有結合（noncovalent bond）**
- **イオン結合（ionic bond，静電的相互作用）**
- **水素結合（hydrogen bond）**
- **ファンデルワールス力（Van der Waals force）**
- 疎水性基同士が集合しようとして生じる疎水性相互作用

あるタンパク質のアミノ酸からなる鎖がどのような形に折れ曲がれば最も安定な形になるかは，20 種類のアミノ酸がどのような順番で並んでいるかによって一義的に決まる．高次構造を形成していない一本鎖のアミノ酸鎖は，上述した種々の力が重なり合っていつ

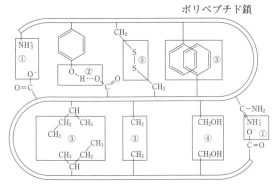

図 2-5 タンパク質の構造を安定化する種々の分子内結合と相互作用（C.B. Anfinsen, 1959）
① イオン結合，② 水素結合，③ 疎水性相互作用，④ 双極子相互作用，⑤ ジスルフィド結合．

も一定の形に折れ曲がることになる．DNA にはアミノ酸をどのような順番でつなげるかの情報しか記録されていないが，それにもかかわらず，結果として各タンパク質の複雑に折り畳まれた立体構造が形成されるのはこのためである．加えて，合成されたすべてのタンパク質がいつもある一定の安定な形に折り畳まれるためには，合成されていくアミノ酸鎖に沿って正確で効率のよい立体構造を形成する役割をもったシャペロンとよばれるタンパク質分子も関わっている．

それぞれの生物には，数千〜数万種類のきわめて多彩な機能を有するタンパク質が存在する．その詳細については，3.2.6 項にまとめた．

2.3 節のまとめ

- タンパク質はアミノ酸で構成されている．
- タンパク質の立体構造は，ジスルフィド結合，イオン結合，水素結合，ファンデルワールス力，疎水性相互作用，双極子相互作用などの力により維持されている．
- タンパク質の立体構造は，一次から四次の4段階の構造に便宜上分類して考えることができる．
- 生物には，数千〜数万種類のきわめて多彩な機能を有するタンパク質が存在する．

2.4 脂 質

次に，脂質（lipid）についてみてみよう．脂質とは，生物から単離される水に溶けにくく，クロロホルム，エーテル，アセトン，ベンゼンなどの有機溶媒に溶ける物質を総称したものをいう．生化学的には「長鎖脂肪酸または，炭化水素鎖からなる生物体内あるいは生物由来の分子」で，脂質のみからなる脂肪酸（fatty acid），ステロール，アシルグリセロールなどの単純脂質（simple lipid），リン酸やタンパク質，脂質などと結合した複合脂質（complex lipid），ステロイド（コレステロール）の3種類に大別される．

2.4.1 脂質の働き

生物にとって，食事から摂取したバター，サラダ油などの脂質は主にエネルギーのもとになる．米やパンなどの糖質もエネルギー源として重要であるが，脂質の方が大きなエネルギーをもっている．しかし，脂質の働きはそれだけかというとそうではない．生物はすべて細胞からできていて，細胞を形づくっている細胞膜や，核，小胞体，ゴルジ体などの細胞内オルガネラを形成する生体膜の主成分は脂質である（表 2-7）．さらに，生物の恒常性を保つ，コルチゾン，テストステロン，エストロゲンなどのホルモンやビタミン B_{12} などのビタミン類も脂質である．

2.4.2 脂肪酸

炭化水素の長いアルキル鎖に1個のカルボン酸が結合した一群の化合物（$CH_3(CH_2)_nCOOH$）を脂肪酸とよぶ（表 2-6）．これらの脂肪酸は，生体内では遊離の形ではあまり存在しておらず，大部分はアルコール類の $-OH$ 基と脱水縮合してエステル型で存在していることが多い．

2.4.3 中性脂肪

動植物の脂肪は，大部分が中性脂肪の混合物である．中性脂肪（neutral lipid）は，単に脂肪ともよばれる脂質の一種で，脂質が貯蔵される場合の一形態で

表 2-6 ラット肝細胞における各種細胞小器官膜の脂質組織

	Chol	PC	PE	PS	PI	PG	CL	SM
形質膜	30	18	11	9	4	0	0	14
ゴルジ複合体	8	40	15	4	6	0	0	10
滑面小胞体	10	50	21	0	7	0	2	12
粗面小胞体	6	55	16	3	8	0	0	3
核膜	10	55	20	3	7	0	0	3
リソソーム膜	14	25	13	0	7	0	5	24
ミトコンドリア膜								
内膜	3	45	24	1	6	2	18	3
外膜	5	45	33	2	13	3	4	5

数値は重量パーセントを示す．
Chol：コレステロール，PC：ホスファチジルコリン，PE：ホスファチジルエタノールアミン，PS：ホスファチジルセリン，PI：ホスファチジルイノシトール，PG：ホスファチジルグリセロール，CL：カルジオリピン，SM：スフィンゴミエリン．

もあり，特に細胞膜を構成する脂質としてはリン酸基の結合したリン脂質や糖鎖の結合した糖脂質である．

中性脂肪は，グリセロールの高級脂肪酸エステルで，その大部分はトリアシルグリセロールまたはトリグリセリドで水に不溶である（図2-6）．生体の中性脂肪を構成する脂肪酸は，炭素数が16以上のものが多く，二重結合をもった不飽和脂肪酸を含んでいるものが多い（表2-6）．

2.4.4 複合脂質

脂肪酸だけでなく，リン酸，糖，窒素化合物などがグリセロールに結合したものを**複合脂質（complex lipid）**とよんでいる．複合脂質の代表的なものの一つは，生体膜の主成分をなすリン脂質である．リン脂質としては，ジアシルグリセロール（図2-6）にリン酸が結合してできるホスファチジン酸（図2-7）の誘導体が多い．さらに，リン酸にエステル結合でアミルアルコールやイノシトールが結合しているものも存在する．この場合，アミルアルコールは正に帯電することから，リン脂質は，リン酸の親水性の部分と脂肪酸か

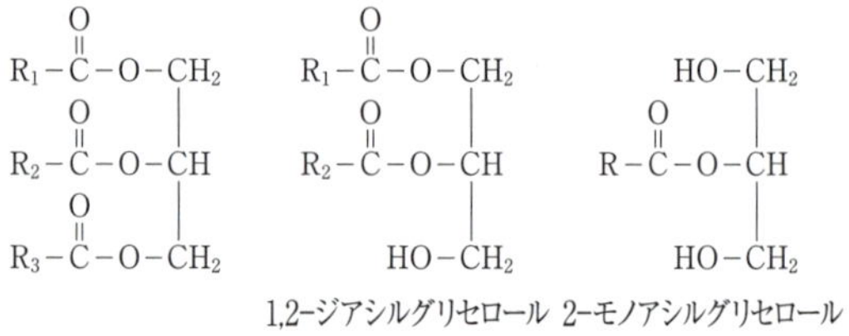

トリアシルグリセロール（トリグリセリド，脂肪，TG）	ジアシルグリセロール（ジグリセリド，DG）	モノアシルグリセロール（モノグリセリド，MG）

図 2-6 脂肪の一般構造式
R_1，R_2，R_3 は長鎖アルキル基．

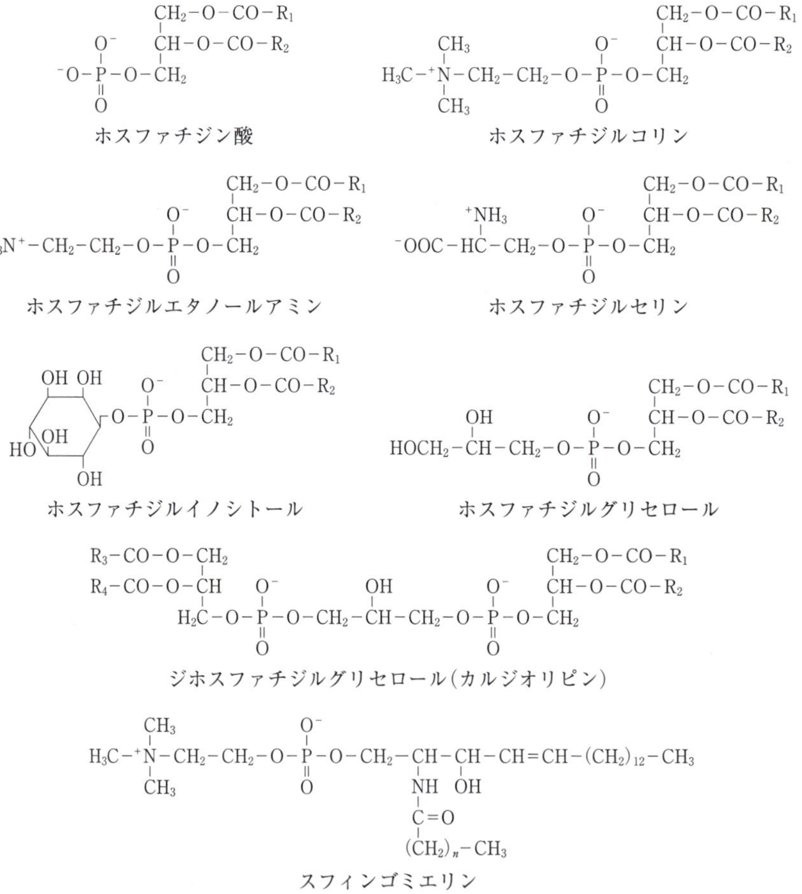

図 2-7 いろいろな脂質
トリアシルグリセロールはエネルギーの貯蔵体として働き，リン脂質は細胞膜や細胞小器官の脂質二重膜の構成成分として働く．

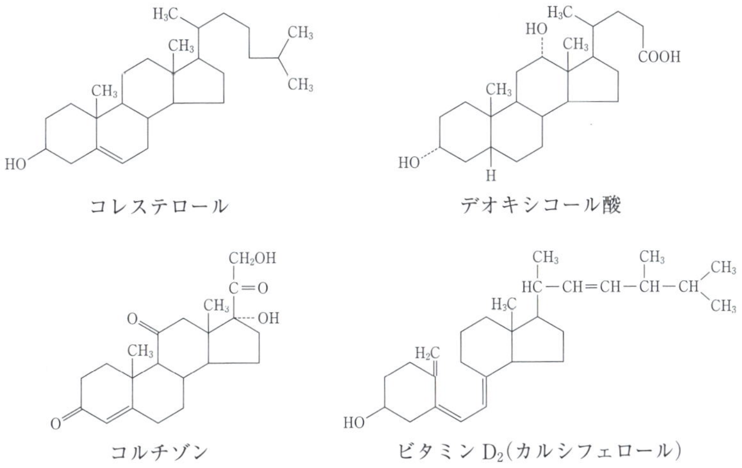

図2-8 ステロイド環をもついろいろな脂質
コレステロール：細胞膜の成分．血管壁に沈着すると動脈硬化の原因になる．デオキシコール酸：胆汁酸の成分で界面活性効果があり脂質を乳化して吸収を助ける．コルチゾン：副腎皮質ホルモンの一種．ビタミンD_2：脂溶性ビタミンの一種．

らなる疎水性の部分が一つの分子の中に共存している両性電解質としての性質をもっている．これらのリン脂質は相互に反発しないことから，安定な膜を形成し，これが生体を構成する細胞膜やミトコンドリア膜などの細胞内オルガネラの膜の基本構造となっている（図2-10）．

2.4.5 ステロイド

ステロイド（steroid）は中性脂肪やリン脂質とまったく異なる構造で，炭素が六角形と五角形に並んだ環状構造が四つ連なったものが基本骨格になっている．この骨格の炭素のところどころに，OH基やメチル基，さらに炭素がいくつか連なった構造などが結合している．

ステロイドの代表的なものは**コレステロール（cholesterol）**である（図2-8）．コレステロールも疎水性の分子で，細胞膜の脂質二重膜の脂肪酸の間にはさまって構造を安定化する働きをしている．コレステロールの量によって細胞膜の柔らかさや流動性が調節されており，コレステロールは細胞の機能に欠かせない**重要な分子**である．

2.4節のまとめ

- 脂質は，水に溶けにくく有機溶媒（クロロホルム，エーテル，ベンゼンなど）に溶ける物質の総称である．
- 中性脂肪は，グリセロール（グリセリン）に脂肪酸が結合した分子で，主にエネルギーの貯蔵に使われている．
- リン脂質は，グリセロール，脂肪酸，リン酸からなる分子で，細胞膜をはじめとする生体膜の一構成成分である．
- ステロイドの代表的なコレステロールは，細胞膜の構造を安定化する働きをしている．

2.5 糖質

糖質（saccharide）は，炭水化物（carbohydrate）ともよばれ，エネルギーの貯蔵に使われる．また，代謝の中間産物をはじめ，糖タンパク質，糖脂質，核酸などの複合体を形成するほか，細胞の構造を支える骨格や遺伝の基本物質ともなる生体の重要な構成成分である．

炭水化物の「炭」は炭素（C），「水化物」は炭素にOH基がついたものという意味で，糖質の基本的な分子は $C_m(H_2O)_n$ という分子式で表すことができる．例えば $n=3$ のグリセルアルデヒドは $C_3H_6O_3$ と表現でき，炭素の数からトリオース（三炭糖）とよばれる．$n=5$ のリボースやリブロースは $C_5H_{10}O_5$ の分子式でペントース（五炭糖），$n=6$ のグルコース（ブドウ糖）やフルクトース，ガラクトースは $C_6H_{12}O_6$ の分子式でヘキソース（六炭糖）とよばれる．また，数個の糖質が結合したものをオリゴ糖，多数の単糖が脱水重合したものを多糖とよんでいる．しかし，デオキシリボース（$C_5H_{10}O_4$）や糖質分子の基本単位のヒドロキシ基（－OH）の一部が水素原子（－H）やアミノ基（－NH$_2$）に置換されたデオキシ糖やアミノ糖，カルボキシ基（－COOH）や硫黄原子を含むウロン酸や硫酸化糖，カルボニル基を含まないアルジトールやイノシトール，カルボニル基を二つ含むウロースなど膨大な数の誘導体が天然には存在することが明らかとなり，$C_m(H_2O)_n$ の一般式では表せない糖質もある．

2.5.1 ヘキソースの基本構造と二糖類

ヘキソースは，水中ではほとんどが環状の分子として存在する（図2-9）．グルコースとガラクトースでは炭素5個と酸素1個が六角形の環をつくり，そこに炭素1個がはみ出して結合した構造をしている．フルクトースでは，炭素4個と酸素1個が五角形の環をつくり，その2カ所に炭素が1個ずつ結合した構造をしている．これらの各炭素に，OH基とH原子が結合している（図2-9）．

2分子の単糖が反応すると，各単糖のOH基からH_2O分子が外れて脱水縮合し，二つの糖が酸素原子を介してつながった構造になる．グルコースが2個つながったのがマルトース（麦芽糖），グルコースとフ

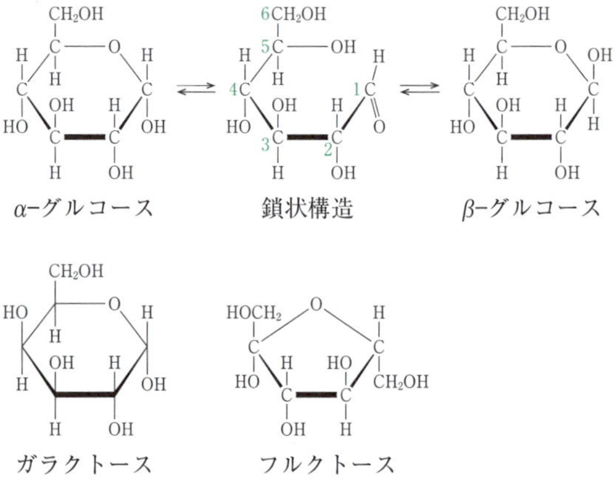

図2-9 グルコース，ガラクトース，フルクトースの構造

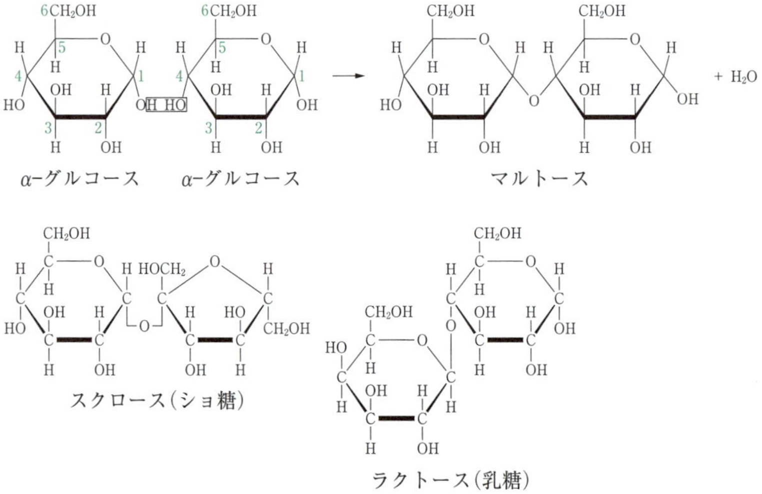

図2-10 マルトース，スクロース，ラクトースの構造

ルクトースがつながったのがスクロース（ショ糖，砂糖），グルコースとガラクトースがつながったのがラクトース（乳糖）である（図 2-10）．

2.5.2 エネルギーを蓄える高分子糖鎖

ヘキソースは，さらに多数個つながることもできる．多数のグルコースが六角形の両端の部分を介して直線状につながると，アミロース（デンプン，図 2-14）になる．グルコースには両端以外にもたくさんの OH 基が存在することから，1 分子のグルコースに 2 分子以上のグルコースが結合することもできる．しかし，グルコースは大きな分子なので，一つのグルコース分子に多くの分子が集中して結合することは，立体化学的に干渉することからできない．そこで多くのグルコース分子が両端の 2 カ所の OH 基を介して結合し，ところどころでグルコース分子が枝分かれした構造をとることが多い．このようにしてグルコースが多数枝分かれしてつながった高分子糖鎖がグリコーゲンである（図 2-11）．

グルコースは呼吸反応の原料となる重要なエネルギー源で，グルコースが多数重合したデンプンやグリコーゲンは，エネルギーの貯蔵に好都合な分子である．植物では主にデンプンを，動物ではグリコーゲンをこの目的に利用している（図 2-11）．

2.5.3 複合糖鎖

糖質がつくるもう一つの興味深い分子に，**複合糖鎖**（glycoconjugate）とよばれる分子がある．上述した多糖類の構造のほとんどはヘキソースが数百から数千個以上つながった高分子化合物であるのに対して，タンパク質や脂質に結合する糖鎖は，さまざまな種類のヘキソースが数個から数十個つながった短い構造で，このような糖鎖がタンパク質や脂質に結合した化合物が，**糖タンパク質**（glycoprotein）や**糖脂質**（glycolipid）とよばれる分子である．

糖タンパク質では，タンパク質分子のセリン，トレオニン，アスパラギンなどのアミノ酸に糖鎖が結合し，一つのタンパク質分子に数個から数十個の糖鎖が結合していることが多い．細胞膜の表面に露出したタンパク質や細胞外に分泌される多くのタンパク質には

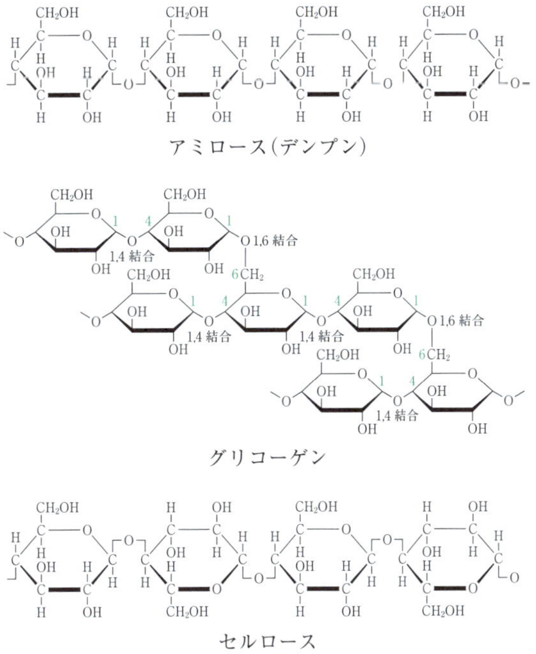

図 2-11 多糖類の構造

糖鎖が結合している．

一方，糖脂質は，2 分子の脂肪酸と 1 分子の糖鎖が結合した分子で，動物細胞の場合，多くの糖脂質は脂肪酸部分が細胞膜に埋め込まれ，細胞の外側に糖鎖が伸びる形で存在している．

真核細胞の表面には，細胞膜に埋め込まれた糖タンパク質や糖脂質に結合している無数の糖鎖が伸びている．細胞の種類ごとに複合糖鎖分子に結合している糖鎖の構造や数も異なっていて，糖タンパク質に結合する糖鎖は，さまざまな細胞外からの分子が特定の細胞に結合するときに細胞を見分けるための目印になっている．ウイルスや細菌の中には，細胞表面の特定の糖鎖を見分けることで特定の細胞に感染するものが少なくない．一方，糖脂質も，その多くは細胞膜の表層に存在して情報伝達のためのアンテナ分子としての役割を果たしている．例えば，ABO 式の血液型を決めている分子も赤血球の細胞膜表面に存在する糖脂質分子である．

2.5節のまとめ
- 糖質は炭水化物ともよばれ，$C_m(H_2O)_n$の一般式で表すことができる．
- 糖質は，エネルギーの貯蔵に使われるとともに，細胞の構造を支える骨格にもなる．
- 多数のグルコースが結合したアミロース（デンプン）は重要なエネルギー源である．
- 生体には，糖鎖がタンパク質や脂質と結合した，糖タンパク質や糖脂質が存在する．

2.6 生物に必要な物質の吸収と利用

これまで述べたさまざまな分子を生物がどのようにして体内に取り込み，利用しているかをみてみよう．

2.6.1 生体分子の消化と吸収

植物は自分の体をつくるために必要な大部分の物質を自身で合成できるが，動物は食物として必要な物質を補給している．ヒトの場合，主要な栄養素は，脂肪・炭水化物・タンパク質である．これらの成分は，種々の消化酵素により体内に吸収されて利用される．

脂質は，膵臓から分泌される膵液に含まれる酵素のリパーゼによって，グリセリンと脂肪酸に分解される．リン脂質も，膵液に含まれるホスホリパーゼでグリセリンと脂肪酸に分解される．

糖質の場合は，デンプンは唾液に含まれるアミラーゼによってグルコース2個分程度にまで切断されたのち，腸から分泌されるマルターゼによってグルコースにまで分解される．スクロース（ショ糖）やラクトース（乳糖）などの二糖類も，腸から出るスクラーゼやラクターゼなどの酵素で，単糖にまで分解される．

タンパク質は，酸性の胃液中に分泌されたペプシンによって，アミノ酸鎖のペプチド結合が加水分解され，短いアミノ酸鎖に分解される．さらに膵液に含まれるトリプシン，キモトリプシン，エラスターゼなどのタンパク質分解酵素が，それぞれ特定の種類のアミノ酸の隣のペプチド結合を加水分解し，最終的にアミノ酸2個程度にまで分解される．

DNAやRNAなどの核酸も，膵臓や腸から分泌される核酸分解酵素によって基本単位にまで分解される．

小腸の細胞膜には，このようにして分解された各分子を吸収するための種々の輸送タンパク質が存在し，必要な物質を細胞内に取り込む．取り込まれた物質は細胞の反対側の細胞膜（バソラテラル膜）から血液中に取り込まれて，必要な臓器へ送られる．このように，ほとんどの生体高分子化合物は，胃や腸で基本単位構造にまで分解された後，体内に取り込まれる．

2.6.2 必須アミノ酸

生物は，こうして取り込んださまざまな分子を組み合わせて，自分の体に必要な分子を生合成することができる．このことは，取り込んだアミノ酸を違う順番に並べ変えるだけでなく，化学反応によって別の分子を生合成することもできることを意味している．例えば，生物は20種類のアミノ酸のうち，その多くを他のアミノ酸などを材料にして生体内で合成することができる．

しかし，ある種の動物では，20種類のうち一部のアミノ酸を合成する能力を失っている．例えばヒトの場合では，トリプトファン，リシン，メチオニン，フェニルアラニン，トレオニン，バリン，ロイシン，イソロイシン，ヒスチジンのアミノ酸を十分に合成できず，外部から摂取する必要があることから，これら9種類のアミノ酸は**必須アミノ酸**（essential amino acid）とよばれている．なお，動物の種類によって必須アミノ酸の種類は異なっている．

2.6.3 ビタミン

生物は，細胞で使われる小さな分子の多くを自身で合成できるが，ごく一部，自分ではまったく合成できなかったり，必要な量を十分に合成できなかったりするものがある．これらの分子の中に，**ビタミン**（vitamin）とよばれる分子がある．例えば，コラーゲンのアミノ酸にOH基を付加する酵素の反応に必要なアスコルビン酸がその例である．またビタミンA（レチノイン酸）は，目の中にある光を検知するタンパク質と結合して光の受容を担う分子で，欠乏すると光が少ない夜間に目がみえなくなる夜盲症になる．

> **2.6 節のまとめ**
> - 動物は，食物として脂肪・炭水化物・タンパク質などの栄養素を外部から補給している．
> - 脂肪・炭水化物・タンパク質などの成分は，種々の消化酵素により分解された後，体内に吸収されて利用される．
> - ヒトの場合，自身では十分に合成できず外部から摂取しないといけないアミノ酸（必須アミノ酸）がある．
> - 生物は，自身ではまったく合成できなかったり，必要な量を十分に合成できなかったりする物質があり，これらの小分子をビタミンとよんでいる．

2.7 核酸と遺伝子

細胞内で占める重量はずっと少ないが，生物の機能の中核的な役割を果たす核酸についてみてみよう．核酸は，リボ核酸（ribonucleic acid：RNA）とデオキシリボ核酸（deoxyribonucleic acid：DNA）の2種類があり（表 2-7），ほとんどの生物の設計図として重要なのが DNA である．

2.7.1 生物の設計図

生物は個体数（細胞数）が「増える」ことが必要で，増えるためには一つの細胞を構成する各種の分子や構造物の量をまず2倍に増やした後，それらを2分割して子孫である二つの娘細胞に分配しなくてはならない．

これらの量を増やすための方法として，生物は設計図としての DNA を用意しておいて，設計図からコピーを繰り返すことによって細胞数を増やす方式を選択した．

設計図である DNA には，二つの情報が欠かせない．一つ目は，「どのような部品をつくるのか」という構造を記した情報である．2.3.2 項で述べたように，あるアミノ酸が並んだタンパク質がつくられると，タンパク質自身が自然に折り畳まれて，複雑な立体構造をとるようになる．したがって，設計図である DNA には，「アミノ酸をどのような順番に並べるか」という情報だけがあればよい．

設計図に必要な二つ目の情報は，どのタンパク質を，どのようなタイミングで，どのくらいつくるかという情報である．筋肉，脳などの各組織を構成する細胞では，必要なタンパク質は大きく異なっている．どの細胞も一様に設計図に載っているすべてのタンパク質をいつもすべてつくっていたのでは，細胞ごとの必要性に応えることができない．つまり，タンパク質をつくるためにアミノ酸の並び方を示した，DNA からなる設計図と，各タンパク質をどのタイミングで，どのぐらいつくるかについての情報の両者を合わせたものが，細胞があるタンパク質をつくるのに必要な"基本データ"ということになる．

このような基本データのことを，「子孫に遺伝して伝わるもの」という意味で遺伝子（gene）とよんでいる．英語の gene は，もっと意味の広い「もとになるもの」という意味である．遺伝子は単に親の細胞から子孫の細胞に遺伝するだけでなく，遺伝子をもとに，生物に必要なすべてのタンパク質をつくるための，大元にもなっている．

生物では，タンパク質だけでなく糖質や脂質などのさまざまな分子もつくられている．しかし，生物の設計図である DNA に書かれているのはタンパク質の情

表 2-7 DNA と RNA の比較

		DNA	RNA*
構造	主な塩基	アデニン，グアニン，シトシン，チミン	アデニン，グアニン，シトシン，ウラシル
	糖構造	デオキシリボース 二重らせん	リボース 鎖状，部分的に二重らせん
存在場所		核（染色糸）（微量にミトコンドリア）	細胞質・核（核小体・染色糸）
分解酵素		DNA 分解酵素（DNase）	RNA 分解酵素（RNase）
細胞内での働き		遺伝の本体（タンパク質合成のための設計図）	タンパク質の合成

＊ RNA には mRNA，rRNA，tRNA があり，それぞれの構造，存在場所，役割は異なっているが，ここではまとめて示した．

報だけで，糖や脂質の設計図は含まれていない．その
かわり，設計図には糖や脂質を合成するために必要な
タンパク質の情報が書かれている．この情報に従っ
て，適切な種類のタンパク質を，適切なときに適切な
量だけをつくると，つくられたそれらのタンパク質が
各種の糖や脂質を合成してくれるのである．

2.7.2 生物の設計図である DNA のゲノム情報

このような設計図をつくるのに使われている分子が核酸，特に DNA である．4 章で詳しく述べられているが，DNA は **ヌクレオチド（nucleotide）** とよばれる基本となる化合物が多数連なった非常に細長い鎖分子である．DNA は 2 本の鎖がより合わさった **二重らせん構造（double helix）** をしており，この 2 本からなる鎖の幅は約 20 nm で，長さはヒトの場合，24 対に分かれた染色体をすべてつなげたとすると，全体で 30 億対（60 億個）のヌクレオチドからできていて，長さは 1 m に達する．

この DNA はこのように非常に細長い二重らせん構造をした分子で，その中に各タンパク質の設計図（アミノ酸の配列情報）が遺伝子という形で納められている．しかし，DNA の端から端まで遺伝子が並んでいるわけではない．すなわち，ヌクレオチドが並んでいる DNA には，遺伝子として利用される部分と，遺伝子と遺伝子の間をつなぐ部分からなっている．ヒトの場合には，遺伝子の部分よりも遺伝子の間をつなぐ部分の方がはるかに多く，細長い DNA の鎖のところどころに，重要な情報が記録されていて，この部分を遺伝子とよんでいる．

このように DNA の細長い鎖には多数の遺伝子の情報が記録されている．タンパク質のアミノ酸の配列を記録した DNA 鎖全体を **ゲノム（genome）** とよぶ．ゲノムとは，遺伝子（gene）に「すべてのもの」を表す接尾辞（-ome）を組み合わせた造語である．

DNA は生物の設計図であることから，単純な生物ほど DNA は短く遺伝子の数も少ないのに対して，複雑な生物では DNA は長く遺伝子の数も多いと考えられる．しかし，この考えはある程度合ってはいるが，そう単純ではない．生物の中で最も単純で短い遺伝情報をもつものは **ウイルス（virus）** である．すでに述べたようにウイルスは厳密には生物とよべないが，他の生物の細胞に自身の遺伝情報を注入して自分のコピーをつくらせることができる，生物に近い性質をもっている．真核生物に感染するものをウイルスとよび，原核生物に感染するものを **ファージ（phage）** とよぶ．このようなウイルスやファージは，数十万〜百万程度のヌクレオチド対をもっている．

原核生物は 100 万〜500 万ヌクレオチド対，真核生物の場合，単細胞の生物でも 1000 万以上のヌクレオチド対をもっている．多細胞の真核生物では，1 億以上のヌクレオチド対をもつものが普通である．ヒトは生物の中でも最も複雑で精緻な存在のように考えたいが，DNA の量のみから判断すると必ずしもそうではない．哺乳類の DNA はカモノハシからヒトまでほとんどが 25 億〜30 億ヌクレオチド対で，長さはあまり変わらない．植物には，イネやシロイヌナズナのようにヒトより短い数億ヌクレオチド対程度のものも存在するが，小麦やユリではそれぞれ 170 億，1200 億ヌクレオチド対で，ヒトよりはるかに大きいゲノムをもつものもある．

2.7 節のまとめ

- 核酸は，リボ核酸（RNA）とデオキシリボ核酸（DNA）の 2 種類がある．
- 2 種類の核酸のうち，ほとんどの生物の設計図として特に重要なのは DNA である．
- DNA 鎖には多数の遺伝子の情報が記録されていて，タンパク質のアミノ酸の配列を記録した DNA 鎖全体をゲノムとよんでいる．

3. タンパク質と酵素

3.1 タンパク質を構成するアミノ酸

生体内でさまざまな生物学的機能を発現するうえで中心的役割を果たしている生体物質がタンパク質である．タンパク質は，アミノ酸が直線的に連結して構成されている．本節では，タンパク質を構成するアミノ酸について説明する．

3.1.1 アミノ酸の構造と鏡像異性体

天然のタンパク質を構成するアミノ酸は **αアミノ酸（α-amino acid）** である．アミノ基とカルボキシ基が同一の炭素原子（α炭素）に結合していることからαアミノ酸という．αアミノ酸のα炭素には，αアミノ基とαカルボキシ基以外に，水素原子と，側鎖という原子団Rが結合している（図3-1）．天然のタンパク質は20種類のαアミノ酸から構成されているが，αアミノ酸の種類ごとに，側鎖Rの構造式は異なる．

20種類のαアミノ酸のうち，側鎖Rが水素原子であるグリシン以外のαアミノ酸では，α炭素に結合する四つの原子または原子団が異なる．このような，結合する四つの原子または原子団が異なる炭素を **不斉炭素（asymmetric carbon）** という．不斉炭素を有するアミノ酸には，鏡に写したときの，もとの物質と鏡像の関係に相当する **鏡像異性体（enantiomer）** が存在する．鏡像異性体は，左手と右手のような関係にあり，重ね合わせることはできない．αアミノ酸の鏡像異性体は，L-アミノ酸とD-アミノ酸という（図3-2）．天然のタンパク質はL-アミノ酸から構成されており，D-アミノ酸を含むタンパク質が非常にまれに存在する．一方，グリシンというαアミノ酸は，側鎖Rが水素原子であるため，2個の水素原子がα炭素に結合している．このため，グリシンのα炭素は不斉炭素ではなく，グリシンには鏡像異性体は存在しない．

3.1.2 アミノ酸の電離

アミノ酸はαカルボキシ基とαアミノ基を有しており，これらの官能基が水溶液中で電離する．このため，アミノ酸は水溶液中でイオン化しており，イオン化の状態が水溶液のpHによって変化する．生理的な中性の水溶液中では，αカルボキシ基はプロトンが解離したCOO^-の状態で存在し，αアミノ基はプロトンが付加したNH_3^+の状態で存在する（図3-3）．このようにアミノ酸は，分子内に正に電離した官能基と負に電離した官能基を有する **両性イオン（または双性イオン（zwitter ion））** である．3.1.3項で詳しく述べるように，側鎖Rが電離しないアミノ酸と電離するアミノ酸がある．側鎖Rが電離しないアミノ酸では，アミノ酸全体として，酸性水溶液中では正の電荷を有し，中性水溶液中では電気的に中性となり，塩基性水溶液中では負の電荷を有する．アミノ酸全体

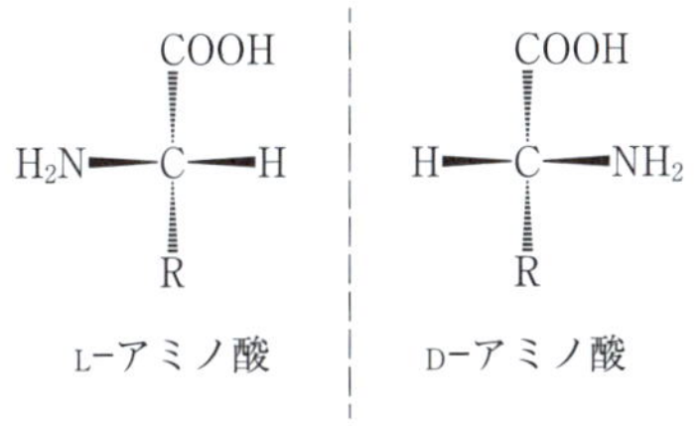

図3-2　L-アミノ酸とD-アミノ酸

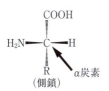

図3-1　αアミノ酸の構造式

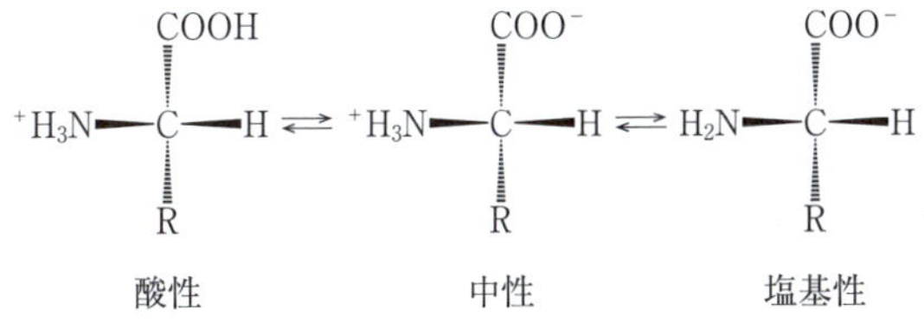

図3-3　αアミノ酸の電離

〈非極性アミノ酸〉

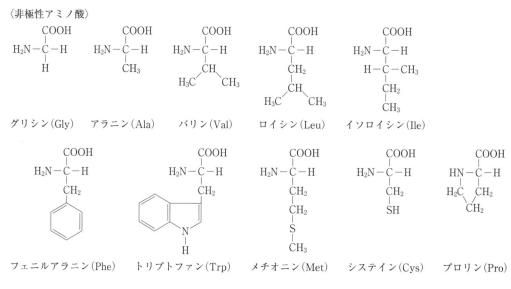

グリシン(Gly)　アラニン(Ala)　バリン(Val)　ロイシン(Leu)　イソロイシン(Ile)

フェニルアラニン(Phe)　トリプトファン(Trp)　メチオニン(Met)　システイン(Cys)　プロリン(Pro)

〈極性アミノ酸〉
中性アミノ酸

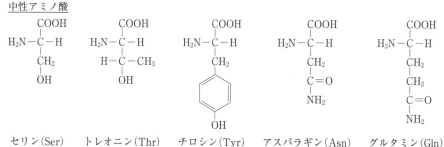

セリン(Ser)　トレオニン(Thr)　チロシン(Tyr)　アスパラギン(Asn)　グルタミン(Gln)

酸性アミノ酸　　　　　　　　　　塩基性アミノ酸

アスパラギン酸(Asp)　グルタミン酸(Glu)　リシン(Lys)　アルギニン(Arg)　ヒスチジン(His)

図 3-4　天然のタンパク質を構成する 20 種類の α アミノ酸の構造式と名称と 3 文字表記

として，電気的に中性となる水溶液の pH を**等電点** (isoelectric point) といい，記号 pI で表す．

3.1.3 アミノ酸の分類

天然のタンパク質を構成する 20 種類の α アミノ酸は，側鎖 R の構造によって多様な性質を示す（図 3-4）．電気陰性度が高い窒素原子や酸素原子をほとんど含まず，電気陰性度が低い炭素原子や水素原子から側鎖 R が主に成り立つ**非極性アミノ酸** (nonpolar amino acid) と，電気陰性度が低い炭素原子や水素原子のみならず，電気陰性度が高い窒素原子や酸素原子からも側鎖 R が成り立つ**極性アミノ酸** (polar amino acid) に大別される．非極性アミノ酸は，脂肪族側鎖をもつアミノ酸と芳香族側鎖をもつアミノ酸に分類さ

れる．極性アミノ酸は，側鎖 R が生理的中性で電離して負電荷を有する酸性アミノ酸と，側鎖 R が生理的中性で電離しない中性アミノ酸と，側鎖 R が生理的中性で電離して正電荷を有する塩基性アミノ酸に分類される．アスパラギン酸（Asp）とグルタミン酸（Glu）が典型的な酸性アミノ酸であり，等電点が酸性側にある．リシン（Lys）とアルギニン（Arg）が典型的な塩基性アミノ酸であり，等電点が塩基性側にある．ヒスチジン（His）は図 3-4 で塩基性アミノ酸に分類されているが，等電点が中性に近いので，典型的な塩基性アミノ酸とはいいがたい．

システイン（Cys）は側鎖 R にチオール基（SH）を有しており，タンパク質内において 2 個のシステインが立体的に近い距離にあるときには，この間でジスルフィド結合（disulfide bond）という架橋（S-S）が形成されることがある（図 3-5）．

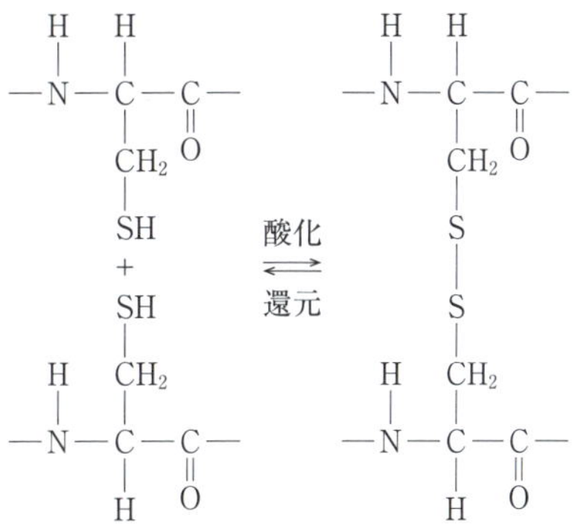

図 3-5 ジスルフィド結合の形成

3.1 節のまとめ
- 天然のタンパク質は，20 種類の α アミノ酸から構成されている．
- 天然のタンパク質は，α アミノ酸の鏡像異性体のうち L-アミノ酸から構成されている．
- アミノ酸は，分子内に正に電離した官能基と負に電離した官能基を有する両性イオンである．
- アミノ酸全体として，電気的に中性となる水溶液の pH を等電点という．
- アミノ酸は，非極性アミノ酸と極性アミノ酸に大別される．

3.2 タンパク質の構造と機能

アミノ酸が直線的に連結し，これが折り畳まれることにより，タンパク質の立体構造が形成され，生物学的機能を発現できるようになる．本節では，タンパク質の構造と機能について説明する．

3.2.1 ペプチド結合

1 個の α アミノ酸の α カルボキシ基ともう 1 個の α アミノ酸の α アミノ基が水を脱離しながら連結することにより，α アミノ酸同士が連結した物質をペプチドという．この際に形成される α アミノ酸間の結合をペプチド結合（peptide bond）という（図 3-6）．2 個の α アミノ酸が結合した物質をジペプチドといい，3 個の α アミノ酸が重合した物質をトリペプチドという．連結する α アミノ酸の数が増加するに伴い，オリゴペプチド，ポリペプチド，タンパク質と，物質の名称が変化する．

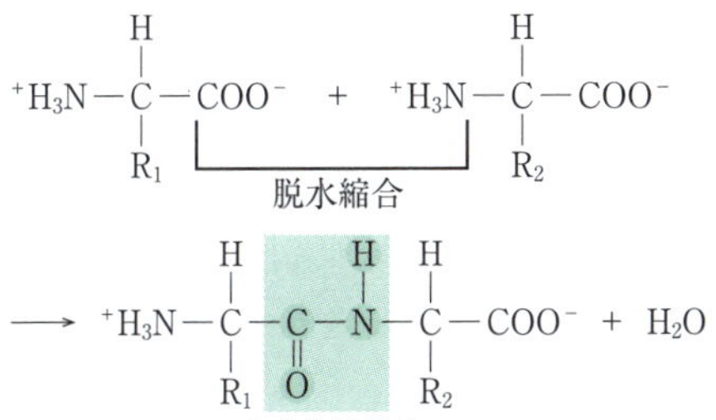

ペプチドの両末端には，ペプチド結合の形成に関与しない，α アミノ基を有する末端と α カルボキシ基を有する末端がある．これらの末端をそれぞれアミノ末端（amino terminal，N 末端）とカルボキシ末端（carboxy terminal，C 末端）という（図 3-7）．ペプチドには方向性があり，ペプチドを表記する場合には，アミノ末端（N 末端）を左側に，カルボキシ末端（C 末端）を右側に書き，ペプチド結合をハイフンで表す．Glu-Cys-Gly と Gly-Cys-Glu は，アミノ酸の組成や結合する順番は同じであるが，異なるペプチドである．ペプチド中の各々のアミノ酸をアミノ酸残基（amino acid residue）という．ペプチド中の，−NH−CH−CO− の繰り返しからなる構造を主鎖（main chain）という．主鎖から突き出している原子

図 3-6 ペプチド結合の形成

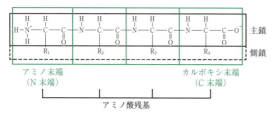

図 3-7　ペプチドの構造

団 R を，アミノ酸のときと同様に，**側鎖（side chain）**という（図 3-7）．

天然のタンパク質を構成する α アミノ酸には，α アミノ基と α カルボキシ基以外に，側鎖にアミノ基やカルボキシ基を有する α アミノ酸も存在する．しかし，側鎖のアミノ基やカルボキシ基はペプチド結合の形成に関与しないので，α アミノ酸は直線的に連結する．このため，ペプチドには枝分かれがなく，直線的な構造を形成する．

3.2.2　タンパク質の階層的構造

タンパク質の構造には，一次構造，二次構造，三次構造，四次構造の 4 段階があり，これらを**タンパク質の階層的構造（hierarchical structure of proteins）**という．これらの構造を順番に説明する．

a. タンパク質の一次構造

4 章と 5 章で述べるように，生体内では，生命の設計図である遺伝子から転写と翻訳の段階を経て，タンパク質が産生される．すべてのタンパク質は，遺伝子によって決められた固有のアミノ酸配列を有する．ただ，産生されたタンパク質が正しいアミノ酸配列を有していても，引き延ばされた状態のままでは，生物学的機能を発現することはできない．タンパク質が正しく折り畳まれて，固有の立体構造を形成できたときに，生物学的機能を発現できる．タンパク質のアミノ酸配列によって，タンパク質の立体構造は決定されている．このようなタンパク質のアミノ酸配列を，**タンパク質の一次構造（primary structure）**という．

b. タンパク質の二次構造

タンパク質内の隣接する領域の間の，水素結合などの化学結合により，特徴的な立体構造を形成することがある．この立体構造を**タンパク質の二次構造（secondary structure）**という．代表的な二次構造は，**α ヘリックス構造（α helix）**と**β シート構造（β sheet）**である．

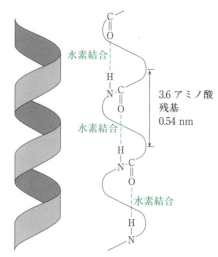

図 3-8　α ヘリックス構造

（ⅰ）α ヘリックス構造（図 3-8）

α ヘリックス構造は，ペプチド鎖の円筒状のらせん構造である．N 番目のアミノ酸の主鎖の C=O 基と $(N+4)$ 番目のアミノ酸の主鎖の N−H 基が水素結合を形成する．この水素結合により，α ヘリックス構造が安定化されている．この水素結合は，ペプチド鎖の進行方向に対してほぼ平行である．らせんは 3.6 アミノ酸残基で 1 回転し，らせん 1 回転でらせん軸方向に 0.54 nm 進行する．

（ⅱ）β シート構造（図 3-9）

β シート構造は，複数個の伸びたペプチド鎖が平行に並んで形成される，ひだ折り状の構造である．隣接するペプチド鎖の主鎖の C=O 基と N−H 基が水素結合を形成する．この水素結合により，β シート構造が安定化されている．この水素結合は，ペプチド鎖の進行方向に対してほぼ垂直である．隣り合うペプチド鎖が同一方向に進行している場合を平行 β シート構造といい，反対方向に進行している場合を逆平行 β シート構造という．

c. タンパク質の三次構造

二次構造同士が互いに折り畳まれて形成される，個々のタンパク質に特徴的な三次元の立体構造を，**タンパク質の三次構造（tertiary structure）**という．タンパク質の三次構造は，タンパク質分子内の非共有結合性の相互作用（静電的相互作用，水素結合，疎水性相互作用）と共有結合（ジスルフィド結合）によって主に維持されている（図 3-10）．

（ⅰ）静電的相互作用

正電荷を有するイオンと負電荷を有するイオンの間

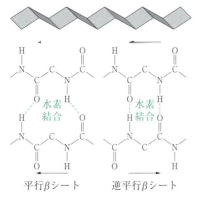

図 3-9 βシート構造

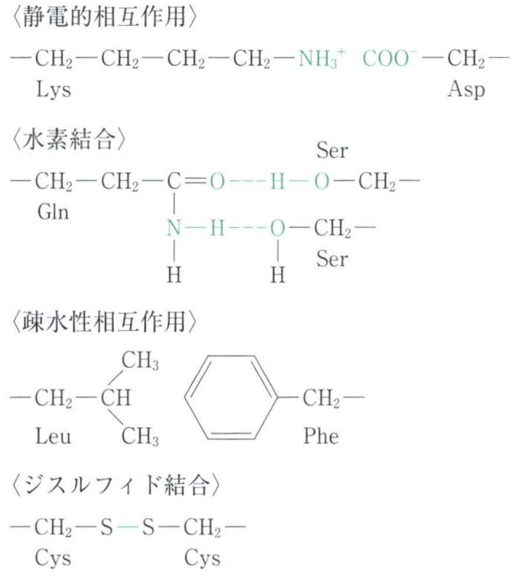

〈静電的相互作用〉

—CH₂—CH₂—CH₂—CH₂—NH₃⁺ COO⁻—CH₂—
　　　　　Lys　　　　　　　　　　　　Asp

〈水素結合〉

　　　　　　　　　　　　　　Ser
—CH₂—CH₂—C=O---H—O—CH₂—
　　　　　Gln
　　　　　　　　　N—H---O—CH₂—
　　　　　　　　　H　　　H　Ser

〈疎水性相互作用〉

　　　　CH₃
—CH₂—CH　　　　　　　　—CH₂—
　　　　CH₃
　　　Leu　　　　　　　　　　Phe

〈ジスルフィド結合〉

—CH₂—S—S—CH₂—
　Cys　　　　Cys

図 3-10 タンパク質の三次構造を維持する相互作用

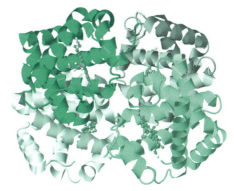

図 3-11 ヘモグロビンの四次構造. 各々の色がサブユニットを示す.

のクーロン力の相互作用を静電的相互作用といい, 塩橋ともいわれる. 例えば, リシン (Lys) とアルギニン (Arg) のように電離して正電荷を有するアミノ酸の側鎖と, アスパラギン酸 (Asp) とグルタミン酸 (Glu) のように電離して負電荷を有するアミノ酸の側鎖の間のクーロン力が, これに相当する. また, αアミノ基が電離して正電荷を有するアミノ末端 (N末端) と, αカルボキシ基が電離して負電荷を有するカルボキシ末端 (C末端) の間のクーロン力もこれに相当する.

(ⅱ) 水素結合

XとYが電気陰性度の高い窒素原子や酸素原子であるときに, 水素供与基 (—X—H) と受容原子 (—Y, =Y) の間で形成される相互作用を, 水素結合という. ペプチド鎖の主鎖のN—H基やC=O基, 極性アミノ酸の側鎖などがこれらに相当し, 水素結合

に関与する. 水素結合は高い方向性を有し, 水素供与基と受容原子が直線的に配置する.

(ⅲ) 疎水性相互作用

タンパク質は通常, 水和して水溶液中に存在するので, 極性アミノ酸がタンパク質の表面に存在し, 非極性アミノ酸がタンパク質の内側に存在することが多い. 非極性アミノ酸は水溶性溶媒にできるだけ接触しないように, タンパク質の内側に集まるので, タンパク質の内側では非極性アミノ酸が集まり, 非極性アミノ酸同士が相互作用する. このような非極性アミノ酸の側鎖同士の相互作用を疎水性相互作用という.

(ⅳ) ジスルフィド結合

タンパク質内の2個のシステインが立体的に近い距離にあるときに, システインの側鎖のチオール基 (SH) の間で形成される架橋を, **ジスルフィド結合** (**disulfide bond**, S-S) という. ジスルフィド結合は共有結合であるが, 2個のチオール基から酸化されるとジスルフィド結合が形成され, ジスルフィド結合が還元されると2個のチオール基に戻るというように, 可逆的に形成される.

d. タンパク質の四次構造

タンパク質には複数のペプチド鎖から形成されているものが少なくない. この場合には, 各々のペプチド鎖が折り畳まれて三次構造を形成するが, この各々のペプチド鎖を**サブユニット** (**subunit**) という. このサブユニットが集合してタンパク質を形成するが, サブユニットが集合するときの構成, 空間的配置, 相互作用を**タンパク質の四次構造** (**quaternary structure**) という. 例えば, 四次構造を有するタンパク質の例に, 体内で酸素を運搬するタンパク質であるヘモグロビンなどが挙げられる. ヘモグロビンは, α₁, α₂,

$β_1$, $β_2$ の4個のサブユニットから構成されている（図3-11）．

サブユニット同士が共有結合であるジスルフィド結合で結びついている場合がある．また，サブユニット同士がジスルフィド結合で結びついていない場合には，静電的相互作用，水素結合，疎水性相互作用のような非共有結合性の相互作用で集合し，結びついている．

3.2.3 タンパク質の変性

タンパク質の三次元構造は，さまざまな物理的要因や化学的要因に対して高い感受性を有する．さまざまな物理的要因や化学的要因の下で，タンパク質の折り畳みがほどかれたり，ほどかれないまでもタンパク質の三次元構造が部分的に壊れたりする．タンパク質の三次元構造が崩壊すると，多くの場合，タンパク質の機能も喪失する．これを**タンパク質の変性（denaturation）**という．これは，さまざまな物理的要因や化学的要因の下で，3.2.2項 c で述べた，タンパク質の三次元構造を維持する相互作用が喪失したり，減弱したりするためである．

タンパク質の変性を引き起こす物理的要因や化学的要因としては，強酸および強塩基（pH変化に伴うイオン化や脱イオン化により，静電的相互作用や水素結合が喪失する），有機溶媒（非極性アミノ酸が水溶性溶媒を避けて，タンパク質の内側に集まる必要がなくなり，表面に露出し，疎水性相互作用が喪失する），高塩濃度（電離した官能基と水和水の相互作用が喪失し，タンパク質から水和水が脱離し，タンパク質同士が凝集しやすくなる），変性剤（尿素など．ほとんどの非共有結合性の相互作用が喪失する），還元剤（メルカプトエタノールなど．ジスルフィド結合が喪失する），高温（分子振動が速くなり，非共有結合性の相互作用が喪失する），物理的力（タンパク質の構造を維持する力の微妙なバランスを喪失する）などが挙げられる．

3.2.4 タンパク質の全体的な形状

タンパク質の全体的な形状に基づき，**繊維状タンパク質（fibrous protein）**と**球状タンパク質（globular protein）**に大別される．繊維状タンパク質は，細長い繊維状の構造を有し，水溶性溶媒に溶けにくいが，物理的に強く，変性しにくい．繊維状タンパク質は，骨，髪，皮膚，骨格筋，絹糸などに含まれ，生体の構造形成に関連することが多い．一方，球状タンパク質は球状の構造を有し，水溶性溶媒に溶けやすい．球状タンパク質は，酵素などが相当し，動的な生物学的機能に関連することが多い．

3.2.5 タンパク質の構成成分

タンパク質の構成成分に基づき，**単純タンパク質（simple protein）**と**複合タンパク質（conjugated protein）**に大別される．ペプチド鎖のみからなるタンパク質を単純タンパク質という．ペプチド鎖以外に，非タンパク質性分子を含むタンパク質を複合タンパク質という．非タンパク質性分子としては，糖鎖，脂質，金属イオン，ヘムなどが挙げられる．糖鎖や脂質はペプチド鎖に共有結合で結合しているが，金属イオンやヘムはイオン結合や配位結合で結合していることが多い．

3.2.6 タンパク質の機能

タンパク質は生体内で多様な機能を発現する．タンパク質の代表的な生物学的機能を説明する．

a. 生体触媒

生体触媒の活性を発現するタンパク質群を酵素という．酵素は，生体内における非常に多くの化学反応を，中性付近で室温か体温付近という温和な条件で，効率的に進行する．酸化還元反応，転移反応，加水分解反応，脱離反応，異性化反応，連結反応など，生体内のほとんどすべての化学反応の進行を促進する．酵素の詳しい性質は3.3節で述べる．

b. 構造維持

生体構造を形成する支持体として機能したり，生体構造の機械的強度を保ったり，細胞の配置を制御するなどの機能を有する．例えば，皮膚，骨，血管，臓器などの主要構成成分であるコラーゲンや，細胞間接着を司り，動物の胚発生に重要であるカドヘリンなどがある．

c. 運動

細胞骨格を構成し，細胞運動に関与するなどの機能を有する．細胞分裂，エンドサイトーシス，エキソサイトーシス，有糸分裂時における染色体の移動，神経細胞における軸索輸送などにおいて機能する．例えば，筋肉を構成し，筋肉の収縮や弛緩を起こすアクチン・ミオシンや，微小管や中心体を形成するチューブリンなどがある．

d. 輸送

細胞膜を通して，または細胞間で，低分子化合物やイオンなどに結合してこれらを運ぶ機能を有する．例えば，赤血球中に存在し，酸素を運ぶヘモグロビンや，血液中に存在し，脂質を運ぶリポタンパク質や，鉄を運ぶトランスフェリンなどがある．

e. 貯蔵

栄養の貯蔵に関与するなどの機能を有する．例えば，卵白の主要構成成分であるオボアルブミンや，細胞中で鉄イオンを貯蔵するフェリチンなどがある．

f. 生体防御

細菌やウイルスが生体に感染して侵入した際に，これを攻撃して排除したり，血管などの組織が損傷を受けた際に修復するなどの機能を有する．例えば，外来の異物を認識して排除する免疫機能に関与する免疫グロブリンや，血液凝固に関与するフィブリノーゲンなどがある．

g. 情報伝達

ホルモンや増殖因子などの細胞外からの刺激を細胞が受けたり，細胞外から受けたさまざまな情報を細胞内に伝達するなどの機能を有する．例えば，血糖値を下げるホルモンであるインスリンや，細胞の成長と増殖を制御する上皮細胞増殖因子などがある．

3.2.7 多機能性タンパク質

複数の生物学的機能，また時には互いに無関係な複数の生物学的機能を有するタンパク質を**多機能性タンパク質（multifunctional protein）**という．例えば，ラクトフェリンというタンパク質は，細菌の増殖を抑制する，ウイルスの細胞への侵入を阻害する，遊離の鉄イオンを捕捉してヒドロキシラジカルの産生を抑制する，発がんや腫瘍の転移を抑制する，骨形成を促進する，繊維芽細胞や角化細胞の細胞遊走を促進して創傷の治癒を促進するなど，多様な機能を有する．

3.2 節のまとめ

- 天然のタンパク質では，αアミノ酸同士がペプチド結合で直線的に連結している．
- タンパク質の構造には，一次構造，二次構造，三次構造，四次構造の4段階があり，これらをタンパク質の階層的構造という．
- タンパク質の三次元構造が崩壊すると，タンパク質の機能を喪失し，これをタンパク質の変性という．
- タンパク質の全体的な形状に基づき，繊維状タンパク質と球状タンパク質に大別される．
- タンパク質の構成成分に基づき，単純タンパク質と複合タンパク質に大別される．
- タンパク質は，生体触媒，構造維持，運動，輸送，貯蔵，生体防御，情報伝達など，さまざまな機能をもっている．
- 複数の生物学的機能を有するタンパク質を多機能性タンパク質という．

3.3 酵素の基本的性質

生体触媒の活性を発現するタンパク質群を酵素という．酵素は特有の性質を有する．本節では，酵素の基本的性質について説明する．

3.3.1 酵素の種類

生体内には膨大な数の酵素が存在する．酵素の機能に基づいて，6種類に大別される．

具体的には，酸化還元酵素（分子の酸化状態・還元状態が変化する酸化還元反応を触媒する酵素），転移酵素（一つの化合物のある官能基，例えばアミノ基，カルボキシ基，メチル基，リン酸基などをほかの化合

エドゥアルト・ブフナー

ドイツの化学者．酵母によって生産されるタンパク質（チマーゼと命名）が発酵の原因と考えた．これは後に酵素とよばれることになり，この発見により1907年にノーベル化学賞を受賞した．（1860-1917）

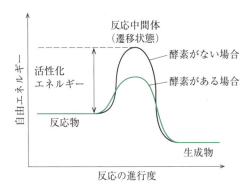

図 3-12 酵素が活性化エネルギーに及ぼす効果

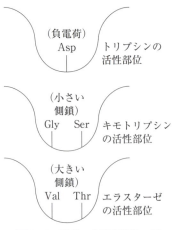

図 3-13 酵素の基質特異性の例

物に移動する反応を触媒する酵素），加水分解酵素（基質の C–O，C–N，O–P などの結合を加水分解する反応を触媒する酵素），脱離酵素（H_2O，CO_2，NH_3 などを脱離し，二重結合を残す反応や，その逆反応を触媒する酵素），異性化酵素（シス形 ⇌ トランス形，L 型 ⇌ D 型，アルデヒド ⇌ ケトンなど種々の異性体を相互変換する反応を触媒する酵素），連結酵素（2 個の基質を連結する反応を触媒する酵素）に分類される．

3.3.2 酵素による活性化エネルギーの減少と反応速度の増加

反応においては，反応前の反応物から，自由エネルギーが高く不安定な反応中間体（遷移状態）を経て，最終的には，反応物よりは自由エネルギーが低い，反応後の生成物に至る．反応前の反応物と反応中間体（遷移状態）の自由エネルギーの差を **活性化エネルギー（activation energy）** という．活性化エネルギーが大きいほど，反応が進みにくく，反応速度が小さい．活性化エネルギーが小さいほど，反応が進みやすく，反応速度が大きい．

酵素が結合する，酵素反応前の相手の物質を **基質（substrate）** という．酵素反応では，酵素が基質に結合して，基質の反応中間体（遷移状態）の自由エネルギーを低下させて安定化する（図 3-12）．これにより，反応前の基質と，基質の反応中間体（遷移状態）の自由エネルギー差である活性化エネルギーを減少させている．この活性化エネルギーの減少により，酵素反応の反応速度を増加させている．

このような活性化エネルギーの減少により，反応速度を増加させる触媒活性は，低分子の触媒でもみられる．しかし，低分子の触媒と異なり，酵素は中性付近で，室温か体温付近で，大気圧条件下という，生体中に近い温和な条件でも，触媒活性を発現できる点が特徴である．

3.3.3 酵素存在下における反応後の生成物量の不変性

反応前の反応物と反応後の生成物の自由エネルギー差は，酵素非存在下でも存在下でも一定であり，変化しない．このため，反応後の生成物量は，酵素非存在下でも存在下でも一定であり，変化しない．このように，酵素は，反応速度を増加させるが，反応後の生成物量を増加させるわけではないことに留意する必要がある．

3.3.4 酵素の基質特異性

酵素は基質を厳密に特異的に認識し，一つまたは少数の限られた基質のみの反応を触媒する．酵素は立体異性体も区別して認識する．このように，酵素が特定の基質に対してのみ高い反応性を示す性質を **基質特異性（substrate specificity）** という．

酵素の中で基質を認識して結合し，生成物に変換する部位を **活性部位（active site）** という．酵素の活性部位を形づくるアミノ酸残基の性質と空間的配置が，酵素の基質特異性を決定する（図 3-13）．例えば，トリプシン，キモトリプシン，エラスターゼのいずれの酵素も，ペプチド鎖の，あるアミノ酸残基のカルボキシ基側を切断する．

トリプシンの活性部位には，側鎖に負電荷を有するアスパラギン酸（Asp）残基が存在するので，側鎖に正電荷を有するリシン（Lys）とアルギニン（Arg）残基のカルボキシ基側を切断する．

キモトリプシンの活性部位には，グリシン（Gly）

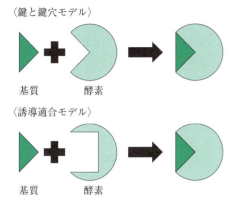

図 3-14　酵素と基質の結合様式のモデル

残基やセリン（Ser）残基のような，小さな側鎖を有するアミノ酸残基が存在するので，基質として大きな側鎖を有するアミノ酸の活性部位への接近が可能となり，側鎖に芳香環を有するアミノ酸残基のカルボキシ基側を切断する．

エラスターゼの活性部位には，バリン（Val）残基やトレオニン（Thr）残基のような，比較的大きな電荷を有しないアミノ酸残基が存在するので，基質として小さな側鎖を有するアミノ酸の活性部位への接近が可能となり，側鎖に小さな電荷を有しない側鎖を有するアミノ酸残基のカルボキシ基側を切断する．

3.3.5　酵素と基質の結合様式

酵素と基質の結合様式には，まるで鍵穴が鍵を受け入れるのと同じように，酵素の活性部位がこれとぴったりと結合できる特定の立体構造を有した基質を受け入れる**鍵と鍵穴モデル（lock-and-key model）**がある（図 3-14）．また，酵素の活性部位と基質がそのままの立体構造で結合するのではなく，基質との結合に伴って酵素の活性部位の立体構造が変わり，酵素の活性部位と基質がぴったりと結合できるように，特定の形に固定される**誘導適合モデル（inducedfit model）**もある（図 3-14）．

3.3.6　酵素活性に必要な補因子

酵素活性に必要な，タンパク質以外の化学物質を**補因子（cofactor）**という．無機物質の補因子は金属イオンである．アルカリ金属イオンおよびアルカリ土類金属イオン（Na^+，K^+，Mg^{2+}，Ca^{2+} など）や遷移金属イオン（Zn^{2+}，Cu^{2+}，Fe^{2+}，Fe^{3+}，Mn^{2+} など）が酵素に結合し，構造の維持や触媒活性に重要な役割を果たす．有機物質の補因子（**補酵素（coen-zyme）**ともいう）は水溶性ビタミンの誘導体であるものが多い．ニコチンアミドアデニンジヌクレオチド（NAD^+），ニコチンアミドアデニンジヌクレオチドリン酸（$NADP^+$），フラビンモノヌクレオチド（FMN），フラビンアデニンジヌクレオチド（FAD）のように，酸化還元酵素とともに，酸化還元反応で電子伝達に関与する．また，各々アルデヒド基，アミノ基，アシル基の転移に関与する，チアミンピロリン酸，ピリドキサールリン酸，補酵素 A のように，官能基の転移に関与する．

3.3.7　酵素活性に対する pH の影響

pH が変化すると，酵素の活性部位にある解離基のイオン化の状態が変化し，基質との結合が変化し，酵素活性が変化することがある．また，基質に解離基がある場合，基質の解離基のイオン化の状態が変化し，酵素の活性部位との結合が変化し，酵素活性が変化することもある．また，酵素全体の解離基のイオン化の状態が変化し，酵素の立体構造に変化を引き起こし，酵素が変性し，酵素活性が失われることもある．

酵素活性が最大になる pH を**最適 pH（optimum pH）**という．最適 pH は酵素によって大きく異なる．例えば，中性環境の小腸で働く酵素であるキモトリプシンの最適 pH は中性付近（pH 8）である．一方，酸性環境の胃で働く酵素であるペプシンの最適 pH は酸性（pH 2）である．

3.3.8　酵素活性に対する温度の影響

温度が高くなると，自由エネルギーが高く不安定な反応中間体（遷移状態）に移るのに必要なエネルギーを有した分子の割合が多くなり，反応速度が大きくなる．酵素活性もこれに相当する．しかし，温度が高くなると，分子振動が速くなり，酵素の立体構造を形成する非共有結合性の相互作用が喪失して，酵素が変性し，酵素活性が失われる．

酵素活性が最大になる温度を**最適温度（optimum temperature）**という．最適温度は酵素によって異なる．例えば，哺乳類など，体温が 37℃ 付近である生物の酵素の最適温度は 37℃ 付近であることが多い．一方，温泉などの高温に生育する高度好熱菌の酵素の最適温度は高温（70℃ 以上）であり，37℃ よりは著しく高い．

3.3.9　酵素活性の定量的取扱い

酵素反応開始時に，酵素によって基質が生成物に変換される速度を**酵素反応の初速度（initial velocity of**

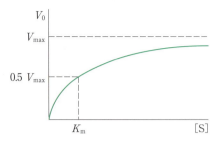

図 3-15　基質の濃度と酵素反応の初速度の関係

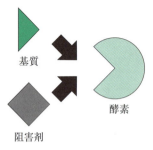

図 3-16　酵素活性の阻害

enzyme reaction）V_0 という．酵素反応の初速度 V_0 によって酵素活性は示される．酵素反応の初速度 V_0 は，以下の**ミカエリス・メンテンの式**（Michaelis-Menten equation）で与えられる．

$$V_0 = \frac{V_{\max}[S]}{K_m + [S]}$$

この式で，[S] は基質の濃度である．$V_{\max}$ と K_m は各々の酵素が基質と反応するときの，酵素活性を特徴づける定数である．$V_{\max}$ は，酵素反応の初速度の最大値を表す．すべての酵素が，生成物の産生に関与したと仮定したときの，酵素反応の初速度の最大値に相当する（図 3-15）．一方 K_m（ミカエリス定数）は，V_0 が $V_{\max}$ の半分の値（0.5 $V_{\max}$）になるときの [S] である（図 3-15）．また K_m は酵素と基質の結合親和性を表し，K_m の値が小さいときには，酵素と基質の結合親和性が高い．

3.3.10　酵素活性の阻害

ある分子が酵素に結合して，酵素全体の構造を変性させることはなく，酵素活性を低下させたり，消失させたりすることがある．このような分子を**酵素阻害剤**（enzyme inhibitor）という．

阻害剤が酵素に共有結合で結合した場合には，酵素と阻害剤の複合体が解離することはなく，酵素と阻害剤の結合が不可逆的である．このような場合には，酵素活性は永久に失われる．

阻害剤が酵素に可逆的に結合する場合もある．基質と阻害剤の構造が類似しており，酵素の活性部位に，基質と阻害剤が競合的に結合して，酵素反応の進行を妨げ，酵素活性が低下する場合がある（図 3-16）．また，基質と阻害剤の構造がまったく異なり，基質の結合部位である，酵素の活性部位とは異なる部位に阻害剤が結合して，酵素反応の進行を妨げ，酵素活性が低下する場合もある．

3.3 節のまとめ

- 酵素は機能に基づいて 6 種類に大別される．
- 酵素が基質に結合して，遷移状態の自由エネルギーを低下させ，酵素反応の活性化エネルギーを減少させることにより，酵素反応の反応速度を増加させている．
- 酵素は，反応速度を増加させるが，反応後の生成物量を増加させるわけではない
- 酵素が特定の基質に対してのみ高い反応性を示す性質を基質特異性という．
- 酵素と基質の結合様式には，「鍵と鍵穴モデル」と「誘導適合モデル」がある．
- 酵素活性に必要な，タンパク質以外の化学物質を補因子という．
- 酵素活性が最大になる最適 pH と最適温度は，酵素によって異なる．
- 酵素反応開始時に，酵素によって基質が生成物に変換される速度によって，酵素活性は示される．
- 酵素阻害剤が酵素に結合して，酵素全体の構造を変性させることはなく，酵素活性を低下させたり，消失させたりする．

3.4 酵素活性の調節

細胞は，その構造と機能を維持するために必要な物質やエネルギーを無駄なく生産し，消費する必要がある．また細胞は，温度，pH，イオン強度，栄養源の濃度などの環境の変化に迅速に対応する必要がある．これらを実現するために，細胞内で関連する酵素の量や活性が適切に調節されている．本節では，酵素活性の調節について説明する．

3.4.1 アロステリック調節

酵素の活性部位以外の部位に分子が結合して，酵素の形が変化して，酵素活性が調節を受けることがある．このような酵素活性の調節を**アロステリック調節**（allosteric regulation）という．結合する分子を**エフェクター**（effector）といい，これが結合して酵素活性が増加する場合は，この分子を**アロステリック活性化物質**（allosteric activator）といい，酵素活性が減少する場合は，この分子を**アロステリック阻害剤**（allosteric inhibitor）という．エフェクターが結合する，酵素の活性部位以外の部位を**アロステリック部位**（allosteric site）といい，このような調節を受ける酵素を**アロステリック酵素**（allosteric enzyme）という（図 3-17）．

細胞活動に伴って細胞内のエフェクターの濃度は変化し，エフェクターとアロステリック酵素の結合により，酵素活性が調節され，細胞内の重要な反応や代謝経路が調節を受ける．これにより，エフェクターを通して，離れた細胞・器官や異なる代謝経路が相互に連絡を取り合うことができる．

アロステリック酵素の例として，アスパラギン酸トランスカルバモイラーゼ（ATCアーゼ）が挙げられる（図 3-18）．この酵素により，アスパラギン酸とカルバモイルリン酸から，*N*-カルバモイルアスパラギン酸が産生され，さらに*N*-カルバモイルアスパラギン酸からいくつかの酵素反応を経て，最終的にはシチジン三リン酸（CTP）が産生される．この最終生成物である CTP が ATC アーゼのアロステリック部位に結合して，ATC アーゼの酵素活性を阻害する．これにより，CTP の産生が過剰にならないように調節している．このように，一連の酵素反応の最終生成物が，その産生に関与した酵素に結合し，アロステリック調節でその酵素の活性を減少させ，最終生成物の産生が過剰にならないように調節することがある．このような酵素活性の調節を**フィードバック阻害**（feedback inhibition）ともいう．

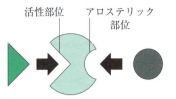

図 3-17 アロステリック酵素

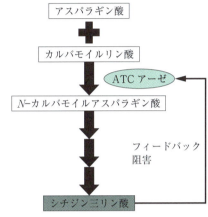

図 3-18 アロステリック酵素によるフィードバック阻害の例

図 3-19 酵素のリン酸化と脱リン酸化

3.4.2 共有結合を介した可逆的修飾による酵素活性の調節

酵素と非タンパク質性分子の間で共有結合が形成されたり，酵素と非タンパク質性分子の間の共有結合が加水分解されたりすることにより，不活性な酵素を活性化したり，活性な酵素を不活性化したりすることがある．非タンパク質性分子としては，リン酸基，メチル基，アセチル基などがある．例えば，酵素にリン酸基が結合して**リン酸化**（phosphorylation）されたり，酵素からリン酸基が脱離して**脱リン酸化**（dephosphorylation）されて，酵素活性が調節される場合がある（図 3-19）．

共有結合を介した可逆的修飾を受ける酵素の例とし

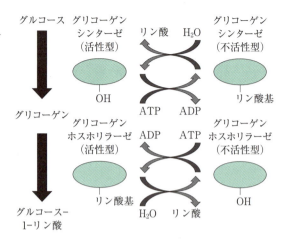

図 3-20　リン酸化と脱リン酸化で酵素活性を調節する酵素の例

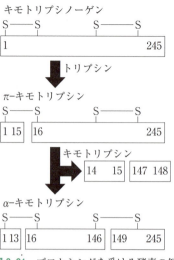

図 3-21　プロセシングを受ける酵素の例

て，グリコーゲンホスホリラーゼとグリコーゲンシンターゼが挙げられる（図 3-20）．グリコーゲンホスホリラーゼは，グルコース（ブドウ糖）の重合体であるグリコーゲンをグルコース-1-リン酸に分解する酵素である．リン酸基が結合していないグリコーゲンホスホリラーゼは，この酵素活性がない不活性型であり，リン酸基が結合したグリコーゲンホスホリラーゼは，この酵素活性がある活性型である．一方，グリコーゲンシンターゼは，グルコースからグリコーゲンを合成する酵素である．リン酸基が結合していないグリコーゲンシンターゼは，この酵素活性がある活性型であり，リン酸基が結合したグリコーゲンシンターゼは，この酵素活性がない不活性型である．

3.4.3　プロセシングによる酵素活性の調節

生体内では，生命の設計図である遺伝子から転写と翻訳の段階を経て，タンパク質が産生される．産生されたタンパク質が酵素活性を有しない**酵素前駆体 (zymogen)** であり，ほかの酵素によって，酵素前駆体の一部のペプチド結合が加水分解され，酵素前駆体内の一部のペプチド断片が遊離することにより，酵素活性を有する酵素に変換されることがある．このような，タンパク質内の一部のペプチド断片を切除することでタンパク質を活性化する機構を，タンパク質の**プロセシング (processing)** という．

プロセシングを受ける酵素の例として，キモトリプシンが挙げられる（図 3-21）．キモトリプシンは，タンパク質内で，側鎖に芳香環を有するアミノ酸残基のカルボキシ基側のペプチド結合を切断する酵素である．しかし，遺伝子からは，この酵素活性を有しない不活性型の酵素前駆体キモトリプシノーゲンとして産生され，膵臓で分泌される．キモトリプシノーゲンは小腸に輸送され，15 番目のアルギニン（Arg）と 16 番目のイソロイシン（Ile）の間のペプチド結合が，トリプシンの酵素活性で切断され，π-キモトリプシンに変換される．さらに，キモトリプシンの酵素活性でペプチド結合を切断することにより，14 番目のセリン（Ser）と 15 番目のアルギニン（Arg）からなるペプチド断片と，147 番目のトレオニン（Thr）と 148 番目のアスパラギン（Asn）からなるペプチド断片を切除し，α-キモトリプシンに変換される．このα-キモトリプシンは，酵素活性を有する活性型の酵素である．

3.4 節のまとめ

- アロステリック酵素のアロステリック部位に，アロステリック活性化物質やアロステリック阻害剤が結合して，アロステリック酵素の形が変化して，酵素活性がアロステリック調節を受けることがある．
- 酵素と非タンパク質性分子の間で共有結合が形成されたり，酵素と非タンパク質性分子の間の共有結合が加水分解されたりすることにより，不活性な酵素を活性化したり，活性な酵素を不活性化したりすることがある．
- 酵素前駆体の一部のペプチド結合が，他の酵素によって加水分解され，酵素前駆体内の一部のペプチド断片が遊離することにより，酵素活性を有する酵素に変換されることがある．

4. 遺伝子の構造

生物を特徴づける性質として，自分自身を複製するというものがある．親の性質が子どもに伝わるのは，遺伝する性質のもとになる設計図が親から受け継がれるからである．遺伝情報を担う物質が何であるのかということについては，歴史的に議論があったが，1953年，ジェームズ・ワトソンとフランシス・クリックによるDNA二重らせん構造の提唱を機に，遺伝物質としてのDNAが地球上の生物の根幹にあり，その後，遺伝暗号に関与するRNAの役割解明も相まって，20世紀後半にかけて，生物を分子の立場から捉えようとする分子生物学が生み出されていくことになった．本章では，核酸の構造とDNAの複製についてみていくことにする．

4.1 核酸とは

4.1.1 ヌクレオチド

DNAは**ヌクレオチド**（nucleotide，図4-1）という構成単位が重合した構造をもっている．ヌクレオチドは，塩基，五炭糖，リン酸から構成されている．DNAの場合，五炭糖は2-デオキシリボースであり，RNAの場合，五炭糖はリボースである．五炭糖のそれぞれの炭素原子は数字に「′」をつけた形で区別されている．塩基には，窒素を含む芳香環が使われており，**プリン**（purine）と**ピリミジン**（pyrimidine）に大別される．通常，アデニン（A），グアニン（G），シトシン（C），チミン（T），ウラシル（U）が見出されるが，DNAはA，G，C，T，RNAはA，G，C，Uを用いている．このうち，A，Gはプリンに，C，T，Uはピリミジンに該当する．これ以外にも，多くの修飾された塩基が見出されてきており，生命活動の微妙な機能発現に貢献している．糖と塩基が結合したものを**ヌクレオシド**（nucleoside）といい，ヌクレオシドの糖のヒドロキシ基にリン酸が結合した化合物をヌクレオチドとよぶ．リン酸は5′の位置に結合したものが多いが，この位置に限られたものではない．リン酸が5′の位置に結合したものを5′-ヌクレオチド，3′の位置に結合したものを3′-ヌクレオチドという．また，例えば5′-ヌクレオチドは，ヌクレオシド5′-リン酸とよぶこともできる．

ヌクレオチド単位のコンフォーメーションは，糖-リン酸主鎖の6個のねじれ角とグリコシド結合（糖のC1′と塩基をつなぐ結合）周りの塩基のねじれ角で定義できる（図4-2）．リボースに結合したプリン塩基はシンとアンチのコンフォーメーションを，ピリミジン塩基はアンチのコンフォーメーションのみが可能だが，二重らせん中では，核酸はすべてアンチのコンフォーメーションをとる（図4-3）．

ヌクレオチドはDNAやRNAの構成成分であると同時に，生体内の多くの物質の中に，その構造を見出すことができる（図4-4）．アデノシン三リン酸

ジェームズ・ワトソン

アメリカの分子生物学者．模型を用いたDNAの分子構造研究に，クリックとともに取り組む．フランクリンが撮影したX線回折写真からDNAが二重らせん構造をとることを発見した．クリック，ウィルキンスと1962年のノーベル生理学・医学賞を受賞．(1928-)

フランシス・クリック

英国の分子生物学者．物理学から生物学に転向．1953年にワトソンと連名で提出したDNA二重らせん構造に関する論文により，分子生物学は飛躍的に発展した．1962年にワトソン，ウィルキンスとともにノーベル生理学・物理学賞を受賞した．(1916-2004)

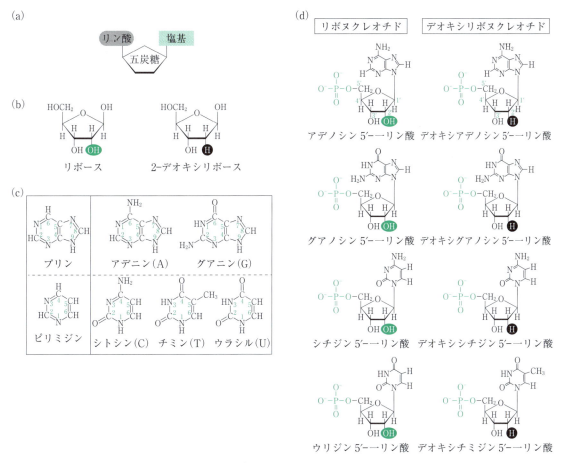

図 4-1 構成単位としてのヌクレオチド
(a) ヌクレオチドの模式図，(b) 五炭糖，(c) 塩基，(d) リボヌクレオチドとデオキシリボヌクレオチド．緑字で示すリン酸基をもたないものはヌクレオシドという．

(ATP) は地球生物のエネルギー源として有名だが，これはアデノシンというヌクレオシドの5′位にリン酸が三つ結合したものである．ATPは，糖や脂肪酸が分解されるときや光合成の際に，アデノシン二リン酸 (ADP) から生成される．生物がエネルギーを獲得する際に，種々のエネルギー転移物質として使われる補酵素 A（CoA）やフラビンアデニンジヌクレオチド（FAD），ニコチンアミドアデニンジヌクレオチド（NAD）などの中にもヌクレオチド構造が見出されており，これらの物質が，地球生命進化の過程で早くから利用されてきた重要な物質である可能性が示唆される．

4.1.2 DNAとRNA

生物内で機能する核酸であるDNAとRNAは，ヌクレオチドが構成単位となり，その5′位のリン酸基と他のヌクレオチドの3′-OHの間にリン酸ジエステル結合（ホスホジエステル結合）を形成することによって生成される（図 4-5）．化学的には，ホスホジエステル結合は別の位置同士の組合せでも生成しうるので，5′-3′-5′-3′……のつながり方が，DNAやRNAの大きな特徴である．この5′-3′-5′-3′……のつながりによって，DNAやRNAには方向性が生まれる．5′位のリン酸基をもつ側を 5′ 末端 (5′ end)，3′-OHをもつ側を 3′ 末端 (3′ end) とよぶ．DNAの二重らせんモデルの提唱により，ワトソン・クリック塩基対として知られている核酸塩基間の特異的な結合が明らかになった．RNAにはヌクレオチド組成に関する規則性はみられないが，DNAの場合，二重らせんモデルが提唱される前にも，特別な規則性が知られていた．それは，DNAのアデニンの数とチミンの数がほぼ同じで（A = T），同様にグアニンとシトシンの数もほぼ同じ（G = C）という規則である．これはその発見者エルヴィン・シャルガフの名にちなんで，シャ

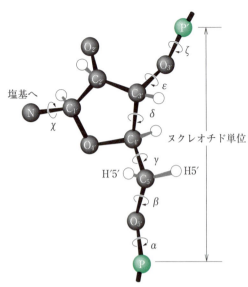

図 4-2 ヌクレオチド単位のコンフォーメーションを決定する 7 個のねじれ角
(D. Voet *et al.*, Fundamentals of Biochemistry, Wiley, 1999 より改変)

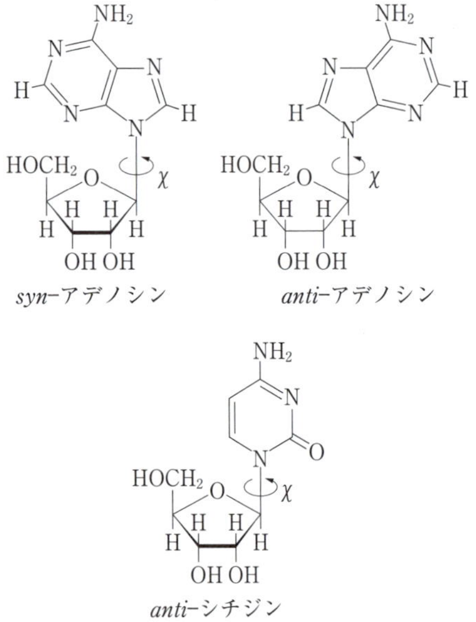

図 4-3 リボース基に結合したプリン塩基とピリミジン塩基の立体的に可能なコンフォーメーション

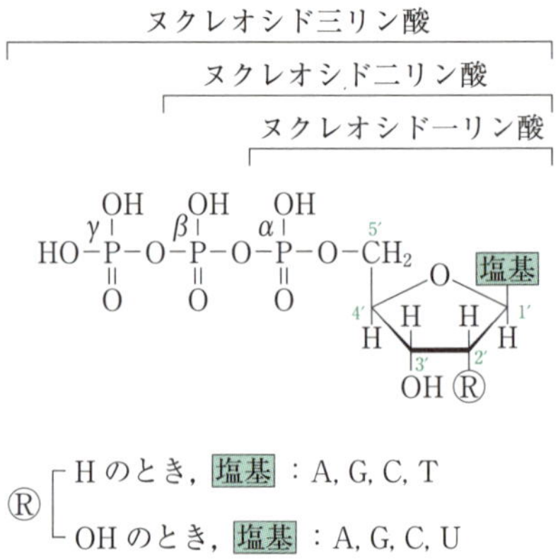

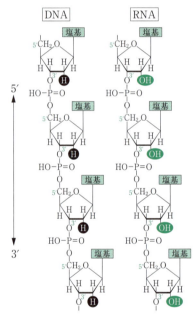

図 4-4 各種ヌクレオチド

図 4-5 核酸の構造

ルガフの規則とよばれていて，この規則が DNA の二重らせんモデルの発見にも大きな役割を果たした．

4.1.3 DNA の二重らせんモデル

ワトソンとクリックは，1953 年に DNA の二重らせんモデルを提唱した．このモデルは，単に DNA の立体構造を明らかにしただけでなく，生物が生物たりうる遺伝の性質まで説明することにつながる歴史的な出来事であった．生理条件下の DNA は水分を多く含み，B 型とよばれる構造をとっている（図 4-6）．水分の少ない状態では，DNA は A 型とよばれる太く短い構造をとり，RNA もまた，通常，A 型の構造をとる．DNA はポリヌクレオチドのリン酸部分を外側に配置し，糖・リン酸骨格に垂直方向に塩基が内側に張り出している．芳香環状構造をもつ塩基は，その平面部分の疎水相互作用（スタッキング相互作用）により重なり合い，塩基の側面に位置した部分が A と T の

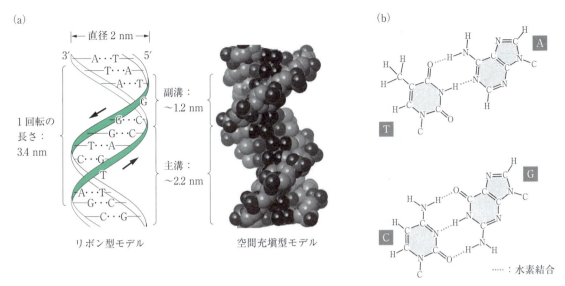

図4-6 二本鎖DNAの構造．(a)二本鎖DNAの構造（B型），矢印は回転の向きを表す．(b)ワトソン・クリック型の塩基対をつくる水素結合．((a)右図：日本蛋白質構造データバンク（PDBj）より引用)

間で2本，GとCの間で3本の水素結合を形成して（ワトソン・クリック塩基対），5′-3′-5′-3′……の向きが逆の（逆平行の）二本鎖をつくっている．AとT，GとCのワトソン・クリック塩基対間の距離はほぼ一定であるので，DNA二本鎖間の距離もほぼ一定に保たれている．AとT，GとCは相補的であるため，片方の塩基配列がわかれば，DNAの二本鎖を構成する相手方の配列は自動的に決まってくる．後述のように，これが複製を確実にするための，実に見事な構造的な基盤になっているのである．DNAの二重らせんは通常右巻き（らせんを進めるに従って，時計回りに回転する）であるが，ワトソン・クリック塩基対は，らせん軸の中央よりもわずかにずれているため，DNAの二重らせんには大小二つの幅の異なる溝ができる．これらはそれぞれ主溝（major groove），副溝（minor groove）とよばれている．後にアレクサンダー・リッチによって，左巻きのDNA（Z型）も発見されている．

A型，B型，Z型それぞれにおいて，構造特性は多少違っている．ワトソンとクリックが提唱したモデル（B型）では，直径が約20Å（2.0 nm）でらせん1巻きあたりに10塩基対が含まれている．そして，1巻きごとに34Å（3.4 nm）だけらせんが進む（らせんのピッチ）．したがって，1塩基対あたりの厚さは3.4Å（0.34 nm）になる．

DNAの二重らせんに対し，天然のRNAは主に一本鎖で機能している．しかしながら，A-U，G-Cのワトソン・クリック塩基対をはじめ，多くの相互作用を介して，分子内で二本鎖を含む，複雑な立体構造を形成している．RNAが一本鎖でさまざまな構造をとることは，当然，さまざまな働きをしていることを示唆している．実際，ある種のRNAはそれ自身で自分自身を切り出すなどの酵素活性をもつことが示され，それらは一般にリボザイムという名称でよばれるようになった．リボザイムの発見は，生命の進化の初期過程において，RNAがDNAのような遺伝情報をもつ存在であると同時に，タンパク質のような触媒活性をももちうる可能性を生み出し，生命の起源において「RNAワールド」という世界があったのではないかという議論も登場してきた．

4.1節のまとめ

- 生物は遺伝情報を担う分子としてDNAをもっている.
- DNAやRNAはヌクレオチドが重合した分子であり,ヌクレオチドは塩基,五炭糖,リン酸から構成される.
- DNAを構成する塩基は,アデニン(A),グアニン(G),シトシン(C),チミン(T)の4種類だが,RNAはアデニン(A),グアニン(G),シトシン(C),ウラシル(U)の4種類の塩基を使う.
- 五炭糖として,DNAは2-デオキシリボースを,RNAはリボースを使っている.
- DNAの二重らせんは,塩基同士の水素結合(ワトソン・クリック塩基対:A-T,G-C)によって生み出されている.

4.2 DNAの複製

4.2.1 DNAの半保存的複製

ワトソンとクリックによるDNAの二重らせんモデルは,DNAの複製についても予言していた. **逆平行 (antiparallel)** に走る2本のポリヌクレオチドを一本鎖にほどき,それぞれに相補的なヌクレオチドをつなげていく.このときの原理は,A-T,G-Cというワトソン・クリック塩基対の特異性に従って行われるため,新たに得られたポリヌクレオチド(娘鎖)はもとのポリヌクレオチド(親鎖)の配列と同じものになる.このように,二本鎖の1本をもとにして,もう1本の鎖を新たに複製していく方法を,**半保存的複製** (semiconservative replication, 図4-7) といい,もとになるDNAを**鋳型(template)**とよぶ.まさに,DNAの構造そのものが,複製という機能まで巧妙に指定しているということが生物の特徴である.

DNAの半保存的複製はマシュー・メセルソンとフランクリン・スタールによって証明された. ^{15}Nでラベルされた重い[^{15}N]DNAをもつ大腸菌は,細胞分裂で菌が倍増した1世代後には,[^{15}N]DNAと[^{14}N]DNAを1本ずつもっていた.2世代後のDNA分子は半分が[^{14}N]DNA,半分が[^{15}N]DNAと[^{14}N]DNAの混成DNAであった.世代を重ねることによって,[^{14}N]DNAの比率が増加したが,混成DNAはなくなりはしなかった(図4-8).

4.2.2 DNA複製の過程

現在の生物において,DNAの複製は**DNAポリメラーゼ(DNA polymerase)**という酵素によって行われている.DNAは鋳型となる一本鎖DNAに沿って,5′→3′の方向に,1ヌクレオチドずつ重合を繰り返す.そのときの根本原理はA-T,G-Cというワトソン・クリック塩基対である.DNAにはA,G,C,T

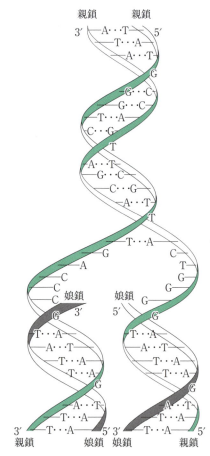

図4-7 DNAの複製.親の二本鎖DNA(緑)の1本1本が娘鎖(灰)合成の鋳型になる.生じる二本鎖DNAはまったく同じになる.

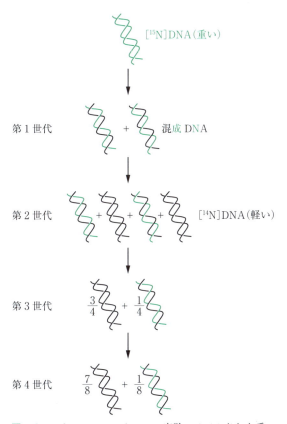

図4-8 メセルソン・スタールの実験．ラベルされた重い [15N] DNAは半保存的に複製され1世代後のDNA分子は親鎖（緑）と新規合成鎖（黒）を1本ずつもつ．以後の世代で軽い [14N] DNA鎖の比率は増えるが，重い鎖と軽い鎖からなる混成鎖は消滅しない．

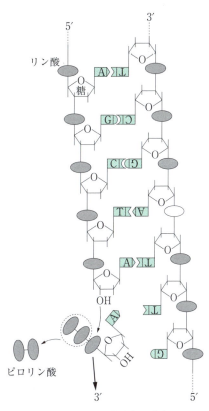

図4-9 ヌクレオチドの重合

のどの塩基も現れうるので，DNAポリメラーゼの基質になりうるヌクレオチドは4種類になる．4種類のデオキシリボヌクレオシド三リン酸（dNTP．NはA, G, C, Tのいずれか）を基質とし，[dNMP]$_n$の3′-OHのOがdNTPのα-リン原子を求核攻撃し，ピロリン酸を脱離基としてヌクレオチドが重合されることになる（図4-9）．ちなみに，DNAのみならずRNAの合成も5′→3′の方向に進行するが，やはりRNAの場合もRNAポリメラーゼという酵素が重合反応を行っている．この場合は，4種類のリボヌクレオシド三リン酸（NTP．NはA, G, C, Uのいずれか）を基質としている．

4.2.3 DNAの伸長方向

DNA複製の概略を前節で述べたが，どちらの鋳型をもとに複製を考えるかによって，状況が異なってく

る．ジョン・ケアンズは^{3}Hでラベルされたチミジンを含む培地を用いて大腸菌を培養し，大腸菌染色体のオートラジオグラフィーで，DNAの複製の様子を観察した．新規に合成されるDNAは^{3}Nでラベルされ，感光乳剤を感光させる．複製が起きるときには，二本鎖がほどけて一本鎖状態になるが，ほどける部分はDNAがちょうどフォークのような形状になることが明らかになった．この部分は複製フォーク（replication fork）とよばれる．複製フォークの部分をみると，一本鎖の片方の部分は分岐点から5′→3′の方向に鎖が伸びているが，もう1本の鎖の部分は分岐点から3′→5′の方向に鎖が伸びている．前者の鎖（鋳型）をもとに複製をする鎖は複製フォーク生成の進行方向と同じように連続的に重合を行うが，後者の鎖（鋳型）をもとに複製をする鎖は複製フォーク生成の進行方向と逆行するように重合が進行する（図4-10）．

娘鎖は，両方とも5′→3′方向に合成される．つまり，複製開始点からの両方向複製である．このとき，複製フォークの移動する方向に向かって5′→3′方向に延びる娘鎖をリーディング鎖（leading strand）と

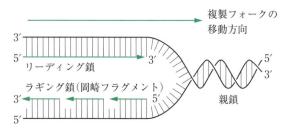

図 4-10　DNA の半不連続複製

いい，もう一方の娘鎖を**ラギング鎖（lagging strand）**という．リーディング鎖が連続的に合成されるのに対し，ラギング鎖は短い DNA が不連続的に合成される．岡崎令治は，大腸菌を培養中の培地に多量の [^{3}H] チミジンを加え，数秒後に DNA を単離するという，いわゆるパルスラベル法を用いて，ラベルされた新規合成 DNA がほとんど 1000～2000 ヌクレオチド程度の断片であることを発見した．この短い DNA は，**岡崎フラグメント（Okazaki fragment）**とよばれている．岡崎フラグメントは，DNA リガーゼにより共有結合でつなげられる．

4.2.4　複製の開始と終了

複製を開始するためには，あらかじめ，数個のヌクレオチドがつながったものが存在しないと，DNA ポリメラーゼは反応を進行させることはできない．この数個のヌクレオチドはプライマーとよばれており，DNA プライマーゼという酵素によって合成される RNA がその役割を果たしている．リーディング鎖の重合においては，重合の方向性の性質上，プライマーは一つあれば十分であるが，ラギング鎖の重合の場合，岡崎フラグメントごとに RNA プライマーが必要となる．この場合，DNA は別のフラグメントの複製開始に使用された RNA プライマーのところまで伸長を続け，DNA ポリメラーゼは，すでに複製開始という機能を終えた，その RNA プライマーを分解しながらさらに DNA 合成を続ける．そして，最後に，フラグメント同士の隙間を DNA リガーゼが連結することで，DNA の複製が完了する．

DNA 合成には多種多様な酵素が関与する．大腸菌の DNA ポリメラーゼは，1957 年にアーサー・コーンバーグによって発見された．これは現在，DNA ポリメラーゼ I とよばれる酵素であり，この発見は，ワトソンとクリックによる DNA の二重らせんモデルに基づいて提唱された複製機構の実質的な証明にもなった．ここでは，この酵素についてのみ簡単に触れておくことにする．DNA ポリメラーゼ I はポリヌクレオチド合成活性（ポリメラーゼ活性）のほかに，$3'\rightarrow 5'$ エキソヌクレアーゼ活性と $5'\rightarrow 3'$ エキソヌクレアーゼ活性をもっている．$3'\rightarrow 5'$ エキソヌクレアーゼ活性により，DNA の $3'$ 末端に間違ったヌクレオチドが結合した場合に，これを校正（加水分解）し，高い複製度が保たれる．また，$5'\rightarrow 3'$ エキソヌクレアーゼ活性により，一本鎖上の切れ目（ニック）のところで，二本鎖 DNA と結合し，一本鎖 DNA をニックから 1～10 ヌクレオチド隔てたところで切り出す．これら三つの酵素活性は，ポリメラーゼ活性と $3'\rightarrow 5'$ エキソヌクレアーゼ活性をもつクレノウフラグメントと $5'\rightarrow 3'$ エキソヌクレアーゼ活性をもつ小フラグメントに分けられる．

原核生物においては，**複製開始点（origin of replication : ori）**とよばれる箇所が 1 カ所あり，この部分から，複製フォークが両側に向かって形成され進行していく．複製フォークの進行は，最終的に環状 DNA の反対側でぶつかることになり，そこで複製が終了する．ここを**複製終了点（termination point : ter）**とよぶ．複製開始点，複製終了点ともに，それぞれ特徴的な配列を有している．それぞれの配列を認識する複製開始タンパク質と複製終了タンパク質が特異的に機能している．複製開始から終了に至るまでの一つの単位を**レプリコン（replicon）**とよんでいる．原核生物は一つのレプリコンからなり，大腸菌の場合，レプリコ

岡崎令治

日本の分子生物学者．1961 年，コーンバーグ研究室に留学し，DNA 複製の研究を始める．DNA の合成前駆体である短断片（岡崎フラグメント）を発見し，DNA 非連続合成のモデルを完成させた．朝日賞（昭和 45 年度）などを受けるが，広島での被爆が原因の白血病により 44 歳で急逝．(1930-1975)

アーサー・コーンバーグ

アメリカの生化学者．アメリカ国立衛生研究所にて ATP の生合成の研究を行っていたが，1953 年にワシントン大学に移り，そこで DNA の酵素的合成に成功した．DNA の生合成のメカニズムを解明したことにより 1959 年度のノーベル生理学・医学賞を受賞．(1918-2007)

ンの複製には 40 分ほどかかることが知られている．真核生物の場合，DNA 量が多く，一つの DNA 上に複数のレプリコンが存在する（これを**マルチレプリコン（multireplicon）**という）．

> **4.2 節のまとめ**
> - 二本鎖 DNA それぞれを鋳型にして，ワトソン・クリック塩基対を形成させながら，5′→3′ の方向にヌクレオチドをつなげていくことによって，DNA の複製が行われる．
> - 新たに得られたポリヌクレオチド（娘鎖）はもとのポリヌクレオチド（親鎖）の配列と同じものになるが，二本鎖の 1 本をもとにして，もう 1 本の鎖を新たに複製していく方法を，半保存的複製という．
> - DNA 複製は DNA ポリメラーゼを中心に行われるが，多種類のタンパク質が複雑に関与している．

4.3 遺伝子とは

4.3.1 ゲノムと遺伝子

DNA が生物の遺伝情報を運んでいる．しかし，化学物質の DNA の全体が遺伝子ではない．遺伝子はその中に，タンパク質を構成するアミノ酸配列の情報を有している．ワトソン・クリックの DNA 二重らせんモデル提唱から 50 年を経た 2003 年には，ヒトの全ゲノムが解読され，ヒトは約 30 億塩基対のゲノムをもっていることが明らかになった．だがこの中で，アミノ酸の情報を規定している部分はわずか 1.5% 程度にすぎない．このようにタンパク質のアミノ酸配列を規定している部分を**翻訳領域（coding region**，あるいはコード領域）といい，そうでない部分を**非翻訳領域（non-coding region**，あるいは非コード領域）とよんでいる．遺伝子の発現とは，通常は，DNA 上に書かれた情報をもとにタンパク質が合成されることをいい，このためには，翻訳領域だけでなく，その遺伝子の発現を調節したりする領域も必要になる．これらをまとめて**遺伝子（gene）**という．また，タンパク質の情報をもたない（タンパク質に翻訳されない）RNA を **ncRNA（non-coding RNA）**とよんでいる（図 4-11）．

原核生物は一般に細胞あたり DNA を 1 本もっている．生物の生殖細胞のうち，接合して新しい個体をつくるものを配偶子というが，原核生物の場合，それ自身が配偶子である．一つの配偶子に含まれる DNA の塩基配列情報の 1 セットを**ゲノム（genome）**という．要するに，ある生物がもつすべての核酸上の遺伝情報をゲノムという．原核生物のように，1 セットのゲノムをもつ生物を一倍体とよび，これに対し，真核生物の体細胞は 2 セットのゲノムをもつ二倍体として存在することが多い．細胞には，本来その細胞が保有している染色体ゲノムと，プラスミドゲノムやミトコンドリアゲノムなどのように，染色体外ゲノムもある．各生物がもつ DNA 量や遺伝子数に関しては，かなりのばらつきがある（図 4-12）．

ある生物がもつ固有のゲノム DNA 量を，生物の代謝や形態上の複雑さと関連づけようとしてもなかなか

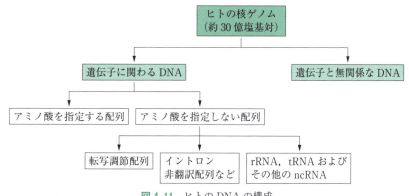

図 4-11 ヒトの DNA の構成

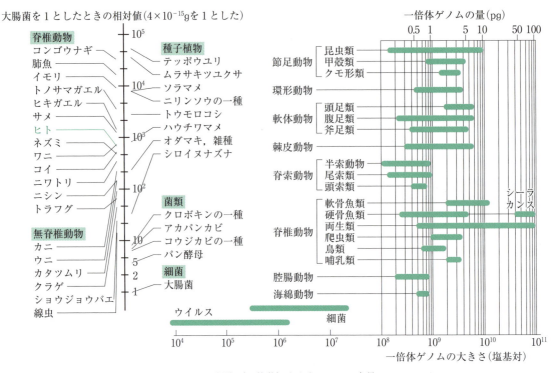

図 4-12 細胞（一倍体）あたりの DNA 含量
（東京大学生命科学教科書編集委員会編「理系総合のための生命科学 第3版」，羊土社，2013 より改変）

うまくいかないことも多い．つまり，ゲノムの大きさは一般に複雑さと相関しているが，これに合わないものも多いのである（図 4-12）．ちなみに，大腸菌の遺伝子数は約 4300 であり，ヒトは約 30 000 である．

4.3.2 遺伝子構造

RNA 合成は，DNA の特定の部分から開始される．ゲノム DNA 鎖のうち，転写の鋳型となる DNA 鎖は，合成される RNA 配列と相補的な配列をもつので，**アンチセンス鎖（antisense strand）** ともいう．これに対し，もう一方の鎖は，U を T としてみれば，合成される RNA と同じ配列をもつので，**センス鎖（sense strand）** とよばれる．

原核生物の場合，タンパク質をコードする個々の遺伝子（構造遺伝子）は，DNA 上に並んで配置しており，最終的に 1 本の mRNA として転写されている．このように，1 本の mRNA から複数のタンパク質が合成されるなら，その mRNA は**ポリシストロニック mRNA（polycistronic mRNA）** である．これら複数の遺伝子は，それぞれの発現を必要に応じて調節している．これら一つの転写調節領域によって発現が調節される複数の遺伝子全体を**オペロン（operon）** とよん

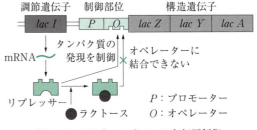

図 4-13 ラクトースオペロンと転写制御

でいる．原核生物は多数の遺伝子がオペロンを形成していて，ラクトースオペロン，ヒスチジンオペロンなどが有名である．大腸菌の 3 種の rRNA 遺伝子も，同一オペロンを構成している．ラクトースオペロンには，ラクトース代謝に関与するタンパク質をコードする遺伝子と，その発現を制御する遺伝子が含まれている（図 4-13）．また，ラクトースオペロンのすぐ近くには，このオペロンの転写を制御するリプレッサーをコードする調節遺伝子が存在している．リプレッサーが認識する遺伝子上の部位を**オペレーター（operator）** とよび，そこには回文配列かそれに近い配列が存在している（回文とは前から読んでも後ろから読んでも同じ配列のことである）．

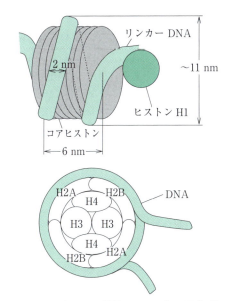

図 4-14 ヌクレオソーム構造モデル．(H3-H4)₂ がヌクレオソームコアの芯をつくり，その周りに (H2A-H2B)₂ が結合してヒストンコアが形成される．このヒストンコアに DNA が約 1.75 回転して巻き付き，その外側のリンカー部位に H1 が結合する．
(田沼靖一，第3版 分子生物学，丸善出版，2011 より引用)

一方，真核生物の場合，1本の mRNA からつくられるタンパク質が一つだけであるモノシストロニック mRNA であることが多い．真核生物の翻訳領域はエキソンに存在し，エキソンはイントロンによって分断されている．イントロンにはアミノ酸配列を指定する情報は書かれていないが，この部分は多くの転写調節に関与する情報を有している．

4.3.3 クロマチン

原核生物のゲノムは1個の環状 DNA であるのに対し，真核生物のゲノムは凝集して，複数の染色体に詰め込まれた形で存在している．真核生物では，DNA 分子はタンパク質との複合体を構成しており，この複合体を**クロマチン (chromatin)** とよぶ．クロマチンを構成する主要なタンパク質が**ヒストン (histone)** である．真核生物の染色体中の DNA は，秩序正しく折り畳まれており，染色体は細胞周期の各段階に応じて大きく形態を変える．

DNA とタンパク質の複合体であるクロマチンの約半分の重量はタンパク質であり，特に重要な役割を果たすタンパク質がヒストンタンパク質である．DNA

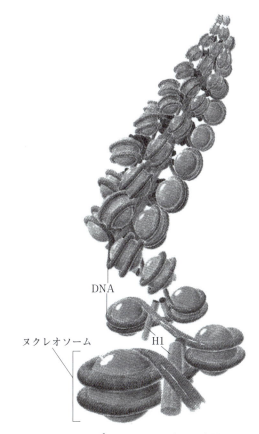

図 4-15 300 Å クロマチン繊維の推定構造
(D. Voet *et al.*, Fundamentals of Biochemistry, Wiley, 1999 より改変)

はリン酸骨格が負に帯電しているので，ヒストンタンパク質は正に帯電したリシンやアルギニンを多く含む．ヒストンタンパク質には，基本的に，H1，H2A，H2B，H3，H4 の5種類があり，特に，H2A，H2B，H3，H4 を構成するアミノ酸配列はよく保存されている．

H2A，H2B，H3，H4 ヒストンは2分子ずつ八量体を形成し，球状のコアを構成している（ヌクレオソームコア）．これに，独特のよじれ構造をもつ DNA スーパーコイルが巻きつくように結合している（図 4-14）．引き伸ばしたクロマチンの電子顕微鏡写真を観察すると，ビーズ状の粒子が細い直鎖上に長く連なった構造をしている．この構造体において，ビーズ1個に対応する単位構造体を**ヌクレオソーム (nucleosome)** とよんでいる．ヒストンは，主として DNA のリン酸基とは水素結合を含む電気的相互作用を用いて結合し，デオキシリボース環とは疎水性相互作用を用いて結合している．ヌクレオソームコアに2巻きし

た DNA スーパーコイルの両端と中央部分を固定するように，H1 ヒストンが結合している（図 4-14）．

ヌクレオソーム構造をとることで，二本鎖 DNA の全長は約 7 分の 1 にまで短縮される．生理的な塩濃度においては，クロマチンはさらに直径 300 Å（30.0 nm）のクロマチン繊維とよばれる構造を形成する．クロマチン繊維は 6 個のヌクレオソームで一巻きの状態の円筒コイル（ソレノイド（solenoid））が巻かれた形態をしている．このとき，H1 はソレノイドの中心に並んでいる（図 4-15）．ヌクレオソーム構造は，その構造のコンパクト性のために，転写に必要なタンパク質因子が DNA と相互作用するのを困難にしている．DNA 上の遺伝情報を必要な時期に必要な量だけ転写し発現させるために，ヌクレオソーム構造に変化をもたらすなどの，クロマチン構造に局所的な構造変化（リモデリング）が起こる．

4.3 節のまとめ
- DNA 上のタンパク質翻訳領域とその発現を調節する情報をもつ領域を合わせて遺伝子という．
- 原核生物では，一つの転写調節領域によって発現が調節される複数の遺伝子全体が一つの単位を構成しており，オペロンとよばれている．
- 真核生物の翻訳領域はエキソンに存在し，エキソンはイントロンによって分断されている．
- 真核生物では，DNA は核の中でタンパク質と結合し，クロマチンとよばれる複合体形態で存在している．

4.4　DNA の損傷と修復

DNA は化学物質であり，その構造は常に安定であるとは限らない．太陽光には紫外線が含まれており，そのエネルギーによって，DNA は損傷を受ける．核酸を構成する塩基は 260 nm 付近の波長の光をよく吸収するため，DNA や RNA の定量にも用いられている．DNA 鎖中のピリミジン塩基（シトシン，チミン）が隣接した位置に存在すると，紫外線を吸収し，二つのピリミジン間で架橋された二量体が形成される（図 4-16）．例えば，DNA 上の隣接するチミン残基は，シクロブタン環をつくって，チミン二量体を形成する．このとき生成されるチミン間の結合距離は 1.6 Å（0.16 nm）の共有結合になり，通常の B 型 DNA にみられる隣接塩基間距離（3.4 Å（0.34 nm））の半分以下になるため，DNA の構造が乱れてしまう．したがって，このようなピリミジン二量体が形成されると，DNA ポリメラーゼはその箇所で停止してしまい，そこを飛ばして離れた位置から DNA 合成を再開する．したがって，塩基が欠失してしまうことになる．

また，活性酸素は，ラジカル反応を引き起こすため

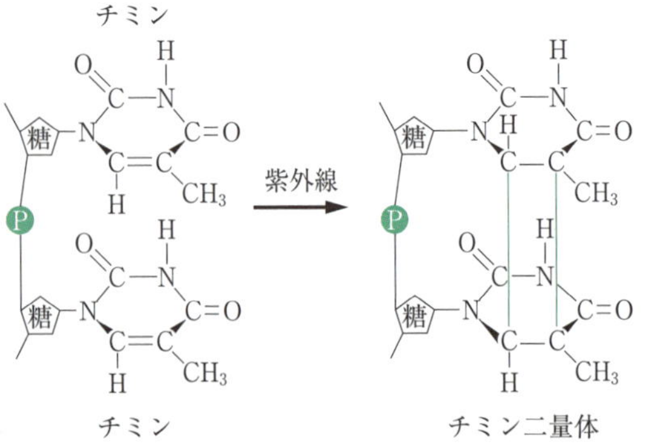

図 4-16　紫外線によるピリミジン二量体の形成

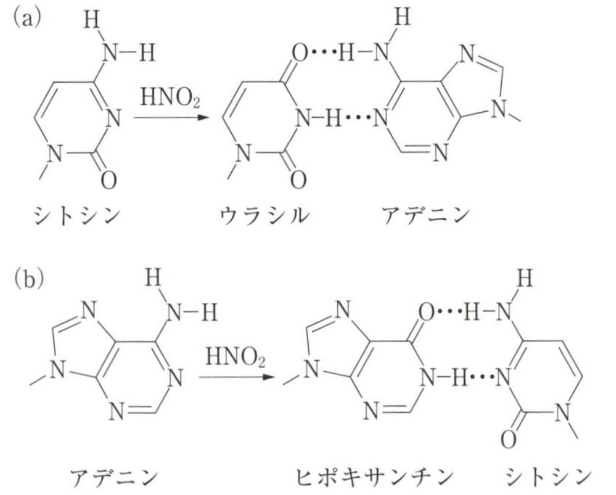

図 4-17　亜硝酸による酸化的脱アミノ化
(a) シトシンはウラシルに変化しアデニンと塩基対合する．
(b) アデニンから生じるヒポキサンチンは 2-アミノ基のないグアニン類似体で，シトシンと塩基対合する．

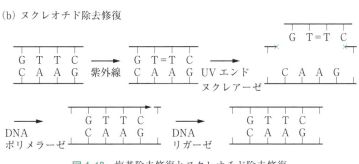

図 4-18 塩基除去修復とヌクレオチド除去修復

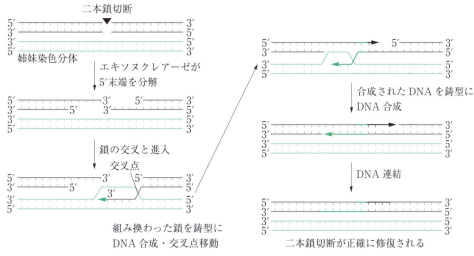

図 4-19 組換え修復

反応性が高く，DNA を損傷させる．その他，食品の発色剤に含まれている亜硝酸も塩基のアミノ基（芳香族第一級アミン）を酸化的に脱離（脱アミノ化）させるため，シトシンをウラシルに，アデニンをヒポキサンチンに変える（図 4-17）．なお，ヒポキサンチンはヌクレオチドであるイノシンにみられる塩基である．その結果，塩基対形成のペアが変わりやすくなり，DNA ポリメラーゼによる複製の際に変異を生じさせる．紫外線よりエネルギーの高い（波長の短い）電離放射線の場合，DNA 鎖のそのものの切断を引き起こす場合もある．

このように，DNA の損傷には，鎖の切断を伴わないもの（塩基除去，ヌクレオチド除去）と鎖の切断を伴うものとがある．前者の場合，損傷した塩基は，まず DNA グリコシラーゼにより除去され，主鎖をデオキシリボースだけの状態にする．このようなアプリン

酸（プリンがない状態），アピリミジン酸（ピリミジンがない状態）部位をAP部位とよんでいる．次に，この部分の鎖がAPエンドヌクレアーゼにより切断された後，DNAポリメラーゼがその部分を埋めて，修復を完了する．塩基にとどまらず，DNAが大きな修飾を受けた場合には，損傷を受けた箇所の周辺も含めた形でエンドヌクレアーゼによってヌクレオチドが切断・除去され，生じたギャップ部分に対して，DNAポリメラーゼが働く．この際，相補鎖の塩基配列が鋳型になる（図4-18）．

二本鎖が切断されているような損傷の場合，相同染色体の配列情報を用いながら組換え修復を行う．切断鎖において，エキソヌクレアーゼが5′末端を分解し，その切断端が切断を受けていない相同の配列部分に交叉・進入し，組み換わった鎖を鋳型に，DNAが合成され，交叉点は移動していく．こうして合成されたDNAを鋳型にしてDNA合成が行われ，最終的にDNAを連結することで，二本鎖切断は正確に修復されることになる（図4-19）．

> **4.4節のまとめ**
> - DNAは放射線や化学物質などにより損傷を受け，複製のミスを引き起こす原因になっている．
> - DNAの損傷には，鎖の切断を伴わないもの（塩基除去，ヌクレオチド除去）と鎖の切断を伴うものとがある．
> - 生物には，遺伝子の損傷を修復する巧妙なしくみが存在している．

5. 遺伝子の発現

DNA上の遺伝情報は最終的にタンパク質に変換されていく．ジョージ・ビードルとエドワード・テータムは，一遺伝子・一酵素説を提唱し，遺伝子と酵素の間には1対1の関係があることを示した．遺伝子の発現とはDNAの情報をタンパク質生成に結びつける一連の流れである．DNA上の塩基配列は，まずこれを鋳型としてmRNAに転写される．転写されたmRNAの塩基配列はDNAのものと相補的である．mRNAの遺伝情報（これはとりもなおさずDNA上の情報）は，リボソームというRNAとタンパク質からなる複合体上で，タンパク質へと翻訳される．そして，この過程に中心的な役割を果たす分子がtRNAである．mRNA上の三連塩基（コドン）にtRNA上の三連塩基（アンチコドン）が相補的に結合することで翻訳が可能になる．それぞれのtRNAには特定のアミノ酸が結合しているので，リボソーム上でこれらが共有結合でつながり，タンパク質が生成される．

5.1 セントラルドグマ

5.1.1 セントラルドグマ

DNA上の塩基配列（遺伝情報）は，まず，mRNAに写しとられ（**転写**(transcription)），この情報をもとに，タンパク質を構成するアミノ酸がつなげられていく（**翻訳**(translation)）ことによって，遺伝子のもつデジタル情報が機能をもつタンパク質へと伝達される．このように，DNAの情報はDNA→RNA→タンパク質へと流れる．クリックは，核酸の情報はタンパク質へと一方向に流れ，タンパク質から核酸への流れはありえないことを，**セントラルドグマ**(central dogma)と名づけた（図5-1）．教科書の中には，DNA→RNA→タンパク質への流れをセントラルドグマとよんでいるものがあるが，これは厳密な意味では正しくない．クリックが意図したのは，あくまでも情報の一方向性であり，情報は核酸からタンパク質の方向しか流れないことを強調した．基本的に，DNA→RNA→タンパク質への情報の流れは，バクテリアからヒトに至るまで生物に共通した原理である．クリックは「ドグマ」という表現を用いることで，「証明できない」ということを示唆していたが，それゆえにセントラルドグマは大胆な推論以上のものである．DNAの配列がタンパク質中のアミノ酸配列を決定し，逆はそうではないというのが真実である．

5.1.2 遺伝暗号

DNAの二重らせんモデル解明の後の大きな問いは，このDNAはどのような役割をしているのかということであった．DNA上の塩基は，A，G，C，Tの4文字からなり，一方，天然のタンパク質は，標準的には20種類のアミノ酸から構成されている．4文字の塩基の並びが20種類のアミノ酸を規定するためには，最低限，3文字が必要になる（$4^2 = 16$, $4^3 = 64$）．mRNA上の連続した3文字を**コドン**(codon)とよび，コドンとアミノ酸との対応を**遺伝暗号**(genetic code)という．一般に，一つのアミノ酸を複数のコドンが指定している．クリックやシドニー・ブレナーの研究によって，遺伝暗号は三連塩基から構成されていることが明らかになった．クリックとブレナーは，1ヌクレオチドを欠失させる変異によって失われた機能が，近くの別の場所に1ヌクレオチドを挿入すれば回復されることを発見した．さらに，1ヌクレオチドの欠失または挿入が2回起きると機能を失うが，

図5-1 セントラルドグマ

ジョージ・ビードル

アメリカの遺伝学者．アカパンカビの突然変異の研究により，細胞内の生化学過程を遺伝子が制御していることを発見した．この功績により，テータムとともに1958年度のノーベル生理学・医学賞を受賞した．（1903-1989）

3回起こると機能が回復することもみつけた.

　大腸菌を破壊し，細胞壁と膜成分を除くと，タンパク質合成に必要な成分を含む抽出液が得られる．この無細胞抽出液にATP，GTP，アミノ酸を加えれば，タンパク質合成が可能になる．マーシャル・ニーレンバーグとハインリッヒ・マタエイは，放射性ラベル化されたアミノ酸を含む無細胞翻訳系を用いて，この系に合成したポリU（UUUUU……）を加えると，ポリフェニルアラニンが合成されることを発見した．これはUUUがフェニルアラニンのコドンであることの証明となった．同様に，AAA，CCCがそれぞれリシン，プロリンのコドンであることが明らかになった．また，ニーレンバーグとフィリップ・レダーは，GTPがなくてもトリヌクレオチドを加えれば，特定のtRNAがリボソームに結合することを発見した．そして，約50種類のコドンが決定された．さらに，ゴビンド・コラーナが特定の反復配列をもつポリヌクレオチドの合成に成功し，これを用いて，残りのコドンが決定された．

　生物が違っても，基本的に同じアミノ酸を指定するコドンは同じ配列のコドンであるため，これらを普遍遺伝暗号（universal genetic code）とよぶ（表5-1）．普遍遺伝暗号は地球上の生物が，同一の共通祖先から進化してきた可能性を強く示唆するものである．タンパク質合成は，通常，mRNA上の5′-AUG-3′を開始コドン（start codon）としてメチオニンを指定することで始まる．アミノ酸を指定しないコドン（UAA，

表5-1　遺伝暗号表

1文字目	2文字目				3文字目
	U	C	A	G	
U	UUU / UUC } Phe UUA / UUG } Leu	UCU / UCC / UCA / UCG } Ser	UAU / UAC } Tyr UAA 終止 UAG 終止	UGU / UGC } Cys UGA 終止 UGG Trp	U C A G
C	CUU / CUC / CUA / CUG } Leu	CCU / CCC / CCA / CCG } Pro	CAU / CAC } His CAA / CAG } Gln	CGU / CGC / CGA / CGG } Arg	U C A G
A	AUU / AUC / AUA } Ile AUG Met	ACU / ACC / ACA / ACG } Thr	AAU / AAC } Asn AAA / AAG } Lys	AGU / AGC } Ser AGA / AGG } Arg	U C A G
G	GUU / GUC / GUA / GUG } Val	GCU / GCC / GCA / GCG } Ala	GAU / GAC } Asp GAA / GAG } Glu	GGU / GGC / GGA / GGG } Gly	U C A G

UAG，UGA）もあり，これらは，タンパク質合成の終止コドン（stop codon）として機能している．遺伝暗号は高度に縮重している．また，遺伝暗号表に書かれたアミノ酸の並びはランダムではなく，XとYをA，G，C，Uのいずれかとして，XYUとXYCは同一のアミノ酸を指定し，XYAとXYGは終止コドンを除く二つのコドン（UGGとAUG）以外では，やはり同一アミノ酸を指定する．さらに，2文字目にピリミジンをもつコドンは疎水性アミノ酸を指定するものが多い（表5-1）．

　DNAは二本鎖であるため，「どちらの鎖に，コドンがそのままアミノ酸を指定する意味をもつか」，つまり，「どちらの鎖にセンス鎖が存在しているか」については，遺伝子によって異なっている（図5-2）．センス鎖と同様な配列をもつmRNA上で，開始コドンから終止コドンまでの領域を翻訳領域（coding region）とよび，それ以外の部分を非翻訳領域（non-coding region）という．mRNAはDNAをもとに転写されるため，やはりDNA同様に方向性をもつ．非翻訳領域のうち，翻訳領域の5′末端側（開始コドンの5′末端側）を5′非翻訳領域，翻訳領域の3′末端側（終止コドンの3′末端側）を3′非翻訳領域とよんでいる（図5-3）．

5.1.3　RNAの種類

　RNAはDNAと同様にヌクレオチド構造を基本単位としている．DNAが糖として2-デオキシリボースを使用しているのに対し，RNAはリボースを使っており，DNAの2′位のHがOHに置き換わった形態

シドニー・ブレナー

英国人の生物学者．線虫を用いたアポトーシス研究により2002年にノーベル生理学・医学賞を受賞．ゲノムプロジェクトを発足し，多細胞生物のゲノミクスを立ち上げ，ヒト・ゲノムプロジェクトの礎になった．（1927-）

マーシャル・ウォーレン・ニーレンバーグ

アメリカの生化学者，遺伝学者．遺伝暗号の翻訳とタンパク質合成の研究により，R.W.ホリー，H.G.コラーナとともにノーベル生理学・医学賞を受賞（1968年）．人工mRNAを用いて，コドンとアミノ酸を対応させる実験をいち早く行い，遺伝暗号解読の先陣を切った．（1927-2010）

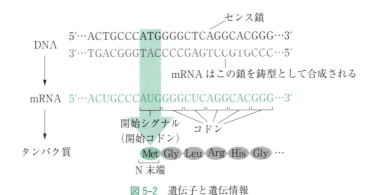

図 5-2 遺伝子と遺伝情報

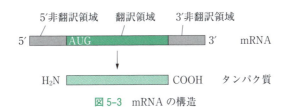

図 5-3 mRNA の構造

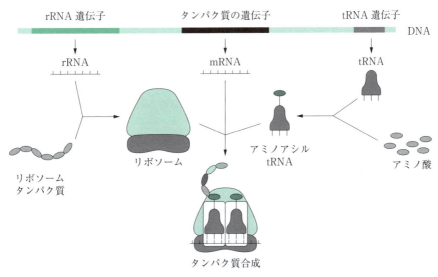

図 5-4 3 種類の RNA とタンパク質合成

をしているが，このわずかな違いで，構造に大きな柔軟性を与えている．一本鎖 RNA 内で，ステム・ループ構造をはじめとする複雑な構造をつくりうることが，ある意味で，RNA が単なる情報の仲介物質だけではないことの証拠としても考えられている．また，DNA はチミンを塩基として使っているのに対し，RNA はチミンの代わりにウラシルを使っている．タンパク質合成に関わる RNA として，mRNA，tRNA，rRNA がある（図 5-4，表 5-2）．tRNA や rRNA の場合，RNA 鎖が生成された後に，特定部分の塩基が修飾されることで，十分に機能が発揮されている．

遠心分離によって粒子が沈降する速度は，その質量と関係している．RNA のサイズに関しては，ヌクレオチドの長さとともに，沈降係数を用いて表す場合が多い．沈降係数は，遠心分離における沈降過程を特徴づける量である．沈降係数は通常，スベドベリ単位（$S = 10^{-13}$ s，遠心力単位あたりの沈降速度）で表される．なお，分子質量と沈降係数の間には比例関係はない．

5. 遺伝子の発現

表 5-2 RNAの種類

種類	例	機能	大きさ（塩基数）	
tRNA	tRNA^Phe	タンパク質合成時にフェニルアラニンを転移させる		76
	tRNA^Leu	タンパク質合成時にロイシンを転移させる		87
rRNA	5S rRNA	原核生物リボソームの構造の一部		120
	16S rRNA	原核生物リボソームの構造の一部		1542
	23S rRNA	原核生物リボソームの構造の一部		2904
mRNA	mRNA	リゾチームのmRNA	ニワトリ	584
	mRNA	リゾチームのmRNA	ラット	～2030

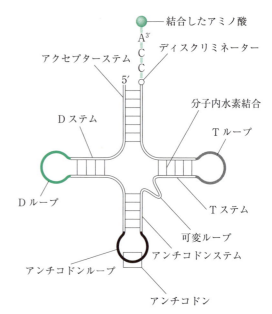

図 5-5 tRNAの構造．tRNAは分子内の塩基対形成（ステム領域）と一本鎖領域（ループ構造）により特徴的な構造（クローバーリーフ型構造）をとる．それぞれのアミノ酸に対して少なくとも一つのtRNAが存在する．D：ジヒドロウリジン，T：リボチミジン．

a. mRNA

DNA上に書かれている塩基配列をワトソン・クリック塩基対の原理に従って転写したものが **mRNA (messenger RNA)** である．mRNAにはタンパク質に翻訳されるアミノ酸の情報が書かれている．細胞内ではRNA全体の約1%を占める．

b. tRNA

tRNA（transfer RNA） はmRNA上の特定の塩基配列（コドン）と特定のアミノ酸を対応させるアダプターとしての働きをするRNAである．それぞれのアミノ酸に対応するtRNAが存在する．基本的に，遺伝暗号表の61の枠が20のアミノ酸に対応し，tRNAは40～50種類ぐらいの数があり，細胞内ではRNA全体の約5%を占める．

tRNAは四つのステムからなるクローバーリーフ型の二次構造をもつ（図5-5）．3′-OH基をもつ3′末端には一本鎖のCCA配列があり，3′末端から4番目（CCAの隣）にも，通常は塩基対を組んでいないヌクレオチドが存在している（ディスクリミネーターとよばれている）．tRNAの5′末端は，余分についたヌクレオチドをリボヌクレアーゼPという酵素が切断することでできあがる．リボヌクレアーゼPは，RNAとタンパク質から構成されるが，基質RNAの切断を触媒するのは，RNA部分（M1 RNA）であることが，シドニー・アルトマンにより証明された．

また，tRNAの特徴の一つに，全塩基の25%もの塩基が修飾されていることが挙げられる（図5-6）．Dループ上のジヒドロウリジン（D）やTループ上のシュードウリジン（Ψ）をはじめ，アンチコドンの1文字目などにも，高度に修飾された塩基がみられる．tRNAの修飾塩基はコドン・アンチコドン相互作用やアミノ酸結合の特異性などへの役割も果たしている．

c. rRNA

リボソームはタンパク質合成が行われる場であり，複数のRNAと複数のタンパク質からなる複合体である．原核生物の **rRNA（ribosomal RNA）** は，5S，16S，23Sが知られており，同一またはほぼ同一の3遺伝子のセットが，7個のオペロンに存在している．このオペロンの転写産物の全長は5500以上あり，3種のrRNAのほかに，いくつかのtRNAも含んでいる．この転写産物は，リボヌクレアーゼPを含むいくつかの酵素により，プロセシングを受けて最終産物となる．真核生物のrRNAは，5S，5.8S，18S，28Sなどの種類がある．細胞内ではRNA全体の約95%を占める．rRNAは1本の **前駆体RNA（precursor RNA：pre-RNA）** がプロセシングを受けて，複数種のrRNAが生成される（図5-7）．トーマス・チェック

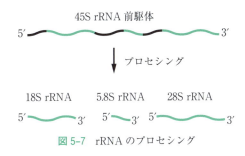

図 5-7 rRNA のプロセシング

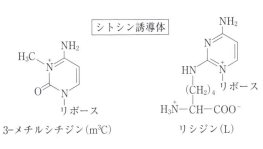

図 5-6 tRNA に含まれる修飾塩基の例. イノシンの化学的性質はグアノシンに似ているがアデノシンから誘導される.

は, 繊毛原生動物であるテトラヒメナの rRNA 前駆体において, タンパク質の存在なしに途中部分が切り出された後, 残りの部分がつながることを発見した. いわゆる rRNA 前駆体の自己スプライシング反応である. チェックとアルトマンの発見は, RNA が触媒活性をもつことの証明であり (リボザイムの発見), それまでの定説を覆し,「RNA ワールド」という概念をも生み出すことになった.

5.1 節のまとめ

- DNA 上の塩基配列 (遺伝情報) は, mRNA に写しとられ (転写), タンパク質を構成するアミノ酸がつなげられていく (翻訳).
- 「DNA → RNA → タンパク質」という, 一方向の情報の流れをセントラルドグマとよぶ.
- mRNA 上の連続した3文字をコドンとよび, コドンとアミノ酸との対応を遺伝暗号という. 生物が違っても, 基本的に同じアミノ酸を指定するコドンは同じ配列のコドンであるため, これらを普遍遺伝暗号とよぶ.
- タンパク質合成に関わる RNA として, mRNA, tRNA, rRNA がある.

5.2 遺伝子の転写

5.2.1 RNA ポリメラーゼ

　DNA が DNA ポリメラーゼという酵素によって合成されるのと同様に，RNA は **RNA ポリメラーゼ（RNA polymerase）** によって合成される．DNA から mRNA への転写は，DNA の一本鎖のうち，片方を鋳型にして行われる．一般的に原核生物では 1 種類の RNA ポリメラーゼによって，RNA の合成が進行する．これに対し，真核生物では 3 種類の RNA ポリメラーゼが存在し（Ⅰ，Ⅱ，Ⅲ），この三つのそれぞれが特異的な RNA 合成を行っている．RNA ポリメラーゼⅠは核小体に局在し，5S rRNA を除く大部分の rRNA 前駆体を合成する．RNA ポリメラーゼⅡは核質にあり，mRNA 前駆体の合成を司る．RNA ポリメラーゼⅢは核質にあり，5S rRNA や tRNA などの合成を担当している．RNA も DNA 同様，ヌクレオチドが 5′-3′-5′-3′……と繰り返してつながっているので，RNA 合成も 5′ から 3′ への向きに 1 ヌクレオチドずつつなげられていく．

　大腸菌の RNA ポリメラーゼのホロ酵素（449 kDa）は $\alpha_2\beta\beta'\sigma$ というサブユニット組成をもち，RNA 合成の開始とともに，σ 因子が解離し，$\alpha_2\beta\beta'$ という構成をもつコア酵素で合成反応を行っていく．大腸菌 RNA ポリメラーゼは，親指と手のひらに似た構造をもっている．この構造は DNA ポリメラーゼにも共通に存在しており，これらの酵素が同じ起源を有するものである可能性が考えられる．真核細胞の RNA ポリメラーゼの分子量は 500〜700 kDa で，RNA ポリメラーゼⅡは 12 個のサブユニットを，その他の RNA ポリメラーゼも 10 個以上の複雑なサブユニット構造をもつ（図 5-8）．

5.2.2 プロモーターと転写反応

　転写が行われるためには，RNA ポリメラーゼが DNA にきちんと結合しなければならない．転写の開始する場所と向きを決定するために，DNA 上には **プロモーター（promoter）** とよばれる領域が存在している．プロモーターは転写が開始される点（転写開始点，+1 位）の上流に存在し，RNA ポリメラーゼがこれを認識し，RNA への転写は 5′ から 3′ へ向かって行われる．したがって，鋳型となるべき DNA 鎖は 3′ から 5′ 方向へ向かうことになる．プロモーター部分には転写因子と RNA ポリメラーゼが複合体を形成し，DNA 二本鎖が開かれ，転写を開始させる．転写

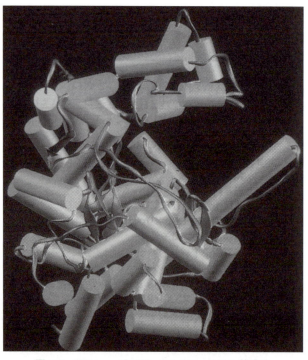

図 5-8　T7 ファージ RNA ポリメラーゼの X 線構造
(D. Voet *et al.*, Fundamentals of Biochemistry, Wiley, 1999 より引用)

因子とは，RNA ポリメラーゼがプロモーターに結合する際に必要となるタンパク質である．原核生物のリプレッサーに比べ，真核生物の DNA 結合タンパク質には，ジンクフィンガー，ロイシンジッパーなどの多様なモチーフが存在している．

原核生物の転写反応の場合，**σ 因子（σ factor）**というタンパク質が特定のプロモーターへ RNA ポリメラーゼを結合するのを容易にさせている．大腸菌プロモーターのコンセンサス配列としてよく保存されているのが，転写開始点の上流の −10 位にある TA-TAAT で，その発見者デイヴィッド・プリブナウの名をとって，プリブナウボックスともよばれている．そのさらに上流の −35 位には TTGACA というコンセンサス配列もある．真核生物の場合，プロモーターは原核生物の場合よりずっと複雑で変化に富んでいる．

RNA ポリメラーゼは DNA 上を移動していき，転写反応が進行する．合成された RNA 鎖は，ただちに DNA から離れていき，DNA はもとの二本鎖に戻る．多くの転写因子は RNA ポリメラーゼとともに移動していくわけではない．原核生物の場合は，転写の終了を指示する DNA 上の配列があり，その部分を**ターミネーター（terminator）**とよんでいる．転写が終わる点を転写終結点といい，ターミネーター部分は，その特徴的な配列により，転写された RNA が，ヘアピン構造のような特定の構造をとることによって DNA から遊離し，RNA ポリメラーゼの反応をストップさせるなどのメカニズムが考えられている．真核生物でも同様であると考えられているが，もっと詳細でわからない点も多い．

5.2 節のまとめ
- RNA の合成は RNA ポリメラーゼによって行われる．
- RNA ポリメラーゼは DNA 上のプロモーターという領域に結合して，転写が開始される．
- プロモーターは，RNA ポリメラーゼを結合させ，転写を開始する位置と鋳型として使用する DNA を決定する役割をもつ．

5.3 RNA のプロセシングと輸送

5.3.1 mRNA のプロセシング

mRNA の生成過程は，生物種によって特徴がみられる．真正細菌の mRNA は，DNA からの転写の後に，特に修飾を受けない状態で使用されるのに対し，真核生物と古細菌の mRNA は，まず，pre-mRNA という前駆体として DNA から転写されてくる．pre-mRNA は，キャッピング，ポリ A 付加，スプライシングという 3 種類の修飾を受ける．これらの過程を mRNA のプロセシングとよび，遺伝情報の発現に大きな役割を果たしている（図 5-9）．

a．キャッピング

原核生物の mRNA の 5′ 末端には修飾は施されないが，真核生物の場合，mRNA は 5′ 末端に特徴的な修飾が行われる．それは 7-メチルグアノシンの 5′ 末端と mRNA のヌクレオシドの 5′ 末端とが，5′-5′ 三リン酸結合を介してつながった構造をしている．mRNA の 5′ 末端にふたをするような構造をしているので，これを**キャップ構造（cap structure）**とよんでいる（図 5-10）．キャップ構造があることで，特定のタンパク質がこの構造を認識し，タンパク質合成の場であるリボソームと mRNA を結合させることに寄与している．キャッピングを施すことで，その mRNA は 5′-エキソヌクレアーゼによって分解されなくなる．

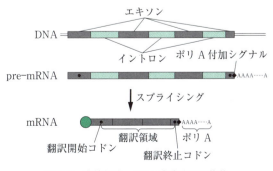

図 5-9　真核細胞 mRNA 完成までの修飾

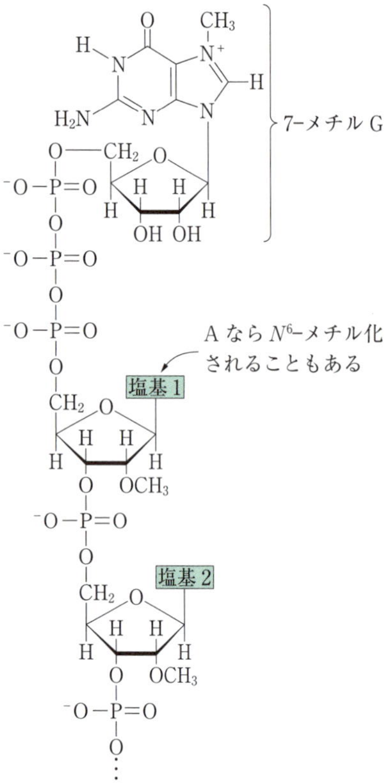

図 5-10 真核細胞 mRNA の 5′末端キャップ構造. 転写産物の先頭 (5′末端側) ヌクレオチドは 2 個までメチル化されうる. 先頭ヌクレオチドが A ならば N^6-メチル化もありうる.

b. ポリ A 付加

真核生物の pre-mRNA の 3′末端付近には, AAUAAA などのポリ A 付加シグナルが存在している. 切断ポリアデニル化特異因子 (CPSF) がこのポリ A 付加シグナルを認識すると, 5′から 3′の向きに, 約 20 ヌクレオチド下流付近の U または GU に富む配列の手前で酵素的に切断する. 切断された 3′末端にポリ A 付加酵素が, ATP を用いてアデニル酸を多数付加する. ポリ A 付加酵素は CPSF によるポリ A 付加シグナルを認識すると活性化され, ポリ A が 10 ヌクレオチド程度つながると CPSF は認識部位を離れる. CPSF とポリ A 付加酵素は, 分子量が 500〜1000 kDa 程度の複合体の構成成分であり, 切断された転写産物はこの複合体から離れることなくポリアデニル化される. ポリ A の長さは最大 250 ヌクレオチド程度になる. ポリ A 付加は, 鋳型を必要としない過程である. ポリ A が付加することは, タンパク質合成開始に必要な過程であるが, ポリ A の長さは 1 種類の mRNA においてもまちまちである.

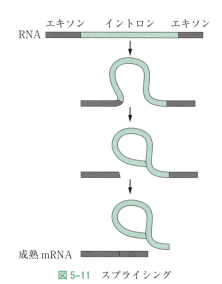

図 5-11 スプライシング

c. スプライシング

原核生物と対照的に, 真核生物の遺伝子は, mRNA となるエキソン (発現配列) 部分と, mRNA にならないイントロン (介在配列) 部分から成り立っている. 前駆体 pre-mRNA はタンパク質のサイズから予想されるよりはるかに長いが, フィリップ・シャープとリチャード・ロバーツがそれぞれ独立に, RNA 前駆体の内部配列が切り取られてサイトゾル (細胞質のうち膜で囲まれた小器官以外の部分) に出てくることを実験的に証明した. イントロンが切り取られ, エキソンが順序よくつながることを**スプライシング (splicing)** という (図 5-11). したがって, 前駆体 pre-mRNA には, エキソンとイントロンの両者が含まれている. 真核生物の場合, 最終的に翻訳に寄与するのは完成された mRNA であるので, 転写された pre-mRNA には, キャッピングやポリ A 付加が行われるだけでなく, イントロン部分が適切に切り取られなければならない. 実際, このような反応が起こり, 残されたエキソン部分は連結されて, mRNA として機能することになる.

真核細胞核には, よく保存された核内低分子 RNA (snRNA) が多数存在し, 核内低分子リボ核タンパク質 (snRNP) という, タンパク質との複合体を形成している. snRNP や種々の pre-mRNA 結合タンパク質がスプライソームを形成し, スプライシングはスプライソームで行われる.

スプライシングはタンパク質の多様性を生み出すために大きな役割を果たしている. 一つの pre-mRNA でも, その中に含まれるエキソンとイントロンの組合せを利用すれば, 最終的な産物は驚くほどの多様性を

生み出すことができる．選択的にさまざまな組合せのmRNAを産生するので，これを**選択的スプライシング**（alternative splicing）とよんでいる．選択的スプライシングの結果，一つの遺伝子から複数のmRNAが生成され，最終的に，複数種類のタンパク質が合成されることになる．

5.3.2 RNAの輸送

原核生物の場合，核がないので合成されたRNAの輸送について議論の必要はない．真核生物の場合，DNAは核内に存在するため，RNAはまず核内で合成される．核内で転写されたRNAは各種の修飾を受けた後，mRNA，tRNA，rRNAのいずれも，これらのRNAに特異的なタンパク質因子と結合した後，核膜孔を通過して，細胞質中に輸送される．これらのタンパク質因子は核外輸送だけの機能を果たすにとどまらず，核外輸送後のRNAの局在化や安定性などにも寄与している．そして，輸送されたmRNA，tRNA，rRNAを使って，タンパク質の合成が行われることになる．

5.3節のまとめ

- 真正細菌のmRNAは，DNAから転写されたものがそのまま使用されるのに対し，真核生物と古細菌のmRNAは，使用される前にpre-mRNAという前駆体としてDNAから転写されてくる．
- 真核生物のmRNAは，pre-mRNAからキャッピング，ポリA付加，スプライシングという修飾を経て，タンパク質合成に使用される．
- 真核生物のRNAはまず核内で合成され，各種の修飾を受けた後，特異的なタンパク質因子と結合した後，核膜孔を通過して，細胞質中に輸送される．

5.4 遺伝子の翻訳

5.4.1 タンパク質合成とtRNA

mRNAに写し取られた遺伝情報は，遺伝暗号表の対応に従って，最終的にアミノ酸配列に変換される．しかし，mRNAのコドンの構造とアミノ酸の構造には，確固たる立体化学的な関係は見出されておらず，現在の生物は，アミノ酸特異的なtRNAに結合した各アミノ酸をmRNAの情報に従ってつなげていくことで，最終的にタンパク質が合成される．

tRNAはL字形の立体構造を有している（図5-12）．tRNAのこの立体構造は，多数の塩基対形成，および塩基間のスタッキング相互作用を通して実現される．tRNAのL字形の一方の端には，一本鎖のCCA配列があり，この3'末端のアデノシンにアミノ酸がエステル結合を介して付加する（図5-13）．L字型のもう一方の端には，アンチコドンを含むループがあり，アンチコドンがmRNA上のコドンと対合する．tRNAの立体構造は，すべてのアミノ酸に対するtRNAにおいて，基本的に同じである．これは，リボソーム上で，mRNAとペプチド結合生成のための活性中心（ペプチジルトランスフェラーゼセンター：

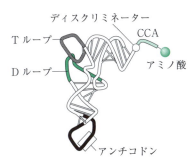

図5-12 tRNAの立体構造

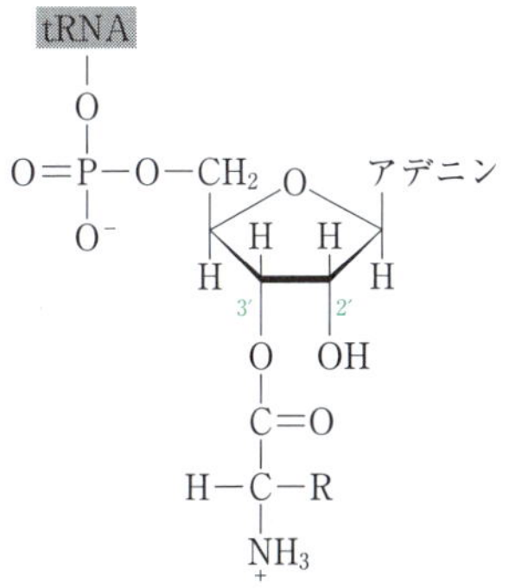

図5-13 アミノアシルtRNA．アミノ酸残基はtRNAの3'末端ヌクレオチドの3'-OH（図示）または2'-OHにエステル結合を介して付加する．

PTC）にうまく相互作用するために必要だからである．

5.4.2 アミノアシル tRNA 合成酵素

それぞれのアミノ酸をそれぞれの tRNA に間違いなく結合させる反応が，tRNA のアミノアシル化反応であり，この反応を触媒しているのが**アミノアシル tRNA 合成酵素**（aminoacyl-tRNA synthetase）である．tRNA はアミノ酸の種類によらず，L 字型をしているので，アミノアシル tRNA 合成酵素は，L 字型をした tRNA の中から，tRNA を構成する塩基配列の違いをうまく認識することによって，特定の tRNA を選び出していると同時に，特定のアミノ酸を認識する機能を有している．

20 種類の標準アミノ酸に対応するそれぞれのアミノアシル tRNA 合成酵素は，その構造上の特徴から二つのグループに分類されている（**表 5-3**）．多くのアミノアシル tRNA 合成酵素，および tRNA との複合体の立体構造が解明され，アミノアシル tRNA 合成酵素によって認識されている部位が明らかになってきた．

5.4.3 リボソーム

リボソーム（ribosome）は RNA とタンパク質の超複合体であり，ここでペプチド結合が生成され，タンパク質が合成される（**図 5-4**）．大腸菌の場合，3 本の RNA（5S，16S，23S）と 50 を超えるタンパク質からなり，大小二つのサブユニットが会合してリボソームを構成する．大サブユニット，小サブユニットは，沈降係数を用いて，それぞれ 50S サブユニット，30S サブユニットともよばれるが，会合体のリボソームは 70S になる（**図 5-14**）．小サブユニットは mRNA を結合し，アミノアシル tRNA のアンチコドンと相互

表 5-3　大腸菌アミノアシル tRNA 合成酵素の分類

	アミノ酸	四次構造	アミノ酸残基数
クラス I	Arg	α	577
	Cys	α	461
	Gln	α	551
	Glu	α	471
	Ile	α	939
	Leu	α	860
	Met	α_2	676
	Trp	α_2	325
	Tyr	α_2	424
	Val	α	951
クラス II	Ala	α_4	875
	Asn	α_2	467
	Asp	α_2	590
	Gly	$\alpha_2\beta_2$	303/689
	His	α_2	424
	Lys	α_2	505
	Pro	α_2	572
	Phe	$\alpha_2\beta_2$	327/795
	Ser	α_2	430
	Thr	α_2	642

出典：C. W. Carter, Jr., *Annu. Rev. Biochem.*, **62**, 717, 1993.

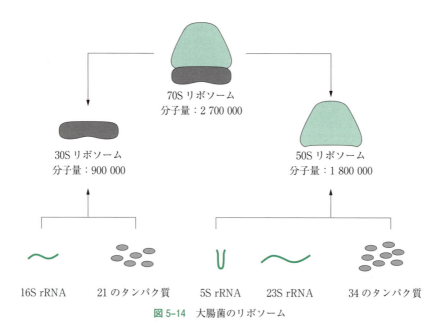

図 5-14　大腸菌のリボソーム

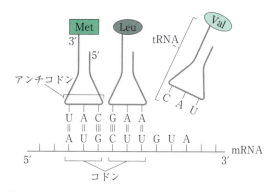

図 5-15 アミノアシル tRNA によるコドン認識の概念図

作用しながら，tRNA の CCA 末端が大サブユニットと相互作用し，活性部位（PTC）において，ペプチド結合が生成される．

5.4.4 翻訳の概略

リボソームは mRNA と結合し，mRNA のコドンは，基本的に，これと相補的な配列をもつアミノアシル tRNA のアンチコドンによって認識される（図 5-15）．リボソームには，新しいアミノアシル tRNA が入る A 部位（アミノアシルサイト），合成中のペプチド鎖を結合した tRNA（ペプチジル tRNA）が結合する P 部位（ペプチジルサイト），ペプチド鎖をアミノアシル tRNA に転移させた後，リボソームから出ていく E 部位（エグジットサイト）がある．ポリペプチド鎖の翻訳開始，鎖延長，翻訳終結に関しては，それぞれ，**開始因子（initiation factor：IF）**，**延長因子（elongation factor：EF）**，**終結因子（release factor：RF）** とよばれるタンパク質因子との相互作用が重要である．リボソームは，ペプチジル tRNA のペプチド鎖をアミノアシル tRNA に移し，新たに延長したペプチジル tRNA と mRNA を転位し，mRNA 上のコドンに従って，ポリペプチド鎖の合成を進行させていく．

それぞれの tRNA は，アンチコドンの配列に応じて，アミノアシル tRNA 合成酵素が各アミノ酸を特異的に結合するので，mRNA 上の（ひいては DNA 上の）塩基配列の情報が正しくアミノ酸配列に翻訳される．以下，原核生物を例にとって，一連の流れを概説する．

5.4.5 翻訳の開始（図 5-16）

原核生物では，メチオニンが付加された tRNA（Met-tRNA^{Met}）のメチオニンのアミノ基がホルミル化（−CHO）され（fMet），fMet-tRNA^{Met} が翻訳開

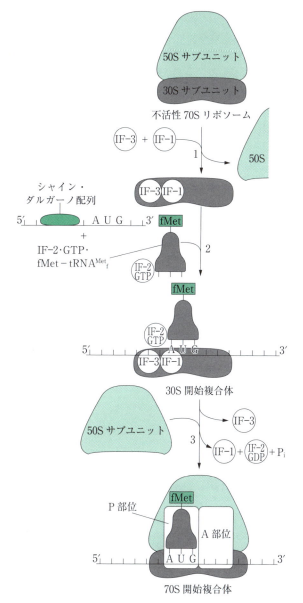

図 5-16 大腸菌リボソームの翻訳開始経路

始のアミノアシル tRNA として機能する．fMet 残基は翻訳後修飾で脱ホルミル化される．

開始コドンを認識する tRNA^{Met} はペプチド内部にメチオニンを運ぶ tRNA^{Met} とは違い，前者を tRNA$^{Met}_f$，後者を tRNA$^{Met}_m$ とよぶ．両 tRNA とも同じコドン AUG を認識するが，両 tRNA の塩基配列やコンフォーメーションが異なるので，それぞれ翻訳開始，鎖延長反応に関わることができる．tRNA$^{Met}_f$ と tRNA$^{Met}_m$ には，同じメチオニル tRNA 合成酵素がメチオニンを結合させる．生じた Met-tRNA$^{Met}_f$ はホルミルトランスフェラーゼによってホルミル化さ

れ fMet-tRNA$^{Met}_f$ を生成するが,この酵素は Met-tRNA$^{Met}_m$ を認識しない.

mRNA 上にはメチオニンに対応するコドン AUG が多数存在しているが,翻訳開始点の約 10 ヌクレオチド上流には,プリンに富む 3～10 ヌクレオチドのシャイン・ダルガーノ配列（SD 配列）が存在し,この配列が,16S rRNA の 3′ 末端部分のピリミジンに富む配列と塩基対形成することにより,正しい開始コドンの位置を選択できると考えられている.

真核生物における翻訳開始ははるかに多くのタンパク質因子が関与しているものの,基本的には原核細胞の翻訳開始に似ているので,以下,大腸菌を例にとり,翻訳開始を説明する.ポリペプチド合成が終了したリボソームは 30S と 50S サブユニットが結合した 70S の状態でいる.この 30S サブユニットに開始因子 IF-3 が結合して,50S サブユニットを解離させる.開始因子 IF-1 は IF-3 の結合を補助する.次に,GTP を結合した開始因子 IF-2 が fMet-tRNA$^{Met}_f$ を小サブユニット上の mRNA に運び,30S 開始複合体が形成される.IF-2・GTP・fMet-tRNA$^{Met}_f$ 複合体は mRNA よりも先に 30S サブユニットに結合することもできる.IF-3 は 30S サブユニットと mRNA との結合を助ける.その後,IF-3 が解離すると,大サブユニットが 30S 開始複合体に結合し,IF-2 に結合している GTP は GDP と Pi に加水分解される.この過程で,30S サブユニットのコンフォーメーションが変化し,最終的に IF-1 と IF-2 が解離し,70S 開始複合体が形成される.こうして生成した 70S 開始複合体において,fMet-tRNA$^{Met}_f$ が P 部位に入り,A 部位には新しくやってくるアミノアシル tRNA が入ることになる.

5.4.6 ペプチド鎖の延長（図 5-17）

ペプチド鎖の延長の最初の段階は,まず,リボソームの P 部位には fMet-tRNA$^{Met}_f$ がある.そして,GTP を結合した延長因子 EF-Tu がアミノアシル tRNA と結合し,この 3 者複合体がリボソームの A 部位に入り込む.このアミノアシル tRNA が mRNA と相互作用すると,それに伴い,GTP が GDP と Pi に加水分解して,EF-Tu・GDP が生じる.EF-Tu の細胞内での存在量は非常に多く,大腸菌では全タンパク質の 5% を超えている.EF-Tu は tRNA$^{Met}_f$ 以外の

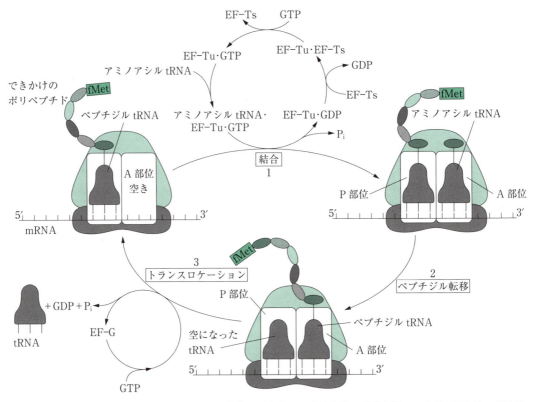

図 5-17 大腸菌リボソームの延長サイクル.E 部位は示さない.真核細胞の延長も似ているが,EF-Tu,EF-Ts の代わりに多サブユニットタンパク eEF-1 が働き,EF-G の代わりに eEF-2 が働く.

すべてのアミノアシル tRNA に結合するが，アミノ酸がチャージされていないただの tRNA には結合しない．

このように，P 部位にペプチジル tRNA（最初は fMet-tRNA$^{Met}_f$）があり，A 部位にアミノアシル tRNA があると，後者のアミノ酸のアミノ基の孤立電子対が，前者のリボースと結合したペプチドのカルボニル炭素を求核攻撃して，ペプチド結合が生成される．この反応には ATP などの因子は関与しない．P 部位の tRNA に結合したペプチド鎖が A 部位のアミノアシル tRNA に転移してペプチドの C 末端を 1 残基延長する過程をペプチジル転移とよぶ．

ペプチジル転移反応は，リボソームの大サブユニットに存在する活性中心（PTC）で行われる．この活性中心には RNA しか存在せず，中心から一番近くに位置するタンパク質までは約 18 Å（1.8 nm）離れていることが X 線結晶構造解析の結果から判明した．そして，ペプチド結合生成の触媒反応に関与しているのは，タンパク質ではなく RNA であることが明らかになり，「リボソームはリボザイム（RNA 酵素）である」という概念が確実なものになった．生命活動の根幹に位置する翻訳を司るリボソームの骨格が RNA であることは，生命の起源において「RNA ワールド」という世界が存在した可能性をますます強めることになった．

ペプチド結合が生成されると，新しく生成されたペプチジル tRNA のアンチコドン部分は A 部位に，アクセプターステム部分が P 部位に存在するという位置関係になる．この状態において，GTP を結合した延長因子 EF-G が，空になった P 部位の tRNA を E 部位に，新しく生じたペプチジル tRNA を P 部位に移動させる．このステップがトランスロケーション（転位）とよばれる過程である．延長因子 EF-G は GTP とともにリボソームに結合し，GTP が GDP と Pi に分解されてはじめてリボソームから解離する．こうして，A 部位が空き，新たなアミノアシル tRNA が EF-Tu・GTP によって運び込まれ，次々に延長反応が進行する．EF-G は，EF-Tu に結合した tRNA とよく似た構造をもち，ペプチジル tRNA を A 部位から押しやることにより，トランスロケーションを起こしている．リボソーム上において，EF-Tu と EF-

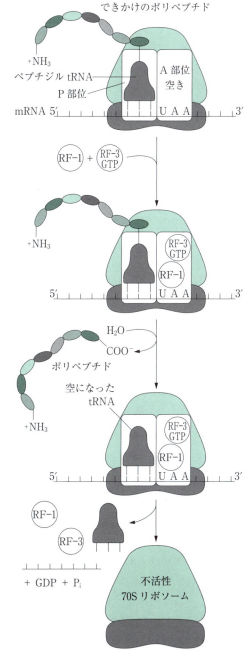

図 5-18 大腸菌リボソームの翻訳終結．RF-1 は終止コドン UAA と UAG を認識，RF-2 は UAA と UGA を認識する．

表 5-4 コドン 3 文字目・アンチコドン 1 文字目の間に許容されるゆらぎ塩基対

アンチコドンの 5′ 側塩基	コドンの 3′ 側塩基
C	G
A	U
U	A または G
G	U または C
I	U, C, または A

Gの結合する部位はほとんどすべて重なっているため，最終的にEF-Gがリボソームから解離した後でないと，次の延長サイクルに入ることはできない．

アミノ酸がいったんtRNAに結合すると，タンパク質合成におけるアミノ酸の選択は，基本的にコドン・アンチコドン相互作用によってのみ行われる．20種類のアミノ酸を61コドンによって規定しているため，多くのtRNAは2〜3種のコドンと相互作用する．通常，mRNAのコドン1文字目，2文字目は，ワトソン・クリック塩基対相互作用を通して，それぞれ，tRNAのアンチコドン3文字目，2文字目と相互作用をする．しかし，コドン3文字目は，1個のtRNAが複数のコドンを読めるように，ゆらぎを許す状態で相互作用が起こる．例えば，アンチコドンの1文字目がGであると，CのみならずUとも塩基対（ゆらぎ塩基対）を形成することができる（表5-4）．アンチコドンの1文字目がI（イノシン）になると，U，C，Aのどれとでも相互作用が可能になる．

5.4.7 翻訳の終結（図5-18）

mRNA上に終止コドンUAA，UAG，UGAが現れると，ペプチジルtRNA上のポリペプチドが遊離する．一般的に，終止コドンUAA，UAG，UGAを読むtRNAは存在せず，その代わりに，終結因子RFが終止コドンを認識し，ポリペプチド鎖が切断される．大腸菌では，RF-1はUAAとUAGを，RF-2はUAAとUGAを認識する．そして，GTPと結合したRF-3が，リボソームとRF-1あるいはRF-2との結合を促進する．終結因子がA部位に入り込むと，P部位にあったペプチジルtRNAのペプチドとtRNAの間のエステル結合が加水分解される．RF-3に結合したGTPがGDPとPiに加水分解されると，すべての終結因子がリボソームから遊離し，さらにtRNAとmRNAも外れ，翻訳が完了することになる．

mRNA中のあるアミノ酸を指定するコドンが変異を受け，終止コドンになってしまった場合，本来，さらに下流にある本来の終止コドンを待たずして，ポリペプチド合成は途中で未完成のまま終了してしまう．このような変異をナンセンス変異という．あるtRNAのアンチコドン部分に変異が起き，このtRNAが途中に現れた終止コドンを認識できるようになると，このアミノアシルtRNAが終止コドン部分にアミノ酸を運び，翻訳が進んでいくことになる．このようなtRNAはサプレッサーtRNAとよばれている．

5.4.8 ポリソーム

mRNA上には一つでなく，複数のリボソームが存在した状態で，タンパク質合成は行われる．リボソームはmRNAの長さに応じて結合するので，mRNAが長いほど，結合しているリボソームの数は多くなる．このように複数のリボソームがmRNA上に数珠のようにつながって存在している状態を**ポリソーム（polysome）**とよんでいる．ポリソームを構成しているそれぞれのリボソームは，大体，50〜150 Å（5〜15 nm）程度の間隔を空けて配置される．ポリペプチド鎖は，原核生物と真核生物で伸長されていく速度が違い，前者では毎秒約20アミノ酸程度，後者では毎秒約2アミノ酸程度である．翻訳活性を有するリボソームが，mRNA上の開始コドン部位をスタートして反応を進めると，次々とリボソームが翻訳を始めていくために，ポリソームという状態が生み出されることになる．

5.4節のまとめ

- タンパク質は，アミノ酸特異的なtRNAに結合した各アミノ酸を，リボソーム上でmRNAの情報に従ってつなげていくことで合成される．
- tRNAはL字形の立体構造をもち，アミノアシルtRNA合成酵素が特異的にアミノ酸を結合させる．
- mRNAの最初のAUG（メチオニン）はタンパク質合成の開始コドンであり，アミノ酸に対応しない3種類の終止コドンのところで，タンパク質合成が終了する．
- リボソームはRNAとタンパク質複合体だが，活性中心はRNAでできている．タンパク質合成には多くのタンパク質因子が関与している．

6. 細胞の構造

　英国の物理学者フックは，顕微鏡でさまざまなものを観察し，1665 年『ミクログラフィア』という本を出版した．この中で彼は，木のコルク層が小室の集合体であることを報告し，これを「cell」すなわち「小部屋」と名づけた．その後，ドイツのシュライデンやシュワンにより，植物，動物の体はこの「cell」からできていることが明らかになり，これこそが生命の基本単位であるという認識が 19 世紀半ばには確立された．またチェコのプルキンエは「cell」内の物質を，生命活動を行う根源的な物質という意味で原形質と名づけた．なお「cell」は現在，日本語では「細胞」と訳されている．

　生物には，細胞 1 個からできている単細胞生物と，多数の細胞からできている多細胞生物がいる．細胞は多様性に富み，リンパ球のように丸いものや，皮膚の上皮細胞のように扁平なもの，また神経細胞のように長い突起を出したものなど色々な形の細胞がある．大きさに関しても，1 μm 程度の細菌から，1 m にも達する神経細胞など，サイズもさまざまである（図 6-1）．

　生命の基本単位である細胞は，細胞膜に囲まれた構造物で，大きく**真核細胞**（eukaryotic cell）と**原核細胞**（prokaryotic cell）の二つに分類される（図 6-2）．真核細胞の DNA は核膜に包まれて細胞内の他の部位から隔離されているが，原核細胞では核膜がなく DNA は隔離されていない．細菌は原核細胞を有する単細胞生物で，**原核生物**（prokaryote）とよばれている．一方，真核細胞を有する生物を**真核生物**（eukaryote）といい，酵母やゾウリムシなどの単細胞生物から，ヒトなどの多数の細胞が集まった多細胞生物まである．

6.1 真核細胞の構造

　真核細胞は細胞膜で囲まれた原形質からなり，その中には生命活動を維持するのに必要な特殊な機能を有

> **ロバート・フック**
> 英国の自然哲学者．科学革命に大きな影響を与えた．天文学や建築に深い造詣をもち，重力に関してニュートンと論争を繰り広げた．また，顕微鏡を用いてコルクを観察し，微細構造をみつけ「cell」と名づけた．（1635-1703）

> **マティアス・ヤコプ・シュライデン**
> ドイツの植物学者．1838 年に『植物発生論』にて生物の基本単位は細胞であると唱えた．同年，動物学者テオドール・シュワンも同様の発表を行い，シュワンが細胞説を完成させた．（1804-1881）

> **テオドール・シュワン**
> ドイツの動物生理学者．1836 年に豚の胃液から消化酵素を発見し，ペプシンと名づける．1838 年に，シュワンとともに細胞説を提唱し，その後，同説を完成に導いた．（1810-1882）

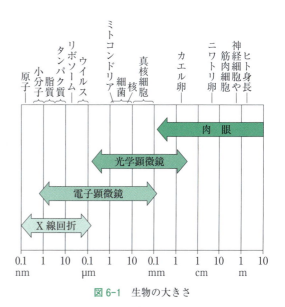

図 6-1　生物の大きさ

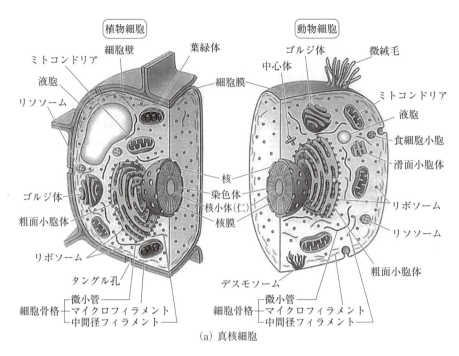

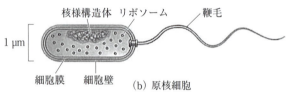

図 6-2　真核細胞と原核細胞
（高畑雅一ほか，生物学［カレッジ版］，医学書院，2013 より引用）

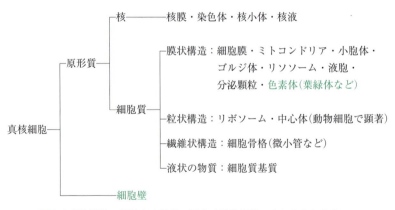

図 6-3 真核細胞の細胞内小器官．緑字は植物細胞のみにみられるもの．

する多様な細胞内小器官が存在する（図 6-3）．これらの小器官を，膜による囲まれ具合で分類すると，核，ミトコンドリア，葉緑体（植物）は二重の膜に囲まれているが，小胞体，ゴルジ体，エンドソーム，ペルオキシソーム，液胞などは一重膜に囲まれた小器官である．またリボソームや細胞骨格は膜に囲まれていない小器官である．

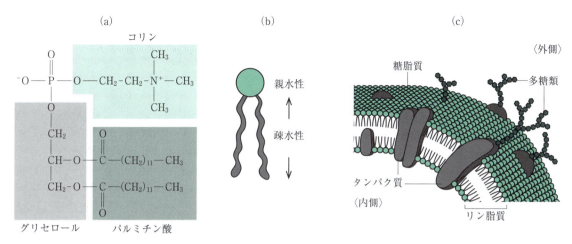

図 6-4 リン脂質と生体膜
(a)代表的なリン脂質であるフォスファチジルコリン，(b)リン脂質の構造，(c)脂質二重膜で構成される生体膜．

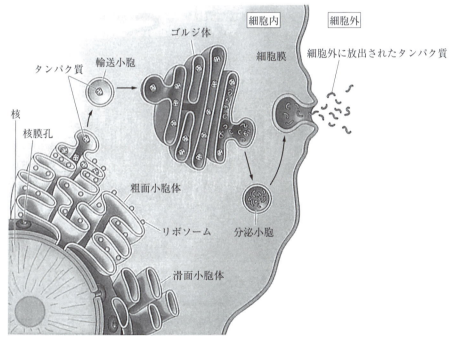

図 6-5 小胞体，リボソーム，ゴルジ体とタンパク輸送
(高畑雅一ほか，生物学［カレッジ版］，医学書院，2013 より引用)

6.1.1 細胞質

原形質のうち，核以外の部分が**細胞質（cytoplasm）**であり，細胞小器官と，その間を埋め尽くす液状の細胞質基質から構成される．

a. 細胞膜

細胞膜（cell membrane）は細胞の内と外を区別する生体膜の一つで，外部との境界を形成するとともに，膜内外の物質の出入りを調整している（図 6-4）．主な成分はリン脂質と膜タンパク質で，リン脂質を主成分とする脂質膜に多彩な機能をもつ膜タンパク質が埋め込まれている．リン脂質は親水性の頭部と二つの疎水性の尾部をもっており，生体膜はこのリン脂質の疎水性の尾部を内側に，親水性の頭部を外側に向けた厚さ 6〜10 nm の脂質二重膜構造を特徴としている．

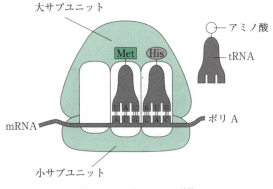

図 6-6　リボソームの形状

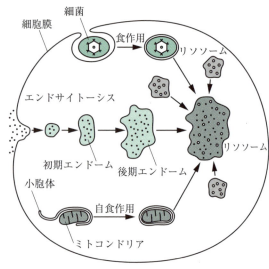

図 6-7　リソソームによる消化

膜タンパク質は細胞内外のイオンや栄養分の輸送や，ホルモンや情報伝達物質の受容体として機能する．また，隣接する細胞との接着などにも関与する．

b．小胞体

管状や層板上の膜状構造物である**小胞体（endplasmic reticulum）**は，粗面小胞体と滑面小胞体に大別される（図 6-5）．粗面小胞体は膜表面にリボソームを有し，膜タンパク質や分泌タンパク質の合成の場である．合成されたタンパク質は，粗面小胞体の一部にくるまれ，輸送小胞としてゴルジ体へ輸送される．滑面小胞体にはリボソームがなく，脂肪酸や，リン脂質，ステロイドホルモンの合成に関与している．

c．リボソーム

リボソーム（ribosome）はタンパク質合成を行う装置であり，大サブユニットと小サブユニットからなる（図 6-6）．いずれも多数のタンパク質とリボ核酸（RNA）からなる複合体である．リボソームを構成するRNAをリボソームRNA（ribosomal RNA：rRNA）という．また，リボソーム内にはメッセンジャーRNA（messenger RNA：mRNA）と転移RNA（transfer RNA：tRNA）の結合部位があり，mRNAの遺伝情報はリボソーム内でアミノ酸配列へと変換される．リボソームには小胞体に付着し，粗面小胞体の一部になっているものや，細胞質に遊離して存在するものがある．粗面小胞体のリボソームは膜タンパク質や分泌タンパク質を合成し，細胞質に遊離したリボソームは細胞質のタンパク質を合成している．

d．ゴルジ体

ゴルジ体（Golgi body）は扁平な滑面小胞体が幾重にも積み重なったような構造を有し，粗面小胞体から輸送小胞で送られてきた膜タンパク質や分泌タンパク質の加工，選別を行い，さらに分泌小胞として細胞外へ送り出す機能を担っている（図 6-5）．ゴルジ体の一部は小胞体でつくられたタンパク質分解酵素を含むリソソームになり，細胞内の不要物の分解に関与する．

e．リソソーム

リソソーム（lysosome）は球状の細胞小器官であり，内部は酸性（pH 4.8）に保たれ，酸性条件下で働く多様な消化酵素を含んでいる．細胞外の高分子や微生物は細胞内に取り込まれると食胞を形成するが，リソソームはこの食胞と融合し，消化酵素で分解する．リソソームはまた細胞内の不要になった細胞小器官の分解にも関与する（図 6-7）．

f．ミトコンドリア

ミトコンドリア（mitochondria）は好気呼吸によるエネルギー産生を担う細胞小器官である．内膜と外膜の2枚の膜に包まれ，内膜はクリステとよばれるひだ状の折り畳み構造で，表面積が広くなっている（図6-8）．内膜に包まれた部分はマトリックスとよばれ，ミトコンドリア固有の遺伝子DNAが存在している．高エネルギー物質であるアデノシン三リン酸（ATP）はクエン酸回路と電子伝達系という2種類の生化学反応で産生されるが，クエン酸回路はマトリックスが，そして電子伝達系は内膜がその反応の場である（第7章参照）．ミトコンドリアはそれ自身で固有の遺伝子DNAを有するが，これはミトコンドリアの起源が，

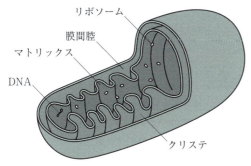

図6-8　ミトコンドリアの構造

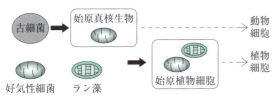

図6-9　共生による真核細胞の成立

過去に，嫌気性の真核細胞に取り込まれた好気性細菌に由来するためとされている（図6-9）．

g. 中心体

多くの動物細胞の核のそばには，**中心体**（centrosome）という構造体がある．中心体は3本9組の微小管が環状に配置された中心小体二つが直角に配向した構造をしている（図6-10）．細胞が分裂する際には，中心小体がそれぞれ細胞の端に移動すると同時に倍加し，紡錘体と星状体の極となって，染色体の分離を行う．

h. 細胞骨格

細胞骨格（cytoskelton）は細胞内に張り渡された繊維状の構造物で，細胞の形態維持，細胞内物質輸送，細胞運動に関与する．大きく分けて微小管，中間径フィラメント，マイクロフィラメントの三つに分類される（図6-11）．いずれもタンパク質からできていて，状況に応じて分解，再構成のダイナミックな変化を繰り返す．

（i）微小管

微小管はチューブリンというタンパク質が重合した直径約25 nmの中空の管状構造物である．チューブリンにはα，βの2種類があり，これらがすばやく重合したり，解離したりして形を変える．核周辺に存在する中心体が微小管の形成中心となり，周囲に放射状に伸びていて，細胞の形態維持や細胞分裂に関与す

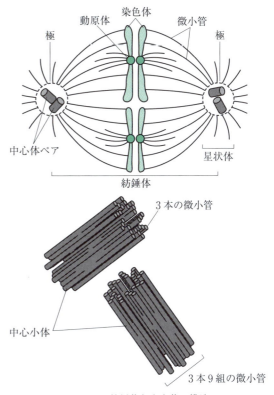

図6-10　紡錘体と中心体の構造

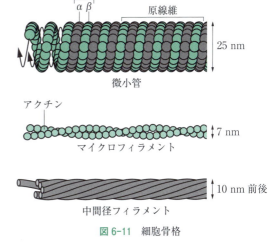

図6-11　細胞骨格

る．また微小管は細胞内物質輸送の際の軌道，すなわちレールとしても使用されている．生体膜小胞と結合したモータータンパク質が，ATPの加水分解によるエネルギーを使って，微小管のレールの上を移動することは，神経細胞で詳しく研究されている．微小管はまた，鞭毛の骨格として細胞の運動にも関与する．

(ii) マイクロフィラメント

マイクロフィラメントはアクチンフィラメントともよばれ，G-アクチンという球状タンパク質が重合した直径5〜9 nmの細い繊維である（図6-11）．細胞骨格をつくり，細胞裏打ちタンパク質の一つである．微小管よりも柔軟で，張力に耐える力が強く，細胞分裂や筋収縮などでも働く．マイクロフィラメントの末端では常にアクチンが重合，脱重合を繰り返している．

(iii) 中間径フィラメント

中間径フィラメントは約10 nmの直径を有する繊維で，微小管とマイクロフィラメントの中間の大きさであることからこの名がついた．微小管とマイクロフィラメントがともに重合，脱重合を繰り返してダイナミックに構造を変化させるのに対し，中間径フィラメントは永続的な構造体である．構成タンパク質は多彩で，ケラチン，ラミン，ビメンチン，デスミンなどの細胞種特異的に発現するタンパク質よりなり，マイクロフィラメントや微小管に比べて安定で，細胞接着の補強や，核膜の裏打ちタンパク質として細胞内構造を保持する役目を有する．

6.1.2 核

核（nucleus）は遺伝子DNAを収納する袋状の細胞小器官で，核膜と核質からなり，核質には染色体や核小体がある（図6-2，図6-12）．

a. 核膜

核膜（nuclear membrane）は外膜と内膜からなる2層の袋状の構造体で，外側の細胞質とは核膜孔とよばれる多数の孔でつながっている．核膜孔を通じて核の内外での物質のやりとりが行われているが，単純拡散によるものと，能動的に運搬されるものがある．核内でつくられたmRNAなどはこの核膜孔を通じて細胞質へ運ばれる．

b. 染色体

核内部に存在する染色体（chromosome）はヒストンとよばれるタンパク質に遺伝子DNAが巻き付き，高密度に折り畳まれた構造をしている（第4章参照）．細胞分裂期には塩基性色素で染まる棒状の構造物が観察されることから染色体という名前がついた．細胞分裂をしていない静止期には核質に分散していて，光学顕微鏡では識別できない．

c. 核小体

核小体（nucleolus）にはリボソームの構成成分であるRNAやタンパク質が大量に存在し，ここでできた前駆体は核膜孔を通って細胞質に移行し，リボソームになる．したがって，増殖や代謝が活発な細胞では核小体は大きいといわれている．

6.1.3 植物細胞

植物細胞も基本的には動物細胞と同様の細胞小器官を有するが，植物特有の構造物としては細胞壁，葉緑体，大きな液胞がある（図6-2）．

a. 細胞壁

植物細胞は機械的に強靭な細胞壁（cell wall）で囲まれていて，隣接する細胞同士を強固に結びつけている．セルロース，ペクチンなどの多糖類がその構成成分である．

b. 葉緑体

葉緑体（chloroplast）は植物のみに存在する小器官で，光合成を行う．二重の生体膜に囲まれた楕円様

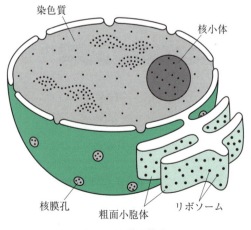

図6-12　核の構造

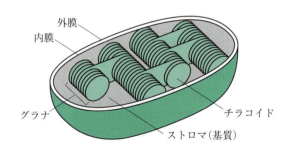

図6-13　葉緑体の構造

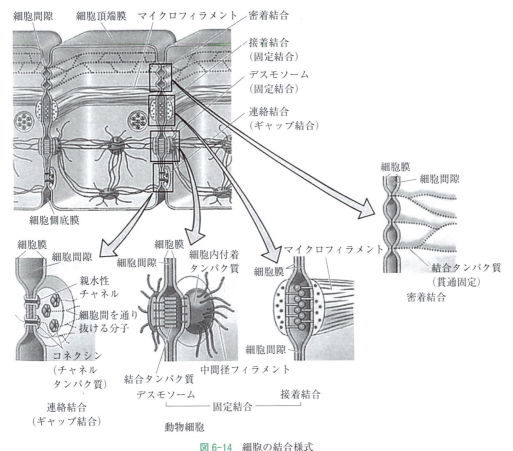

図 6-14 細胞の結合様式
(高畑雅一ほか，生物学［カレッジ版］，医学書院，2013より引用)

の形をしている (図 6-13). その内部にはストロマと よばれる基質と，円盤状のチラコイドが重層したグラ ナとよばれる器官がある. チラコイドには葉緑素があ り，光エネルギーを ATP などの化学エネルギーに変 換する (第8章参照). このエネルギーを用いてスト ロマ内で二酸化炭素 (CO_2) から炭水化物の合成が行 われる. ミトコンドリアと同様に，葉緑体のストロマ 中にも固有の DNA が存在している. これは葉緑体の 起源が，過去に始原植物細胞に取り込まれたラン藻に 由来するためとされている (図 6-9).

c. 液胞

液胞 (vacuole) は一重の袋状の小器官で，動物細 胞でもみられないことはないが，植物細胞のものは特 に発達していて大きい. 内部には色素類なども含み， 植物の場合は花の色などを決めている. また細胞の膨 圧調整なども行い，形態の維持に関与する.

6.1.4 細胞間の結合

多細胞生物では細胞が単独で働くよりも，物理的に 結合し，特定の機能を担う集合体，すなわち組織や器 官で働く場合が多い. この組織構築には細胞間の接着 が重要な働きを行っている. 動物細胞の接着様式とし ては，密着結合，固定結合（接着結合，デスモソー ム），ギャップ結合などが知られている (図 6-14).

a. 密着結合

密着結合 (tight junction) は最も強固な細胞間結合 で，隣接細胞膜に埋まり込んだクローディンとオクル ディンというタンパク質同士の結合である. すきまは 存在しないため，低分子も通過できない. 皮膚からの 水の流出や，小腸での栄養分の流出を防いでいる.

b. 固定結合

固定結合 (anchoring junction) は細胞膜上のカド ヘリンやインテグリンタンパク質を介した細胞間結合

様式であり，結合に関与する細胞膜下の細胞骨格の違いにより接着結合とデスモソームがある．接着結合の場合はアクチンによるマイクロフィラメントが結合に関与している．デスモソームの場合は，円盤状の付着タンパク質複合体を介して，ケラチンなどの中間径フィラメントが結合に関与している．密着結合とは異なり，細胞間には20 nm程度のすきまがあるが，各細胞の細胞骨格系と間接的につながることから，固定は強固である．

c. ギャップ結合

それぞれの細胞膜上にあるコネクシンとよばれる膜貫通タンパク質が円筒状に集積し，この集積体同士が結合するのが**ギャップ結合（gap junction）**である．この際，細胞間を貫通するトンネル状の通路，すなわち，チャネルができ，細胞間の自由な物質移動が可能となる．心筋細胞などの，隣接する細胞間での電気的，代謝的な同調性が必要な場合はこの結合が大きな役割を果たす．

6.1.5 生体膜の物質輸送

細胞膜や細胞小器官を構成する生体膜は，単なる隔離装置ではなく，物質の出入りを調整したり，運搬したりする装置である．

a. 生体膜の構造

生体膜の主成分はリン脂質である．リン脂質はリン酸エステルを有する親水性部分と脂肪酸よりなる疎水性部分により構成されている（図6-4）．リン脂質を水中に分散させると，疎水性の長鎖脂肪酸を内側に，親水性のリン酸部位を外側に向けた2層構造をとる．これがリン脂質二重膜である．

b. 生体膜の透過性

生体膜は溶液中の特定の物質のみ通し，他を通さない性質，すなわち，半透性あるいは選択透過性を有する（図6-15）．疎水性の小分子である酸素や二酸化炭素，窓素などは，すばやく脂質二重膜を通過できる．また水やエタノールなどの電荷を帯びていない極性分子も比較的容易に脂質二重膜を通過できる．一方，大型の極性分子である単糖や，電荷を帯びたイオン，アミノ酸，核酸などは脂質二重膜を通過できない．これらの分子を通過させるには，脂質二重膜を貫通するタンパク質による輸送が不可欠である．この輸送には，エネルギー消費の有無により受動輸送と能動輸送に分類される．

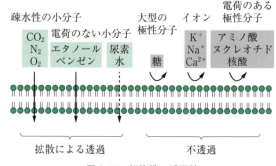

図6-15 細胞膜の透過性

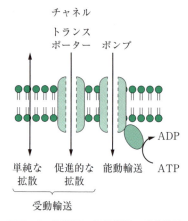

図6-16 細胞膜の能動輸送，受動輸送

（ⅰ）受動輸送

水溶液中の分子は，通常自由に動き回り，濃度の高いところから低いところへ拡散によって広がっていく．拡散による物質輸送が受動輸送であり，単純な拡散と促進拡散がある．促進拡散は膜貫通型タンパク質の力を借りて輸送する方法で，これに関与するタンパク質としては，チャネルタンパク質とトランスポーターがある（図6-16）．チャネルタンパク質は，分子内に親水性の通路をもち，水溶性のイオンなどがここを通り抜けることが可能である．チャネルタンパク質には特異性があり，特定の物質のみ選択的に通すことができる．また，水分子は単純な拡散によっても脂質二重膜を通過できるが，生理的に十分でないため，アクアポリンとよばれるチャネルを介して移動している．なおアクアポリンは常に開いているが，他のチャネルの中には，膜電位の変化などに応じて開閉するものもある．

トランスポーターは，グルコースなどの特定の大型の極性分子に結合し，反対側へと輸送する役目をもっている．トランスポーターは，チャネルタンパク質と

は異なり，細胞内外に開口する2通りの立体構造の変化を利用して分子を輸送する．したがって，この輸送の場合，トランスポーター量が，輸送速度を規定することになる．

(ii) 能動輸送

生物には，ATPのエネルギーを使い，濃度勾配に逆らって積極的に分子やイオンを輸送するしくみがあり，能動輸送とよばれている．能動輸送で最も知られているのが，ナトリウムイオン（Na^+）とカリウムイオン（K^+）の交換のしくみである．これにはNa^+-K^+ポンプという膜タンパク質が関与している．哺乳動物の場合，細胞内外のイオンの分布は不均一で，細胞外液ではK^+の濃度は5 mmol/L，細胞内では150 mmol/Lになっている．一方，Na^+の場合は，細胞外液で140 mmol/L，細胞内では15 mmol/Lになっている．この不均等なイオン組成は，Na^+-K^+ポンプがATPのエネルギーを使って，細胞外のK^+を細胞内に汲み入れ，逆に細胞内のNa^+を細胞外に汲み出すことによって維持されている．エネルギーは，ATPを加水分解することにより得られることから，Na^+-K^+ポンプはATPを分解する酵素活性も有する．当然のことながら，ATPの供給が停止するとNa^+-K^+ポンプも止まることから，能動輸送と代謝系は密接に関係している．

b. エンドサイトーシスとエキソサイトーシス

生体膜における低分子化合物の輸送はチャネルタンパク質とトランスポーターを介して行われるが，サイズの大きな分子の輸送に関しては，別のしくみがある．例えば，生体膜の成分であるコレステロールを細胞内に取り込む場合，リポタンパク質というタンパク質と脂質の複合体の状態で取り込む．細胞内への取込みの様式は，まず細胞膜上の特異的受容体にリポタンパク質が結合し，細胞膜がくびれて小胞となる（図6-7）．これが**エンドサイトーシス（endocytosis）**という現象である．エンドサイトーシスは，取り込む小胞のサイズにより，小型の**ピノサイトーシス（pinocytosis，飲作用）**と大型の**ファゴサイトーシス（phagocytosis，食作用）**に分類される．ファゴサイ

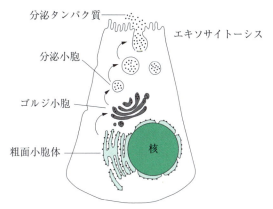

図6-17 分泌タンパク質の輸送とエキソサイトーシス

トーシスの例としては，細菌や死細胞を取り込む場合がある．エンドサイトーシスにより取り込まれた細胞内小胞は，膜融合を繰り返し最終的には各種消化酵素を含むリソソームと融合し，そこで分解されることになる．また，細胞が栄養飢餓状態に陥ると，細胞小器官を分解して栄養を得ようとする．この場合，細胞小器官を包み込む隔離膜という小胞ができ，これがリソソームと融合して，包み込んだ細胞小器官を分解する．この現象は**オートファジー（autophagy，自食作用）**とよばれている．オートファジーは飢餓状態の栄養補給のみならず，損傷した細胞小器官や異常凝集したタンパク質の分解処理の際にもみられることが知られている．

真核細胞が，細胞内で合成されたさまざまな物質を外へ放出する場合，分泌小胞という小胞を経由して細胞外へ放出される．このような分泌を**エキソサイトーシス（exocytosis）**という（図6-5，図6-17）．細胞外へ分泌するためには，粗面小胞体でつくられた分泌タンパク質は，小胞輸送によりゴルジ体に輸送され，そこで修飾された後，分泌小胞に蓄えられ，必要に応じて，分泌小胞が細胞膜と融合することにより，細胞外へ放出される．このようにサイズの大きな分子の輸送においては，生体膜の生成，融合が必須の現象である．

6.1 節のまとめ

- 細胞は細胞膜に囲まれた構造体で，真核細胞と原核細胞に分類される．真核細胞は核膜を有し，DNA はそれに包まれているが，原核細胞には核膜がない．
- 真核細胞には動物細胞と植物細胞があり，細胞壁や葉緑体などは植物細胞のみにみられる構造物である．
- 真核細胞は細胞膜で囲まれた原形質からなり，その中には多様な細胞内小器官が存在する．
- 真核細胞の小器官を，膜による囲まれ具合で分類すると，核，ミトコンドリア，葉緑体（植物）は二重の膜に囲まれているが，小胞体，ゴルジ体，エンドソーム，ペルオキシソーム，液胞などは一重膜に囲まれた小器官である．またリボソームや細胞骨格は膜に囲まれていない．
- 動物細胞の接着様式としては，密着結合，固定結合，ギャップ結合などが知られている．
- 生体膜は，単なる隔離装置ではなく，物質の出入りを調整したり，運搬したりする装置である．小分子の単純拡散から，大きな分子のエンドサイトーシスやエキソサイトーシスまで，生体膜の関わる運搬方法は多種多様である．

6.2 原核細胞とウイルス

6.2.1 原核生物

原核生物は原核細胞を有する生物で，細菌と古細菌に分類される．生物は rRNA の塩基配列の相同性をもとに分類され，系統樹がつくられている（図 6-18）．この系統樹の中で最も古い現存生物が細菌である．次に極限環境でも生存可能な古細菌が発生し，最後に真核生物が誕生している．原核細胞の構造は単純で，外側から細胞壁，細胞膜，細胞質がある．細胞質には，DNA を含む核様構造体とリボソーム以外に明確な構造体は存在しない（図 6-2）．DNA は環状で，むき出しの状態で存在し，真核生物のような染色体構造をつくらない．また，細菌の中には鞭毛を有し，活発に動き回るものもある．細菌と古細菌は，形態上ほとんど区別はつかないが，転写の際のプロモーターの選択や，リボソーム構造など，古細菌は真核生物に近い特徴を有している．

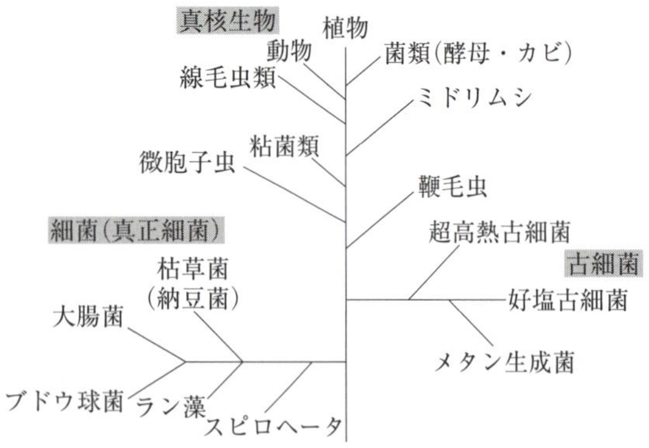

6.2.2 ウイルス

ウイルス（virus）は大きさ数十 nm～数百 nm の微小体で，自己特有の核酸を有し，その情報をもとに自己特有のタンパク質を産生することが可能である．しかし，ウイルスが増殖するためには細菌，植物，動物などの生物に寄生し，宿主の基質と代謝系を借りなければならず，自立的増殖ができない．このことから，ウイルスは通常，生物とはみなされず，むしろ，生物と無生物の境界に位置する存在として考えられている．

a. ウイルスの構造

ウイルスにはさまざまな形があるが，その基本構造は，最小限の遺伝情報を有する核酸と，それを被うキャプシドとよばれる外被タンパク質からなっている（図 6-19）．細菌に寄生するウイルスはバクテリオファージとよび，特徴的な形を有する．また，動物に寄生するウイルスの多くは，キャプシドの外側にさらにエンベロープとよばれる脂質二重膜からなる被膜を有する．エンベロープ上には，エンベロープタンパク質とよばれる糖タンパク質が突出していることがある．エンベロープタンパク質はウイルスの遺伝子からつくられ，宿主細胞への感染に関与する．ウイルス核酸は，一本鎖あるいは二本鎖の DNA あるいは RNA であり，キャプシドの遺伝情報ならびに，自身の複製に

図 6-18 生物進化系統樹

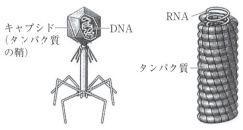
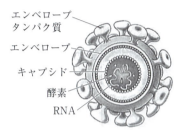

(a) バクテリオファージ
（細菌に寄生するウイルス）

(b) タバコモザイクウイルス
（植物に感染するウイルス）

(c) ヒト免疫不全ウイルス

図 6-19　ウイルスの構造
(高畑雅一ほか，生物学［カレッジ版］，医学書院，2013
より引用)

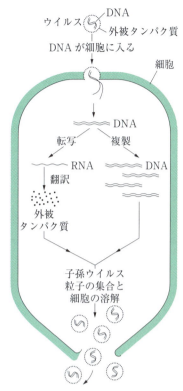

図 6-20　ウイルスの増殖

必要な一部のタンパク質の遺伝情報をコードしている．ウイルスの複製に必要なその他の多くのタンパク質や基質は宿主細胞のそれを拝借している．

b. ウイルスの増殖

　ウイルスはまず，細胞表面へ吸着し，その後，核酸が細胞質に入る（図 6-20）．ウイルス核酸が DNA の場合，細胞内で複製されると同時に，転写・翻訳され，ウイルスのキャプシドタンパク質がつくられる．ウイルス核酸はこのキャプシドタンパク質と結合し，新しいウイルス粒子ができる．ウイルス核酸が RNA の場合，ウイルス自身が宿主内にもち込む逆転写酵素によって DNA がつくられ，これが宿主 DNA に組み込まれる．その後宿主の RNA ポリメラーゼを使って複製し，同時につくられるキャプシドタンパク質，エンベロープタンパク質，逆転写酵素と結合し，新しいウイルス粒子ができる．ウイルス核酸が RNA で，逆転写酵素をもつウイルスはレトロウイルスとよばれる．RNA を鋳型に DNA がつくられ，通常の情報の流れとは逆になることから，「レトロ」という名がついた．ヒト免疫不全ウイルス（HIV）もレトロウイルスである．

6.2 節のまとめ
- 原核生物は原核細胞を有する生物で，細菌と古細菌に分類される．
- 原核細胞の構造は，外側から細胞壁，細胞膜，細胞質があり，細胞質には DNA を含む核様構造体とリボソーム以外に明確な構造体は存在しない．
- ウイルスは固有の核酸を有し，自己特有のタンパク質を産生することが可能だが，自立的増殖ができないため通常は生物とはみなされない．
- ウイルスの基本構造は，最小限の遺伝情報を有する核酸と，それを被う外被タンパク質からなっている．

参 考 文 献

［1］竹島浩編，illustrated 基礎生命科学　第 2 版，京都廣川書店（2012）．

［2］穂積信道，Shall We 免疫学（Shall We シリーズ），講談社（2009）．

［3］高畑雅一，増田隆一，北田一博，生物学［カレッジ版］，医学書院（2013）．

［4］坂本順司，理工系のための生物学，裳華房（2009）．

［5］東京大学生命科学教科書編集委員会，理系総合のための生命科学　第 3 版—分子・細胞・個体から知る"生命"のしくみ，羊土社（2013）．

［6］中村桂子，松原謙一監訳，Essential 細胞生物学　原書第 3 版，南江堂（2011）．

7. 代謝と生体エネルギー生産

ヒトをはじめとする生物は生きていくために栄養素が必要である．体内に取り込んだ栄養素は，エネルギーを得るために分解されたり，体に必要な物質につくりかえられたりする．このような生化学的な現象は代謝とよばれ，生物に共通してみられる特徴である．代謝は多数の精密な化学反応から成り立っており，酵素や補酵素などの生体分子の触媒作用により反応が起こる．生体内には代謝経路とよばれる反応過程が多数あり，代謝経路同士は密接に結びついていて代謝産物の一部は共有されている．

本章では，代謝システムのうち最も重要なエネルギー代謝の概要と，この代謝に関与する分子の働きについて述べる．

7.1 生物とエネルギー

生物は糖を酸化的に分解する際に生じるエネルギーを主に還元型補酵素の形で取り出す．還元型補酵素のエネルギーは，最終的にATP（アデノシン三リン酸）とよばれる物質につくりかえられる．ATPは「エネルギー通貨」として生体内の反応に利用される．

本節では，代謝のおおまかな流れと生体内でATPをつくる意義について説明する．

7.1.1 異化と同化

生体内で起こる物質変化を 代謝（metabolism）という．代謝は同化と異化の二つの過程に分けることができる．異化は，有機物を小さな分子に分解する代謝過程である．異化代謝の目的は，有機物を分解して生命活動のエネルギーを獲得することである（下記コラム参照）．ヒトをはじめとする動物は，栄養素を食物から摂取しなければならない 従属栄養生物（heterotroph）である．従属栄養生物は，摂取した栄養素を分解してエネルギーを取り出し，さまざまな生命活動に利用する．

同化は，小さな分子から大きな分子（高分子）を合成する代謝過程であり，生合成（biosynthesis）ともよばれる．同化代謝の目的は，エネルギーを蓄えた有機分子や体に必要な分子の合成である．同化の反応では，エネルギーを消費する反応が起こる．植物のような光合成を行う生物は，無機化合物から有機物（栄養素）をつくり出すことができるため，食物を摂取する必要がない．このような生物は，独立栄養生物（autotroph）とよばれる．

7.1.2 代謝のあらまし

ヒトは常に糖質（saccharide），脂質（lipid），タンパク質（protein）の3大栄養素を食物から摂取している．これらの物質はそのままでは体内に吸収できないため，構成単位である単糖，脂肪酸，アミノ酸に分解される．単糖の代謝は，重要な中間体であるピルビン酸やアセチル補酵素Aを介して，脂肪酸やアミノ酸の代謝と結びついている（図7-1）．つまり，単糖，脂肪酸，アミノ酸は代謝反応レベルで相互に変換され

自由エネルギーと生体反応

化学反応は系のギブズ自由エネルギー（Gibbs free energy, G）が減少する方向には自発的に進むが，増加する方向には自発的には進まない．ある反応の進みやすさは，自由エネルギーの変化量（ΔG）の正負および大小によって表される．反応が $\Delta G < 0$ であれば，反応は自発的に進行し，エネルギーは外部に放出される（発エルゴン反応）．逆に $\Delta G > 0$ であれば，反応は自発的には進行せず，外部からエネルギーを必要とする（吸エルゴン反応）．

生体内で発エルゴン反応は代謝の分解過程にみられる．核酸やタンパク質の生合成，濃度勾配に逆らった物質輸送などは自然には進行しない吸エルゴン反応である．

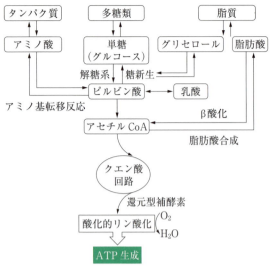

図 7-1 代謝経路の概要

の化学反応を 代謝経路（metabolic pathway）という．代謝経路では，出発物質は多段階からなる反応過程により少しずつ化学修飾を受けて，最終産物につくりかえられる．ある出発物質が多段階の反応を経てもとの物質に戻るような代謝は，代謝回路とよばれる．代謝経路の各反応は，酵素（enzyme）によって促進される．生体内には多種多様な酵素が存在し，それぞれ特異的な反応を触媒する．

代謝のうち，生物が生命活動のエネルギーを得るために行う代謝を エネルギー代謝（energy metabolism）とよぶ．エネルギー代謝では，糖質を酸化的に分解する際に生じるエネルギーからエネルギー物質 ATP がつくり出される（コラム図 7-1 参照）．

7.1.3 エネルギー源としての糖類

ヒトはエネルギーの大半を糖質から得ている．穀物やいもに含まれる多糖として知られる デンプン（starch，澱粉）は，唾液や膵液に含まれる消化酵素アミラーゼによって二糖の マルトース（maltose，麦芽糖）まで分解される．マルトースはさらに膵液と腸液に含まれるマルターゼにより単糖の グルコース（glucose，ブドウ糖）まで分解されて小腸上皮で吸収される．

うる．例えば，アミノ酸は糖代謝の中間体を原料として合成される．また皮下脂肪は，脂肪酸とグリセロールに分解された後，糖代謝の経路に合流してエネルギーに変わる．

代謝において出発物質を最終産物まで分解したり，逆に単純な物質から複雑な物質を合成するような一連

高エネルギー化合物 ATP

ATP（アデノシン三リン酸）は，核酸塩基の一つであるアデニンが五炭糖のリボースに結合したアデノシンに，さらに 3 分子のリン酸基が結合したヌクレオチドとよばれる化合物である（コラム図 7-1）．

ATP に結合している 3 個のリン酸のうち，β 位と γ 位の間のリン酸結合が加水分解されて ADP（アデノシン二リン酸）と Pi（リン酸）となるときに大きなエネルギーが放出される．このようなエネルギーを蓄えているリン酸基同士の結合を高エネルギーリン酸結合とよび，約 $30\ \text{kJ mol}^{-1}$ の自由エネルギーが放出される．

ATP の加水分解反応により放出されるエネルギーは，生体内のさまざまな反応を駆動するにはちょうどよい大きさである．ATP のエネルギーは生体高分子の合成や，細胞膜での物質輸送，筋肉の収縮や神経伝達などの反応に利用されている．ATP は生体内における生命活動を支える高エネルギー化合物であり，エネルギー通貨（energy currency）とよばれている．

ATP は代表的な高エネルギー化合物として知られているが，ATP 以外にもさまざまな高エネルギーリン酸化合物が利用されている．

コラム図 7-1 ATP の化学構造と加水分解反応

二糖も消化酵素によって単糖まで分解されて小腸で吸収される．**スクロース**（sucrose，ショ糖）は，スクラーゼによって**フルクトース**（fructose，果糖）とグルコースに分解されて吸収される．**ラクトース**（lactose，乳糖）は，ラクターゼによってガラクトースとグルコースに分解されて吸収される．

7.1.4 エネルギーを取り出すしくみ

グルコースは，高度に**還元**（reduction）された高エネルギー化合物である．グルコースを燃焼すると，非常に大きなエネルギーが放出される（下記コラム参照）．この燃焼エネルギーを一度に取り出そうとすると，効率よく利用することができず，無駄な熱となってしまう．

生体内ではグルコースは段階的な反応により発熱を抑えながら，少しずつ**酸化**（oxidation）される（図7-2）．この酸化の過程は，いくつもの脱水素酵素が働いて円滑に進行するしくみになっている．このように

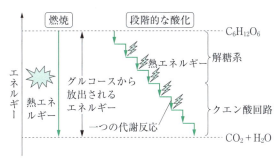

図 7-2 燃焼と好気呼吸によるエネルギー放出の違い

適度なエネルギー落差の反応を組み合わせることで，エネルギーを効率よく取り出すことが可能になる．

グルコースの酸化により取り出されたエネルギーは，ATPや還元型補酵素（NADH）の形で蓄えられる（コラム図7-2参照）．グルコースは最終的に高度に酸化された二酸化炭素と水に変わる．二酸化炭素はエネルギーが取り出された燃えかすといえる物質である．

7.1 節のまとめ

- 代謝は異化と同化の過程からなり，異化では有機物を酸化的に分解し，同化では有機物を還元的に合成する．
- 糖質代謝の過程で生じる中間体のいくつかは，アミノ酸や脂肪酸，ヌクレオチドの代謝産物と共通である．

生体内の酸化と還元

生体内の酸化反応のほとんどは，酸素分子が直接関与することなく起こる．すなわち，酸素を付加する代わりに水素を奪う脱水素反応の形で起こる．この脱水素反応は脱水素酵素により触媒され，NAD^+（ニコチンアミドアデニンジヌクレオチド）が補酵素として酸化剤の役割を果たす．脱水素酵素の働きによって，基質から電子とともに奪われた水素は NAD^+ に移動する．NAD^+ は水素と電子を受けとって還元型の NADH になる（コラム図7-2）．

酸化型の NAD^+ は，エネルギー代謝の酸化反応で還元されて NADH となる．NADH は電子伝達系で酸化されると NAD^+ となり，代謝の酸化で再び NADH に戻される．このように NADH はリサイクルされる形で高エネルギー電子の運搬体として働く．NADH のほかに，$FADH_2$（還元型フラビンアデニンジヌクレオチド）や NADPH（還元型ニコチンアミドアデニンジヌクレオチドリン酸）も還元力を運ぶ補酵素として知られている．

コラム図 7-2 NAD^+ と NADH の化学構造

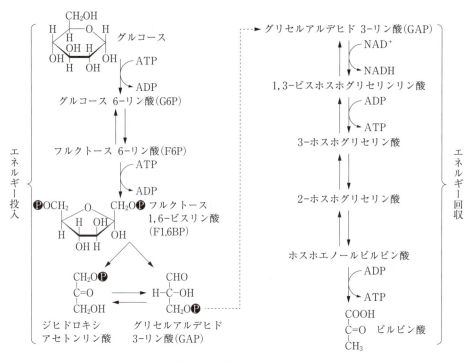

図7-3 解糖系の反応経路

7.2 エネルギー代謝の経路と反応

糖の異化によりエネルギーを取り出すためには，グルコースはまず解糖系で分解される．酸素呼吸ではこの代謝はさらにクエン酸回路へと進み，最終的に二酸化炭素に分解される．

本節では，エネルギーを生産するうえで中心的に働く解糖系とクエン酸回路の代謝のしくみについて説明する．またグルコースの分解経路とは逆の「糖新生」とよばれるグルコース合成経路のしくみも説明する．

7.2.1 解糖系の反応

解糖系（glycolysis，エムデン・マイヤーホフ経路）は，グルコース1分子がピルビン酸2分子に分解される10段階からなる反応過程である（図7-3）．解糖系の反応は細胞質ゾルで進行する．グルコースは細胞内に取り込まれると，リン酸化されてグルコース 6-リン酸（G6P）になる．G6Pは，異性化反応によりフルクトース 6-リン酸（F6P）に変換される．F6Pにもう一つリン酸基が結合すると，フルクトース 1,6-ビスリン酸（F1,6BP）が生成する．F1,6BPは，三炭糖に開裂してグリセルアルデヒド 3-リン酸（GAP）となる．GAPは酸化型補酵素NAD^+による酸化反応を経て最終的にピルビン酸が生成する．グルコース以外の単糖類の代謝は，解糖系の代謝中間体（フルクトースの場合はF6P）に変換されて解糖系に合流する．

解糖の過程は，グルコースからF1,6BP形成までのエネルギー投入の過程とGAPからピルビン酸産生へ至るエネルギー回収の過程に分けることができる．エネルギー投入の過程では2分子のATPが消費され，エネルギー回収では4分子のATPと2分子のNADHがつくられる（コラム図7-3参照）．したがって，解糖により1分子のグルコースから2分子のATPが得られることになる．

7.2.2 クエン酸回路の反応

酸素がある状態では，解糖系でつくられたピルビン

オットー・マイヤーホフ

ドイツ生まれの生化学者．学位を取得して精神科医として勤めた後，生化学者に転身した．キール大学で筋収縮のエネルギー源について研究し「乳酸学説」を唱え，1922年ノーベル生理学・医学賞を受賞した．「解糖系」の発見者の一人としてその名前が知られている．（1884-1951）

7.2 エネルギー代謝の経路と反応

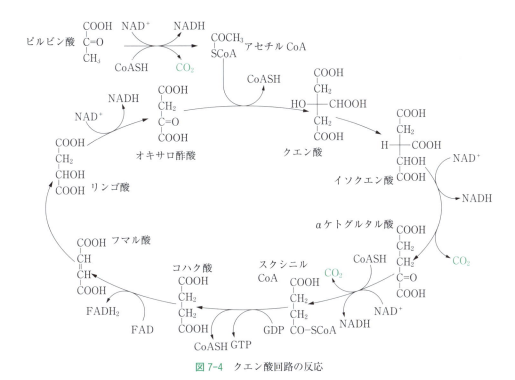

図 7-4 クエン酸回路の反応

酸はミトコンドリア内の**マトリックス（matrix）**に運ばれる．炭素二つを含むピルビン酸は，**補酵素 A（coenzyme A：CoA）**と反応してアセチル CoA（活性酢酸ともよばれる）に変換されてクエン酸回路に入る（**コラム図 7-4 参照**）．

クエン酸回路（citric acid cycle，TCA 回路，クレブス回路）は，アセチル基を 2 分子の二酸化炭素に酸化して，還元型補酵素を生成する 8 段階からなる閉じた反応系である（図 7-4）．クエン酸回路ではアセチ

ハンス・クレブス

ドイツ生まれの生化学者．ドイツで臨床医の傍ら尿素回路を発見した．その後，英国に渡りクエン酸回路を発見してエネルギー代謝の燃焼経路を解明した．1953 年にノーベル生理学・医学賞を受賞しオックスフォード大学教授を務めた．(1900-1981)

ATP のエネルギーと反応の共役

生体内には反応の進行にエネルギーを必要とする吸エルゴン反応が多くある．エネルギーを必要とする反応は，エネルギーを放出する反応（発エルゴン反応）と組み合わさることで進行が可能になる．このようなしくみを反応の**共役（coupling）**とよぶ．

ATP の加水分解は，共役において発エルゴン反応として用いられる（**コラム図 7-3**）．ATP の加水分解は，ATPase とよばれる酵素の働きにより行われる．代謝や物質輸送をはじめとする生体反応の多くは，ATP の加水分解により生じるエネルギーを利用することで進行する．

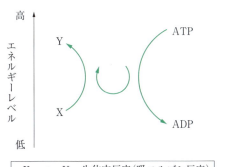

| X → Y | 生体内反応（吸エルゴン反応） |
| ATP → ADP | 生体内反応（発エルゴン反応） |

コラム図 7-3 共役による反応の進行

ルCoAが入ると，炭素原子4個のオキサロ酢酸と結合してクエン酸がつくられて回路が回る．回路が1回転してオキサロ酢酸に戻ると，オキサロ酢酸は新たなアセチルCoAと反応して再び回路が回りだす．

回路の反応でイソクエン酸がαケトグルタル酸に変わり，さらにスクシニルCoAに変わっていく過程でそれぞれ二酸化炭素が発生する．このとき放出されるエネルギーを利用して，NAD^+からNADHがつくられる．また，コハク酸がフマル酸に変わる過程とリンゴ酸がオキサロ酢酸に変わる過程でそれぞれ$FADH_2$とNADHがつくられる．

ピルビン酸1分子が脱炭酸してアセチルCoAが生成する段階で，1分子のNADH（グルコースから数えると2分子）が生成する．グルコース1分子から2分子のアセチルCoAが産生される．次いでアセチルCoAはクエン酸回路に入り，回路を1回転する間に，アセチルCoA 1分子からNADH 3分子，$FADH_2$ 1分子，GTP 1分子を生じる．高エネルギー電子をもつNADHと$FADH_2$は，電子伝達系（electron transport system）に運ばれて，ATP合成に利用される．

7.2.3 好気呼吸と嫌気呼吸

酸素を用いて糖を分解しエネルギーを取り出す代謝を好気呼吸（aerobic respiration）とよぶ．好気呼吸では解糖系で生成したピルビン酸は，ミトコンドリア内のクエン酸回路で分解されて，生じるエネルギーは主に補酵素NADHの形で蓄えられる．

解糖のように酸素を用いないでATPをつくる代謝は嫌気呼吸とよばれる．嫌気的条件下では，解糖の過程で生じるNADHから，ピルビン酸に水素が渡されて，乳酸やエタノールがつくられる（図7-5）．このときピルビン酸が還元されると同時に，NADHからNAD^+が再生される．このNAD^+が解糖系に供給されることにより，解糖系は連続的に進行してATPをつくり続けることができるようになる．

嫌気的解糖系は酵母によるアルコール発酵（alcohol fermentation）や細菌による乳酸産生に利用される．お酒をつくる麹菌では，嫌気的代謝によるアルコール発酵が行われて，エタノールが排泄される．酵母などアルコール発酵を行う微生物では，ピルビン酸はエタノールと二酸化炭素になる．

― アセチルCoAの構造と働き ―

補酵素A（CoA）は，アデノシンビスリン酸，パントテン酸（ビタミンの一種），2-メルカプトエチルアミンからなる化合物である．CoA末端のSH基とアセチル基がチオエステル結合するとアセチルCoAが生成する（コラム図7-4）．アセチルCoAのチオエステル結合は，ATPのリン酸エステル結合と同様に大きな自由エネルギーを蓄えた「高エネルギー結合」である．

CoAは糖質や脂質の代謝においてアシル基（アセチル基）を運ぶ担体（carrier）として働き，アシル基はほかの化合物に転移される．

コラム図7-4 アセチルCoAの化学構造

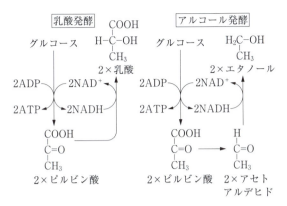

図 7-5　嫌気呼吸による代謝

ヒトが激しい運動を行うと，骨格筋細胞は酸素の供給が十分でなくなり，ピルビン酸は乳酸へと変えられ嫌気的解糖が進行する．この結果，乳酸が蓄積して筋肉の疲労が起きるようになる．

7.2.4　グルコースの再生

ヒト生体内において血中のグルコース濃度（血糖値）は，一定に維持されている．グルコースが栄養として補給されないと，肝細胞でピルビン酸からグルコースを合成する糖新生とよばれる代謝が起こる．糖新生に必要なピルビン酸は，解糖系からだけでなく，アミノ酸やグリセロールからも供給される．

糖新生ではピルビン酸は直接ホスホエノールピルビン酸とならずにミトコンドリアに運ばれてオキサロ酢酸となる．オキサロ酢酸は解糖系を迂回する反応経路によりホスホエノールピルビン酸となり，解糖系をさかのぼる形でグルコースがつくられる．糖新生は解糖系をさかのぼるようにして進むが，正反応とは異なる酵素が逆反応を担っている過程がいくつかある．

糖新生は普通，グルコース飢餓状態になったときに起こることが知られている．飢餓状態以外に無酸素運動によって筋肉に乳酸が蓄積した際にも肝臓に運ばれた乳酸を原料として糖新生が起こる．

7.2 節のまとめ

- 糖質代謝の目的は，糖を徐々に分解してエネルギーを取り出し ATP につくりかえることである．
- グルコースをピルビン酸まで分解する解糖系の反応は，酸素の存在に関係なく進行する．
- 嫌気呼吸によりグルコースが分解される場合，ピルビン酸を経てエタノールや乳酸が生成する．
- 好気呼吸によりグルコースが分解される場合，ピルビン酸はクエン酸回路で分解されて二酸化炭素が生成する．

7.3　酸化的リン酸化による ATP 合成のしくみ

異化代謝で取り出された還元型補酵素のエネルギーは，ミトコンドリア膜中での電子伝達反応によりプロトン勾配に変換される．このプロトン勾配のエネルギーを利用して，ATP 合成酵素が ADP とリン酸から ATP をつくり出す．このエネルギー変換システムは，「酸化的リン酸化」とよばれている．

本節では，この ATP 合成のしくみについて理解する．

7.3.1　電子伝達とプロトン勾配の形成

クエン酸回路でつくられた NADH と $FADH_2$ は，ミトコンドリア内膜にある電子伝達系に運ばれて，ATP 合成のためのエネルギーとして利用される．

電子伝達系は複合体 I から複合体 V まで五つの複合体からなり，フラビンタンパク質や鉄硫黄タンパク質などがある（図 7-6）．複合体 I（NADH-補酵素 Q 酸化還元酵素）と複合体 II（コハク酸-補酵素 Q 酸化還元酵素）は，それぞれ NADH と $FADH_2$ から渡される高エネルギー電子を受けとる．複合体 I が受けとった電子は補酵素 Q を介して複合体 III（補酵素 Q-シ

ピーター・ミッチェル

英国の生化学者．プロトンの勾配を利用した ATP 合成のしくみとして「化学浸透説」を発表した．しかし，この仮説は斬新であったため認められず，大学を離れて自宅で研究を続けた．やがて仮説の正しさが認められ，1978 年にノーベル化学賞を単独受賞した．(1920-1992)

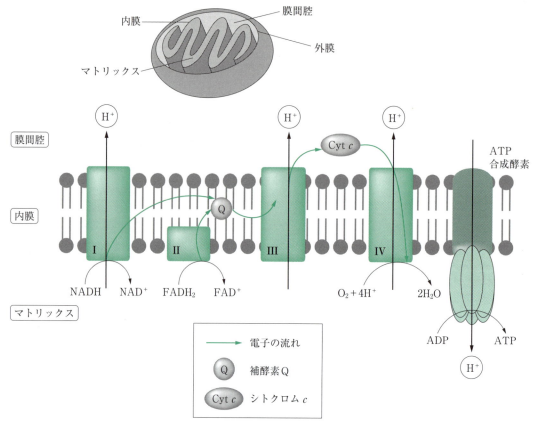

図 7-6 電子伝達系と ATP の合成

トクロム c 酸化還元酵素）に渡され，さらにシトクロム c を介して複合体Ⅳ（シトクロム c 酸化酵素）に渡される．複合体Ⅳにおいて，電子は酸素と結合して水が生じる．複合体ⅤはATP 合成酵素であり，電子の受渡しには関与しない．このように，NADH が放出した電子は，いくつかの複合体を経由して最終的に酸素が受けとる形で酸化還元反応（redox reaction）が起こる．電子伝達系は酸素を消費することから呼吸鎖（respiratory chain）ともよばれる（コラム図 7-5 参照）．

電子伝達系では，一連の電子の受渡しが自然に起こるように，酵素複合体が並んでいる．すなわち，電子は複合体から次の複合体へ自由エネルギーを少しずつ減少しながら移動する．五つの酵素複合体のうち，複合体Ⅰ，Ⅲ，Ⅳは酸化還元の際に放出される自由エネルギーを利用してプロトン（H^+）をマトリックスから膜間腔に能動輸送する．ミトコンドリアの内膜はほとんどの物質を透過させず，イオンの透過性も非常に低い．このため，内膜を挟む形で H^+ の濃度勾配（pH の差）がつくられる．マトリックスの H^+ 濃度は膜間腔の約 10 分の 1，つまり pH 8 くらいになる．

7.3.2 プロトン駆動力と ATP 合成

電子伝達の結果，ミトコンドリア内膜を挟んだ H^+ の濃度勾配が形成されると，H^+ の正電荷に応じて膜電位も生じることになる．H^+ の濃度勾配と膜電位を合わせた H^+ 駆動力（proton-motive force）は，ATP 合成酵素の働きにより ATP のエネルギーに変換される（コラム図 7-6 参照）．

電子伝達（酸化反応）と ATP 合成（リン酸化反応）は別々の反応であるが，H^+ の能動輸送と連動している．このため ATP 合成は，H^+ の能動輸送に共役して起こる．このように電子伝達によってつくられる H^+ の駆動力を利用して ADP から ATP を合成するしくみを酸化的リン酸化（oxidative phosphorylation）とよぶ．酸化的リン酸化は，解糖系における基質レベルのリン酸化とともに ATP 合成の様式として知られている．

7.3.3 ATP合成の収支

細胞内に取り込まれた1分子のグルコースから，解糖系でATP 2分子とNADH 2分子がつくられ，ピルビン酸がアセチルCoAに代謝される過程でNADH 2分子がつくられる．さらにクエン酸回路ではGTP（グアノシン三リン酸，ATPと等価なエネルギー物質）2分子，NADH 6分子とFADH$_2$ 2分子がつくられる．

電子伝達系におけるNADHとFADH$_2$の酸化により，NADH 1分子からATP 3分子，FADH$_2$ 1分子からはATP 2分子がつくられる．ゆえに好気呼吸で

電子伝達系の阻害剤

電子受容体として働く化合物の中には，電子伝達系を止める呼吸阻害剤がいくつか知られている（コラム図7-5）．呼吸阻害剤は電子伝達系のタンパク質に作用し，電子の流れを止めてしまう．

例えばアミタールやロテノンは，複合体Ⅰの電子伝達活性を阻害する．これら化合物の作用により，複合体Ⅰから補酵素Qへ電子が伝わらなくなる．抗生物質アンチマイシンは，複合体Ⅲの電子伝達活性を阻害する．アンチマイシンにより複合体Ⅲからシトクロムcへの電子移動が阻害される．さらにシアン化物や一酸化炭素，アジ化物は複合体Ⅳの電子伝達活性を阻害する．シアン化物は複合体Ⅳを構成するヘムの中心鉄に強く結合して酸素への電子移動を妨げる．いずれも阻害剤の作用により電子の流れが止まると，ATPの産生（酸化的リン酸化）が妨げられる．

電子伝達系の電子の流れや各複合体の役割は，特異的な呼吸阻害剤を利用することにより解明されてきた．阻害剤の中には毒性を示すものがあるが，薬剤として有用なものもある．ロテノンは植物に由来し魚に対して毒性を示すが，殺虫剤として使われている．バルビツール誘導体の一つであるアミタールは，催眠剤として精神療法に用いられる．

コラム図7-5 呼吸阻害剤の化学構造

ATP合成酵素の働き

ミトコンドリアの内膜には，F$_0$F$_1$-ATPase（ATPアーゼ）とよばれるATP合成酵素が埋め込まれている．この酵素は，膜内在性のF$_0$部分とマトリックス内に突き出た膜表在性のF$_1$部分から構成されている（コラム図7-6）．F$_1$部分はαとβの2種類のサブユニットが交互に計6個並んだ構造になっている．

F$_0$はH$^+$を通すチャネルとして働き，H$^+$が通過すると回転するしくみになっている．H$^+$の駆動力によってF$_0$部分が回転すると，この回転運動はF$_1$の中に埋め込まれた棒状のサブユニットに伝えられる．このサブユニットがF$_1$の中で回転すると，F$_1$の触媒作用によりATPが合成される．化学量論的にはH$^+$ 3分子からATP 1分子が合成される．

ATPアーゼは，回転という物理的な運動とATP合成という化学反応を共役させており，運動エネルギーを化学的エネルギーに変換する装置ということができる．

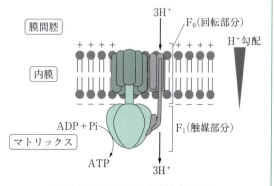

コラム図7-6 ATP合成酵素の構造

グルコース1分子からつくられるATPの総数は，解糖系からアセチルCoAまでで14分子（ATP 2分子＋NADH 4分子×3），クエン酸回路では24分子（ATP 2分子＋NADH 6分子×3＋FADH$_2$ 2分子×2）の合計38分子となる．真核細胞では解糖系で生成したNADHのミトコンドリア内への輸送のために2分子のATPが消費されるので，合計36分子のATPが生成する．嫌気呼吸によるATP産生が2分子であることと比べると，好気呼吸でははるかに多くのATPが産生されるといえる．

酸化的リン酸化における酸化とリン酸化の化学量論比（酸素原子1個あたり合成されるATPの分子数）が変わると，ATP収支も変わりうる．酸化的リン酸化に関する最近の研究によれば，NADH 1分子の酸化からATP 2.5分子が，FADH$_2$ 1分子からはATP 1.5分子がつくられることが示されている．この仮説に基づくと，グルコース1分子からつくられるATPの総数は，解糖系からアセチルCoAまでで12分子，クエン酸回路では20分子の合計32分子のATP（真核細胞では30分子）となる．

7.3.4 好気呼吸のエネルギー保存効率

グルコースを非生物的に燃焼する場合，1 mol あたり2800 kJ のエネルギーが発生する（$\Delta G = -2800$ kJ mol^{-1}）．一方，好気呼吸によりグルコース1 mol を代謝すると，上記より32分子のATPがつくられる．ATPを加水分解すると $\Delta G = -31$ kJ mol^{-1} のエネルギーが発生するので，グルコース代謝のエネルギー保存効率は，約35%（31 kJ mol^{-1} × 32/2800 kJ）と計算できる．

生体内でグルコースを燃焼する際生じるエネルギーのうち，35%がATPとして蓄えられ，残り65%は熱として放出される．ガソリンエンジンや電気モーターによるエネルギー保存効率が大体10〜20%であることを考えると，生体のエネルギー効率は非常に高いことが理解できる．

7.3 節のまとめ
- 解糖系の反応は細胞質で進行するが，クエン酸回路の反応はミトコンドリア内で進行する．
- 電子伝達系では還元型補酵素（NADH）から酸素への電子移動（酸化還元反応）が段階的に起こる．
- 電子伝達の際に放出されるエネルギーは H$^+$ 勾配に変換され，この勾配を利用してATPが合成される．
- 好気呼吸では32分子のATPがつくられるのに対して，嫌気呼吸ではわずか2分子のATPしかつくられない．

参考文献

[1] 井出利憲，分子生物学講義中継 Part 0 上巻—細胞生物学と生化学の基礎から生物が成り立つしくみを知ろう，羊土社（2005）．

[2] 井出利憲，分子生物学講義中継 Part 0 下巻—代謝と遺伝学の基礎を知り，生命を維持するしくみを学ぼう，羊土社（2005）．

[3] 坂本順司，理工系のための生物学，裳華房（2009）．

[4] 杉本直己，生命化学，丸善（2007）．

[5] 林寛編著，わかりやすい生化学，三共出版（2005）．

[6] 猪飼篤，基礎の生化学 第2版，東京化学同人（2004）．

[7] 杉晴夫，栄養学を拓いた巨人たち（講談社ブルーバックス），講談社（2013）．

[8] 田村隆明，わかる！ 身につく！ 生物・生化学・分子生物学，南山堂（2011）．

[9] 菅原二三男監訳，マクマリー生物有機化学 第4版（原書7版），丸善出版（2014）．

[10] 中村運，基礎生物学—分子と細胞レベルから見た生命像，培風館（1988）．

[11] 中村桂子・松原謙一監訳，細胞の分子生物学 第5版，ニュートンプレス（2010）．

8. 光合成

8.1 光合成の意義と概略

　生命の維持，増殖には，エネルギーを必要とする．生命誕生直後は，そのエネルギー源は無機物からの還元エネルギーであると考えられているが，それは，早々に枯渇してしまい，そのままでは，今日の生命の大発生はなかったと考えられている．進化の過程で，光のエネルギーを利用できる生物が出現することにより，生物種が爆発的に増加したことを考えれば，光合成（photosynthesis）の生物に対する貢献は非常に大きなものと考えられる．

　また，酸素発生型光合成生物の出現により，大気の酸素濃度が上昇し，オゾン層が形成され，生命を危険にさらす紫外線，放射線の大半をさえぎることとなり，生命は，陸上に進出可能となったのである．

8.1.1 光合成の意義

　太陽からの光エネルギー以外に地球に与えられるエネルギーは，地熱，惑星の衝突，宇宙線であるが，それらは，前者と比較し圧倒的に少量である．それゆえ，生物が光エネルギーを利用できることは，非常に有利である．

　また，光合成をすることができないヒトをはじめとした動物に代表される生物は，従属栄養生物といい，光合成によってできた有機炭素化合物をエネルギー源として摂取し，利用することで生命を維持しているのである．

　光合成の型には2種類あり，一般式は，以下のように示される．

$$CO_2 + 2H_2A \longrightarrow [CH_2O] + H_2O + 2A \quad (8\text{-}1)$$

緑色植物型光合成を行う緑色植物や藻類は，

$$CO_2 + 2H_2O \longrightarrow [CH_2O] + H_2 + O_2 \quad (8\text{-}2)$$

緑色硫黄細菌は，

$$CO_2 + 2H_2S \longrightarrow [CH_2O] + H_2O + 2S \quad (8\text{-}3)$$

紅色硫黄細菌は，

$$CO_2 + 2CH_3CH(OH)CH_3 \longrightarrow$$
$$[CH_2O] + H_2O + 2(CH_3)_2CO \quad (8\text{-}4)$$

つまり，無機物である二酸化炭素を，より複雑な有機化合物である糖に変換（還元）するために光エネルギーを使い，その際に必要な酸化される（電子の引き抜き手）物質が異なるだけなのである．

　原始地球に存在したH₂Sは，緑色硫黄細菌により，消費され枯渇していった．そこで，ふんだんに存在する水を酸化する（電子供与体とする）ことができる光合成生物へと進化していったと考えられている．

8.1.2 光合成の概略

　植物などに降り注がれる光は，光合成色素により捕集される．その光エネルギーは，色素間を伝達されていき，反応中心とよばれている特殊なクロロフィルに渡される．反応中心は，電荷分離を起こし，還元力と酸化力を生じる．しかしその還元力および酸化力は非常に不安定であるので，いくつもの酸化還元成分を経由し，安定な還元力（NADPH₂）と安定な酸化力（ATP）を生じる（電子伝達系）．NADPH₂およびATPは，CO_2の有機化合物への変換に利用されるのである（図8-1）．

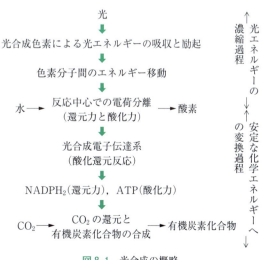

図8-1　光合成の概略

8.1.3 光合成の場

光合成は，緑色植物など真核生物の場合，**葉緑体 (chloroplast)** で進行する．葉緑体は，二重の膜（外膜および内膜）に覆われており，その中にさらなる膜構造であるチラコイド膜が幾重にも重なった構造が存在する．チラコイド膜と内膜との間隙はストロマという．

光エネルギーにより $NADPH_2$ と ATP を生じる反応は，チラコイド膜に存在する電子伝達系で進行し，CO_2 を固定する反応は，ストロマ中で進行する（図8-2）．

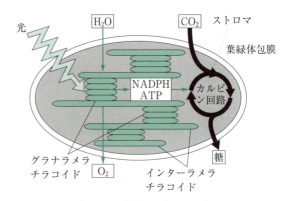

図 8-2 葉緑体と光合成の場

8.1 節のまとめ
- 植物による光合成は，全生物のエネルギーの源である．
- 光合成は，太陽の光エネルギーを捕集し，安定な化学エネルギーである ATP と NADPH に変換する．
- 光合成は，葉緑体で行われる．

8.2 光エネルギー変換反応

光合成色素により捕集した光エネルギーは，色素間を伝達されていき，反応中心とよばれている特殊なクロロフィルに渡される．反応中心は，電荷分離を起こし，還元力と酸化力を生じる．しかしその還元力および酸化力は，非常に不安定であるので，いくつもの酸化還元成分を経由し，安定な還元力（$NADPH_2$）と安定な酸化力（ATP）を生じる．その過程で，内外に生じたプロトン勾配により ATP を合成する．チラコイド膜上には，**光化学系 II**，**シトクロム b_6/f**，**光化学系 I** および **ATP 合成酵素** というタンパク質複合体が配置されている．電子伝達反応は，光化学系 II，b_6/f 複合体および光化学系 I で進行する（図8-3）．

8.2.1 光合成色素による光エネルギー捕集

光は，まずクロロフィルに代表される光合成色素に捕集される．光合成色素には，さまざまな構造および吸収波長をもつものが存在するが，大別すると，クロロフィル類，フィコシアニン類，カロテノイド類に分けられる．

クロロフィルは，ポルフィリン環をその構造中にもつ（図8-4）．

フィコビリン（フィコシアニンおよびフィコエリスリンの色素部分）は，開環したテトラピロール構造をもつ（図8-5）．

カロテノイドは，イソプレンを8個並べた構造をもつ（図8-6）．

なぜ，このように多様な色素が必要かというと，太陽光はさまざまな波長の光を含んでおり，それらをもれなく吸収するのに，これだけの色素がつくられてきたのである（図8-7）．

8.2.2 光合成色素の分布

クロロフィルは，アンテナクロロフィルや反応中心で使用されるので種類は異なるものの，必ず含まれることになるが，その他の色素は生物種により異なる（表8-1）．

8.2.3 光エネルギーの吸収と励起

チラコイド膜にはクロロフィル数百分子からなる集団があり，それぞれの集団は，ろうとのようなしくみをしている．それらクロロフィルは，どれも光によって励起されることが可能で，励起エネルギーはクロロフィル間をランダムに移動可能であるが，最終的には，特別なクロロフィル二量体の反応中心に到達する（図8-8）．

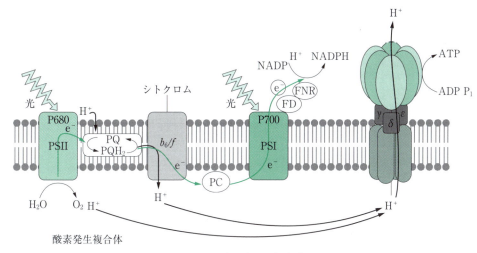

図 8-3 光合成電子伝達系
PQ：プラストキノン，PC：プラストシアニン，FNR：フェレドキシン NADP 還元酵素，Fd：フェレドキシン．

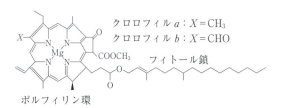

図 8-4 クロロフィルの構造

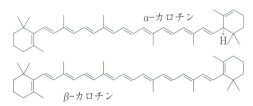

図 8-6 カロテノイドの構造

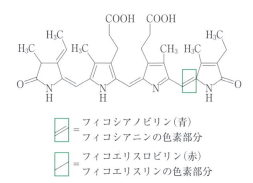

図 8-5 フィコビリンの構造

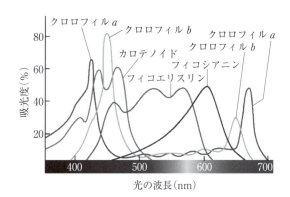

図 8-7 光合成色素の吸収スペクトル
(D. Sadava *et al.*, Life: The Science of Biology, W. H. Freeman & Co. より改変)

8.2.4 反応中心での電荷分離と酸化還元

　反応中心のクロロフィル二量体にエネルギーが到達すると，反応中心のクロロフィルは電荷分離を生じ，初期電子受容体に電子が渡される．これにより不安定な還元力（電子を受けとった初期電子受容体）と不安定な酸化力を生じる（電子を放出した反応中心）が，このままでは，逆反応によりもとに戻ってしまう．そこで初期電子受容体は，すぐに次の電子の受け取り手（二次電子受容体）へと電子を渡し，さらに次々と酸化還元成分が電子を伝達していくのである（図 8-9）．これらの要素のうち酸化還元電位をもとにして，電子伝達系成分を並べて示したものを，一般に Z スキームとよぶ．

表8-1 各生物種のもつ光合成色素

	クロロフィル						フィコビリン		カロチノイド	
	a	b	c	d	バクテリオクロロフィル	クロロビウムクロロフィル	フィコエリスリン	フィコシアニン	カロチン	キサントフィル
高等植物	+	+	−	−	−	−	−	−	β-カロチン	ルテイン, ビオラキサンチン, ネオキサンチン
藻類										
緑藻	+	+	−	−	−	−	−	−	β-カロチン	ルテイン, ビオラキサンチン, ネオキサンチン
褐藻	+	−	+	−	−	−	−	−	β-カロチン	フコキサンチン
紅藻	+	−	−	+	−	−	#	+	α-カロチン β-カロチン	ルテイン, チアキサンチン
ミドリムシ類	+	+	−	−	−	−	−	−	β-カロチン	ビオラキサンチン, ジアジノキサンチン, ネオキサンチン
暗色鞭毛藻類	+	−	+	−	−	−	+	+	α-カロチン	アロキサンチン
シアノバクテリア	+	−	−	−	−	−	+	#	β-カロチン	エキネノン, ミクソキサントフィル
光合成細菌										
紅色硫黄細菌	−	−	−	−	+	−	−	−	リコペン	スピリロキサンチン
紅色非硫黄細菌	−	−	−	−	+	−	−	−	クロロバクテン	スピリロキサンチン, スフェロイデン, スフェロイデノン
緑色硫黄細菌	−	−	−	−	−	+	−	−	γ-カロチン	ヒドロキシクロロバクテン

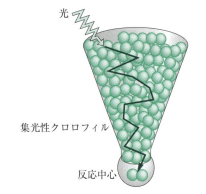

図8-8 光エネルギーの吸収とエネルギー移動

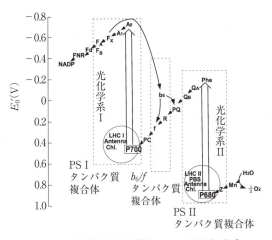

図8-9 標準酸化還元電位からみた電子伝達系

8.2.5 光化学系Ⅱにおける反応

光化学系Ⅱ（PSⅡ）では，光エネルギーにより反応中心 P680 は電荷分離し P680$^+$ となり，水からマンガンクラスターを経て，電子を受けとり P680 に戻る．一方，電子を受けとったフェオフィチン（クロロフィルからマグネシウムを除いた構造）は，電子をキノン（QA→QB）に渡しもとに戻る．電子を受けとったキノン（QB）は，プラストキノンプールへ移動する（図8-10）．

8.2.6 光化学系Ⅱタンパク質複合体

光化学系Ⅱタンパク質複合体は，20種類以上のポリペプチド鎖と光合成色素を含むオリゴマーであり，二量体で機能している．大きくは，集光性アンテナタンパク質複合体と反応中心コアタンパク質複合体とに分けられる．**光化学系Ⅱアンテナタンパク質複合体 (light harvesting chlorophyll-protein complex:**

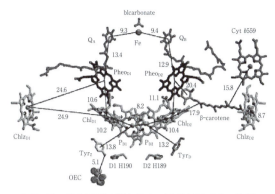

図 8-10 光化学系 II 複合体中の電子伝達成分の配置
(Z. Liu et al., *Nature*, **428**, pp. 287-292, 2004 より引用)

表 8-2 光化学系 II コア複合体を構成する主なタンパク質サブユニット

疎水性サブユニット	
D1	反応中心タンパク質
D2	反応中心タンパク質
CP47	内部アンテナタンパク質
CP43	内部アンテナタンパク質
親水性サブユニット	
PsbO	酸素発生
PsbP	酸素発生
PsbQ	酸素発生

LHCII）は，光を捕集し，コアタンパク質へ光エネルギーを伝達するという役割をもつ．LHC ポリペプチドは，*lhcb1* と *lhcb2* という遺伝子にコードされた約 25 000 の分子量をもつタンパク質で 3 回の膜貫通領域をもち，ホウレンソウでは 14 分子のクロロフィルと 4 分子のカロテノイドを結合している．通常は，三量体を形成しコアタンパク質複合体周辺を取り巻くように局在しているが，光の強度に応じて PS II への結合量を調節しており，強光時下での光エネルギーの供給過剰を調節している．

光化学系 II 反応中心コアタンパク質複合体は，反応中心成分を含む D1 および D2 タンパク質，それに内部アンテナタンパク質 CP47 および CP43，**酸素発生複合体**（oxygen evolving complex：OEC．PsbO，PsbP および PsbQ タンパク質からなる）から構成されている．近年その詳細な立体構造が明らかとなり，水からの酸素発生の分子機構が解き明かされようとしている．

光化学系 II 反応中心での酸化還元反応は，前述のとおりであるので，ここでは，水を分解して酸素発生する過程の概略を示す．D1，D1 に結合したマンガンクラスター（図 8-11）が，以下の反応を行う．

$$4H_2O \longrightarrow 4e^- + 4H^+ + O_2$$

酸素発生時には，マンガンの酸化数変化が重要で，4 回の光子が当たると 1 分子の酸素を発生する．結晶構造解析により，マンガンクラスターは，4 分子のマンガン，1 分子のカルシウム，3 分子の酸素からなる「歪んだ椅子」状をしていることが明らかとなった．

そして，OEC は，酸素発生に直接的に関わっていないが，マンガンクラスターの安定化に寄与している．

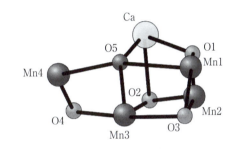

図 8-11 マンガンクラスターの構造

8.2.7 シトクロム b_6/f 複合体

光化学系 II 複合体から電子を受けとったプラストキノンは，チラコイド膜のプラストキノンプールを経て**シトクロム b_6/f 複合体**（cytochrome b_6/f complex）を還元する．この還元により，プロトン 1 分子がチラコイド内腔に貯えられることになる．このプロトン勾配が，ATP 合成に利用される（後述）．また，さらにシトクロム b_6/f 複合体は，プラストシアニンに電子を渡し，酸化される．還元されたプラストシアニンは，光化学系 I を還元する．シトクロム b_6/f 複合体は，ミトコンドリアの bc1 複合体とタンパク質の相同性，酸化還元成分などの共通点があり，生物の進化を考えるうえで興味深い．

8.2.8 光化学系 I における反応

光エネルギーは，反応中心 P700 に集約され，P700 は電荷分離 P700$^+$ となり，電子は初期電子受容体クロロフィルである A_0 に渡され，すぐにフィロキノンである A_1 に伝達される．A_1 から 3 種の鉄硫黄クラスター（4Fe-4S）X から A および B へ伝達され，さらにフェレドキシン（Fd）に伝えられ FNR を介して NADP$^+$ を還元する．

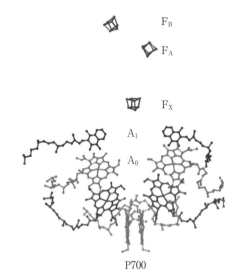

図 8-12 光化学系 I 複合体中の電子伝達成分の配置
(P. Fromme et al., Biochim. Biophys. Acta., **1507**(1-3), pp. 5-31, 2001 より引用)

表 8-3 光化学系 I コア複合体を構成する主なタンパク質サブユニット

疎水性サブユニット	反応中心タンパク質
PsaA	反応中心タンパク質
PsaB	
親水性サブユニット	
PsaC	Fe-S アポタンパク質

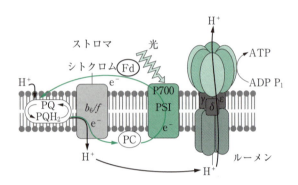

図 8-13 循環的電子伝達系
PQ：プラストキノン，PC：プラストシアニン，Fd：フェレドキシン．

8.2.9 光化学系 I タンパク質複合体

光化学系 I タンパク質複合体は，14〜15 個のサブユニットからなるコア複合体と 4〜9 種の集光性アンテナタンパク質（LHCI）とに分けられる．光化学系 I タンパク質複合体は，シアノバクテリアでは，三量体を形成しているが，高等植物では単量体を形成している．反応中心タンパク質 PsaA および PsaB のヘテロ二量体に反応中心から鉄硫黄クラスター X までが配置されている．PsaC には同じ鉄硫黄クラスター A および B が存在する．

8.2.10 ATP の合成

一連の電子伝達の過程で H^+ 勾配が生じることになるが，H^+ がチラコイド内腔からストロマへ放出されるのと共役して ATP 合成酵素（CF1CF0-ATPase）が ATP を合成する．このしくみは，呼吸鎖電子伝達系での ATP 合成と基本的に同じである．CF1 は，5 種のポリペプチド（α，β，γ，∂，ε）からなる膜表在性タンパク質で，ATP 合成をする触媒部分であり，CF0 は 3〜4 種のポリペプチドからなる膜内在性タンパク質であり，H^+ チャネルを形成する．

8.2.11 循環的電子伝達系

いわゆる Z スキームにそって，水から NADPH まで電子が流れていくのが一般的な電子伝達系であるが，光化学系 II を介さず，光化学系 I のみを介して電子伝達を行う機構が存在し，これを **循環的電子伝達 (cyclic electron trasport)** という．フェレドキシンからの電子をプラストキノンプールからシトクロム b_6/f 複合体へ渡し，再度プラストシアニンから光化学系 I へと循環させるのである．この経路は，ATP，$NADP^+$ の量比，チラコイド内腔の pH 調整などの調整機能として重要である．

8.2 節のまとめ

- 太陽の光エネルギーは，さまざまな波長をもつ．したがって植物もそれを捕集するために異なる吸収波長をもつ光合成色素をもつ．
- 光エネルギーは，光化学系ⅠおよびⅡの反応中心で，電荷分離により酸化力と還元力の化学エネルギーに変換される．
- 光化学系Ⅱは，P680 を反応中心にもち，水を分解し電子を受けとり，酸素を発生する．
- 酸素を発生するメカニズムの中心には，4個のマンガンおよび1個のカルシウムによるマンガンクラスターが関与している．
- 光化学系Ⅰは，P700 を反応中心にもち，電子をプラストシアニンから受けとり，フェレドキシンを経てNADPH$^+$ を還元する．
- 光合成電子伝達系により生じたチラコイド膜内外のプロトン勾配を利用して ATP 合成酵素により ATP を生成する．

8.3 炭素固定反応

8.3.1 はじめに

光合成の反応は，8.2節で述べられた光化学反応とそこでつくり出されたエネルギー（ATP と NADPH）を用いて行う炭素固定反応に分けられる．ここで炭酸固定反応ではなく，炭素固定反応と記載しているのは，この反応の基質は C_3 植物（後述）では二酸化炭素（CO_2）であり，炭酸（CO_3^{2-}）ではないことによるものである．この反応の結果，二酸化炭素が糖・デンプンをはじめとする高エネルギー化合物に変換される．この反応前と反応後の変化を化学式で示すと次のようになる．

$$CO_2 + 3ATP + 2NADPH + 2H^+ \longrightarrow$$
$$(CH_2O) + H_2O + 3ADP + 2NADP + 3H_2PO_4$$

単糖類の構造は $C_6H_{12}O_6$，すなわち $(CH_2O)_6$ で示される．一般に双子葉植物の葉がデンプンを蓄積し，単子葉植物の葉が糖を蓄積することが知られているが，これは一般的な傾向であって例外もあり，また，デンプンや糖の蓄積の程度には植物によって大きな幅がある．この炭素固定反応は，真核生物であれば葉緑体のストロマ画分，原核生物（シアノバクテリア，光合成細菌）であれば細胞質で進行する．炭素固定（同化）反応は以前は暗反応という名前で知られていたが，炭素固定に関わるいくつかの酵素の活性化は光による還元が必要であり，エネルギーとして用いられる ATP や NADPH は光化学反応によって供給されることから，実際の反応は光が必須なため，最近ではあまり用いられなくなっている．

さて，この炭素固定反応は生物種によって異なり，3種類の型が存在する．一つは C_3 型光合成とよばれ，二酸化炭素を取り込んで最初に合成される化合物の炭素数が3のものを指し，最も生物種が多く（95％以上），植物ばかりでなく藻類の多くがここに分類される．もう一つが C_4 型光合成で，二酸化炭素（正しくは炭酸水素イオン）を取り込んだ後，炭素数4の化合物が最初につくられる．C_3 型光合成生物に比べ数は多くないが，代表的な植物はトウモロコシ，サトウキビ，ススキなどである．残りの一つが CAM 型光合成とよばれる種で，炭素数4の化合物が最初につくられるのは C_4 型光合成と一緒であるが，CO_2 濃縮のしくみが C_4 型光合成とは異なっている．CAM 型光合成生物を行う生物種は少なく，サボテンやベンケイソウ，トウダイグサなどである．これらの反応のうち，C_3 型光合成が行うカルビン回路（カルビンとベンソンによって報告されたため，カルビン・ベンソン回路

メルヴィン・カルビン

アメリカの化学者．1937年よりカリフォルニア大学バークレー校に勤務．第二次世界大戦後 CO_2 固定の研究を始めた．ベンソン，バッシャムらと共同で緑藻に $^{14}CO_2$ を取り込ませる実験を行い，CO_2 代謝経路（カルビン回路）を明らかにした．この業績により1961年にノーベル化学賞を受賞している．（1911-1997）

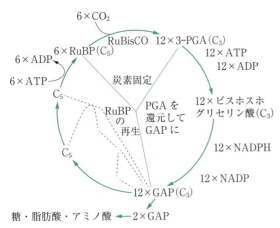

図 8-14 カルビン回路の概略図

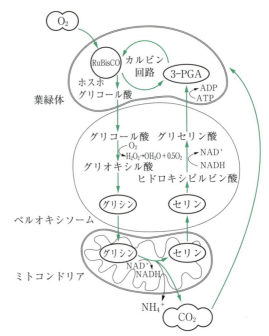

図 8-15 光呼吸の概略図

ともよぶ）は C_4 型光合成，CAM 型光合成にも共通して存在するため，最初にこの回路について説明する．

8.3.2 カルビン回路

カルビン回路（Calvin cycle）は，高等植物では葉緑体内ストロマ画分で進行する炭素固定反応である（図 8.14）．カルビン回路の基質は CO_2 である．この反応回路は三つに分けることができる．第 1 段階は CO_2 が**リブロースリン酸カルボキシラーゼ/オキシゲナーゼ（ribulose 1,5-bisphosphate carboxylase/oxygenase：RuBisCO）**によって取り込まれて炭素数 5 からなる D-リブロース 1,5-ビスリン酸（RuBP）と反応の結果，炭素数 3 からなる化合物 3-ホスホグリコール酸（3-PGA）が 2 分子合成される炭素固定反応である．第 2 段階は，3-PGA が光化学系反応で合成された ATP のエネルギーと NADPH によって還元され**トリオースリン酸（triose phosphate，** グリセルアルデヒド三リン酸（GAP）およびジヒドロキシアセトンリン酸（DHAP））となる還元反応で，トリオースリン酸が糖やデンプンへと合成されていく．このことから，葉緑体（カルビン回路）の光合成産物はトリオースリン酸である．第 3 段階はトリオースリン酸が合成される過程で残った物質が RuBP へと再生される経路である．このように反応が回ることにより，還元的ペントースリン酸回路，または発見者の名前をとってカルビン回路とよばれる．カルビン，ベンソン，バッシャムは 1950 年頃，炭素の同位体である ^{14}C を用いてこの過程を解明し，その業績により 1961 年にノーベル化学賞がカルビンに授与された．反応の概略を図 8.15 に示す．C_3 型光合成はこのようにして二酸化炭素の固定を行っている．

カルビン回路によってつくられたトリオースリン酸は細胞質に運ばれショ糖が合成される．また，ショ糖の蓄積が飽和すると葉緑体内でデンプンの蓄積が始まる．

実はこの CO_2 固定を担う酵素 RuBisCO は，地球上で最も大量に存在するタンパク質として知られている．それは，この酵素の代謝回転速度が非常に遅いことに由来する．通常の酵素では 100〜1000 回の反応が 1 秒間に行われるが，RuBisCO は 25℃ において CO_2 飽和時に 1 秒間に最大 3 分子程度の CO_2 しか固定できない．世界最速の酵素はカタラーゼであり 1 秒間に 4000 万分子程度の H_2O_2 を分解することができる．また，RuBisCO は基質への親和性も低く，CO_2 に対してのミカエリス定数（K_m 値．酵素と基質の親和性を示す．第 3 章参照）は約 10〜20 μmol/L（25℃）となっている．この値は現在の大気レベルでは最大活性に達しておらず，葉内の CO_2 濃度はこれより低い値になるため，実際は 1 秒間に 1 分子程度の固定速度である．これらの理由により，RuBisCO は代謝反応回転数を酵素量で補っているため，ホウレンソウにおいては葉緑体ストロマ画分の 3〜4 割を占め，地球上で最も大量に存在するタンパク質である．

8.3.3 光呼吸

CO_2 固定を担う酵素 RuBisCO であるが，正式名称（前述）にオキシゲナーゼの名前が入っていることからわかるように，基質として酸素とも結合する性質をもつ．酸素と結合した RuBisCO は 1 分子の 3-PGA と 1 分子のホスホグリコール酸を生成する．3-PGA は CO_2 との反応で生じるカルビン回路を構成する物質であるが，ホスホグリコール酸はカルビン回路に入ることができず，またカルビン回路のトリオースリン酸イソメラーゼ（DHAP と 3-GAP 間の可逆的な相互変換を触媒する酵素）の強力な阻害剤として働く．このため，ホスホグリコール酸を無毒化する反応が光合成には存在する（図 8.15）．

O_2 との結合により発生したホスホグリコール酸は葉緑体からペルオキシソームへ移行し，グリコール酸ホスファターゼによってグリオキシル酸と過酸化水素になる．過酸化水素はカタラーゼにより分解される．グリオキシル酸はグルタミン酸からアミノ酸を受けとりグリシンとなる．グリシンはミトコンドリアに移り，グリシン 2 分子から 1 分子のセリンと 1 分子の CO_2，アンモニアが生成し，1 分子の NAD^+ が NADH に還元される．この反応は ATP を消費する．ここで生じた CO_2 は拡散により葉緑体に移行し RuBisCO での基質となると考えられている．セリンはペルオキシソームに移り，セリン-グリオキシル酸アミノ基転移酵素によってヒドロキシピルビン酸になる．これが還元されてグリセリン酸になる．グリセリン酸は再び葉緑体に入りグリセリン酸キナーゼが ATP を消費して，リン酸化されて 3-PGA となりカルビン回路に取り込まれる．このように酸素と結合した RuBisCO はエネルギーを消費してホスホグリコール酸を無毒化し，二酸化炭素として回収する．これを光呼吸とよぶ．植物の RuBisCO の CO_2 と酸素に対する K_m 値はそれぞれ約 11 μmol/L と約 250 μmol/L であり，CO_2 に対しての方が親和性が高いものの，酸素の大気中に占める割合は約 20% であるのに対し，CO_2 は 0.04% であることから大体 3：1～4：1 の割合で CO_2 と酸素が RuBisCO と反応する．このように，エネルギーを消費して進行する光呼吸は光合成生物にとって避けられない反応である．RuBisCO がなぜ光呼吸を行うかは議論があるが，一つは地球誕生当時は大気中に酸素がほとんどなく，RuBisCO が酸素と結合することなく反応したことが挙げられる（第 14 章参照）．地球に酸素発生型光合成生物であるシアノバクテリアが誕生以降，酸素濃度が上昇し，RuBisCO がたまたま酸素を結合する能力をもっていたため，炭素をできるだけ回収するしくみ，つまり光呼吸が行われようになったためである．もう一つは C_3 植物が気孔を閉じたときの場合の障害（光阻害）回避である．気孔が閉じられているため，二酸化炭素の供給がなくなるが，光化学反応の水分解により酸素が供給されるため，このままでは活性酸素が生じてしまう．また ATP と NADPH も過剰供給される．これを回避するためのシステムが光呼吸とする考え方である．先の光呼吸のグリシンに続く反応で二酸化炭素が供給されることから，この場合でも少量ながら糖が合成されることになる．このようにして，障害を回避している役割が結果として光呼吸に備わっているともいえる．

8.3.4 C_4 型光合成

熱帯・亜熱帯原産の植物には C_4 型光合成を行うものがいる（**C_4 植物（C_4 plants）**）．これは，カルビンが行った研究をサトウキビで追試した結果，同位体で標識した CO_2 が取り込まれてできた最初の物質が C_4 化合物であったことから発見された．その後，オーストラリアのハッチとスラックが多くの植物で実験を行った結果，最初の物質はオキサロ酢酸（C_4 化合物）であることを明らかにした．C_4 植物の真の基質は CO_2 でなく CO_2 が炭酸脱水素酵素（カーボニックアンヒドラーゼ）によって変換された**炭酸水素イオン（bicarbonate．重炭酸イオンともよばれる）**の HCO_3^- である．C_4 植物の CO_2（正確には HCO_3^-）を最初に取り込む酵素は RuBisCO でなく**ホスホエノールピルビン酸（PEP）カルボキシラーゼ（phosphoenolpyruvate carboxylase）**である．PEP と HCO_3^- が基質となり，PEP カルボキシラーゼによる酵素反応で，オキサロ酢酸が生成する．この酵素は RuBisCO と異なり，酸素に対する親和性はほとんどない．このことは C_4 植物は光呼吸を行わずにすむことを意味する．C_4 化合物から二酸化炭素が酵素反応により 1 分子放出され，濃縮された CO_2 をカルビン回路が固定するしくみである．C_4 植物におけるこの CO_2 濃縮は PEP カルボキシラーゼと RuBisCO の局在部位が異なっていることに起因する．C_4 植物は維管束（養分や水分を運ぶ管）の周りに**維管束鞘細胞（bundle sheath cell）**が発達して存在し，その葉緑体内に RuBisCO が存在する（図 8.16，図 8.17）．維管束鞘細胞の外側に葉肉細胞が存在する．この様子は花環のようにみえるのでドイツ語で花環を意味する**クランツ構造（Kranz anatomy）**ともよばれる（図 8.18）．気孔から入った CO_2 は葉肉細胞の細胞質で炭酸脱水

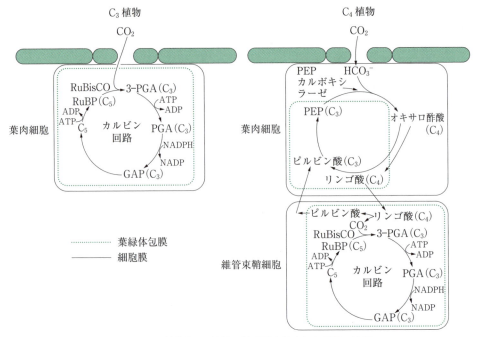

図 8-16 C_3 植物と C_4 植物の炭素固定反応および場の比較

素酵素によって HCO_3^- に変換された後，PEP と PEP カルボキシラーゼによってオキサロ酢酸に変換される．その後，オキサロ酢酸は葉緑体内でリンゴ酸（生物種によっては細胞質内でアスパラギン酸）に変換されて，維管束鞘細胞に輸送される．この過程において，葉肉細胞の葉緑体内で ATP が消費される．維管束鞘細胞内で C_4 化合物から二酸化炭素が放出され（場は葉緑体のタイプと細胞質の型が存在する），カルビン回路に供給される．葉肉細胞からの C_4 化合物供給と脱二酸化炭素反応が活発なため，維管束鞘細胞内 CO_2 濃度が高くなり C_3 回路に伴う光呼吸は生じない．大気条件下の 400 ppm の CO_2 濃度で光合成速度が最高速に達するため，気孔の開度は低く，蒸散速度が小さくてすむ利点がある．欠点としては ATP を消費（二酸化炭素 1 分子を固定するのに 2ATP が余分に必要）することと，維管束鞘細胞では CO_2 の一部がリークしてしまうことである．とりわけ，弱光下でこのリークは生じやすい．結果として，光の弱い条件ではエネルギー的に不利になるため，C_4 植物は高温，乾燥の条件においてのみ優位に進行する．C_4 型光合成には大きく分けて三つの型が存在する．一つは C_4 化合物から二酸化炭素の放出を維管束鞘細胞の葉緑体で行う NADP-リンゴ酸酵素型（図 8.17），一つは二酸化炭素の放出を維管束鞘細胞のミトコンドリアで行う NAD-リンゴ酸酵素型，もう一つは，二酸化炭素

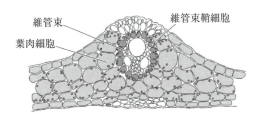

図 8-17 トウモロコシ葉の横断切片

の放出を維管束鞘細胞の細胞質で行う PEP カルボキシキナーゼ型である．NADP-リンゴ酸酵素型以外の反応は参考文献を参照されたい．

8.3.5 CAM 型光合成

CAM 型光合成はサボテンやベンケイソウなどの **CAM 植物（CAM plants）** が行う光合成で特殊な CO_2 を取り込む経路をもっている．CAM は crassulacean acid metabolism の略で，日本語に訳すとベンケイソウ型酸代謝である．CO_2 を PEP カルボキシラーゼが取り込んでオキサロ酢酸にする反応は C_4 型光合成と一緒なのだが，C_4 植物が炭素固定の場を葉肉細胞と維管束鞘細胞に分化していたのに対し，CAM 植物は炭素固定を昼と夜の時間によって分業させている．植物は気孔を開くことによって細胞内に CO_2 を取り入れるのであるが，サボテンなどは高温，乾燥下で気孔

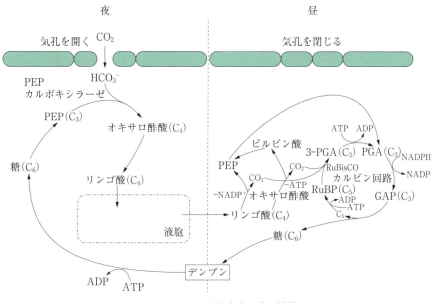

図 8-18 CAM 型光合成の作用機構

を開くと細胞内の水分が蒸発して死んでしまう．そこで，通常の植物とは逆に夜間に気孔を開いて CO_2 を取り込みリンゴ酸を合成後，液胞にため込む反応を行っている．昼間になると C_4 植物が維管束鞘細胞で行っていたのと同様に CO_2 を放出し，カルビン回路を駆動させる（図 8.18）．CAM 植物の光合成速度は液胞に有機酸をためる量に律速されるので，一般的に高くない．

8.3.6 pH と二酸化炭素

前述のように RuBisCO は CO_2 を，PEP カルボキシラーゼは HCO_3^- を基質とする．図 8.19 に示すように，二酸化炭素は pH によって CO_2, HCO_3^-, CO_3^{2-} の平衡状態で存在する．

このため，炭素の取り込みはこれらの平衡状態を考えなければならない．

$$CO_2 + H_2O \rightleftharpoons HCO_3^- + H^+ \rightleftharpoons CO_3^{2-} + 2H^+$$

CO_2 と HCO_3^- 間の平衡は炭酸脱水素酵素が関わっている（8.3.4 項参照）．この酵素の反応速度は酵素の中でもトップクラスであり，通常，反応速度は基質の拡散速度に起因する．この酵素は光合成生物ばかりでなく，微生物から動物まで幅広く分布している．例えば，ヒトは呼吸で発生した CO_2 をこの酵素の働きによって大半は炭酸に変換されて肺へ輸送されている．現在，海洋の pH は産業革命前に比べ酸性化している．これは，海水が CO_2 のシンクとなっているのも一因である（上記の式により CO_2 取込みにより H^+

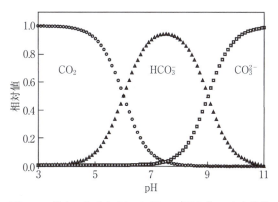

図 8-19 液中における CO_2, HCO_3^-, HCO_3^{2-} の存在状態

が放出される）．海洋は1年あたり26億 t の二酸化炭素を吸収しており，これは人為起源二酸化炭素排出量の約3割に相当している．海洋光合成生物において細胞外の pH 変化は炭素の取込みに大きな影響を与えると示唆される．また，海水の酸性化は炭酸カルシウム（Ca^{2+} と CO_3^{2-} の過飽和と生物の作用により生成）に影響を与える．pH が低くなることによって HCO_3^- と CO_3^{2-} の平衡がシフトすることから炭酸カルシウムが形成されにくくなる．海に生息するさまざまな生物（サンゴ，円石藻など）は炭酸カルシウムにより殻を形成していることから，二酸化炭素の上昇に伴う海の酸性化は，これら生物に影響を与えることが懸念されている．

8.3.7 藻類の二酸化炭素固定

光合成生物は植物ばかりでなく，藻類にも非常に多様性をもって存在している．また，微細藻類のCO_2固定能力は条件によっては植物の10～100倍の値を示すこともあり，藻類は今後のバイオマスによるエネルギー創生において重要な生物の一つである．ほとんどの藻類は前述のC_3型光合成を行っている．水中での二酸化炭素の拡散速度は空気中と比較して10^{-4}程度と低い．このため，藻類は独自のCO_2を濃縮するしくみ（carbon concentration mechanism：CCM）を発達させてきた．このしくみは**シアノバクテリア（ラン藻，cyanobacteria）**でよく研究されており，シアノバクテリア細胞を電子顕微鏡で観察すると，**カルボキシソーム（carboxysome）**とよばれる多面体型小構造体を観察できる．ここにRuBisCO，炭酸脱水素酵素，RuBisCO活性化酵素（RuBisCO機能発現には活性化が必要）が局在している．細胞外のHCO_3^-を細胞膜に存在する交換体で細胞質内に取り込む，または，細胞外のCO_2を細胞質内で炭酸脱水素酵素によりHCO_3^-に転換した後，カルボキシソーム内に高濃度で蓄積させる．ここで，濃縮されたHCO_3^-を炭酸脱水素酵素でCO_2に転換し，近傍に存在するRuBisCOに供給することにより，カルビン回路を効率よく回している．炭酸脱水素酵素の反応速度はRuBisCOによるCO_2固定反応より圧倒的に速いので（前述），このようなしくみが可能になっている．珪藻では細胞膜に，緑藻では細胞膜と葉緑体包膜にHCO_3^-輸送体が発見されており，この経路を利用してHCO_3^-を濃縮させ，葉緑体内でRuBisCOにCO_2を供給することにより，水中での遅いCO_2拡散速度に対応していると考えられる．

8.3.8 炭素固定反応の未来

RuBisCOは酸素結合能をもってしまったがゆえに，光呼吸を行い，また酵素自体も反応速度が低く，K_m値も高いという劣悪な特性をもつことから炭素代謝反応の律速段階になっている．現在のC_3植物はCO_2濃度が50～100 ppmのとき，葉からのCO_2の出入りが見かけ上0になる（この点を**CO_2補償点（CO_2 compensation point）**という）．C_4植物のCO_2補償点は0（0～5 ppm）に近いことから，C_3植物では50～100 ppm以下のCO_2濃度では呼吸による損失の方が光合成による固定量よりも大きいことを示し不利な状況になる．RuBisCOタンパク質の構造は立体構造解析により明らかになっており，大半のRuBisCOは分子量約55 kDaの大サブユニットと約13 kDaの小サブユニットがヘテロ二量体を形成し，それが八つ組み合わさった四次構造を形成している．このことから，遺伝子操作により，タンパク質の構造を改変し，反応速度最大の上昇やK_m値の低下に導くことが期待される．また，生物種によってもRuBisCOのCO_2識別能力が異なっており，原始紅藻のGaldieraでは植物の3倍以上のCO_2識別能力をもつことが知られている．生物の多様性を利用した，酵素改変も現在行われており，高い活性をもつ「スーパールビスコ」の創生が世界中で競争的に行われている．

また，C_4植物は高温・乾燥下においての生産性はC_3植物よりすぐれている．このことから，イネ，小麦，大豆などのC_3植物をC_4化できれば，地球上での作付面積が増加し，食料の増産が期待できる．一部のキク科にはC_3型とC_4型の中間の光合成様式をもつものが存在することが知られており，またエレオカリス（Eleocharis vivipara）という水草は陸上ではC_3型光合成を水中ではC_4型光合成を行うことが知られている．C_4型光合成のCO_2濃縮機構は三つのサブタイプがあり，非常に複雑な反応であるが，これら情報をもとに遺伝子組換えによるC_3植物のC_4化が現在進められている．

8.3節のまとめ
- 光合成生物の炭素固定反応は，C_3型，C_4型，CAM型の3種類が存在する．
- C_3型光合成においてエネルギーを消費してまで行う光呼吸は避けられない反応である．
- 将来のエネルギー不足を解決するためにRuBisCOの改変や，C_3植物のC_4化が進められている．

参 考 文 献

［1］寺島一郎，植物の生態—生理機能を中心に—（新・生命科学シリーズ），裳華房（2013）．
［2］池北雅彦，榎並勲，辻勉，第3版 生物を知るための生化学，丸善（2011）．
［3］三村徹郎，川井浩史，光合成生物の進化と生命科学，培風館（2014）．
［4］気候変動に関する政府間パネル（IPCC）第5次評価報告書（2013）．
［5］杉浦美羽，伊藤繁，南後守編，光合成のエネルギー変換と物質変換—人工光合成をめざして，化学同人（2015）．
［6］北海道大学低温科学研究所・日本光合成研究会共編，光合成研究法，低温科学 67（2008）．

9. 細胞分裂と細胞周期

9.1 細胞分裂のしくみ

地球上の生物を構成する細胞には，その特性に応じてさまざまな形をしたものが存在する．そのうち，特に一般的によく知られている細胞は，我々ヒトがそうである「動物」の細胞であろう．ここではまず，真核生物である動物の細胞を例にとり，細胞が分裂するメカニズムを述べることにする．

9.1.1 細胞分裂とは

フィルヒョーが「すべての細胞は細胞から生ずる（*Omnis cellula e cellula*）」と述べたように，地球上のすべての細胞は，分裂により増殖する．1個の細胞がちぎれるように2個の細胞に分かれるのが**細胞分裂 (cell division)** である．パン酵母（*Saccharomyces cerevisiae*）に代表される一部の生物は，1個の親となる細胞の一部がはみ出し，まるでそこから芽が出るかのように子細胞が生じる出芽とよばれる方法で増殖するが，これも分裂の一つの形態であるといえる．このことから，パン酵母は出芽酵母ともよばれる．

a. 細胞分裂のあらまし

細胞分裂は，大きく二つのステップに分かれる．細胞の遺伝情報（DNA）が複製され，二つに分かれる**核分裂 (nuclear division)** と，細胞全体が二つに分かれる**細胞質分裂 (cytokinesis)** である（図9-1）．

b. 核分裂

DNAの複製は，第4章で詳しく学んだので，ここではDNAが複製された後の様子について的を絞ることにする．

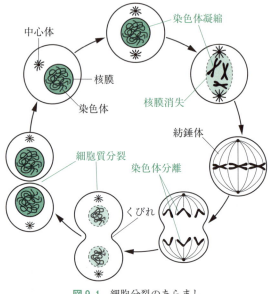

図9-1　細胞分裂のあらまし

DNAは，複製を完了すると，高度に凝縮し始める．正確には，ヒストンとDNAが複合体を形成した状態である**クロマチン (chromatin)** が高度に凝縮していき，光学顕微鏡でみると染色体ごとにX字型になったような状態となる．

やがて核膜が消失し，赤道面に並んだ染色体に，両極から伸びてきた微小管が結合する．その後，染色体は半分ずつ両極に引っ張られる．

c. 細胞質分裂

染色体が両極に引っ張られると，凝縮していた染色体（クロマチン）は次第に脱凝縮し始め，やがてそれぞれの極で核膜が形成される．そして，2個の核のだいたい中間のあたりの細胞質がくびれるようにして，細胞全体が二つに分かれる．

9.1.2 核分裂にはいくつかの段階がある

染色体は，いってみれば遺伝情報（DNA）がそれ

ルドルフ・ルートヴィヒ・カール・フィルヒョー

ドイツの医師，病理学者．「すべての細胞は細胞から生ずる」という標語を立て，細胞説の発展に寄与した．政治的な活動も行い，公衆衛生の改善に努めた．(1821-1902)

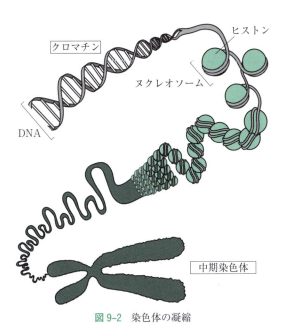

図9-2 染色体の凝縮

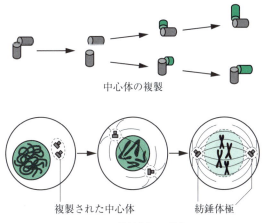

図9-3 紡錘体極の形成

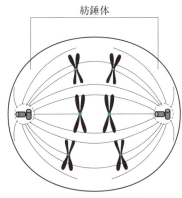

図9-4 紡錘体の形成

だけでは長すぎるために，複数の断片に小分けされたものであるといえる．この染色体が一糸乱れることなく協調して複製され，凝縮し，細胞の両極に分かれるためには，厳密に調節されたメカニズムが必要である．

a. 複製した染色体の凝縮

核分裂は，顕微鏡観察の結果そこにみえる現象から**有糸分裂（mitosis）**とよばれる．

最も大きな「糸」は，分裂していない時期には細胞核全体に拡散した状態のクロマチンが，凝縮して現れる太い糸状の物体（中期染色体）である（図9-2）．DNAが複製され，細胞分裂前期に入ると，**ヒストン（histone）**とDNAの複合体であるクロマチンは高度に凝縮し，姉妹染色分体を形成しながら，光学顕微鏡でも観察できるほど太く，短くなる．

b. 中心体の複製と極の形成

中心体（centrosome）は，動物細胞にみられる特徴的な物体で，90°の角度で交差するように存在する二つの中心小体からなり，**微小管（microtubule）**の形成中心としての役割を果たす．中心体は，核分裂が始まる前，DNAが複製されている間に複製される．複製された中心体からは，放射状に微小管が伸び始めるが，この状態を星状体という．これらはやがて左右の両極へと移動し，紡錘体形成の極となる（図9-3）．

c. 紡錘体の形成

中心体から放射状に伸びた微小管は，中心体が両極に移動するとともに，やがて細胞の中央方向へと伸びる微小管が，反対側の中心体から伸びてきた微小管と接触するようになる．そして微小管の重合が安定化し，**紡錘体（spindle apparatus）**が形成される（図9-4）．

d. 核膜の消失と染色体の赤道面への整列

前中期に入ると，核膜を構成していた脂質二重膜が分散し，核膜が消失する．さらに，紡錘体を形成していた微小管の一部が，凝縮した染色体に動原体を介して結合し始める．中期になると，すべての染色体が，細胞のほぼ中央付近にあたる，両極の中心体（紡錘体極）からそれぞれ等距離にある赤道面に並ぶ（図9-5）．

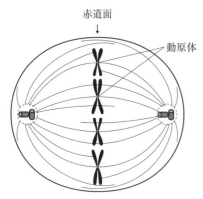

図 9-5 染色体の赤道面への整列

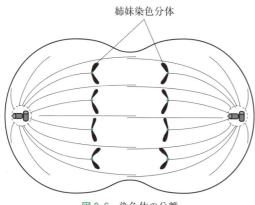

図 9-6 染色体の分離

e. 染色体の分離

後期に入ると，赤道面に並んだ染色体を構成していた姉妹染色分体が，ほぼ同時に分離し，それぞれの方向にある紡錘体極へと向かってゆっくりと引っ張られるように移動する．このとき，動原体に結合している微小管がゆっくりと短くなっていくために，姉妹染色分体がきれいに両極へと分離される（図 9-6）．

9.1.3 細胞質分裂

終期に入ると，分離したそれぞれの染色体（もはや姉妹染色分体とはいわない）の集合体の周囲に，再び核膜が形成され始め，凝縮していた染色体は脱凝縮し始める．やがて，細胞質の分裂面の周囲に収縮環とよばれる構造が形成され始める．収縮環は，アクチンフィラメントならびにミオシンフィラメントからなり，これが細胞質を巾着のように絞めることにより，細胞質が分割される（図 9-7）．

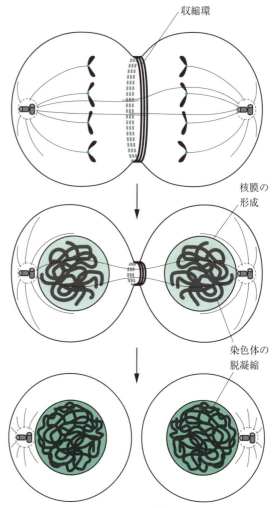

図 9-7 細胞質分裂

9.1.4 植物細胞の細胞分裂

動物細胞と並んで，地球上の生物を構成する細胞の典型的な例としてよく挙げられるのは，植物細胞である．植物細胞の細胞分裂には，動物細胞にはみられない特徴があるが，核分裂のメカニズムは，動物細胞のそれと共通している．動物細胞と大きく異なるのは，主に細胞質分裂の方法である．

a. 動物細胞と植物細胞の違い

植物細胞が動物細胞と構造上大きく異なる点は，脂質二重膜でできた細胞膜の外側に，固い**細胞壁（cell wall）**が存在することである（図 9-8）．細胞壁は，多糖類の一種であるセルロースを主成分としている．セルロースは，力の方向に沿って微繊維とよばれる状態を形成しており，ペクチンなどの他の多糖類やタン

9.1 細胞分裂のしくみ **107**

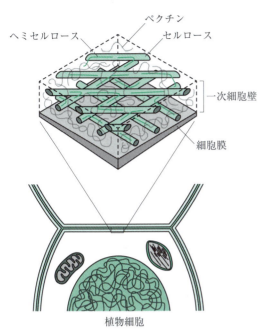

図 9-8 細胞壁の構造

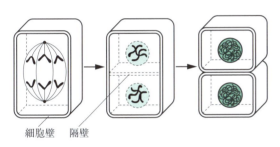

図 9-9 植物細胞の細胞質分裂

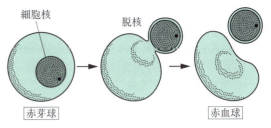

図 9-10 脱核による赤血球の形成

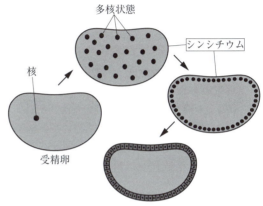

図 9-11 ショウジョウバエの合胞体（シンシチウム）

パク質などとともに，固い構造をつくり上げている．そのため，植物細胞は，動物細胞のように収縮環を用いたくびれによる分裂を行うことができない．

b. 植物細胞の細胞質分裂の特徴

以上のような構造的特徴から，植物細胞は収縮環の働きによって細胞質分裂を起こすのではなく，細胞内部に新しい境界が形成されることにより，細胞質分裂が成し遂げられる．

姉妹染色分体が両極に分離すると，2個の紡錘体極をつないでいた極間微小管の名残である隔膜形成体に沿って，ゴルジ体に由来する小胞が集合する．この小胞中には，細胞壁の成分として重要な多糖類やタンパク質が多く含まれているため，これらが互いに融合して，新しい細胞膜ならびに細胞壁が形成され始める．やがてこの新しい隔壁が，細胞の両端へと伸びてい

き，そこで細胞の細胞膜ならびに細胞壁と融合し，完全に細胞質を二つに分割する（図 9-9）．

9.1.5 特殊な細胞分裂

典型的な細胞分裂は，これまで述べてきたような，細胞質をおおよそ均等な二つに分割するものであるが，中には特殊な細胞分裂を行うものもある．ここでは，そうした特殊な細胞分裂のうち，よく知られたものをいくつか紹介する．

a. 減数分裂

減数分裂（meiosis）は，生殖細胞を形成する際に行われる細胞分裂で，二倍体生物の場合，精子もしくは卵形成にあたり，ゲノムが半分に減る．DNA が複製された後，相同染色体がぴたりと結合して二価染色体を形成し，そこから連続して2回，DNA 複製を介さずに核分裂が起こるため，生じる生殖細胞は一倍体となる．詳細は第 10 章で述べる．

b. 赤芽球の分裂

哺乳類の赤血球が形成される過程では，非常に不均等な細胞分裂が起こる．赤血球の前段階の細胞を赤芽球といい，これが細胞分裂するに際し，核分裂が起こ

らず，細胞質分裂のみが起こる．このときに生じる子細胞は，ほとんど細胞核しかないものと，ほとんどの細胞質のみを受け継いだものに分かれる．したがって，赤芽球の細胞核だけが飛び出したようにみえる．この特殊な細胞分裂を**脱核（enucleation）**という（図9-10）．

c. ショウジョウバエの合胞体の形成

一方，核分裂のみが起こり，細胞質分裂が起こらないものもある．最もよく知られた例が，昆虫（ショウジョウバエがよく知られている）の発生初期の胚の中で生じる**シンシチウム（合胞体, syncytium）**細胞である．これは，受精卵の細胞核が，核分裂だけを何回か繰り返し，一つの大きな細胞の中に細胞核だけがたくさんある多核細胞となったものである．その後，細胞核はシンシチウムの細胞膜直下に並び，そこで細胞質が細胞膜によって細かく仕切られ，通常の細胞ができる（図9-11）．

9.1 節のまとめ
- 真核生物の細胞分裂は，核分裂と細胞質分裂に分かれる．
- 細胞分裂は，核膜の消失，染色体の凝縮，紡錘体の形成，染色体の赤道面への整列，分離，細胞質の分裂などが連続して起こる複雑な過程である．
- 植物細胞では，動物細胞で起こるような細胞質のくびれではなく，隔壁の形成により細胞質が分裂する．
- 核分裂のみが起こるもの，細胞質分裂のみが起こるものなど，特殊な細胞分裂もある．

9.2 染色体分配のしくみ

この節では，前節で概略を述べた細胞分裂のしくみのうち，とりわけ重要な染色体分配のしくみについて，もう少し詳しく取り上げる．細胞分裂の目的は，二つの子細胞に，いかに均等に染色体を受け継ぐかにあるといってもよい．果たしてどのようなしくみで，染色体は均等に子細胞に分配されるのだろうか．

9.2.1 複製されたDNA（染色体）をまとめる

ただでさえ細長いDNAで混雑している細胞核内が，さらに複製によってDNA量が2倍になったとき，複製された2本のDNAを，きちんと束ねておくのは非常に重要である．なぜなら，同じDNAが2本とも同じ子細胞に分配されてしまうことは，絶対に避けなければならないからである．染色体は複製されると，同じ部分の2本が，姉妹染色分体という形で正確に束ねられる．姉妹染色分体を束ねるのは**コヒーシン（cohesin）**とよばれるタンパク質である．

コヒーシンは，DNAが複製される前からDNAを取り囲むようにしてコヒーシン環を形成している．DNA複製を行う複製複合体が，このコヒーシン環をくぐるようにして通過した後も，複製された2本のDNAは，このコヒーシン環があるおかげで，解離しないで束ねられたままになる（図9-12）．

9.2.2 コヒーシンの解離（～中期まで）

姉妹染色分体を束ねるのに使われたコヒーシンの大部分は，Cdk-サイクリン複合体によってリン酸化され，細胞分裂の中期に入るまでに染色体から解離する．ただし，やがて動原体が形成されるセントロメア付近のコヒーシンだけは，染色体に結合したまま残り，これらを束ねている（図9-13）．

9.2.3 コヒーシンの解離（後期）

細胞分裂の後期に入ると，セパラーゼとよばれる酵

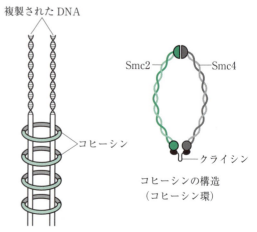

図9-12 コヒーシンの働き

9.3 細胞骨格の働き 109

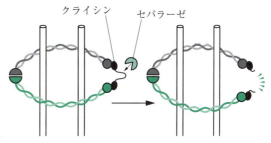

図 9-14 セパラーゼによるコヒーシン環の切断

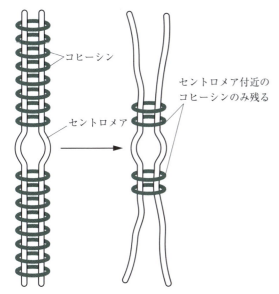

図 9-13 セントロメアを残したコヒーシンの解離

素によってコヒーシン環を形成していたクライシン（コヒーシンのサブユニットの一つ）が切断される（図 9-14）．これにより，セントロメアで最後まで姉妹染色分体をつなぎとめていたコヒーシンが完全に解離し，染色体はそれぞれ，微小管の働きによって，それぞれの紡錘体極へ向かって移動する．こうして，染色体の分配は完了する．

9.2 節のまとめ
- 複製された DNA は，コヒーシンによって束ねられる．
- 細胞分裂中期までに，大部分のコヒーシンは解離し，姉妹染色分体はセントロメア付近のみでつなぎとめられている．
- 細胞分裂後期に，セパラーゼによってコヒーシンは完全に解離し，染色体の分離が起こる．

9.3 細胞骨格の働き

細胞分裂は，細胞全体の形が大きく動く過程であるため，細胞の形の維持や細胞の動きに中心的な役割を果たす細胞骨格の挙動は，細胞分裂にとってきわめて重要な意味をもつ．ここでは，細胞骨格の種類とその働きについて述べる．

9.3.1 細胞骨格の種類

細胞骨格には，大きく分けて三つの種類がある．アクチンフィラメント，微小管，そして中間径フィラメントである．

a. アクチンフィラメント
アクチンフィラメント（actin filament，図 9-15）はすべての真核細胞に存在する普遍的な細胞骨格で，アクチンタンパク質がらせん状に重合して形成される．幅が約 7 nm と，三つのうちで最も細いが，さまざまなアクチン結合タンパク質と結合することがで

き，細胞の運動に関わる多くの場面で欠かすことができない．骨格というより，細胞の運動に深く関わる動力源といった方が理解しやすい．なぜなら，アクチンフィラメントは多くの場面で，モータータンパク質として知られるミオシンファミリーと結合し，細胞運動をコントロールしているからである．細胞分裂では，収縮環の主成分として細胞質分裂に重要な役割を果たす．

b. 微小管
微小管（microtubule）は，チューブリン（tubulin）とよばれるタンパク質が重合してできた細胞骨格で，三つの細胞骨格のうち最も太く 25 nm 程度あ

図 9-15 アクチンフィラメント

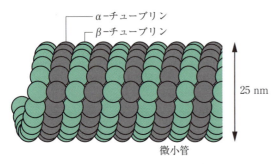

図 9-16 チューブリンと微小管

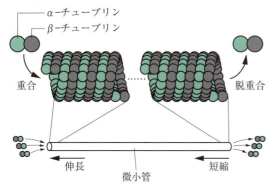

図 9-17 チューブリンの重合と脱重合

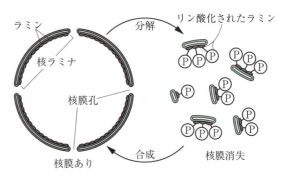

図 9-18 核ラミナの合成と分解

る（図 9-16）．アクチンフィラメントとは異なり，中空の管のような構造をしている．チューブリンにはα-チューブリンと β-チューブリンの 2 種類があり，そのヘテロ二量体が単位となって重合し，微小管が形成される．微小管は，動物細胞では中心体を中心に放射状に形成され，細胞分裂では紡錘体を形成し，姉妹染色分体の分離に関わるなど，きわめて重要な役割を果たす．

微小管の長さは，その一端におけるチューブリンの重合と脱重合によって制御されている（図 9-17）．チューブリン分子は GTP もしくは GDP を結合させており，GTP を結合させているときは重合が促進され，GTP が加水分解されて GDP になると脱重合が促進される．チューブリン分子自身に GTP を GDP に変換する GTP 加水分解活性があるため，重合反応が GTP 加水分解反応よりも早く，微小管の端が GTP 結合型チューブリンで満たされていれば微小管は伸長し，何かの偶然によって微小管の端が GDP 結合型チューブリンに覆われると，脱重合が一気に進行する．

いい換えれば，微小管は，その端におけるチューブリンの重合と脱重合のバランスの上で，維持されているといえる．

c. 中間径フィラメント

中間径フィラメント（intermediate filament）は，その名のとおり，太さがアクチンフィラメントと微小管の中間程度で，およそ 10 nm である．アクチンフィラメントや微小管とは異なり，細胞の種類などによって多様なタンパク質からつくられている．例えば，表皮細胞などにはケラチンタンパク質からなるケラチンフィラメントがあり，筋細胞などにはビメンチンタンパク質からなるビメンチンフィラメントがある．また核膜の内側には，ラミンタンパク質からなる核ラミナが存在する．核ラミナは，細胞分裂が起こるたびに消失し，染色体が両極に分かれると再び合成される（図 9-18）．

9.3 節のまとめ

- 細胞骨格には，アクチンフィラメント，微小管，中間径フィラメントの三つの種類がある．
- アクチンフィラメントは細胞の運動に関わる．
- 微小管は，2 種類のチューブリンからなり，細胞分裂時の染色体分配などに関わる．
- 中間径フィラメントは，細胞によって多様なタンパク質からなる細胞骨格である．

9.4 細胞周期のしくみ

細胞分裂は，きわめて高度にシステム化された分子レベルのメカニズムによって，厳密に制御されていることが知られている．DNAが複製し，構成成分が倍化し，二つに分かれる，その繰返しの過程を**細胞周期 (cell cycle)** という．果たして細胞周期はどのように構成され，どのようにコントロールされているのだろうか．

9.4.1 細胞周期の四つの時期

真核細胞の細胞周期は，大きく四つの時期から構成されている（図9-19）．

細胞周期のうち最も目立ち，かつ重要なイベントが，DNAの複製と細胞分裂である．DNA複製（DNA合成）を行う時期をS期（synthesisのS），細胞分裂を行う時期をM期（mitosisのM）という．また，M期と次の周期のS期との間の時期をG_1期，S期とM期の間の時期をG_2期（ともに，gapのG）という．G_1期とG_2期では，分裂に備えて細胞の大きさや分子の数を増大させるために，遺伝子発現が活発に起こっている．また，細胞の状態が来たるべきS期やM期に対応できるか，いい換えれば準備がきちんとできているかをチェックし，S期やM期へと突入させるかどうかを決定する時点が，G_1期，G_2期には存在する．これを**チェックポイント (check point)** という．S期やM期にも，それぞれ次の段階へ進めるべきかどうかを決定するチェックポイントがある．

9.4.2 Cdk-サイクリン複合体

細胞周期には，その進行をコントロールする細胞周期制御システムが存在し，このシステムが適切に働くことで，細胞周期は外部環境などとの相互作用を通じ，必要に応じて，正しく進行することができる．このシステムを担うのは，DNA複製や細胞分裂などを調節するタンパク質であり，その中枢に存在するのが**サイクリン依存性タンパク質キナーゼ (cyclin-dependent protein kinase：Cdk)** という酵素タンパク質と，これを制御する**サイクリン (cyclin)** というタンパク質の複合体（Cdk-サイクリン複合体）である．なお，ここでは哺乳類のCdk-サイクリン複合体について述べる．

a. Cdk-サイクリン複合体の種類

Cdkは，細胞周期進行に関わる標的タンパク質を**リン酸化 (phosphorylation)** する酵素活性をもった

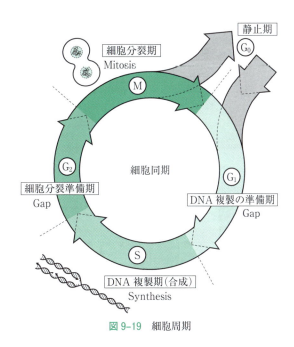

図9-19 細胞周期

酵素タンパク質である．このリン酸化により，標的タンパク質の機能をコントロールすることで，細胞周期の進行を司っている．サイクリンは，Cdkに結合して複合体を形成する働きをもつ．Cdkはサイクリンが結合しないと標的タンパク質をリン酸化することができない（サイクリン依存性という名前はそのためである）．真核生物には，複数種類のCdk（Cdk1, Cdk2, Cdk4, Cdk6など），複数種類のサイクリン（サイクリンA，サイクリンB，サイクリンD，サイクリンEなど）が存在し，その組合せの違いによって，細胞周期のどの時点で働くか，どのような標的タンパク質をリン酸化するかが異なる．例えば，サイクリンAとサイクリンEは，それぞれCdk2と複合体を形成し，S期の進行に関わっており，またサイクリンBはCdk1と複合体を形成し，M期の進行に関わっている（表9-1）．

b. リン酸化と脱リン酸化によるCdkの活性制御

Cdkの酵素活性は，標的タンパク質をリン酸化することであるが，自身の活性もまた，サイクリンの有無とは別に，リン酸化（と脱リン酸化）によって制御されている．不活性な状態では，Cdkはリン酸化されておらず，サイクリンと結合しても活性化はされない．ところがあるとき，Cdk分子の3カ所がリン酸化を受け，さらにそのうちの2カ所が脱リン酸化を受けることにより，はじめてCdk-サイクリン複合体は

表 9-1 それぞれの時期で働く Cdk-サイクリン複合体

細胞周期	サイクリン	Cdk
G_1 期	サイクリン D	Cdk4, Cdk6
G_1/S 期	サイクリン E	Cdk2
S 期	サイクリン A	Cdk2
M 期	サイクリン B	Cdk1

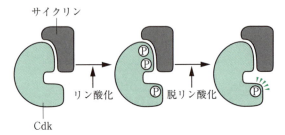

図 9-20 Cdk-サイクリン複合体の活性化

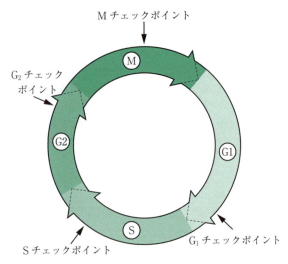

図 9-21 チェックポイント

活性型となり，細胞周期の進行に関わることができるようになる（図 9-20）．

9.4.3 チェックポイント

先ほども述べたように，細胞周期の各時期にはそのつど，次の時期へと進めてよいかどうかを判断するチェックポイント（制限点，図 9-21）がある．果たしてどのようなチェックポイントがあるのだろうか．

a. G_1 チェックポイント

G_1 チェックポイントは，細胞が DNA 複製を行い，細胞分裂を行うのに適した状態となっているかを決定する制限点であり，細胞周期制御において最も重要な制限点であるといえる．G_1 チェックポイントでは，DNA 複製を開始させるには不適切な，DNA が損傷したまま修復されていない場合，あるいは細胞外環境が細胞分裂に適した状態ではない場合などに，あるタンパク質が細胞周期の進行を止めるブレーキとして作用する．

b. S，G_2 チェックポイント

DNA 複製が完了し，M 期へと突入するまでに存在するチェックポイントが，S 期の後期に存在するチェックポイントと，G_2 チェックポイントである．これらのチェックポイントでは，DNA が損傷したまま，もしくは DNA 複製が未完了なままで，細胞周期が次の段階である細胞分裂へと進むことを阻止する．

c. M チェックポイント

M 期では，その後半に重要なチェックポイントが存在する．このチェックポイントでは，染色体（姉妹染色分体）が，有糸分裂を行う紡錘体に，動原体を介して正しく付着しているかどうかをチェックする．正しく付着していないと，均等に染色体を分配させることができず，細胞死などを引き起こす恐れがある．

9.4.4 リン酸化による細胞周期の制御

9.4.2 項で述べたように，細胞周期は，Cdk-サイクリン複合体を中心として細胞内で行われる，タンパク質のリン酸化・脱リン酸化によって制御されているといえる．細胞周期の"エンジン"として働く Cdk-サイクリン複合体は，細胞周期進行に関わるさまざまなタンパク質をリン酸化し，その機能を活性化したり，不活性化したりする．ここでは，Cdk-サイクリン複合体がどのようなタンパク質をリン酸化し，細胞周期をどのように制御しているのかを述べる．

a. Rb タンパク質のリン酸化（図 9-22）

G_1 期から S 期への進行に関わる Cdk-サイクリン複合体は，Cdk4-サイクリン D，Cdk6-サイクリン D，Cdk2-サイクリン E である．前 2 者は G_1 中期 Cdk-サイクリン複合体，後 1 者は G_1 後期 Cdk-サイクリン複合体である．細胞周期においてこれら Cdk-サイクリン複合体の最も重要な基質となるのは，Rb タンパク質である．

Rb 遺伝子は，小児がんの一種である網膜芽細胞腫（retinoblastoma）の原因遺伝子として発見されたが

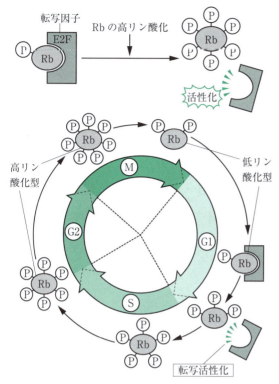

図9-22 Rbタンパク質と細胞周期

ん抑制遺伝子である．その産物であるRbタンパク質は，細胞周期とともにそのリン酸化状態が変化することが知られており，そのリン酸化を行うのが上記複数種類のCdk-サイクリン複合体である．Rbタンパク質分子上には，リン酸化される部位が十数カ所存在する．

G_0期では，Rbタンパク質のリン酸化状態は低く，E2Fなどの転写因子と結合して，その活性を抑制しているため，細胞周期は進行しない．G_1期に入ると，Rbタンパク質はまず，G_1中期Cdk-サイクリン複合体であるCdk4-サイクリンD，Cdk6-サイクリンDによってリン酸化を受ける．するとRbタンパク質はE2Fを解離し，E2Fの転写活性により，G_1後期Cdk-サイクリン複合体であるCdk2-サイクリンEが活性化され，Rbタンパク質をさらにリン酸化する．この流れが細胞周期をG_1期からS期へと一気に押しやる．Rbタンパク質は，G_1期からS期にかけて多くのリン酸化部位がリン酸化され，高リン酸化型となる．

一方，高リン酸化型Rbタンパク質にも，DNAポリメラーゼと結合してその活性を促進するなどの機能があることが報告されている．Rbタンパク質は，M期までは高リン酸化型であるが，その後フォスファターゼにより脱リン酸化を受けて，再び低リン酸化型へと戻る．

b. 複製前複合体

DNA複製が始まる直前，複製開始点に，複製開始点認識複合体（ORC）が結合することをきっかけとして，そこに複数の複製開始因子が結合し，**複製前複合体（pre-replication complex）**が形成される．G_1期では，これら複製前複合体はリン酸化を受けていないが，S期に入るとリン酸化を受け，複製前複合体は解散し，複製が開始される．

ここでは，よく研究されている出芽酵母の場合について述べる．複製前複合体のリン酸化を行うのは，S期に働くCdk-サイクリン複合体であり，リン酸化されるのは，複製開始因子であるMCMヘリカーゼ，Cdc6，Cdt1である．これらがリン酸化され，同じく複製開始因子であるCdc45が結合すると，MCMヘリカーゼが活性化し，DNA二本鎖を巻き戻し始め，Cdc6とCdt1は解離する．巻き戻されてできた一本鎖DNAには一本鎖DNA結合タンパク質であるRPAが結合し，さらにDNAポリメラーゼα-プライマーゼ複合体によって，DNA複製反応が開始される（図9-23）．

哺乳類の機構はまだよくわかっていないが，おそらく出芽酵母と同様のメカニズムにより，S期Cdk-サイクリン複合体であるCdk2-サイクリンAにより，複製前複合体のリン酸化が行われ，DNA複製が開始されると考えられる．

c. DNAポリメラーゼ

DNA複製反応を司るDNAポリメラーゼもまた，Cdk-サイクリン複合体によりリン酸化を受け，その活性が制御されている．

真核生物DNAポリメラーゼのうち，DNA鎖伸長反応に関わるのはDNAポリメラーゼα，DNAポリメラーゼδ，DNAポリメラーゼεの3種類である．これらDNAポリメラーゼは，G_1後期Cdk-サイクリン複合体であるCdk2-サイクリンE，S期Cdk-サイクリン複合体であるCdk2-サイクリンAによってリン酸化されることが知られている．DNAポリメラーゼは，ポリメラーゼ活性を有する触媒サブユニットと，その働きを調節する調節サブユニットからなる．どちらのサブユニットにもリン酸化部位が存在し，これらのCdk-サイクリン複合体からリン酸化を受けることが知られているが，リン酸化がDNAポリメラー

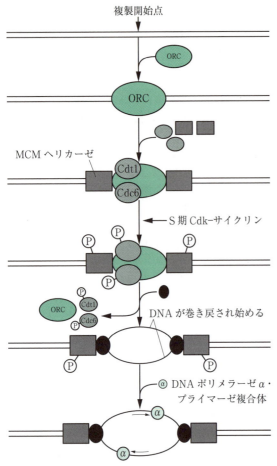

図9-23 複製前複合体のリン酸化による制御

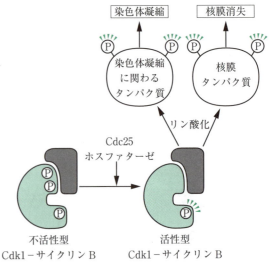

図9-24 Cdk1-サイクリンBの関与

d. M期Cdk-サイクリンの働き

G₂期からM期にかけて活性化するのはCdk1-サイクリンBである．このCdk-サイクリン複合体は，分裂酵母においてよく研究されているMPF（成熟促進因子）に該当する．この複合体は，DNA合成が完了するまではある特定の部位がリン酸化されており，活性が抑制されているが，G₂期に入ると，Cdc25Cホスファターゼによって脱リン酸化され，活性化される．

Cdk1-サイクリンBは，染色体凝縮に関わるタンパク質や核膜タンパク質などに作用してこれらをリン酸化することで，染色体凝縮や核膜消失など，細胞分裂期に特徴的な現象をもたらす．（図9-24）

ゼの活性にどのような影響を与えているのかについては，まだよくわかっていない．

9.4 節のまとめ
- 細胞周期には四つの時期（G₁期，S期，G₂期，M期）がある．
- 細胞周期を進行させる"エンジン"はCdk-サイクリン複合体であり，いくつかの種類がある．
- 細胞周期にはチェックポイントとよばれる時点があり，細胞周期を進行させるためのチェックを行っている．
- 細胞周期はさまざまなタンパク質のリン酸化により調節がなされている．

9.5 細胞周期の異常と病気

細胞周期の異常によって引き起こされる病気の主なものは，細胞周期をコントロールする遺伝子に突然変異が生じ，その結果，細胞が過剰に細胞周期を繰り返す状態になった，いわゆる「がん」である．発がんのメカニズムについては第17章で詳述するので，ここでは細胞周期と発がんとの関係を，例を絞って簡単に述べておく．

9.5.1 細胞周期に関わるがん遺伝子

細胞ががん化する原因の主たるものが，**がん遺伝子**（oncogene）である．がん遺伝子は，正常な細胞に存在する**がん原遺伝子**（proto-oncogene）が突然変異により変化したもので，それにより細胞のがん化が促進される．そうして生じた多くのがん細胞には，共通するいくつかの特徴がある（図9-25）．

a. 無限増殖能の獲得

がん細胞の特徴の最も主要な一つが，無限増殖能の獲得である．多細胞生物の正常な細胞は，その置かれた環境の中で，環境からのシグナルを適切に処理し，自身の細胞周期をきちんと制御できているが，がん細胞はそうした制御ができない．しかも，そうした制御がどの段階で破綻しているかは，突然変異を起こしたがん遺伝子の種類により異なる．

b. シグナル伝達の破綻

G_0 期（静止期）にあった細胞が G_1 期に入る，すなわち細胞周期に入るには，通常，外部からのシグナルが必要である．何らかのシグナル分子が細胞表面受容体に結合し，受容体から細胞内部へとシグナルが結合したという情報が伝わることで，最終的にはRbタンパク質のリン酸化などにより細胞周期の進行が始まる．この，細胞表面受容体そのものががん原遺伝子産物であったり，シグナルを細胞内へと伝える分子ががん原遺伝子産物であった場合，それらの突然変異により，環境からのシグナルがなくても，勝手に自分で情報を細胞内部へと伝えてしまうことが起こる．*v-src*，*v-ras* などが，そうしたがん遺伝子の典型的な例であり，それぞれのがん原遺伝子は *c-ras*，*c-src* である．Srcタンパク質は，外部からのシグナルを細胞内へと伝えるチロシンキナーゼで，Rasタンパク質は，細胞膜の内側にあって，やはり外部からのシグナルを細胞内へと伝えるGタンパク質の一種である．

c. 転写因子の機能亢進

細胞周期を進める遺伝子の発現を促進する転写因子ががん原遺伝子産物である場合，その遺伝子発現が異常に亢進することによって，細胞外からのシグナルの有無にかかわらず，遺伝子発現を促進してしまうことが起こる．その典型的な例が，*myc* 遺伝子である．Mycタンパク質は，Maxタンパク質と結合し，細胞周期を進行させる遺伝子などの転写を促進するが，Mycと競合するMadタンパク質の量が増えると，

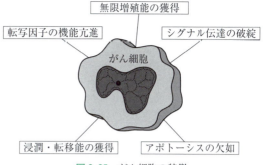

図9-25 がん細胞の特徴

Mad が Myc の代わりに Max と結合し，転写が抑制される．しかし，Myc の発現量が増えると，Mad が Max に結合することができず，常に遺伝子の発現が促進されることになる．染色体突然変異により，*myc* 遺伝子が強力なプロモーターの下に挿入されると，このような発現亢進が起こる．

9.5.2 細胞周期に関わるがん抑制遺伝子

がん遺伝子と並んで，細胞がん化の主要な原因となっているのが，**がん抑制遺伝子**（tumor suppressor gene）である．細胞周期進行に関わるがん抑制遺伝子は，正常な細胞では細胞周期の進行にブレーキをかけている．それが突然変異により機能を喪失すると，ブレーキが外れて細胞周期が無限に回ることになる．

a. チェックポイントの破綻

p53 タンパク質は，「ゲノムの守護神」ともよばれるタンパク質である．p53 は，DNA の損傷がひどく，修復することが困難な場合，細胞周期を G_1 チェックポイントで止め，細胞をアポトーシス（細胞死）へと導くことが知られている．p53 は，Cdk の阻害タンパク質である p21 の転写を活性化するので，それにより Cdk が阻害され，細胞周期が止まる．p53 が異常になると，この経路が破綻し，G_1 チェックポイントが機能しなくなるため，細胞は DNA が損傷しているにもかかわらず S 期へと進み，ゲノムが不安定化し，細胞のがん化が促されると考えられている．こうしたことから，*p53* 遺伝子は，きわめて重要ながん抑制遺伝子であるとされており，多くのがんでその変異がみつかっている．

b. Rb タンパク質の無力化

Cdk-サイクリン複合体により連続的にリン酸化を受ける Rb タンパク質もまた，がん抑制遺伝子産物と

して知られる.すでに述べたように,低リン酸化型の Rb タンパク質は,E2F などの転写因子と結合し,その機能を阻害することで,細胞周期を進める遺伝子の発現を抑えている.通常ならば,G_1 期に入ると Rb タンパク質がリン酸化され始め,高リン酸化型になると転写因子との結合能力を失うため,細胞周期を進める遺伝子の発現が促進される.したがって,Rb タンパク質そのものが欠失してしまっている細胞では,常に転写因子が ON の状態となり,細胞周期がとぎれなく進行してしまう.*Rb* 遺伝子が最初にみつかった網膜芽細胞腫は,子どもによくみられる遺伝性のがんである.2 個ある両親由来の *Rb* 遺伝子のうち,一つでも正常な状態で機能していれば問題はないが,2 個とも欠失すると,細胞はがん化する.したがって,*Rb* 遺伝子の欠失による細胞の無限増殖能の獲得は,劣性形質であるといえる.

9.5 節のまとめ
- 細胞周期のコントロールが異常になると,「がん」などの病気を引き起こすことがある.
- がん遺伝子は,正常な遺伝子であるがん原遺伝子が変化したもので,細胞のがん化が促進される.
- がん抑制遺伝子は正常な状態では細胞周期にブレーキをかけているが,その機能が喪失すると,がん化が促進される.

参考文献
[1] 武村政春,ベーシック生物学,裳華房(2014).
[2] 中村桂子,松原謙一,Essential 細胞生物学 原書第 3 版,南江堂(2011).
[3] H. Lodish ほか著,石浦章一,榎森康文,堅田利明,須藤和夫,仁科博史,,山本啓一訳,分子細胞生物学 第 6 版,東京化学同人(2010).
[4] B. Alberts ほか著,Molecular Biology of the Cell, 5th Ed., Garland Science (2008).

10. 有性生殖と個体の遺伝

10.1　遺伝の概念と変異

10.1.1　遺伝とその法則

　遺伝（inheritance, heredity）とは，特定の形質をある世代から次の世代へと伝達することであり，現象としては古くから知られていた．生物の目にみえる性質や形態を形質あるいは**表現型**（phenotype）とよび，このうち遺伝する形質を**遺伝形質**（genotype）とよぶ．また遺伝形質のうち，互いに対になっていていずれかの形質しか表れない形質を**対立形質**（allelomorph）という．遺伝の法則性を的確に示し，学問として確立させたのはオーストリアの修道士だったメンデルであり，メンデルによって確立された現代遺伝学の基盤となる法則は**メンデルの法則**（Mendel's theory）とよばれている．

　メンデルは，植物のエンドウ（*Pisum sativum*）を用いて交配実験を行った．エンドウは通常は自家受粉で次世代をつくるため，ある系統のエンドウとほかの系統が交配しにくいことから，遺伝学的な**純系**（pure line）をつくりやすい長所がある．純系は，それら同士を掛け合わせると次世代も必ず同じ形質が現れるため，遺伝的背景を理解するうえで重要な系統である．メンデルはエンドウをかけ合わせ，種子やサヤの形や色，花の色，など七つの形質に注目し，それぞれの対立形質について純系を得た．

a. 一遺伝子雑種（図 10-1）

　メンデルは一組の対立形質に注目し，その純系同士

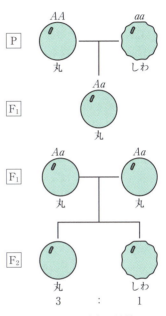

図 10-1　一遺伝子雑種

を掛け合わせると，それによって得られる雑種の形質には特定の割合があることを見出した．例えば，丸い種子とシワの種子を親の代（P）として掛け合わせると，次の世代（F₁）はすべて丸い種子になった．ほかの形質も同様で，いずれも次世代には一方の形質が表れ，もう一方の対立形質は表れなかった．この結果からメンデルは，純系の個体が示す対立形質にはF₁で表れるものと表れないものがあり，前者を**優性**（dominant）の形質，後者を**劣性**（recessive）の形質と考えた（**優性の法則**（law of dominance））．

　メンデルはまた，F₁の形質を決定する基本単位の**遺伝子**（gene）には対になる型があり，これを互いに**対立遺伝子**（allele）であると説明した．遺伝は親の代から受け継ぐ現象であるから，両親それぞれがもつ対立遺伝子の一つが子の代に引き継がれ，二つの対立遺伝子の働きにより形質が支配されるとした．個体のもつ対立遺伝子は二つとも同じ場合と異なる場合が考えられ，前者を**ホモ接合体**（homozygote），後者を**ヘテロ接合体**（heterozygote）とよぶ．これによれ

> **グレゴール・ヨハン・メンデル**
>
>
>
> オーストリアの修道院司祭，遺伝学者．1856年から，修道院にてエンドウを材料とした遺伝実験を行い，メンデルの法則を発見し，1866年に「植物雑種の実験」として論文発表を行った．（1822-1884）

ば、ある形質における純系の場合、その形質を支配する遺伝子についてはホモ接合体ということになる。このことを前提にして各世代の種子の形態を考えると図10-1のようになる。このとき、一対の対立遺伝子は配偶子の形成過程で分離するので、配偶子は対立遺伝子の一方だけをもつことになる。これを**分離の法則 (law of segregation)** という。

丸の形質を示す遺伝子をA、対立形質となるしわの遺伝子をaとし、丸としわの純系同士を交配すると、雑種1代目はすべてヘテロ接合体 (Aa) になるが、丸はしわに対して優性形質であるため、この代ではしわ形質は表れない。一方、雑種1代目同士を交配するとAA : Aa : aa = 1 : 2 : 1となり、Aをもたない接合体が全体の4分の1の割合で生じることが予測されるが、これは実際にメンデルが行った実験結果と一致した (図10-1)。なお、ここまでの説明で「優性」、「劣性」という言葉を用いているが、これは性質そのものの優劣を述べているのではなく、ヘテロ接合体において形質として表れるのか否かを述べていることに注意する必要がある。

b. 二遺伝子雑種 (図10-2)

さらにメンデルは、二つ以上の形質に対して注目して掛け合わせを行い、次世代以降の形質を調べた。その結果、二つの形質は優性の法則に則って次世代以降に受け継がれるが、このとき二つの形質は互いに無関係に受け継がれることがわかった。すなわち対立遺伝子は配偶子に独立に分配されることになり、これを**独立の法則 (law of independent assortment)** とよぶ。ただし、この法則が成り立つのはそれぞれの遺伝子が異なる染色体上にある場合で、同じ染色体上にある場合は成り立たない (後述)。なお、一般に観察される遺伝様式は、より複雑であることに注意する必要がある。

10.1.2 複雑な遺伝

さまざまな生物の遺伝様式を調べてみると、メンデルの法則が適用できない場合があることがわかった。以下に優性の法則が成り立たない、二つの例を挙げる。

a. 不完全優性 (図10-3)

ここまで、対になった対立遺伝子の一方が優性で、他方が劣性という例をもとに説明してきたが、優劣が明瞭にならない場合がある。例えば、赤花のキンギョソウ (RR) と白花のキンギョソウ (rr) を交配させると、F_1世代はすべて中間色のピンク色 (Rr) になる。さらにF_1同士を掛け合わせるとF_2世代は赤色 : ピンク色 : 白色 = 1 : 2 : 1 となる。すなわちRとrのヘテロ接合体において、表現型はRRとrr中間の形質を示すため、Rとrはいずれも優性とはいえない。このような対立遺伝子の関係を**不完全優性 (incomplete dominance)** という。

b. 複対立遺伝子と共優性

一方、一つの遺伝子に対して三つ以上の識別可能な形質があり、それぞれに対応する遺伝子が存在する場

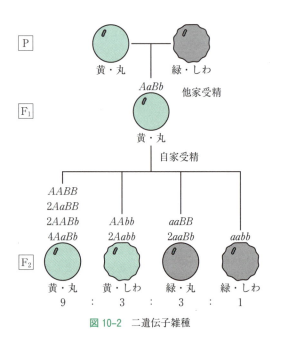

図10-2 二遺伝子雑種

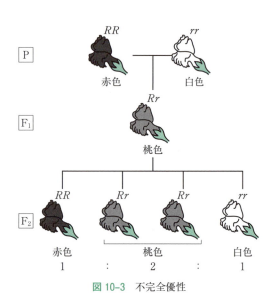

図10-3 不完全優性

合，これらを**複対立遺伝子（multiple alleles）**とよぶ．複対立遺伝子の典型例がヒトの ABO 式血液型の決定様式である．ABO 式では表現型として A 型，B 型，O 型，AB 型が知られていて，これは赤血球細胞表面の 2 種類の糖鎖（A 型糖鎖，B 型糖鎖）の発現状態を反映している．糖鎖の指定に関与するのは三つの対立遺伝子で，A 型糖鎖を指定する A 遺伝子，B 型糖鎖を指定する B 遺伝子，いずれも指定しない O 遺伝子となっている．A 遺伝子をもつと A 型糖鎖が発現して A 型血液となり，B 遺伝子の場合は B 型糖鎖が発現して B 型血液となる．O 遺伝子がホモになる場合はいずれの糖鎖ももたない O 型になる．ここで A 遺伝子と B 遺伝子は O 遺伝子に対して優性なので，遺伝子型が AO の場合は A 型，BO の場合は B 型の表現型となる．一方，A 遺伝子と B 遺伝子の両方をもつ場合，遺伝子型は AB となり，A 型糖鎖と B 型糖鎖の両方が発現して，血液型は AB 型となる．このように両者の性質が表れる場合，**共優性（codominant）**の関係にあるとされ，互いの中間形質が表れる不完全優性とは区別される．

10.1.3 遺伝と染色体の挙動，連鎖，組換え

a. 遺伝と染色体の挙動・連鎖（図 10-4(a)）

細胞学者が体細胞分裂や配偶子形成のときに起こる減数分裂（後述）の過程を調べる中で，染色体の挙動がメンデルにより示唆されていた「遺伝子」の挙動とよく一致することが見出された．そのことをもとに，「遺伝子は染色体の特定の部位に位置し，減数分裂とともに配偶子に分配される」という染色体説が提唱された．これにより，メンデルの法則は染色体の挙動として説明が可能となった．

染色体上に遺伝子が存在していることが理解されると，遺伝子の挙動を染色体の分離・配分という点から説明できるようになった．一方，染色体の数に比べ，遺伝子の数は非常に多いことから，1 本の染色体に多数の遺伝子が存在することは容易に理解できる．同一の染色体に複数の遺伝子が存在している状態を**連鎖（linkage）**という．連鎖している遺伝子は減数分裂の際に一緒に行動することになるため，メンデルの独立の法則には従わない．

b. 交叉（乗換え）と組換え（図 10-4(b)）

モルガンはショウジョウバエを用いて，連鎖している二つの遺伝子の形質がどのように伝わるかを調べた．その結果，連鎖が不変なら常に同じ表現型の組合

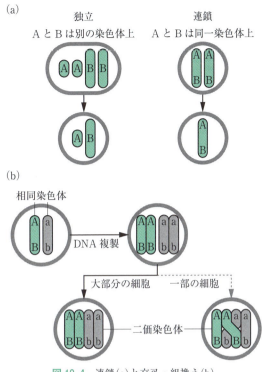

図 10-4 連鎖(a)と交叉・組換え(b)

せが生じるはずだが，実際には連鎖では説明できない組合せの表現型が少数ながら生じた．このことから，連鎖は完全ではなく，配偶子ができるときに新しい組合せが生じると推測された．その原因として，減数分裂の段階で相同染色体の対応する部分がつなぎ替えられ，これによりその領域にある対立遺伝子が交換されたためと推測した．

実際には，減数分裂の第一分裂において相同染色体間で染色分体の相同な領域が交換される現象があり，これを**交叉（乗換え，crossing over）**という（10.2.4 項も参照のこと）．染色体の交叉により，その領域にある対立遺伝子が交換されることになり，これを（遺伝的）組換えとよぶ．特に連鎖している二つの遺伝子の間で交叉が起こると，配偶子に入る遺伝子の組合せも変わるので，次世代の表現型に影響する．なお，交叉は染色体の全長において複数箇所で起こることもあり，その場合，遺伝子の組合せは膨大になりうる．

c. 連鎖地図

染色体の全長において交叉が同じ確率で起こるとした場合，二つの遺伝子間の距離が長くなるほど，この遺伝子間で交叉が起こる確率が高くなる．このことを利用すると，2 遺伝子間の染色体上での相対的な位置

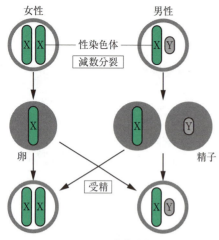

図 10-5 伴性遺伝

関係を記載することが可能になる．同一の染色体上にある多くの遺伝子について位置関係を調べ，その染色体上にプロットしてまとめたものを**連鎖地図（linkage map）**とよぶ．連鎖地図は多くの生物において作成されており，遺伝学の研究を行ううえで必要不可欠な資料となる．

10.1.4 性決定と伴性遺伝（図 10-5）

ここまでは**常染色体（autosome）**に注目し，そこに分布する遺伝子について述べてきた．一方，多くの生物種において雌雄の性的二形が存在し，その決定は雌雄それぞれがもつ特有の染色体の組合せであることが知られている．この染色体は**性染色体（sex chromosome）**とよばれ，性決定と性染色体の分配様式は種によってさまざまだが，性染色体の構成がヘテロになった場合に雄型になる種（雄ヘテロ型）と，雌になる種（雌ヘテロ型）に大きく分けられる．ヒトの場合，性染色体には X 染色体と Y 染色体があり，男性では XY，女性では XX の組合せとなっているため，雄ヘテロ型である．遺伝学のモデル動物であるショウジョウバエも XY 型だが，ほかの昆虫では種により性決定の様式が異なる．

性染色体上に存在する遺伝子による遺伝を**伴性遺伝（sex-linked inheritance）**とよぶ．特に，性決定とは無関係ながら性を反映した表現型を示す遺伝を指す．X 染色体は Y 染色体に比べて多くの遺伝子を含むことから，伴性遺伝子は X 染色体に分布することが多い．典型的な伴性遺伝の例として赤緑色盲や，血友病などが挙げられる．これらは劣性の遺伝子変異が原因で，遺伝子が X 染色体上にあるため，女性では X 染色体の一方が劣性であっても他方が優性であることが多く，これによって劣性の表現型が補われていることが多い．これに対し男性では，X 染色体を 1 個しかもたないため，変異があると劣性の表現型がそのまま現れる．そのため，男女で疾患の発症率に大きな違いがある．女性であっても原因となる遺伝子は維持されているから，配偶子（卵）形成過程でこの X 染色体をもつ卵ができた場合，次世代に受け継がれることになる．

10.1.5 突然変異

突然変異（mutation）とは，個々の細胞において通常は保存される DNA の塩基配列が，環境的要因や細胞分裂時の異常により新たに追加や欠損，並べ替えを受け，それまでと異なる配列になることを指す．個々の遺伝子が変化する遺伝子突然変異と，染色体の構造が変化する染色体突然変異がある．一方，変異が起こる細胞の種類により，体細胞突然変異と生殖細胞突然変異に区別され，後者は次の世代以降に変異が受け継がれる．また前者は世代をまたがないが，その細胞の子孫による異常が個体の生存に影響する場合があり，その一例ががんである．突然変異は生存に対して負の要因と考えられることが多いが，環境変化に対して有利に働く場合もある．

a. 遺伝子突然変異（図 10-6（a））

遺伝子突然変異（genetic mutation）とは遺伝情報を指定する塩基配列の変化が起こること，あるいは変化した状態をいう．この変異には，塩基の置換によるもの，塩基の挿入あるいは欠損によるもの，塩基配列が部分的に逆転したものなどがある．第 5 章で学んだように，DNA によって指定されるアミノ酸配列は 3 塩基の組合せ（コドン）で決定される．そのため遺伝子変異が起こると，その塩基を含むコドンによって指定されるアミノ酸が変化する場合があり，タンパク質機能に影響が出ることがある．

塩基の置換による変異では，アミノ酸の置換を伴う場合と伴わない場合があり，さらに前者ではほかのアミノ酸に置き換わる場合と，停止コドンに置き換わる場合とがある．ほかのアミノ酸に置き換わる場合は**ミスセンス変異（missense mutation）**，停止コドンに置き換わる場合は**ナンセンス変異（nonsense mutation）**とよばれ，またアミノ酸の置換を伴わない場合は**サイレンス変異（silense mutation）**とよばれる．一方，塩基の挿入や欠失が起こった場合は**フレームシフト変異（frameshift mutation）**とよばれ，その部分

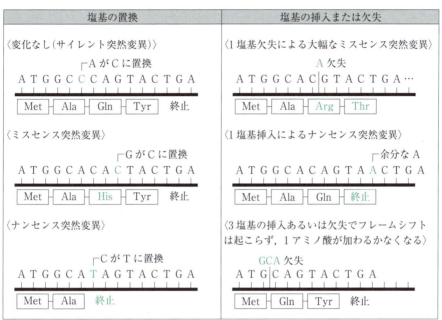
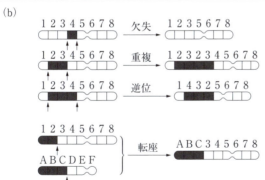

図 10-6 遺伝子突然変異(a)と染色体突然変異(b)

よりも 3′ 側の塩基配列がずれるために，指定されるアミノ酸配列も大きく変化し，タンパク質機能は大きく影響を受ける．なお，ここに示した塩基の置換などは，必ずしもアミノ酸翻訳領域だけでなく，非翻訳領域にも起こりうる．遺伝性疾患の原因解析が進んだ結果，非翻訳領域でも転写や翻訳の制御に関わる領域の場合はタンパク質合成に異常が生じ，これにより正常な機能を果たせない「変異」となることもわかってきた．

b. 染色体突然変異（図 10-6(b)）

染色体突然変異（chromosome mutation）も遺伝子突然変異と同様の考え方で理解できる．すなわち，染色体の部分的置換や欠損，挿入，置換，部分的な逆位，染色体数異常（異数性，後述）などの変異により，その領域に存在する遺伝子の発現が影響を受けることで表現型に影響が出る．ただし，遺伝子突然変異の場合は特定の遺伝子だけが影響を受けたのに対し，染色体突然変異の場合は対象となる領域に含まれる遺伝子すべてが影響を受けるため，表現型への影響も重篤である．

10.1 節のまとめ

- 現代遺伝学の基礎となる概念は，メンデルによって確立された「優性の法則」，「分離の法則」，「独立の法則」である．これらの法則は染色体の挙動として説明が可能である．
- 必ずしもメンデルの法則が成立しない遺伝様式もある．
- 減数分裂の段階で染色体の交叉が起こり対立遺伝子の組換えが起こると，次世代以降の表現型の出現頻度が変化する．
- 伴性遺伝では雌雄で表現型の出現頻度が異なる．
- 突然変異には，遺伝子突然変異と染色体突然変異がある．

10.2 減数分裂

10.2.1 減数分裂の意義

ここまで，形質が親から子へ受け継がれるための法則を説明してきた．実際に次の世代に形質を受け継ぐためには，生殖という活動が必要になる．生殖には**無性生殖**（asexual reproduction）と**有性生殖**（sexual reproduction）がある．無性生殖は，体細胞の一部が分裂して新しい個体をつくる様式である．この場合，分裂によってできた新しい個体の遺伝情報は，分裂する前の個体と同じであり，いわばクローンである．この様式による個体増加は植物ではしばしばみられるが，動物ではヒドラやプラナリアが自切してそれぞれから個体を再生させて増える場合に観察されるものの，あまり一般的ではない．

一方，有性生殖では二つの個体に由来する特別な細胞（**生殖細胞**（germ cell））の融合によって新しい個体をつくる．ここで生殖細胞は二つが融合して新しい個体をつくるため，生殖細胞の染色体数は体細胞の半分になっている必要がある．生殖細胞を生じるために，染色体数が半減する通常の体細胞分裂とは異なる細胞分裂があり，この分裂を**減数分裂**（meiosis）とよぶ（図10-7）．減数分裂によって生じた細胞では染色体数が体細胞の半分になっていて，これを一倍体とよぶ．我々の体を構成する体細胞は，配偶子が融合した細胞（受精卵）が増えてできたもので，これを二倍体とよぶ．

10.2.2 減数分裂の特徴

二倍体の細胞では，雄親と雌親のそれぞれに由来する対になった染色体の1セットをもつ．この対になった染色体を**相同染色体**（homologous chromosome）という．体細胞分裂では，相同染色体のそれぞれが分裂後の娘細胞に配分されるが，減数分裂では一方しか配分されないこと，また減数分裂では1回目の分裂に連続して細胞分裂が起こり，細胞が4個できることが主な違いである．

減数分裂と体細胞分裂を比べると，細胞周期のS期においてDNAが倍加し，その後分裂期に移行する点は同じである．このあと体細胞分裂では相同染色体のそれぞれが娘細胞に分配されるが，減数分裂では相同染色体の一方だけが娘細胞に分配され，この段階で染色体数が半減する．さらに減数分裂ではこの後DNA複製を経ずにもう一度細胞分裂が起こり，半減した染色体が二つの娘細胞に均等に分配される．そのため，最終的に生じた4個の細胞のDNA量（および染色体数）は減数分裂前に比べ半減する．

10.2.3 減数分裂の実際の過程と染色体の挙動

減数分裂では核分裂と細胞質分裂が2回続けて起こる．ここではそれぞれを第一減数分裂，第二減数分裂として説明する（図10-7）．

（i）第一減数分裂

この過程によって細胞の染色体数が半減する．

① 前期：体細胞分裂と同様に，染色体は凝縮してひも状になる．この段階で，染色体は2本の**染色分体**（chromatid）から構成されており（染色分体のそれぞれは複製によってできた相同なDNA鎖をもつ），さらに対になった相同染色体が平行して接着する．これを**対合**（synapsis）とよび，対合してできた相同染色体の束を**二価染色体**（bivalent chromosome）とよぶ（4本の染色分体からなる）．

② 中期：二価染色体が細胞の赤道面に並び，紡錘体が形成される．

③ 後期：相同染色体が対合面で分かれ，それぞれが両極に移動する．体細胞分裂の場合とは異なり，こ

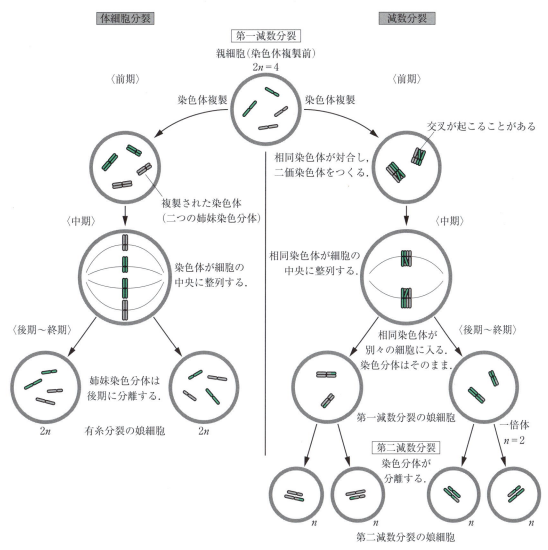

図 10-7 体細胞分裂と減数分裂の過程

の段階で片側の極に移動する染色体は，一対の相同染色体のいずれか一方だけである．この過程で染色分体は分離せず，同じ極に移動する．

④ 終期：核分裂は終了し，細胞質分裂が起こる．この過程が終了する段階で，それぞれの細胞がもつ相同染色体の数は体細胞の半分になる（一倍体の状態になっている）．一方 DNA 量は分裂開始前に 2 倍になっているので，第一分裂によって本来の量に戻る．引き続き，第二減数分裂に移行する．

(ⅱ) 第二減数分裂

この過程は，体細胞分裂と基本的に同じである．大きな相違点は，分裂開始前に DNA および染色体数の倍加が起こらないことと，第一分裂で形成された染色体がそのまま維持されるため，染色体の凝集過程が省略されていることである．

① 前期：第一分裂終期終了時の状態で維持され，2 本の染色分体からなる染色体が観察される．

② 中期：染色体が赤道面に並び，紡錘体が形成される．

③ 後期：2 本の染色分体が分離し，それぞれ両極に移動する．

④ 終期：核分裂は終了し，細胞質が分裂する．個々の娘細胞において染色体は凝縮状態が解除されて染色質に戻る．この過程が終了後，それぞれの細胞には 1 セットの染色分体が配分されているため，染色体数は第一減数分裂終了時と変わらず，一倍体のま

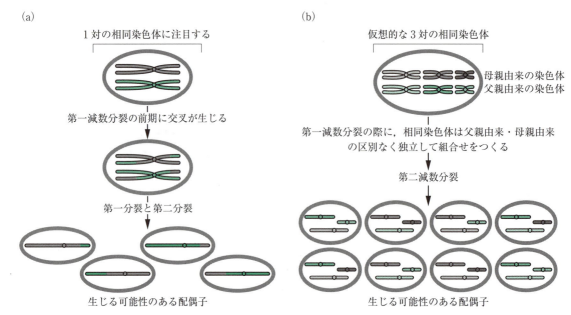

図 10-8 有性生殖による遺伝的多様性の形成
(a) 一対の染色体において減数分裂で1回の交叉が起こったときに生じる可能性のある配偶子, (b) 複数の染色体が存在する場合に生じる可能性のある配偶子.

まである. 一方 DNA 量は第二分裂開始前に比べ半減している. そのため, 減数分裂の全過程を通して考えると DNA 量はもととなる細胞の半分になっている.

10.2.4 交叉（乗換え）

相同染色体が対合して二価染色体が形成されるとき染色分体の相同な領域が並ぶが, このとき染色体間でこの領域が部分的に交換されることがあり, これを**交叉**（または**乗換え**）という（図 10-4）. ここで, 染色体の交換部位は X 字型の**キアズマ (chiasma)** とよばれる構造をとる.

相同染色体は 2 本の染色分体から構成されるため, 2 本のいずれと交叉が起こるかはまったくの偶然であり, また交叉によって交換される領域や頻度も定まっていないので, 交叉によって生じる染色分体の種類は非常に多い. このことを一対の相同染色体間での交叉についてみてみよう（図 10-8）. 交叉が起こらない場合は, 2 本のいずれかの染色体をもつ生殖細胞しか生じないが, 交叉が 1 回起こると 4 種類の染色体が生じるため, 4 種類の生殖細胞が生じることになる（図 10-8 (a)）. さらに, 交叉は染色体のさまざまな領域で起こりうるため, 一対の相同染色体における 1 回の交叉だけでも非常に多様な生殖細胞が生じる可能性があり, 生殖細胞の遺伝的多様性の原因となる.

10.2.5 遺伝的多様性

減数分裂は二つの点で個体群の遺伝的多様性に寄与する. 第一に, 染色体の分配パターンによる生殖細胞の多様性を生じる点である. 上述したように, 減数分裂により生じる細胞には相同染色体の一方だけが配分されるが, これは相同染色体ごとにランダムであるため, 相同染色体が n 種類ある場合, 2^n 個の細胞が生じることになる（図 10-8 (b)）. 第二に, 前節で述べたように組換えによる染色体の多様化と, それに伴う遺伝的組換えによる生殖細胞の多様化である. 両者が組み合わされることによって, 膨大な数の遺伝的組合せをもった生殖細胞が生み出されることになり, それらの融合によって生じる次世代の個体もまた遺伝的に多様となる.

このような生殖細胞の遺伝的多様性は表現型の多様性として反映されるため, 有性生殖によって生じる個体は生物学的性質も多様な集団ということになる. 無性生殖の場合は遺伝的背景が均一なため, それによって生じる生物集団は均質な個体の集団となり, 短期的には安定であるが, 例えば環境変化が生じた際にそれに対応する個体が生じにくいことや, 生殖の過程で生存に不利な変異が生じた場合, それ以降の世代の維持が難しくなるなどの問題点がある. 一方, 有性生殖では減数分裂による生殖細胞の産生や, それらの融合な

ど無性生殖に比べて複雑な過程がいくつか必要となるが，無性生殖で予想される問題点に対しては，生物集団全体として対応が可能である．実際にさまざまな生物における主な生殖方法を調べてみると有性生殖が主であり，また普段は無性生殖によって個体数を増やす生物種でも，ときどき有性生殖に相当する遺伝子交換を行っている．このように，遺伝的多様性の構築は，生物種の維持において重要であることがわかる．

10.2.6　染色体数異常と疾患

減数分裂が行われる際，第一減数分裂時において相同染色体が不分離となったり，第二減数分裂時において染色分体の不分離が起こることがある．これにより生じる生殖細胞では，通常は一方しか分配されない相同染色体の両者が一つの細胞に分配されたり，逆に両方とも分配されない状態となり，これは**異数体（heteroploid）**（異数性）とよばれる．このような異数体の生殖細胞が受精に関与した場合，細胞分裂が正常に進行せず発生が継続しないことが多いが，最終的に出生に至った場合，程度の差はあっても何らかの遺伝的疾患を有する．

常染色体の異数体として有名なものはダウン症候群である．これは第 21 番目の染色体が 3 本ある（トリソミー 21）ために生じる疾患で，比較的頻度の高い染色体異数性症候群である．ダウン症ではいくらかの発達遅滞や心臓の異常がみられるが，長期生存も可能である．一方，トリソミーとして第 13 染色体や第 18 染色体の過剰症も知られているが，これらは先天性異常の程度が重篤で，出生に至っても長期生存は難しい．

性染色体の異数体も知られている．先述のように，ヒトの性決定様式は男性では XY，女性では XX となっている．X 染色体上には生存に必要な遺伝子もあるため，X 染色体をもたない異数体は存在せず，1 個の X 染色体と対をなす X または Y 染色体の数の異常が問題になる．性染色体異数性異常では XXY，XXX，XO などがある．このうち，XXY はクラインフェルター症候群という，男性だが雄性生殖器官の低発達や，女性的体形となる表現型を示す．一方，XO はターナー症候群とよばれ，女性だが雌性生殖器官の低発達が顕著である．ただし，男性型の表現型決定には Y 染色体が必要なため，ターナー症候群において男性的な体形になることはない．

10.2 節のまとめ

- 生殖には無性生殖と有性生殖がある．有性生殖を担う生殖細胞を生じるには，細胞分裂によって染色体数が半分になる「減数分裂」を経る必要がある．
- 減数分裂では続けて 2 回の細胞分裂が起こり，1 個の元細胞から 4 個の娘細胞ができる．
- 第一減数分裂で生じた娘細胞には相同染色体の一方しか配分されないため，染色体数が半減する．
- 相同染色体が対合したときにランダムに交叉と組換えが起こることにより，生じる生殖細胞の遺伝的多様性は膨大なものとなる．
- 染色体の配分に障害があると異常な数の染色体をもった生殖細胞が生じ，遺伝的疾患の原因となる．

10.3　配偶子形成と受精：主に卵と精子

10.3.1　配偶子形成および精子，卵の構造（図 10-9）

生殖細胞は一般的に**配偶子（gamete）**と総称される．配偶子には雄性配偶子と雌性配偶子が存在し，それぞれの最終形態は大きく異なる（例：卵と精子）が，配偶子がその元細胞から形成される過程はおおむね同じである．精子と卵の場合，元細胞である**始原生殖細胞（primordial germ cell．$2n$）**が生殖腺に入って**精原細胞（spamatogonium．$2n$）**または**卵原細胞（oogonium．$2n$）**として分化する．ここから減数分裂を経てそれぞれ**精細胞（spermatid．n）**と**卵細胞（oocyte．n）**になり，最終的に成熟精子と成熟卵になる．卵の場合は胚発生に必要な養分や細胞小器官を蓄積する必要があるために巨大細胞となるが，精子の場合は核と最低限の運動機能を維持できる細胞小器官以外はもたないため，かなり小さな細胞になる．

精子（sperm）は大量に産生される必要があるので，精原細胞は第二次性徴期以降は常に分裂している．そのうちの一部は次の段階に移行して成長し，一次精母細胞（$2n$）となる．この細胞は第一減数分裂

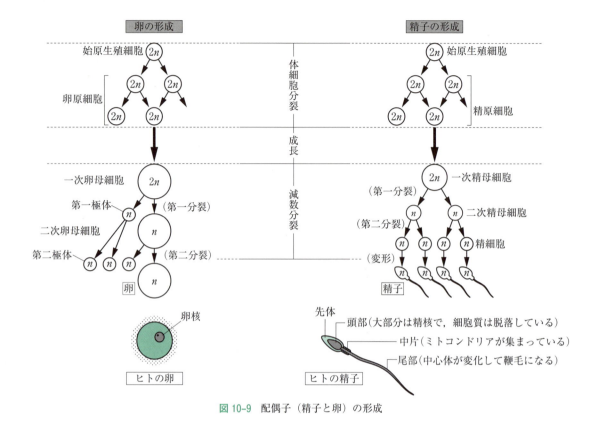

図 10-9 配偶子（精子と卵）の形成

を経て，2個の二次精母細胞（n）になり，さらに第二減数分裂を経て4個の精細胞になる．減数分裂によって生じた精細胞はまだ精子の形にはなっておらず，このあとの過程で精子に変態する．精子は細胞質をほとんどもたず，核と先体からなる頭部，長い鞭毛からなる尾部，および両者の間に位置して中心体とミトコンドリアが分布する中片部から構成される．

一方，卵（egg）は精子ほど大量に産生されない．ヒトの場合，胎児期の卵巣形成期に始原生殖細胞がさかんに体細胞分裂をして卵原細胞をつくる．卵原細胞もまた成長して一次卵母細胞（$2n$）になり，そのまま減数分裂に移行するが，その進行は第一分裂前期で

体外受精（人工受精）

ヒトの場合，さまざまな理由によって自然受精が起こりにくい場合，不妊と診断される．不妊治療法として，精子と未受精卵を体外に取り出して，体外培養環境下で人工的に受精させることが行われており，これを **体外受精**（*in vitro* fertilization：IVF）とよぶ．1978年に英国において本手法による受精卵からの分娩が報道されると，「試験管ベビー」などとよばれて物議を醸したが，実際には受精のみが培養環境下で行われるだけで，受精とその後の初期卵割を確認してから子宮に戻して着床させ，その後は通常の妊娠と同じ過程で分娩に至るため，体外（培養皿）で発生が進行するわけではない．

現在では IVF は不妊治療の一形態として受け入れられている．なお，本文にも記したように哺乳類精子は受精能獲得のために雌生殖器官内で活性化される必要があるため，体外受精を行う場合は精子の活性化が必要である．また，通常の体外受精によって複数の受精卵ができるが，多胎妊娠防止の点から子宮に戻す受精卵の数は限られるため，子宮に戻されずに残った受精卵は凍結保存される．これらの凍結保存卵はそのまま「ヒト胚」とみなされ，その維持や廃棄などの扱いは厳密に定められている．ただし，保存胚のうち廃棄が決まった卵については「余剰胚」としてES細胞研究に用いることが認められている（第20章参照）．

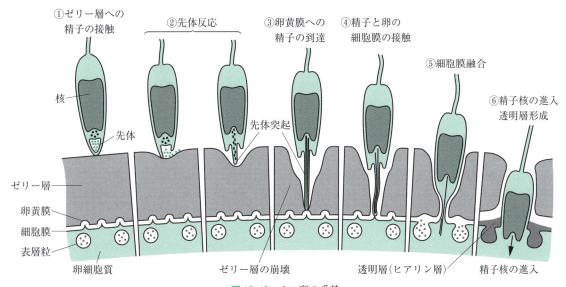

図10-10　ウニ卵の受精
（東中川徹ほか，ベーシックマスター　分子生物学　改訂2版，オーム社，2013より改変）

停止する．この段階ではまだ胎児期だが，出生を経て第二次性徴期を迎える時期まで減数分裂は再開されない．ヒトの場合，この状態で停止している細胞が数百万個ある．第二次性徴期を迎え，ホルモンが分泌されると減数分裂が再開されるが，この場合も性周期に伴って1カ月に1個が分裂再開（成熟）して排卵されるだけで，一生のうちに400個程度しかない．

減数分裂が再開されると2個の娘細胞（n）ができるが，第一減数分裂終期の細胞質分裂は著しい不均等分裂で，多量の細胞質をもつ細胞とほとんどもたない細胞が生じる．前者は第二卵母細胞としてさらに成熟を続けるが，後者は第一極体という受精に寄与しない細胞になる．ヒトでは第二卵母細胞が第二分裂前期に至った段階で排卵され，この状態で受精が起こる．受精後に第二分裂の残りの過程が進行し，ここでも細胞質を多量にもつ卵細胞と細胞質をほとんどもたない第二極体が生じる．卵細胞はこの段階ですでに受精しているため，そのまま体細胞としての分裂（卵割）を開始する．極体はいずれも退化する．なお，卵原細胞が減数分裂に入る時期やその停止時期，および受精のタイミングは動物によってさまざまで，ウニなどでは受精前に第二減数分裂が完了している．

10.3.2　受精（図10-10）

受精（fertilization）とは，1個の精子と1個の卵が融合することである．受精は二つの細胞が融合する過程と，その直後に起こる余分な融合を阻害する過程（多精拒否）の二つの局面に分けられる．

受精研究で多用されてきたのは，ウニやヒトデなどの棘皮動物である．これは材料の入手が容易で，また精子も卵も体外に放出されて受精が起こるために観察が容易なことによる．ウニの場合，精子と卵の融合は次のように起こる．① 精子が卵のゼリー層に接触すると，精子の先端で卵に侵入するための反応（**先体反応（acrosome reaction）**）が起きる．② 先体から内容物が放出され，ゼリー層が崩壊する．③ 精子から**先体突起（acrosome pole）**が伸び，これにより卵黄膜が破れる．④ 先体突起の細胞膜と卵細胞膜が接触して融合する．

ヒトなど哺乳類の受精も同様の過程で行われるが，ウニ精子では先体反応により先体突起が伸びて卵細胞膜と融合するのに対し，哺乳類精子では先体に含まれる酵素が透明帯（ウニ卵の卵黄膜に相当）を溶かして精子が卵細胞膜に到達する点が異なる．なお，哺乳類の精子はそのままでは受精能をもたず，雌の生殖管内で活性化される必要があり，これを受精能獲得という．

受精後，精子核は卵内に送り込まれ，雄性前核とよばれる構造をとる．この後，形成される星状体に沿って核が卵の核（雌性前核）に向けて移動し，前核同士が融合して受精核となる．それぞれの前核の核相はnのため，融合によってできた受精核の核相は$2n$になり，体細胞と同じになる．

10.3.3 多精拒否

　受精においては精子と卵は1対1で融合する必要がある．しかし，卵に比べて精子は圧倒的に数が多いため，一つの卵に対して複数の精子が融合する可能性が出てくる．この現象は多精とよばれ，多精により生じた受精卵はいくらか発生が進行するものの，途中で止まってしまう．そのため，卵には1個の卵に複数の精子が融合するのを阻害する，**多精拒否（polyspermy block）**という機構がある．多精拒否には融合直後に起こる早い反応と，それに続く遅い反応がある．早い反応は，受精によって引き起こされるNa^+などイオン流入に伴う卵細胞表面の電位変化で，他の精子の融合が一過的に阻害される．一方，遅い反応では，卵表面が受精膜で覆われて物理的に受精を防ぐ．受精により活性化された細胞表面におけるシグナル伝達経路により，小胞体から細胞質へCa^{2+}が放出される．Ca^{2+}の濃度が上昇すると，卵細胞表面にある表層顆粒が崩壊して，内容物が卵細胞膜と卵膜の間（囲卵腔）に放出される．これが固化して**受精膜（fertilization membrane）**という透明なやや厚い層を形成して卵を覆うため，他の精子は卵細胞表面から物理的に離されて，受精が不可能になる．哺乳類胚の場合もおおむねこれに準じて多精拒否が起こる．

10.3 節のまとめ
- 生殖細胞は配偶子と総称され，精子と卵が相当する．いずれも始原生殖細胞に由来し，精原細胞，精細胞を経て精子が，卵原細胞を経て卵細胞（卵）が生じる．
- 受精においては，1個の精子と1個の卵を確実に融合する過程と，直後に余分な精子の融合を阻害する多精拒否の過程がある．

11. 個体の発生

個体の成り立ちを知るうえで，その発生過程の理解は不可欠である．本章では前半で動物の発生について，後半で植物の発生について説明する．

11.1 動物の体制

動物の体には明瞭な軸性がある（図 11-1）．体軸は，個体の発生だけでなく，体の成り立ちを学ぶうえで理解しておく必要がある．基本的な**体軸（body axis）**には3軸ある．頭から尾に向かう**前後軸（anterior-posterior axis**，あるいは吻尾軸（rostral-caudal axis））、背中から腹に向かう**背腹軸（dorsal-ventral axis）**，体幹から外側に向かう**近遠軸（proximal-distal axis**，あるいは正中側方軸（medial-lateral axis））である．なお，体を左右に均等に分ける線（面）は正中線（面）とよばれる．このほかに，臓器

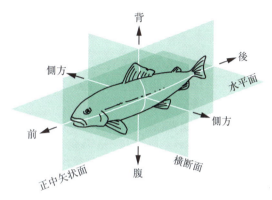

図 11-1 動物の体軸とその名称

配置の左右差（心臓は左側，肝臓は右側など）を考えるうえでは，**左右軸（left-right axis）**も重要である．

11.1 節のまとめ

- 動物の体のつくりを示す軸性として，頭から尾に向かう前後軸，背中から腹に向かう背腹軸，体幹から外側に向かう近遠軸がある．

11.2 卵割と初期発生：軸性形成から胚葉分化

11.2.1 卵割

受精により受精卵の中ではさまざまなシグナル経路が活性化し，**卵割（cleavage）**とよばれる細胞分裂が始まる．卵割は通常の細胞分裂と異なり，細胞周期のうちS期とM期しかないため，分裂によって生じる娘細胞（これを割球とよぶ）の体積増加がなく，速い速度で分裂が繰り返される．卵割は個々の割球が通常の体細胞とほぼ同じ大きさになるまでの細胞分裂を示し，この期間は卵（胚）全体の体積はほとんど増加しない．

卵には栄養である**卵黄（york）**が含まれるが，卵黄は卵割に対して阻害的に働く．一方，卵黄の量や分布は動物種により異なるので，卵割の様式は個々の動物種により異なる．例えば，卵割の研究に多用されるウニ卵では卵黄は比較的均等に分布するため，卵割は卵全体で進行する（**全割（holoblastic cleavage）**）．これに対し，ニワトリ卵では大部分が卵黄で，卵細胞はその上に載っている状態なので，卵割は卵黄の頂上付近で平面的に進行する（**盤割（discoidal cleavage）**）．ヒトなど哺乳類の場合は胎盤を通じて栄養が供給されるため卵黄は少なく，全割の様式をとる．

卵割が進行すると細胞数は増えるが細胞の体積は小さくなるため，卵の内部には細胞で囲まれた卵割腔という隙間ができる．卵割腔は卵の外部とは連絡してお

らず，卵の外側の空間と内側の空間が明確になる．さらにこのあとも体積増加を伴わない細胞分裂が進行して，卵は細胞シートからなるボール状の構造となる．最初に卵割腔としてできた内腔は胞胚腔（blastocoel）とよばれるようになり，その位置や形は卵割の状態により変化する．

ここまでの一連の過程が初期卵割の過程である．次に卵割期から初期形態形成までの過程を理解するために，古くから用いられてきたカエル卵の発生をみてみよう．

11.2.2 カエルの発生（全体像，背腹軸形成，胚葉分化，陥入と神経誘導）

カエルの発生過程を図 11-2 に示す．卵の上端を動物極（animal pole），下端を植物極（vegital pole）とよび，卵割は動物-植物極軸に沿って行われるが，この軸性は最終的な胚の体軸とは一致しない．カエル卵は植物極側に卵黄を多く含むため，動物極側の卵割が早く進行する．そのため，卵割が進行すると動物極側には小さい細胞が，植物極側には大きな細胞が多く分布し，胞胚腔は卵の上半分にできる．さらに卵割が進むと動物極側の細胞群は胞胚腔を包むドーム状の層状構造になる．この頃から卵を構成する細胞群は動物極側から順に外胚葉（ectoderm），中胚葉（mesoderm），内胚葉（endoderm）という，異なる器官をつくる細胞群としての性質を有するようになる．三胚葉に分かれた卵では，赤道付近に分布する中胚葉細胞群と少量の内胚葉細胞からなる細胞層が，卵の内側の胞胚腔に向けて落ち込むように進入していく．この運動を陥入（invagination）とよび，細胞層は層状のまま外胚葉細胞を「裏打ち」するように反対側まで移動する．陥入部位は卵表面の切り込みとして観察され，これを原口（blastopore）という．また陥入により卵内にできる新たな空間を原腸（archeuteron）とよぶ．陥入した細胞層は最終的に動物極側半球全体に移動・分布して，原腸が広くなる一方で，それまで胞胚腔で占められていた卵内の空間は小さくなり，後に退化する．原腸の天井に分布する細胞層のうち，原腸に面しているのは内胚葉で，そのまま管状になって消化管を形成する．原口は肛門になり，口はあとから原口の反対側に開く．一方，陥入した細胞層の大部分は中

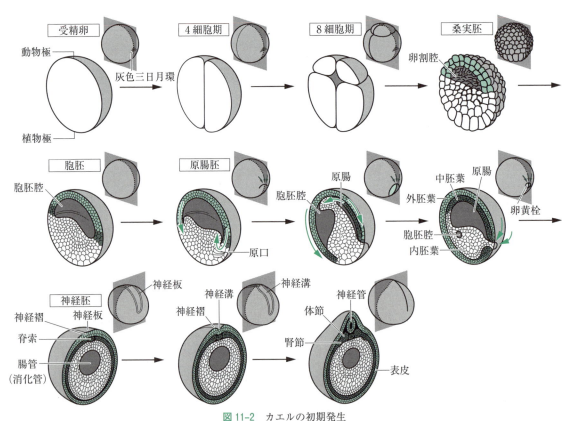

図 11-2 カエルの初期発生
1～2段目と，3段目の図では，胚を切る方向が 90° 違っているので注意する．

胚葉であり，内胚葉と外胚葉で挟まれた形で動物半球に広く分布し，後の骨や筋などをつくる．

正中部に分布する中胚葉細胞の一部は前後軸に沿って凝集して，脊索（notochord）という棒状構造を形成する．脊索はその直上にある外胚葉細胞層に作用して，神経板（neural plate）という肥厚した細胞層に分化させる（神経誘導（neural induction））．神経板はこのあと正中線に沿って内側に折れ曲がってくぼみ，その左右の縁は盛り上がって神経褶（neural fold）というひだをつくる．発生が進むと神経褶は正中部で接して融合することにより，神経板は前後軸方向に伸びる管状構造となる．これを神経管（neural tube）とよび，後の中枢神経系の基本構造となる．脊索の作用を受けなかった外胚葉は表皮に分化する（図11-3）．

おおむねこの発生段階までに基本的な細胞配置は完了し，これ以降は各胚葉あるいは胚葉間相互作用による個々の組織分化と，その集合体としての器官形成が進行する．各胚葉からは固有の組織が分化し，外胚葉からは将来の神経系や表皮が形成され，一方中胚葉からは筋や骨，血液や循環器系ができる．また，内胚葉は消化器系や呼吸器系などを形成する細胞群になる（図11-3）．

次に，初期発生で重要なイベントである背腹軸形成と中胚葉誘導について説明する．

11.2.3　背腹軸形成（図11-4）

受精が起こると，卵の表層が回転して色素が濃い部分と薄い部分が生じ，薄い部分は三日月状にみえるので灰色三日月環（gray crescent）とよばれる．表層回転とその方向は体軸形成に重要な要素で，灰色三日月環ができる側が将来の背側で，反対側が腹側になる．受精により精子核が卵内に進入すると，精子進入点を中心に微小管が再配置されて，卵の反対側に向けて伸長する．その結果，植物極の卵表層に分布していたディシュベルドというタンパク質が精子進入点の反対側に移動する（押し出される）．ディシュベルドが移動した側ではβカテニン（β-catenin）というタンパク質が安定化し，これが転写因子として核に移行して標的分子の転写を促進する．この結果，細胞群の背側化が進行する．一方，精子進入点側にはディシュベ

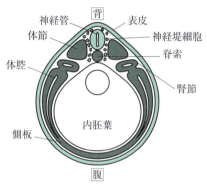

外胚葉由来	表　皮：表皮（皮膚，口，肛門の内壁，分泌腺，毛，爪），感覚器（眼の水晶体など）
	神経堤細胞：感覚細胞，交感神経，色素細胞
	神経管：脳，脊髄，副交感神経，運動神経，感覚器（眼の網膜など）
中胚葉由来	脊　索：後に退化
	体　節：骨格，筋肉（骨格筋），真皮
	腎　節：腎臓
	側　板：体腔壁（腹膜・腸間膜），心臓，血管，血球，筋肉（内臓筋）
内胚葉由来	肺・気管・消化管の内壁，肝臓，膵臓，甲状腺，膀胱

図11-3　各胚葉に由来する構造

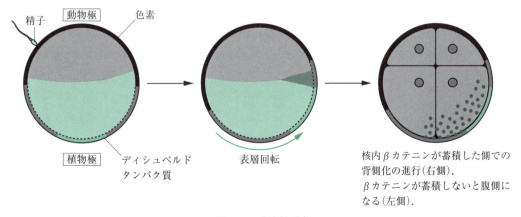

図11-4　背腹軸形成

ルドがなくなるためβカテニンが不安定になるので標的分子の転写は起こらず，背側化は進行せずに結果的に腹側化される．

11.2.4 中胚葉誘導（図 11-5）

3胚葉のうち，外胚葉と内胚葉は卵内で自律的に決まるが，中胚葉は内胚葉に接した外胚葉細胞群から誘導される．これを**中胚葉誘導（mesoderm induction）**とよぶ．実験的に，本来は中胚葉にはならない動物極頂点周辺の外胚葉細胞を内胚葉に接触させて培養すると中胚葉になるため，内胚葉が外胚葉に作用して中胚葉を誘導していることがわかる．ここで内胚葉の「作用」の役目を担うのは，内胚葉が産生するノーダル（nodal）を主としたTGFβファミリー（後述）に分類されるタンパク質である．なお，中胚葉誘導が起こる段階ですでに卵の背腹軸が確立しているため，内胚葉細胞の誘導作用には背側と腹側で違いがあり，また誘導される中胚葉細胞も背腹で異なる性質を示す．特に，背側に位置する中胚葉はオーガナイザーとよばれ，このあと陥入して体の基本構造を形成する際に中心的な役割を担う．

11.2.5 哺乳類の初期発生（図 11-6）

次に哺乳類の発生としてヒト発生の概要をみてみよう．哺乳類卵の場合，受精は子宮の卵管内で成立し，子宮内で**胎盤（placenta）**を通して栄養供給や酸素などのガス交換が行われるので，卵がもつ卵黄は少ない．胎盤は卵表層を構成する細胞と子宮壁膜の両者から構成されるため，哺乳類卵は胚だけでなく，胎盤もつくる必要がある．

ヒト胚では，受精卵は卵管内を子宮側に移動しながら卵割し，5～7日目で細胞シートからなるボール状構造をとる．この頃には卵は子宮壁の一部分にくっつき（着床），そのまま子宮壁に潜っていく．この頃になると，卵割腔に**内部細胞塊（inner cell mass）**という細胞群が生じる．内部細胞塊はさらに2層に分かれて，そのうち1層が胚（胎児）を形成する．一方，卵表層の細胞は子宮壁の細胞層とともに胎盤となる構造を形成する．ヒト胚の初期発生は平らな細胞層の状態で進行するが，外胚葉に由来する移動性の細胞が陥入し中胚葉に分化するなど，基本的な発生の流れはカエル胚と同じである．なお，内部細胞塊を構成する細胞

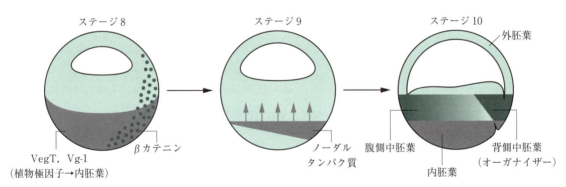

図 11-5 中胚葉誘導

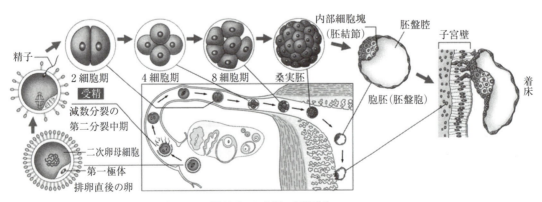

図 11-6 ヒト胚の初期発生

（長野敬，牛木辰男，サイエンスビュー 生物総合資料 新課程，実教出版，2013 より改変）

は，すべての体細胞に分化することができるので，内部細胞塊が二つに分離されるとそれぞれが発生して一卵性双生児となる．また，内部細胞塊をその性質を維持したまま体外で培養したものを ES 細胞（embryonic stem cell : ES cell）とよぶ（第 20 章参照）．

> ### 11.2 節のまとめ
> - 受精により開始する細胞分裂を卵割とよび，生じる娘細胞を割球という．卵割により卵の外側と内側が明確になり，内側には胞胚腔という空間ができる．
> - カエル発生では背腹軸が決定し，次いで3胚葉が生じる．中胚葉を中心とする細胞群は陥入して原腸をつくる．
> - 陥入した中胚葉の一部は脊索に分化し，直上の外胚葉細胞層を神経に分化させる．
> - 哺乳類卵からは胚と胎盤ができる．卵の中で胚になるのは，内部細胞塊である．

11.3 体節形成と領域の特殊化

11.3.1 体節形成（図 11-7）

陥入した中胚葉は，脊索以外にも筋組織や骨，軟骨，腱，血球などの結合組織，腎臓などを形成する．中胚葉は正中線上に形成される脊索中胚葉（中軸中胚葉）を対称軸として，側方に向けて沿軸中胚葉，中間中胚葉，側板中胚葉の順に配置される．沿軸中胚葉は体幹部の骨格（脊柱骨）や筋肉，真皮，腱などを形成する一方，中間中胚葉は腎臓や生殖腺を形成し，さらに側板中胚葉は四肢骨格や心臓を形成する．

沿軸中胚葉は神経管の両側に前体節板とよばれる帯状の構造として形成される．発生が進むと，前体節板はその前端から時間的・空間的に一定の間隔でくびれて，同じ大きさの細胞塊が等間隔で神経管の両脇に並んだ構造をつくる．これは体節（somite）とよばれ，形成直後は中空の管状（袋状）構造だが，後に神経管や表皮など周辺組織の影響を受けて三つの小領域に細分化される．神経管に最も近い部分は硬節（sclerotome）とよばれ，神経管や脊索の周囲に移動して後の脊椎骨などを形成する．これに対し，表皮直下に近い細胞層は真皮節（dermatome）とよばれ，表皮を裏打ちする真皮になる．さらに，真皮節を裏打ちする場所にある細胞層は筋節（myotome）とよばれ，ここから遊走性の細胞が生じて腹側と四肢に移動し，それぞれ体幹部と四肢の骨格筋をつくる．

11.3.2 体節とホメオティック遺伝子（図 11-8）

体節は沿軸中胚葉由来の細胞塊の繰返し構造にみえるが，それぞれから形成される構造は前後軸に沿って少しずつ異なる．これは脊椎骨（背骨）の形が少しずつ異なることからもわかる．個々の骨原基（軟骨）の分化過程は同じなので，分化とは別に最終的な形を変化させるしくみが必要になる．このような，原型となる繰返し構造に対し，場所に応じた形態形成を促す機構として，Hox 遺伝子群（Hox genes）とよばれるホメオティック遺伝子群（homeotic genes）の関与がある（p.135 コラム参照）．脊椎動物では Hox 遺伝子群は四つあり（硬骨魚などでは七つ），それぞれ異なる染色体上にそれぞれクラスターとして分布している．これらはいずれも神経管とその上部に生じる神経

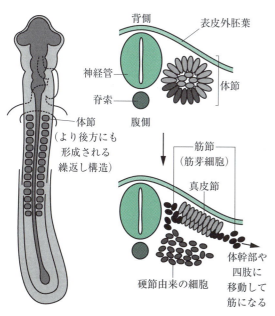

図 11-7 体節と中胚葉由来の構造

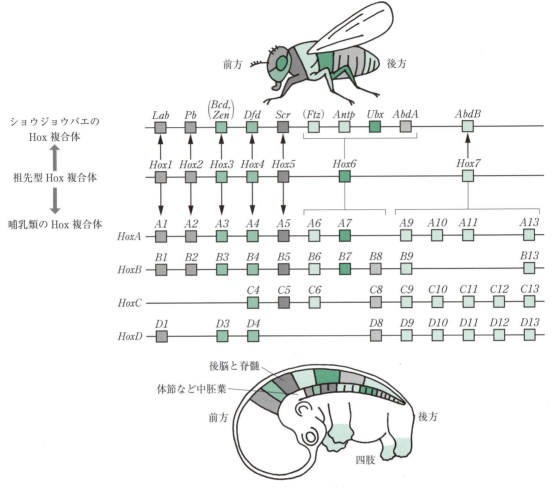

図11-8 体節の特異化と Hox 遺伝子

堤細胞，体節や側板中胚葉などで発現している．Hox遺伝子の発現は前後軸上の位置に応じて少しずつ異なり，その組合せが前後軸に沿った形の変化に関係する．人為的に Hox 遺伝子を欠損させたり，逆に異所的に発現させると，それに伴って対応する構造の形態が変化する．例えば，肋骨は脊椎骨から左右に伸びる構造で，マウスでは13対となっていて，それより後方には形成されない．ところが Hox 遺伝子操作マウスでは，より後方の脊柱骨からも肋骨が形成されたり，逆に肋骨の数が減る場合もある．これらはいずれも**ホメオーシス**（homeosis．次頁コラム参照）とよばれる形態形成異常の例で，肋骨をつくる中胚葉は Hox によって性質を変化させていると考えられる．Hox による同様の形態形成制御は四肢骨格や顎骨格形成でもみられる．

11.3 節のまとめ
- 体軸に沿った繰返し構造である体節から骨や筋，真皮など体を支える組織が分化する．
- 体節は Hox 遺伝子により個性化されており，そのため同じ組織でも異なる形態となる．
- Hox 遺伝子に代表されるホメオティック遺伝子は進化の初期から存在し，さまざまな動物において形態形成の制御に関わる．

ショウジョウバエの体節形成とホメオティック遺伝子（図11-8）

昆虫類や甲殻類などの節足動物の体のつくりをみてみると，節のような繰返し構造が頭尾軸に沿って並んでいる．この繰返し構造も脊椎動物の繰返し構造と同じ「体節」とよばれているが，発生学的起源やここから最終的に形成される構造は異なる．にもかかわらず，繰返し構造の形成やそれが特殊化される過程で働く分子群の働きには共通性が高く，当初，ショウジョウバエの形態形成遺伝子として単離されたこれらの遺伝子群の発見は，その後の脊椎動物を中心とした動物の形態形成解析に大きな影響を与えた．

ショウジョウバエ卵は受精後のしばらくの間，細胞質内で核だけが分裂する．核の数が一定以上になると核は胚表面に移動し，次いでこの核を囲むように表面の細胞膜が細かくくびれ，胚表層が細胞で覆われる（カエルなどの胞胚と同じ状態になる）．この後，胚の一過的な伸長と退縮が起こる中で，表層の細胞群がいくつかの細胞集団ごとに等間隔に区切られ，これが後の体節となる．個々の体節は，その形態や，そこから生じる付属突起（肢や触角，翅など）の種類により特徴づけられる．一般に，昆虫の翅は二つの胸節からそれぞれ2枚ずつ生じ，合計4枚翅を基本構造とする．しかしショウジョウバエは肉眼的には2枚翅で，後ろの翅は平均棍という小さな翅になっていて，翅をもつ二つの体節に違いがあることがわかる．ところが，ある種の突然変異体では平均棍が翅に変異して大きな翅が4枚形成されたり，別の変異体では触角が脚になるものもみつかった．これらは，個々の体節が本来つくるべき構造が別の構造に置き換わる **ホメオーシス (homeosis)** とよばれる形態形成異常の例で，ほかにザリガニの眼柄を切除した際に触角が再生する例などがある．ホメオーシスを引き起こす突然変異は **ホメオティック突然変異 (homeotic mutation)** とよばれ，個々の体節や生じる付属肢を場所に応じて特殊化（個性化）するしくみの存在を示している．

ホメオティック変異に関与する遺伝子群は多数発見されており，総称して **ホメオティック遺伝子群 (homeotic genes)** とよばれる．本文中で説明した *Hox* 遺伝子もホメオティック遺伝子である．ホメオティック遺伝子群は，類似した塩基配列をもつ相同遺伝子群から構成され，ショウジョウバエではこれらが第3染色体上に集中して分布している（クラスターとよぶ）．これらの遺伝子群は，体節の個性化が起こるときに，染色体上での並び順そのまま体軸の前後軸に沿って発現する．すなわち，クラスター内で最も3′側に位置する遺伝子は頭部末端で発現するが，その5′側にある隣の遺伝子は頭部末端から少し後方の体節で発現する．以降5′になるほど後方で発現するようになり，最も5′側に位置する遺伝子は腹部後方に限定される．この結果，異なるホメオティック遺伝子を発現する体節が前後軸に沿って順に並ぶ．各体節ではホメオティック遺伝子の発現（の組合せ）を反映した形態形成が行われる．先に述べた翅の形態は，第2胸節から後方にかけて発現するアンテナペディア (*Antennapedia*：*Antp*) という遺伝子と，第3胸節から後方にかけて発現するウルトラバイソラックス (*Ultrabithorax*：*Ubx*) という遺伝子が関与する．*Antp* だけが発現する第2胸節では大きな翅になるが，*Antp* と *Ubx* の両方が発現する第3胸節では *Ubx* の機能が優先されて平均棍になる．先述した4枚翅の変異は，*Ubx* の機能低下のために第3胸節でも *Antp* しか機能せず，第3胸節が第2胸節のような性質をもち，平均棍が大きな翅になったと説明される．

脊椎動物の *Hox* 遺伝子は *HoxA* から *HoxD* の4クラスターが存在する．遺伝子配列の相同性から，クラスター内の個々の *Hox* 遺伝子とショウジョウバエのホメオティック遺伝子との対応関係が明らかになっており，さらに染色体上での並び順が一致することもわかっている．そのため，現在の *Hox* 遺伝子の原型となったクラスター構造は，節足動物と脊椎動物が進化的に分岐する以前の早い段階でできていたと考えられている．

11.4 細胞・組織間相互作用と組織分化

11.4.1 細胞・組織間相互作用とそれを担う分子

組織ができる場所やその分布には一定のルールがある．これは発生過程にある細胞同士，あるいはその集合体である組織同士が相互作用し，後の発生運命や形態形成に影響するためである．ここで形態形成は多細胞の現象であるため，個々の細胞間の相互作用よりも細胞群間での相互作用という考え方が重要である．一般的な細胞間情報伝達，および細胞内情報伝達のしくみは第12章に記載されているが，発生における細胞・組織間相互作用の主な形態は，細胞間の直接接触型，あるいは特定の細胞群が産生・分泌する情報伝達

分子（シグナル分子）によるパラクリン型の情報伝達である．

発生には多くのシグナル分子が関与するが，このうちさまざまな発生過程で繰り返し用いられ，形態形成において重要な働きをもつ分泌性シグナル分子を以下に簡単に説明する．

a. 繊維芽細胞成長因子

繊維芽細胞成長因子（fibroblast growth factor：FGF）は繊維芽細胞の増殖を促す成長因子として研究の初期から知られた分子で，現段階で22種類の相同分子がある．チロシンキナーゼ型受容体を介して細胞内に情報が伝達される．繊維芽細胞を含むさまざまな増殖制御に加えて，体軸の伸長や体節形成，筋や軟骨（骨）の分化制御，四肢の伸長や脳胞パターニングなど発生の多くの場面で役割を担っている．

b. 形質転換成長因子β

形質転換成長因子β（transforming growth factor beta：TGFβ）は繊維芽細胞の形質を転換させる因子として発見された分子で，発生ではTGFβに近いグループと類似タンパク質である骨形成因子（bone morphogenetic protein：BMP）というグループが重要である．セリン-トレオニンキナーゼ型受容体を介して細胞内でSMADというタンパク質の活性を制御し，これにより下流因子の転写制御を行う．

c. ウィント

ウィント（Wnt）はショウジョウバエのwingless変異の原因遺伝子およびヒトのがん遺伝子のint（当時）がコードする一群のタンパク質である（後に両者に由来する造語としてWntと命名された）．発見当初は体軸形成やハエの分節における役割が重要視されたが，現在はこれに加えて細胞増殖やがん化との関係が注目され，また細胞の極性決定や発生運命決定など，生命科学の多くの分野で重要視されている．タンパク質は19種類あり，受容体は10種類の7回膜貫通型Gタンパク質共役型受容体で，さらに細胞内の情報伝達経路も3種類が知られている．このことはシグナル伝達経路の多様性を示しており，作用の多様性が反映されている．細胞内情報伝達に関わる分子の一つにβカテニンがある．

d. ヘッジホッグ

ヘッジホッグ（hedgehog：*Hh*）はショウジョウバエ幼虫がhedgehog（ハリネズミ）に似た形態を示す変異体の原因遺伝子として単離された．脊椎動物では3種類あり，最も多様な機能を示すのはソニック・ヘッジホッグ（Sonic hedgehog：*Shh*）である（なお，Sonic hedgehogの名前は1993年に同定されたときに世界的に流行していたゲームキャラクターにちなんだもの．発生生物学分野で「ソニック」といえば*Shh*を指すほどに一般的となっている）．*Hh*のシグナル経路はユニークで，Patchedという12回膜貫通型分子を直接の受容体としながら，細胞内への情報伝達はPatchedと相互作用するSmoという7回膜貫通型受容体が担う．脊椎動物の発生では，四肢の前後軸形成や神経管・脳胞の背腹軸形成，軟骨の伸長と分化など器官の極性決定への関与が多く，発生過程では不可欠の分子である．

これらの分子は，発生のさまざまな局面で特定の細胞群で産生・分泌され，周辺細胞間に拡散する．これらの分子を受容した細胞（組織）では，分子の濃度や分子にさらされる時間に応じて異なる遺伝子発現が誘導されることにより，細胞の発生運命が変化して，形態形成が影響を受ける．このように，濃度によって受容細胞の発生運命を制御する分子をモルフォゲンとよぶ（次頁コラム参照）．

11.4.2 細胞間・組織間相互作用の例

a. 脊椎動物の眼の形成（図11-9）

組織間相互作用の代表的な例として脊椎動物の眼の形成が挙げられる．まず，神経管の前端に生じた前脳胞の両端が左右に突出し，眼胞（optic veside）という膨らみをつくる．眼胞は頭部の表皮にほぼ接する状態まで膨らむと，眼胞が近接していた表皮の細胞層が肥厚し始め，レンズ（lens．水晶体）の原基となる．次いで，レンズ原基を誘導した眼胞先端の細胞層はやや肥厚しつつ杯状にへこみ，眼杯（ocular cup）という構造をつくる．眼杯はさらに内側に落ち込んで網膜（retina）となり，レンズ原基は表皮から分離してレンズに分化する．さらにレンズの直上にある表皮は角膜（cornea）になる．

一連の過程は組織間相互作用が連続して起こることで進行する．まずレンズ原基の形成には，眼胞から表皮に対して誘導シグナルが作用し，これによってレンズ原基が誘導される．誘導されたレンズ原基は次に自らを誘導した眼胞先端部の細胞層に作用して眼杯を形成させ，さらに自らがレンズに分化してからは表皮を角膜に誘導する．実験的に眼胞を除去するとレンズができないことから，相互作用の重要性がわかる．

位置価と位置情報

細胞間あるいは組織間の相互作用の過程で，細胞群 A が近接する細胞群 B に作用して B の発生系譜を変える現象を誘導という．ただし，誘導において発生系譜が変わるのは細胞群 B のうち細胞群 A の近くにある細胞だけで，遠くにある細胞は変わらない．この説明として，細胞群 A が分泌した因子が濃度勾配をつくって細胞群 B の中に広がり，濃度が高い場合は誘導を受けるが，濃度が低い場合は誘導を受けないと考えることができる．発生の場において濃度勾配をつくって分布し，濃度依存的に細胞の分化方向を変化させる物質を モルフォゲン (morphogen, 形原) とよぶ．

モルフォゲンによるパターン形成を説明するモデルとして フランス国旗モデル (French-flog model) がある (コラム図 11-1(a))．これは均等な性質をもった細胞群が，発生を通じて青，白，赤のいずれかの細胞になってフランス国旗の模様 (パターン) をつくると仮定したときに，細胞がそれぞれの場所に応じた色をもつように特殊化されるしくみを説明したモデルである．このモデルでは，空間の左端にモルフォゲンを分泌する中心 (シグナルセンター) を考え，ここからモルフォゲンが広がるとする．モルフォゲンは濃度勾配をつくって空間の中に広がるため，細胞の場所によって受けとるモルフォゲンの濃度が異なる．ここで，細胞はモルフォゲンの濃度に応じて異なる色をもつとすれば，シグナルセンターからの距離を反映した色のパターンができるはずである．すなわち高濃度では青色をもち，低濃度では赤色，中間の濃度では白色とすれば，一つの空間内に複数の細胞を誘導できる．

このモデルで重要なのは 2 点あり，一つはモルフォゲン濃度が細胞に空間内での場所の情報を与えていることであり，このときの濃度は 位置情報 (positional information) とよばれる．もう 1 点は，モルフォゲン濃度に応じて細胞が固有の性質をもつことであり，モデルでは細胞に固有の数値が与えられると考えて，この値を 位置価 (positional value) とよぶ．さらに，モルフォゲン濃度に対して 閾値 (いきち, threshold) という概念を想定し，閾値を境に異なる位置価が割り振られると考えた．この場合，一つのモルフォゲンに対して複数の閾値を想定することで，空間内には複数の細胞を生じさせることが可能になる．

このモデルは，さまざまな発生過程において，限られた情報源から複数の細胞が生じる現象をうまく説明できるとして，提唱されて以降の発生研究に大きな影響を与えた．例えば，本文中で紹介した四肢の前後軸形成では，ZPA に近い側が後方になることの説明として，ZPA から分泌される因子の濃度 (量) が前後軸の指定に関わると説明された．実際，ZPA を肢芽前端に移植すると後方化し (コラム図 11-1(b))，しかも移植する細胞の数によって後方化の程度が異なるので，モデルは長く支持され，ZPA から分泌される因子の探索が行われた．その後，ZPA 領域では *Shh* が発現すること，Shh 発現細胞や Shh タンパク質の移植実験などの結果から，*Shh* がモルフォゲン様に働いていることが示された (実際はモデルほどには単純ではなく，指をつくる細胞の発生系譜も問題となることがわかっている)．*Shh* は神経管では腹側で発現して濃度勾配をつくり，背側で発現する BMP の濃度勾配と拮抗して神経管の背腹形成に関与する．このほかのモルフォゲン様分子としては，ショウジョウバエの前後軸形成時に卵の前端で発現するビコイド (bicoid) タンパク質があり，卵の前後軸がビコイドの濃度に依存して決定される．

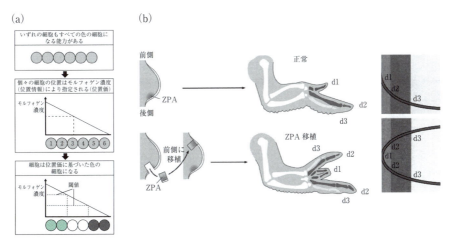

コラム図 11-1 位置情報と位置価．(a)パターン形成における位置価と位置情報，(b)四肢パターン形成の例．

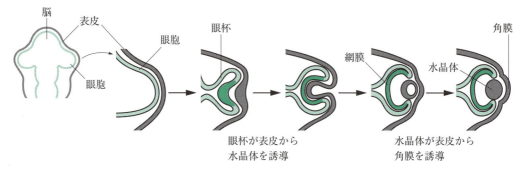

図11-9 眼の形成過程における組織間相互作用

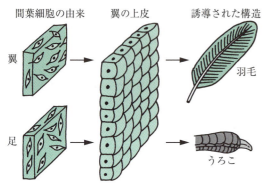

図11-10 表皮構造の形成と組織間相互作用

b. 肢芽上皮と間葉の相互作用（図11-10）

ニワトリの皮膚も組織間相互作用の研究対象として用いられてきた．脊椎動物の皮膚は外胚葉性の表皮（上皮）と，その下部にある中胚葉性の真皮からなる．上皮はシート状であるが，真皮は間葉細胞とコラーゲンなどの細胞間物質の複合体で，互いに性質が異なる．ニワトリは，体表の広い部位が羽毛によって覆われているが，足ではうろこが生じている．ここで，羽毛を形成する翼原基の上皮を翼原基または足原基の間葉と組み合わせて発生させると，翼上皮を足間葉と組み合わせた場合にはうろこが生じ，同じ翼上皮を翼間葉と組み合わせた場合には羽毛が生じる．つまり体表構造に何をつくるかは表皮が自律的に決めているのではなく，裏打ちする間葉の作用により表皮が影響を受けて決まるわけである．このような上皮と間葉間で起こるやりとりを上皮間葉相互作用（epithelial-mesenchymal interaction）といい，ほかにも発生のさまざまな過程で起こっている．

11.4.3 細胞分化

細胞が固有の形質を示すようになることを分化という（分化の概念の詳細は第20章で述べる）．発生学で

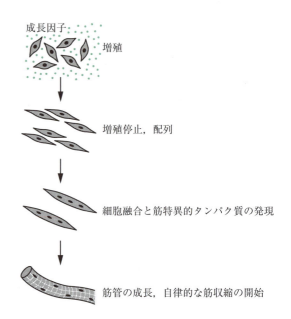

図11-11 筋分化過程

は，由来を等しくする初期の細胞群から特徴のある細胞が生じる過程を分化とよび，さまざまな細胞が生じる経過やそれに伴う物質的変化，あるいは分化の制御因子に関する解析が進んできた．ここでは，細胞の分化に伴い形の変化が起こる筋と骨の発生について述べる．

a. 筋分化（図11-11）

筋肉（muscle）は階層構造をとっている．基本となるのは多核体の管状構造である**筋細胞**（myocyte，あるいは筋繊維（myofiber））で，筋細胞が束になったものを筋束，さらに筋束が束になっていわゆる筋肉を構成する．一方，筋細胞の中には細胞内構造としてアクチンとミオシンから構成される繊維状構造が観察

され，これを筋原繊維（myofibril）とよぶ．ここでは，基本構造である筋細胞の形成を説明する．

筋細胞は，体節の筋節に由来する**筋芽細胞（myoblast）**が体幹部や四肢などに移動して形成される．移動能の高い単核細胞の状態で筋形成部位まで移動し，そこで増殖する．細胞が増え密度が高くなるなど分化の条件が揃うと筋芽細胞は集合し，次いで融合して多核体の筋細胞を形成する．このあと，筋細胞は束になる一方で，細胞質中の筋構造タンパク質の量が増えて筋組織の体積増加と成熟が進行する．一方，筋細胞表面には融合しないで単核のまま残った細胞が少数観察される．これは**衛星細胞（satellite cell）**とよばれる，筋肉の再生を司る細胞である．衛星細胞はほとんど増殖することはなく筋細胞表面に静止状態で分布するが，筋細胞が損傷を受けた場合には，衛星細胞は急激に増殖して再度融合して筋管を形成する．このような役割から，衛星細胞は筋組織の再生を担う幹細胞と考えられている．

筋芽細胞は培養条件の調節で増殖と分化の切換を制御できるので，細胞分化の研究に多用されている．分化状態への切換が起こったときに発現する分子の解析から，*MyoD*という筋分化遺伝子がクローニングされた．*MyoD*は転写制御因子で，繊維芽細胞でこの分子を強制発現させると筋分化する．*MyoD*の発見に続き，相同な分子構造を有した*MyoD*ファミリーとよばれる転写因子群が相次いでクローニングされた．これらは，**マスター遺伝子（master gene）**とよばれる，特定の細胞種への分化を促す転写制御因子として理解され，他の細胞分化制御機構の解析にも影響を与えた（細胞分化と転写制御の関係については第20章を参照）．

b. 軟骨および骨分化（図11-12）

骨（bone）と軟骨（cartilage）はいずれも我々の骨格を構成する硬組織に分類されるが，互いにまったく異なる構造である．骨はカルシウムを主成分とした無機物が主成分で，その維持には骨細胞（osteoblast）と破骨細胞（osteoclast）が関与するのに対し，軟骨は，軟骨細胞とそれが分泌するプロテオグリカンという糖鎖とタンパク質からなる細胞間物質を主成分とする．成人の骨格の大部分は骨組織から構成されており，軟骨は関節や鼻，耳介など一部の構造にみられるだけだが，発生過程では，首よりも下方の骨格を構成

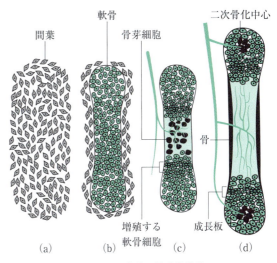

図11-12　軟骨・骨分化過程
(T.W. Sadler, Langman's Medical Embryology, 9th Ed., Lippincott Williams & Wilkins, 2004 より改変)

する大部分の骨はまず軟骨として形成され，後に骨に置換されてできる．このような骨を**置換骨（cartilagenous bone）**とよぶ．一方，頭顔面の骨は軟骨とは無関係に直接形成され，**膜性骨（membrame bone）**とよばれる．以下に置換骨の発生を述べる．

軟骨分化は，まず間充織細胞が将来の軟骨の形を反映するように集合（凝集）し，次いで凝集塊の中央付近から軟骨の細胞間物質であるⅡ型コラーゲンや軟骨プロテオグリカンの蓄積が進行する．分化の進行により軟骨分化領域は凝集末端に向けて広がる一方で，最初に分化が始まった中央付近では軟骨の成熟が進行する．軟骨から骨への移行は連続的に起こる．成熟した軟骨の中央付近に外部から血管が入り込み，血流により運ばれてきた前骨芽細胞が侵入する．この細胞が骨芽細胞となり，軟骨組織を骨組織に置換して骨化が進行する．骨化は軟骨の中心部分から始まり，徐々に軟骨の末端に向けて広がり，最終的に関節以外は骨によって置換される．

骨や軟骨の分化はそれぞれ異なるマスター遺伝子によって制御されている．骨では複数の転写因子が多段階に関与するが，特に**Runx2**という転写因子が骨芽細胞系譜への初期決定を担っていて，その欠損マウスでは骨が形成されない．一方，軟骨の場合は**Sox9**という転写因子が重要であり，Sox9の機能低下で軟骨が低形成になることが報告されている．

11.4節のまとめ

- 発生においては細胞群の相互作用が重要で，これを担うのは直接接触型あるいは分泌型シグナル分子による情報伝達経路である．
- 濃度依存的に細胞の分化方向を指定する物質をモルフォゲンとよび，その濃度は位置情報，モルフォゲン濃度により細胞が得る性質を位置価とよぶ．
- 細胞・組織間相互作用の例として，脊椎動物の眼の形成，ニワトリ表皮構造の誘導がある．
- 初期の細胞群から特徴のある細胞が生じる過程を分化とよぶ．

11.5 器官形成

発生が進行すると，さまざまな器官が形成される．器官は単なる複数の組織の寄せ集めではなく，それらが空間的に正しく配置されて，かつ互いに連絡しながら機能する構造である．現在までに，器官形成のしくみの理解もかなり進んでいる．

11.5.1 四肢（手足）の形成（図11-13）

四肢（limb）を構成する骨の配置には一定のパターン（法則性）があり，前後軸（親指 → 小指），近遠軸（肩 → 先端），背腹軸（甲 → 掌）という軸性が明瞭である．そのため，四肢の骨格パターン形成過程は，他の器官における組織配置のしくみを解明するモデル系とされ，解析されてきた．肢の原基（肢芽（limb bud））は外胚葉の袋の中に中胚葉性間葉細胞が詰まった構造をしており，中胚葉性の細胞が軟骨（後の骨）を形成する．

四肢の軸性の確立には，肢芽内部にある特殊な領域が重要である．外胚葉の袋の先端部には，**外胚葉性頂堤（apical ectodermal ridge：AER）**とよばれる肥厚した前後方向に伸びる構造があり，肢芽の伸長と近遠軸のパターン指定を担う．この作用はAERで発現する繊維芽細胞増殖因子（FGF）により担われている．

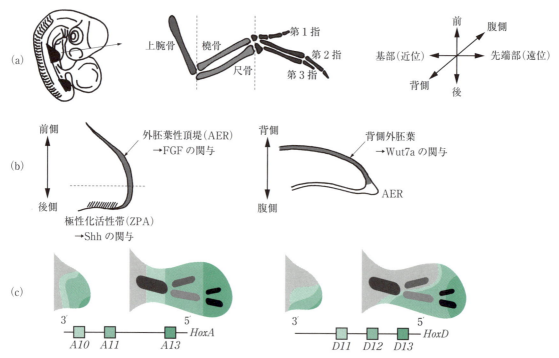

図11-13 四肢の発生．(a)ニワトリ胚の肢芽および形成される構造．(b)四肢パターン形成に関わる領域．(c)肢芽で発現する*HoxA*および*HoxD*遺伝子群．

一方，肢芽後端部の間充織には**極性化活性帯（zone of polarizing activity：ZPA）**という前後軸の指定を担う領域がある．ZPAでは*Shh*が発現しており，Shhタンパク質は主に肢芽後半部に広がってその領域の間充織細胞の増殖を促進しつつ，肢芽の前後軸形成を司る（コラム図1(a)）．さらに外胚葉の袋の背側半分（背側外胚葉）ではWnt7aというタンパク質が産生・分泌され，直下の中胚葉細胞は手の甲など背側構造をつくる．

シグナル分子の作用で，肢芽中胚葉には各軸に沿った領域特異性が確立される．このうち，近遠軸および前後軸については間充織細胞で発現する*Hox*遺伝子群，特に***HoxA***と***HoxD***クラスターの関与が重要視されている．各クラスターの5′側に位置する遺伝子群のうち，*HoxA*遺伝子群は近遠軸に沿って入れ子状に，一方*HoxD*遺伝子群は前後軸に沿って入れ子状に発現する．*HoxA*, *HoxD*遺伝子群の同じグループに属する遺伝子の組合せによって，近遠軸のパターンが決定される．例えば，*HoxA11*と*HoxD11*の二重欠損マウスは前腕が欠損し，*HoxA13*と*HoxD13*の二重欠損マウスは手首や足首から先が形成されない．現在のところ上腕骨や大腿骨など基部の骨格形成には*Hox10*に属する遺伝子群が寄与し，前腕や脛などは*Hox11*が，手首や足首より先端部は*Hox13*が関与すると考えられている．一方，前後軸に沿って正常な数の指を形成するためには*HoxA*と*HoxD*遺伝子群の発現量のバランスが重要とされている．*Hox*遺伝子産物は転写因子なので，細胞の増殖や接着性に関わる遺伝子の発現を領域特異的に変化させ，軟骨分化過程における間充織凝集を調節することが示唆されている．

11.5.2　心臓の形成

心臓は酸素循環のために不可欠な構造だが，その形は進化に伴って大きく異なる．すなわち，魚類などでは1心房1心室だったものが，進化段階が上がると2心房1心室になり，さらに鳥類や哺乳類では2心房2心室になる．そのため動物種ごとに発生が大きく異なるように思えるが，心筒とよばれる管状の構造ができて，これが前後方向に二つの部屋（心房と心室）に分離するという初期の発生過程はおおむね同じである．

心臓は発生の初期に，他の器官に先行して形成される．心臓は側板中胚葉に由来する構造とされるが，もとは発生の初期に正中線の左右に分布する**予定心臓中胚葉（primordial cardiac mesoderm）**とよばれる細胞に由来し，これが胚の頭部方向に向けて移動しなが

ら側板中胚葉と一緒になる．この過程で周辺組織，特に内胚葉からの誘導作用を受けて心筋細胞が分化する．左右の側板中胚葉が消化管の形成に伴い正中部で合流するのに合わせて，左右の予定心臓中胚葉も胚前方で合流し，これにより一つの心臓原基が形成される．融合した心臓原基はまず心筒という管状構造を形成し，次いでこれが前後方向に二つの領域に大別される．この前方領域は後の**心室（ventride）**に，後方は**心房（atrium）**となり，前後に血管が形成される．この段階で魚類の1心房1心室に相当する心臓の原型ができる．鳥類や哺乳類ではこの後ループ状に湾曲しながら領域の細分化が進み，さらに隔壁（septum，心室および心房中隔）が形成されるなどの複雑な形態形成を経て2心房2心室の構造となる．ヒトの先天性心臓奇形は比較的高い頻度で起こるが（100分の1），これはヒトの2心房2心室という構造は，もとは1心房1心室だった構造を変形させてできたという進化的経緯の影響が大きいと考えられる．

11.5.3　脳胞の領域特異化（図11-14）

神経管は，発生が進むと前方には脳胞が生じ，後方は脊髄としてそれぞれ中枢神経系の形成を担う．脳胞は形成直後からおおむね三つの膨らみとして観察され，前方から**前脳胞（forebrain, prosencephalon）**，**中脳胞（midbrain, mesencephalon）**，**後脳胞（hindbrain, metencephalon）**と命名されている．発生が進行すると前脳胞は**終脳胞（telencephalon）**と**間脳胞**

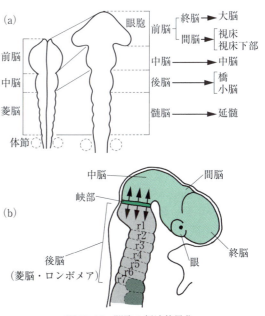

図11-14　脳胞の領域特異化

(diencephalon)に，後脳胞は小脳胞（cerebellum）と延髄（medulla oblongata）に分かれる．終脳胞からは将来の大脳が形成される．また間脳胞からは視床や視床下部および眼胞が生じる．なお，前脳胞の形成は顔面諸器官の配置や顔面形態の形成に大きく関係し，脳胞形成の異常は顔面を含む頭部形態に影響を及ぼす（図11-14(a)）．

脳胞のパターニングにもいくつかのシグナル分子と，領域ごとに発現する転写因子が関与する．シグナル分子の関与が知られているのが，中脳-後脳境界の作用である．中脳胞と後脳胞の境界部は峡部（isthmus）とよばれる特殊な構造で，中脳胞と後脳胞の前後軸形成に関わる．峡部ではFgf-8が発現しており，これが中脳胞と後脳胞の中に拡散して，それぞれの領域特異性を調節している（図11-14(b)）．

脳胞形成と転写因子の関連が明瞭なのは後脳胞のパターニングである．後脳胞は菱脳胞（rhombencephalon）ともよばれ，ロンボメア（rhombomere）という分節構造をつくる．このとき，神経管で発現するHox遺伝子を調べると，ロンボメアはHoxの発現の組合せが異なるいくつかのグループに分かれること，さらに特定のロンボメアではHox以外の転写因子も発現しており，発現の組合せによってそれぞれのロンボメアの個性化が進んでいることがわかった（Hox遺伝子はロンボメアの1番とその前方の中脳胞や前脳胞では発現しない）．

以上が神経管前端部での初期発生・パターニングであるが，いずれの領域もこの発生段階では完全な中空構造である．このあと，脳胞を構成する細胞層では顕著な細胞増殖とその積層化が起こり，さらにそれまでまっすぐだった管腔構造が上下にうねるように形を変えることで，徐々に脳胞としての形が形成されていく．

11.5 節のまとめ
- 四肢の軸性は肢芽の特殊な部位で産生される分子により指定され，次いで領域ごとに発現するHox遺伝子の組合せにより骨格形態が決まる．
- 心臓は左右の中胚葉が原基となる管状構造をつくり，前後に分離して心室と心房になる．動物によってはさらにねじれて種固有の形態となる．
- 神経管前部にはいくつかの膨らみが生じ，それぞれ個々の脳胞を形成する．脳胞パターニングの過程にも領域特異的に発現するシグナル分子と転写因子が関与する．

11.6 植物の発生

11.6.1 植物の器官と体制

種子植物は土壌中の器官である地下部とそれ以外の地上部に分けられる（図11-15）．地上部では茎が主軸になり，葉がつく．この茎と葉のセットをシュート（shoot）とよぶ．シュートの先端は頂芽（apical bud）になり，葉と茎の連結部分である節（node）に側芽（lateral bud）が形成される．節と節の間は節間（internode）とよばれる．側芽が成長すると新たなシュートが形成される．地下部では主根（main root）が主軸となる．主根内部の内鞘から側根（一次側根，primary lateral root）が形成される．その側根に二次側根，さらに三次側根が形成される．このように植物の形態は頂芽や根端と基部を結ぶ軸に，分枝パターンが繰り返される構造をとる．特に地上部のシュートの繰返しユニットをファイトマー（phytomer）とよぶ．脊椎動物の発生では，脊椎や肋骨などの分節構造を除くと，繰返し構造はほとんどみられないが，種子植物の発生では，シュートの限定された領域になる幹細胞群（分裂組織）が細胞分裂を繰り返してファイトマーをつくり続ける．植物は敏速に移動できないために，ファイトマーの形態や繰返し回数は環境の影響を受けやすい．例えば同じ種類でも，日陰に生育すると，ファイトマーの繰返し回数は少なくなり，節間伸長がみられる（ひょろひょろになる）場合が多い．

11.6.2 植物の組織

植物の器官は，表皮系（epidermal system），維管束系（vascular system），基本組織系（fundamental tissue system）の3種類の組織系から構成されている．

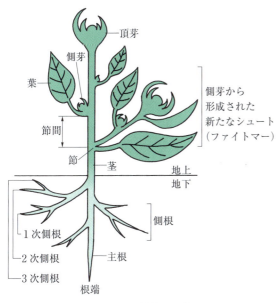

図 11-15 植物の器官

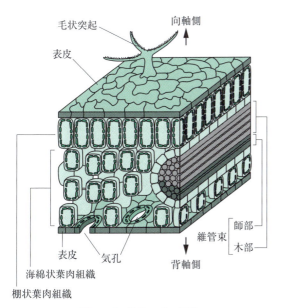

図 11-16 植物の葉の組織

a. 表皮系

植物の表面を覆う組織であり，内部構造の保護と外部環境との物質の出入りを担う．主に一層の表皮細胞 (epidermal cell) から構成されている（図 11-16）．表皮細胞は葉緑体をもたない．外部に接する側の細胞壁は厚くなるうえに，さらにクチクラ層が発達する場合もある．葉や茎の表皮には内部と外部のガス交換を行う**気孔**（stoma，複数形 stomata）がある．気孔は2

個の孔辺細胞が対になって形成される．また，毛状突起（trichome）が発達し，粘液や精油を分泌する場合もある．

b. 維管束系

器官間の物質の輸送や器官の機械的支持を担う組織系である．**木部**（xylem），**師部**（pholem），**形成層**（cambium）から構成される（図 11-16）．木部は道管（vessel）と木部柔組織からなる．道管は，地下部から地上部へ水や無機塩類を運ぶ通路となっており，道管要素とよばれる細胞が死んで縦列して形成される．師部は師管（sieve tube），伴細胞（companion cell），師部柔組織からなる．師管は生きた細胞から形成され，光合成でつくられた有機物などの通路になっている．形成層は側方分裂を担う分裂組織である．

c. 基本組織系

表皮系と維管束系以外の組織系である．光合成を行う葉肉組織（mesophyll tissue）は，葉の向軸側（adaxial side, 表側）柔細胞が密に接して層状構造をとった柵状組織（palisade tissue）と，背軸側（abaxial side, 裏側）の柔細胞が細胞間隙に分散した海綿状組織（spongy tissue）からなる（図 11-16）．両組織を構成する**葉肉細胞**（mesophyll cell）には多数の葉緑体（chloroplast）がある．貯蔵組織は水や養分を溜めて膨らんだ地下茎や貯蔵根，発芽のために物質を溜めている種子などが含まれる．また，リグニン化した二次壁をもつ厚壁細胞が集まった厚壁組織（sclerenchyma）は植物体の機械的支持に働く．

11.6.3 植物の器官の発生

a. シュートの発生

シュートの頂端には**茎頂分裂組織**（shoot apical meristem：SAM，図 11-17）があり，植物は上方向へ伸長できる．茎頂分裂組織は表層の L1 層，その下の L2 層，さらにその下の数層の L3 層からなる．その中央部分の L1 層から L3 層の最外層が幹細胞領域になっている．この幹細胞が増殖した細胞群の一部の細胞は周縁部に押し出されて葉原基になる．この葉原基で葉の表裏を決める転写因子が働き，葉の向背軸の組織が形成される．幹細胞領域の大きさの維持には WUSCHEL（WUS）遺伝子とペプチドホルモンである CLAVATA3（CLV3）遺伝子が働く．幹細胞領域の下の L3 層には形成中心（organizing center）とよばれる細胞群がある．この形成中心で発現した WUS タンパク質は幹細胞領域に移動し，CLV3 遺伝子の発

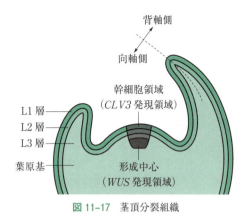

図 11-17 茎頂分裂組織

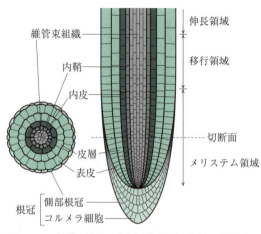

図 11-18 根端の構造．左側は横断面，右側は縦断面．

現を促す．CLV3 は反対に WUS 遺伝子の発現を抑制し，WUS 遺伝子の発現領域を限定する．このような幹細胞が増えすぎないための負のフィードバック制御により，幹細胞領域の大きさは一定に保たれている．

b. 根の発生

根端（図 11-18）には**根端分裂組織（root apical meristem：RAM）**があり，植物は下方向へ伸長できる．根端分裂組織から増殖した細胞が体細胞分裂を行うメリステム領域（meristematic region）の基部側には，主軸に沿って伸長する伸長領域（elongation region）がある．メリステム領域と伸長領域の間には移行領域（transition region）がある．さらに伸長領域の基部側には伸長した細胞が分化する分化領域（differentiation region）がある．例えば，分化領域の表皮細胞から根毛が分化する．

根端分裂組織の先端側には，根端を保護する根冠（root cap）がある．根端分裂組織の中央には，分裂しない複数の細胞群からなる静止中心（quiescent center）がある．静止中心には WUS と同じホメオボックスドメインを有する WOX5 が発現しており，周囲にある幹細胞の分化を抑制することで根端分裂組織を維持している．幹細胞から根冠のコルメラ細胞，基本組織系の表皮（epidermis），皮層（cortex），内皮（endodermis），内鞘，維管束系がつくられる．維管束系と内鞘からなる中心柱（stele）から同心円状に，内皮，皮層，表皮の順に，放射軸に沿って細胞が形成される．

維管束の原生木部（protoxylem）に接する内鞘細胞が非対称分裂した後，分裂を繰り返して側根原基ができる．この側根原基に新たに根端分裂組織ができて，主根の表皮や皮層を突き破って側根が伸長する．

c. 花の発生

茎頂分裂組織は花成ホルモン・フロリゲンにより花序分裂組織（inflorescence meristem）に変化する．この花序分裂組織から**花分裂組織（flower meristem）**を含む花芽が分化して花が形成される．被子植物の花は，がく片，花弁，雄しべ，雌しべで構成されている．花の形成は A，B，C の 3 種類のクラスの調節遺伝子（ホメオティック遺伝子）によって制御されている．この制御モデルを **ABC モデル（ABC model，図 11-19）** とよぶ．各クラスの遺伝子は花芽の決まった領域で発現する．A クラス遺伝子はがく片と花弁，B クラス遺伝子は花弁と雄しべ，C クラス遺伝子は雄しべと雌しべが将来形成される領域で発現する．A ク

ヨハン・ヴォルフガング・フォン・ゲーテ

ドイツの小説家，詩人，法律家，自然科学者．自然科学において「原型」の概念を考え出した．1790 年「植物変態論」で「花の器官は葉が変形した」ことを提唱した．これは約 200 年後に証明された．(1749-1832)

エリオット・マイロビッツ

アメリカの植物学者．シロイヌナズナをモデル植物として確立し，ABC モデルの構築，シュート形成の解明，ホルモン受容体の発見などを成し遂げ，種子植物の分子遺伝学的研究の礎を築いた．国際生物学賞，ハリソン賞，バルザン賞受賞．(1951-)

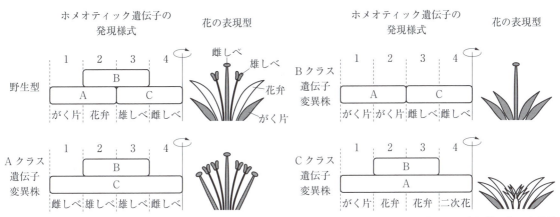

図 11-19　花の ABC モデル．ホメオティック遺伝子の発現様式の右端を中心に回転させることで，同心円状の花の表現型になる．

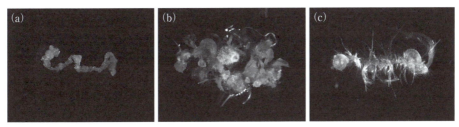

図 11-20　シロイヌナズナの根からのカルス形成と分裂組織の分化．(a) 切断した根から形成されたカルス，(b) カルスから形成された根，(c) カルスから形成されたシュート．

ラス遺伝子はがく片の発生，A と B クラス遺伝子は花弁の発生，B と C クラス遺伝子は雄しべの発生，C クラス遺伝子は雌しべの発生に関与する．A クラス遺伝子の変異体では，C クラス遺伝子の発現領域が広がり，外側から雌しべ，雄しべ，雌しべが発生した花が咲く．C クラス遺伝子の変異体では，A クラス遺伝子の発現領域が広がり，外側からがく片と花弁が形成されて，中央部分にがく片と花弁のみの二次花が繰り返した花を付ける．C クラス遺伝子には WUS 遺伝子の発現を抑制して，幹細胞を消失させて，花分裂組織を有限にする機能がある．C クラス遺伝子の変異体では，この機能が失われたため，幹細胞が維持されて中央に花が咲き続け，八重の花が形成される．A, B, C すべてのクラス変異体では花は形成されず，葉が形成される．

d. カルスからの発生

植物の個体から組織片や細胞塊を取り出して，植物ホルモンのオーキシンを加えた栄養培地上で組織培養すると，未分化な細胞塊**カルス**（callus, 複数形 calli）になる．このカルスをオーキシンとサイトカイニンを加えた培地に移すと，分裂組織が形成される．オーキシンの濃度が高い培地では根端分裂組織が形成されて根が分化し，サイトカイニンの濃度が高い培地では茎頂分裂組織が形成されてシュートが分化する．サイトカイニンは WUS 遺伝子を活性化する．このように，植物は分化した細胞や組織からでも植物体を再生できる分化全能性の能力を高く維持している．カルスを利用すれば受精を介さずに植物体を形成させることができることから，種子をつけない園芸植物の増産，品種維持，品種改良，さらには医薬品原料の生産にも役立っている．

11.6 節のまとめ

- 植物はシュートの先端の頂芽と根端を結んだ主軸に，ユニットが繰り返した構造をとる．
- 植物の組織は，表皮系，維管束系，基本組織系の三つからなる．
- 茎頂分裂組織と根端分裂組織に幹細胞がある．
- 花の発生はホメオティック遺伝子の発現パターンで決まる（ABC モデル）．
- 植物は分化した細胞や組織から植物体を再生できる分化全能性の能力を高く維持している．

12. 個体の維持と恒常性

12.1 ホメオスタシスの概要

生物が生きていくためには，血圧，体液量，体温，酸塩基平衡，電解質濃度などの種々の生体内状態がある一定範囲内に保たれている必要がある．この生体内状態の恒常性を**ホメオスタシス（homeostasis）**という．生体内状態は外界の環境変化に伴い変化するが，生体はこの外界の変化に呼応して自らの状態を変化させ，結果的に生体内状態を一定に保つ．このホメオスタシスの維持に重要な役割を担うものとして，内分泌系（ホルモン），神経系，免疫系の三つが挙げられる．本章では，ホメオスタシスに欠かせないこの三つの役割について概説する．

12.1.1 生体の調節機構

生体の調節機構の一部として，体液の調節と体温の調節がある．

a. 体液の調節機構

生体内の水分量は体重の約70％であり，体重50 kgのヒトの場合，約30 kg（30 L）が全体水分量となる．体内の水分の分布は，細胞内と細胞外の二つに大別され，細胞内には体重の約40％が，細胞外には約20％が存在する．細胞外は，さらに血管内（血液）と血管外（間質）に分けられ，それぞれ血液が約5％，間質液が約15％存在する．

これらの体液にはナトリウムイオン，クロライドイオン，カリウムイオン，カルシウムイオンなどの電解質が含まれるが，その濃度は細胞内外で異なる．この細胞内外での電解質の組成は，細胞膜電位の形成などに関与している．

b. 電解質の恒常性

ナトリウムイオンは，細胞外液の陽イオンの約90％に相当し，浸透圧の調節や酸塩基平衡の維持などの役割を担う．正常時の血清ナトリウムイオン濃度は，約145 mEq/Lである．このイオン濃度に影響を与える因子として，副腎皮質ホルモンの一つであるアルドステロンや心房で合成・貯留される心房性ナトリウム利尿ペプチドがある．

カリウムイオンは，ナトリウムイオンとは対照的に約98％が細胞内液に存在する．細胞内のカリウムイオンは，神経の刺激伝導，筋肉の興奮，インスリン分泌などに関与し，正常時の血清カリウムイオン濃度は約5 mEq/Lである．このイオン濃度に影響を与える因子としてアルドステロンがある．

カルシウムイオンは，そのほとんどが骨の構成成分として存在するが，そのほかに神経伝達，筋収縮，血液凝固などに関与する．正常時の血清カルシウムイオン濃度は約2〜4 mEq/Lである．

c. 体温の調節機構

体温の調節は，温度受容器，体温調節中枢，効果器によって行われる．温熱の変化は，体の皮膚や深部にある温度感受性細胞により感知され，体温調節中枢や大脳皮質に伝わる．体温調節中枢は，そのシグナルを受容すると適切な指令を効果器へと送る．代表的な効果器として，**交感神経（sympathetic nerve）**におけるアドレナリンαおよびβ受容体を介した反応（α受容体：放熱遮断，β受容体：熱産生）や脳下垂体前葉ホルモンである副腎皮質刺激ホルモン，甲状腺刺激ホルモンの分泌亢進による熱産生がある．

12.1 節のまとめ

- ホメオスタシス（恒常性）とは，生物が生きていくために血圧，体液量，体温，酸塩基平衡，電解質濃度などの種々の生体内状態がある一定範囲内に保たれていることをいう．
- ホメオスタシスの維持には，内分泌系（ホルモン），神経系，免疫系が重要な役割を担う．

12.2 内分泌系（ホルモン）

12.2.1 ホルモンの役割

ホルモン（hormone）は内分泌腺で生合成された後に血中に分泌され，その標的臓器へと運ばれる．ホルモンはその標的臓器に存在する特異的な受容体に結合することではじめてその作用を発揮する．ホルモンは，その構造からポリペプチドホルモン，糖タンパク質ホルモン，ステロイドホルモンおよびアミンホルモンに分類される．ホルモンの主な役割として，生体内のホメオスタシス（恒常性）の維持，特に水分や電解質の調節，心血管系の調節やそれに伴う血圧の維持がある．さらには，エネルギー代謝，成長や発育の調節，性腺の分化維持による生殖機能の調節にも関与する．内分泌器官から分泌されるホルモンについて表12-1に示す．

12.2.2 ホルモンの分泌機構・作用機構

ホルモンの生理作用は，受容体に結合することで発現する．水溶性のペプチドホルモンや生理活性アミン（アミンホルモン）は，標的細胞の細胞膜受容体に結合し，受容体に共役したGタンパク質やチロシンキナーゼを介して細胞内情報伝達系を始動させて細胞機能に影響を及ぼす．一方，脂溶性のステロイドホルモンや甲状腺ホルモンは細胞膜の脂質二重層を通過して，細胞質あるいは核内に存在する細胞内受容体に結合し，転写調節因子として機能することで特定のタンパク質の合成を促進し細胞機能に影響を及ぼす．細胞内情報伝達系については12.3節を参照されたい．

ホルモンの血中濃度は，フィードバック機構によりほぼ一定に維持されている．例えば，副腎皮質から分泌されるコルチゾールの血中濃度が高くなると，フィードバック機構により視床下部および脳下垂体前葉にコルチゾールが抑制をかけて副腎皮質刺激ホルモン放出ホルモン（CRH）および副腎皮質刺激ホルモン（ACTH）の分泌を抑制し，血中コルチゾール濃度が低下することで恒常性が維持される（図12-1）．

12.2.3 視床下部ホルモン・下垂体ホルモン

間脳の一部である視床下部からは，視床下部ホルモンが放出される．一部の神経核は，下垂体後葉に軸索を伸ばし，その終末からは下垂体後葉ホルモンが放出される．また一部の神経核からの軸索は，下垂体門脈血管叢に終末部があり，視床下部ホルモンを下垂体門脈血中に放出し，下垂体前葉ホルモンの産生・分泌を調節する．視床下部ホルモンならびに一部の下垂体ホルモンは，内分泌器官（末梢臓器）から分泌されるホ

表 12-1　各内分泌器官とホルモン

脳	視床下部	甲状腺刺激ホルモン放出ホルモン（TRH） 副腎皮質刺激ホルモン放出ホルモン（CRH） 性腺刺激ホルモン放出ホルモン（LH-RH） 成長ホルモン放出ホルモン（GH-RH） 成長ホルモン放出抑制ホルモン（GH-RIH） プロラクチン放出ホルモン（PRH） プロラクチン放出抑制ホルモン（PRIH）
	下垂体前葉	甲状腺刺激ホルモン（TSH） 副腎皮質刺激ホルモン（ACTH） 性腺刺激ホルモン（FSH，LH/ICSH） 成長ホルモン プロラクチン
	下垂体後葉	バソプレシン オキシトシン
甲状腺		チロキシン（T_4），トリヨードチロニン（T_3） カルシトニン
副甲状腺		副甲状腺ホルモン
消化器	消化管	ガストリン セクレチン コレシストキニン 胃抑制ペプチド（GIP）
	膵臓	グルカゴン インスリン ソマトスタチン
副腎	皮質	鉱質コルチコイド（アルドステロン） 糖質コルチコイド（コルチゾール） 副腎性男性ホルモン（デヒドロエピアンドロステロン）
	髄質	アドレナリン，ノルアドレナリン，ドパミン
性腺	精巣	男性ホルモン（テストステロン）
	卵巣：成熟卵胞	卵胞ホルモン（エストラジオール）
	卵巣：黄体	黄体ホルモン（プロゲステロン）

ルモンの分泌調節を担う（図 12-2）.

a. 視床下部ホルモン

視床下部ホルモンには，下垂体前葉ホルモンの分泌を促進する五つの放出ホルモンと分泌を抑制する二つの放出抑制ホルモンがある.

(1) 副腎皮質刺激ホルモン放出ホルモン（CRH） 下垂体前葉からの副腎皮質刺激ホルモン（ACTH）の分泌を促進する.

(2) 甲状腺刺激ホルモン放出ホルモン（TRH） 下垂体前葉からの甲状腺刺激ホルモン（TSH）の分泌を促進する.

(3) 性腺刺激ホルモン放出ホルモン（LH-RH/Gn-RH） 下垂体前葉からの卵胞刺激ホルモン（FSH）および黄体形成ホルモン（LH）の分泌を促進する.

(4) プロラクチン放出ホルモン（PRH） 下垂体前葉からのプロラクチンの分泌を促進する.

(5) 成長ホルモン放出ホルモン（GH-RH） 下垂体前葉からの成長ホルモン（GH）の分泌を促進する.

(6) プロラクチン放出抑制ホルモン（PRIH） PRIH の本体は神経伝達物質でもあるドパミンである．ドパミンは漏斗-下垂体系のドパミン D_2 受容体を刺激することでプロラクチンの分泌を抑制する.

(7) 成長ホルモン放出抑制ホルモン（GH-RIH） GH-RIH は別名ソマトスタチンともよばれ，下垂体からの GH 分泌を抑制する.

b. 脳下垂体ホルモン

下垂体は，視床下部の下方に存在する器官で前葉，中葉，後葉からなる．脳下垂体ホルモンは，五つの前葉ホルモンと二つの後葉ホルモンが分泌される.

（ⅰ）脳下垂体前葉ホルモン

脳下垂体前葉は内分泌性組織で成長から生殖までの広い範囲の生体活動を調節するホルモンを合成し，分泌する.

(1) 副腎皮質刺激ホルモン（ACTH） 副腎皮質束状層に作用し，糖質コルチコイドの産生・分泌を促進する．また，副腎皮質網状層に作用し男性ホルモン

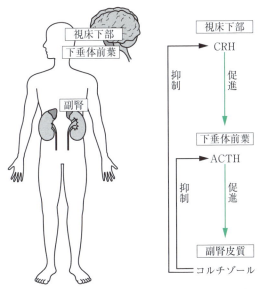

図 12-1 副腎皮質ホルモンによるフィードバック機構

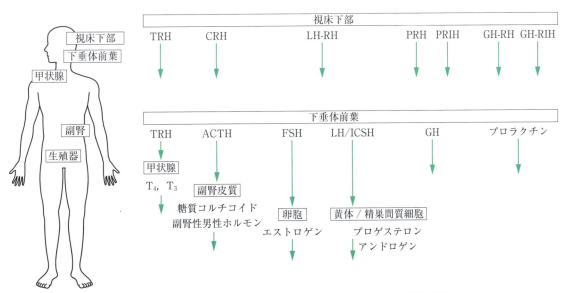

図 12-2 視床下部-下垂体前葉-標的内分泌腺におけるホルモン分泌調節

（アンドロゲン）の分泌も促進する．

(2) **甲状腺刺激ホルモン (TSH)** 甲状腺に作用し，甲状腺ホルモンの産生・分泌を促進する．

(3) **性腺刺激ホルモン（ゴナドトロピン）** 性腺を刺激し，排卵の促進や性ホルモンの産生・分泌を促進する．性腺刺激ホルモンには，卵胞刺激ホルモン (FSH) と黄体形成ホルモン (LH) の二つが存在する．FSH は，女性では未熟な卵胞の成熟に関与し，成熟卵胞で卵胞ホルモン（エストロゲン）の産生を促進する．一方，男性では精細管に作用し精子形成を促進する．また LH は，女性では成熟卵胞に作用して卵胞ホルモンの分泌を促進し，その後排卵・黄体形成を促進する．一方，男性では間質細胞刺激ホルモン (ICSH) とよばれ，精巣の間質細胞に作用してテストステロンの分泌を促進する．

(4) **プロラクチン** FSH や LH と協力して，妊娠中に乳腺を発育させ，分娩後は乳汁の分泌に関与する．

(5) **成長ホルモン (GH)** 直接作用として，血糖上昇作用および血中遊離脂肪酸上昇作用がある．また，間接作用としてインスリン様増殖因子 I 型を介したタンパク質同化作用・骨形成作用を示す．

(ii) **脳下垂体後葉ホルモン**

脳下垂体後葉ホルモンは視床下部の細胞で合成され，神経性分泌により下垂体後葉より分泌される．

(1) **オキシトシン** 産道の機械的刺激や乳頭吸引刺激により分泌が促進される．オキシトシンは，子宮筋に直接作用し律動的収縮作用を示す．また，乳腺平滑筋を収縮し乳汁射出作用を示す．

(2) **バソプレシン** 血漿浸透圧が上昇することで分泌が促進される．バソプレシンは，集合管における水チャネル（アクアポリン）からの水の再吸収を促進して抗利尿作用を示す．

12.2.4 甲状腺ホルモン・副甲状腺ホルモン

甲状腺は頸部前面にある内分泌器官で盾のような形をした臓器である．また，副甲状腺は，甲状腺に隣接して存在する上皮小体ともよばれる内分泌腺である．

a. 甲状腺ホルモン

TSH の刺激により，甲状腺濾胞から分泌されるホルモンである．甲状腺ホルモンには，チロキシン (T_4) とトリヨードチロニン (T_3) の二つがあるが，生理作用は同じである（T_3 の方が生理作用は強い）．主な生理作用は，基礎代謝亢進（体温上昇），糖代謝亢進（血糖上昇），脂質代謝亢進，タンパク質代謝亢進，心拍数増加作用などである．

b. カルシトニン

カルシトニンは，甲状腺濾胞上皮細胞の間に存在する傍濾胞細胞から産生・分泌される．カルシトニンの生理作用は，骨吸収抑制作用および尿細管でのカルシウムイオン再吸収抑制作用による血中カルシウム濃度低下作用である．

c. 副甲状腺ホルモン

副甲状腺から産生・分泌される副甲状腺ホルモンは，骨吸収促進作用，尿細管でのカルシウムイオン再吸収促進作用ならびに活性型ビタミン D_3 生成促進作用による血中カルシウム濃度上昇作用である．

12.2.5 副腎ホルモン

副腎は，左右の腎臓の上に存在し，外側の皮質と中心部の髄質からなる．約80％を占める皮質は，球状層，束状層，網状層の3層構造をしている．皮質からは糖質コルチコイド，鉱質コルチコイド，副腎性男性ホルモンが，髄質からはアドレナリン，ノルアドレナリンなどが分泌される．

a. 副腎皮質ホルモン

ステロイドホルモン (steroid hormone) ともよばれる副腎皮質ホルモンは，コレステロールからプレグネノロンを介して生合成される（図 12-3）．生命維持に不可欠なホルモンであり，ストレス時には副腎髄質ホルモンだけでなく，副腎皮質ホルモンの分泌も増加し生体をストレスから守っている．

(i) **糖質コルチコイド**

ACTH の刺激により，副腎皮質の束状層から分泌される主要な**糖質コルチコイド (glucocorticoid)** は，コルチゾール（ヒドロコルチゾン），コルチゾン，コルチコステロンの三つである．糖質コルチコイドの分泌には日内変動があり，早朝に分泌がピークとなる．主な生理作用は，糖新生の促進による血糖上昇作用，タンパク質異化促進作用，脂肪分解促進作用，抗炎症作用，免疫抑制作用などである．

(ii) **鉱質コルチコイド**

アンギオテンシン II の刺激により，副腎皮質の球状層から分泌される主要な**鉱質コルチコイド (mineralocorticoid)** は，アルドステロンである．生理作用は，電解質の代謝に関与し，遠位尿細管におけるナトリウム-カリウム交換を促進し，ナトリウムイオン再吸収とそれに伴う水の再吸収，ならびにカリウムイオ

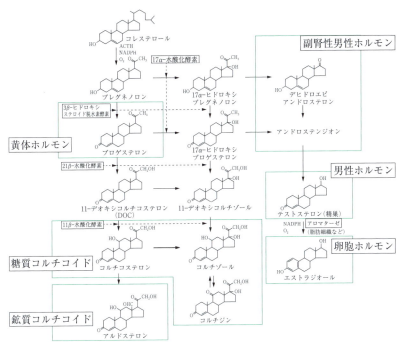

図 12-3 ステロイドホルモンの生合成経路

ンの排泄を促進する．

(iii) 副腎性男性ホルモン

ACTH の刺激により，副腎皮質の網状層から分泌される副腎性男性ホルモンは，テストステロンの前駆物質であるアンドロステンジオンやデヒドロエピアンドロステロンである．いずれも男性ホルモンであるテストステロンの生理活性よりも低いが，男性化作用やタンパク質同化作用などの男性ホルモン作用を有する．

b. 副腎髄質ホルモン

副腎髄質はコリン作動性交感神経・神経節前線維によって支配されており，神経伝達物質でもあるアドレナリンやノルアドレナリンといったカテコールアミンを産生・分泌する．分泌されるカテコールアミンのうち，約 80% はアドレナリンである．アドレナリン，ノルアドレナリンの生理作用は，ともにアドレナリン α 受容体および β 受容体を介した交感神経興奮作用である．

12.2.6 性ホルモン

性ホルモンには，女性ホルモンと男性ホルモン，さらに女性ホルモンには卵胞ホルモンと黄体ホルモンがある．性ホルモンの分泌は，脳下垂体前葉から分泌される性腺刺激ホルモンによって調節されている．

a. 男性ホルモン（アンドロゲン）

男性ホルモンである**テストステロン（testosterone）**は，ICSH の刺激により，精巣小葉内の間質細胞（ライディッヒ細胞）で産生・分泌される．主な生理作用は，FSH と共同して精子形成を促進する男性化作用や骨格，筋肉，骨などの器官タンパク質合成促進作用などのタンパク質同化作用である．

b. 女性ホルモン

女性ホルモンには卵胞ホルモンと黄体ホルモンがあり，主に女性の性周期や妊娠時に関与する．

(i) 卵胞ホルモン（エストロゲン）

FSH，LH の刺激により，成熟卵胞から産生・分泌される主要な卵胞ホルモン（**エストロゲン（estrogen）**）は，エストラジオール，エストロン，エスト

アンドリュー・フィールディング・ハクスレー

英国の電気生理学者．巨大な神経軸索をもつヤリイカを用いて活動電位発生のしくみを明らかにした．神経興奮の基本モデルを提唱して神経生理学の発展に大きく貢献した．ケンブリッジ大学教授を務め 1963 年にノーベル生理学・医学賞を受賞した．（1917-2012）

リオールである．主な生理作用は，女性副性器・乳腺の発育を促進する女性化作用や骨吸収抑制作用である．この骨吸収抑制作用は骨からのカルシウムイオンの遊離を抑制する作用であり，女性が加齢によりエストロゲンが消退することで骨粗鬆症が起こりやすくなるのは，この骨吸収抑制作用が低下するためである．

(ⅱ) 黄体ホルモン（ゲスタゲン）

性周期後半に LH の刺激により，排卵後の黄体から分泌される主要な黄体ホルモン（ゲスタゲン）は，プロゲステロンとプレグナンジオールである．黄体ホルモンは，妊娠維持に重要な役割をもつ．主な生理作用は，子宮内膜を増殖期から分泌期に移行させて妊娠維持に寄与する．また，排卵後の基礎体温上昇や子宮筋のオキシトシンに対する感受性を低下させて流産防止に寄与する．

12.2.7 消化器ホルモン

消化器系からはさまざまなホルモンが分泌され，そのホルモンの作用により消化管運動などの消化器系機能の調節に寄与する．

a. 消化管ホルモン（胃・十二指腸・小腸）

代表的な消化管ホルモンとして，ガストリン，セクレチン，コレシストキニン，胃抑制ペプチド（GIP）などがある．

ガストリンは，胃幽門部から分泌され，胃壁細胞に作用して胃酸分泌促進作用を示す．セクレチンとコレシストキニンは，十二指腸から分泌され，膵液分泌の促進作用や肝細胞からの胆汁分泌促進作用，胆のう収縮作用などを示す．GIP は，十二指腸や空腸（上部小腸）から分泌され，胃酸分泌，ガストリン分泌の抑制作用，インスリン分泌の促進作用を示す．

b. 膵臓ホルモン

膵臓には，外分泌を行う腺細胞と内分泌腺として重要なランゲルハンス島が散在している．このランゲルハンス島には三つの内分泌細胞があり，それぞれ A 細胞からはグルカゴン，B 細胞からはインスリン，D 細胞からはソマトスタチンが分泌される．

(ⅰ) グルカゴン

血糖低下により分泌が促進されるグルカゴンは，膵臓ランゲルハンス島 A 細胞から分泌される．主な生理作用は，肝細胞でのグルコース産生促進や糖新生促進による血糖上昇作用である．

(ⅱ) インスリン

血糖上昇により分泌が促進されるインスリン（insulin）は，膵臓ランゲルハンス島 B 細胞から分泌される．主な生理作用は，細胞内糖輸送担体（GLUT）からのグルコース取込み促進による血糖低下作用，脂肪合成およびタンパク質合成促進による体重増加作用などである．

(ⅲ) ソマトスタチン

ソマトスタチンは，膵臓ランゲルハンス島 D 細胞から分泌され，インスリンとグルカゴンの分泌を抑制して血糖調節に寄与する．また，ガストリンやセクレチンなどの消化管ホルモンの分泌を抑制する．さらにソマトスタチンは，視床下部から分泌されると成長ホルモン放出抑制ホルモンとして機能し，下垂体からの GH 分泌を抑制する．

12.2 節のまとめ

- ホルモンは，内分泌腺で生合成された後に血中に分泌され，その標的臓器へと運ばれ，その標的臓器に存在する特異的な受容体に結合することではじめてその作用を発揮する．
- ホルモンの主な役割は，生体内のホメオスタシス（恒常性）の維持，エネルギー代謝，成長や発育の調節，性腺の分化維持による生殖機能の調節など多彩である．
- ホルモンの血中濃度は，フィードバック機構によりほぼ一定に維持されている．

12.3 細胞内情報伝達

細胞におけるシグナル伝達（細胞内情報伝達）には受容体（receptor）とよばれるタンパク質が関与する．受容体はその存在する場所によって細胞膜受容体と細胞内受容体（細胞質受容体，核受容体）とに大別される．

12.3.1 細胞膜受容体

細胞膜受容体は，細胞膜を貫通するタンパク質であ

表12-2 細胞膜受容体

	Gタンパク質共役型	イオンチャネル内蔵型	酵素共役型
模式図	(図)	(図)	(図)
ペプチド鎖の膜貫通回数	7回	4〜5回	1回

表12-3 Gタンパク質共役型受容体の情報伝達

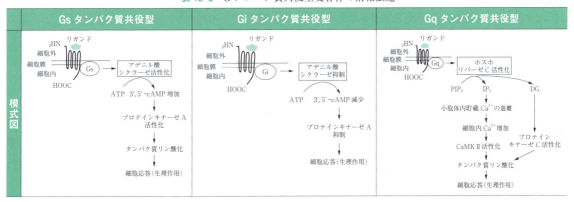

り，Gタンパク質共役型，イオンチャネル内蔵型，酵素共役型の三つに分けられる（表12-2）。

a. Gタンパク質共役型受容体

Gタンパク質共役型受容体（G-protein coupled receptor：GPCR）は細胞膜を7回貫通する受容体で，Gタンパク質（G-protein）とはグアニンヌクレオチド結合タンパク質の略称である．ギルマンとロッドベルは，このGタンパク質およびGタンパク質の細胞内情報伝達に関する役割を発見し，1994年にノーベル生理学・医学賞を受賞した．

神経伝達物質や作動性薬物が受容体に結合すると，細胞膜内伝達器（Gタンパク質）と効果器（酵素）を介して細胞内に情報が伝えられ，さらにリン酸化酵素の活性化などを介して生理作用を発揮する．GPCRはGタンパク質の種類の違いにより，効果器を介した細胞内情報伝達が異なる（表12-3）．

（i）Gsタンパク質共役型受容体

アドレナリンβ受容体やヒスタミンH_2受容体，ドパミンD_1受容体などはGsタンパク質共役型受容体

アルフレッド・グッドマン・ギルマン

アメリカの薬理学者．細胞内情報伝達において，細胞内でGTPと相互作用を示すタンパク質（Gタンパク質）を発見し，1994年にノーベル生理学・医学賞を受賞した．（1941-）

マーティン・ロッドベル

アメリカの生化学者．ホルモンの細胞内情報伝達におけるGTP（グアノシン三リン酸）の役割を発見し，1994年にノーベル生理学・医学賞を受賞した．（1925-1998）

である．Gsタンパク質共役型受容体が刺激されると，アデニル酸シクラーゼが活性化され，細胞内サイクリックAMP（cAMP）が増加する．これにより，プロテインキナーゼA（PKA）が活性化され，タンパク質のリン酸化などを介した生理作用が発現する．

(ⅱ) Giタンパク質共役型受容体

アドレナリンα_2受容体やムスカリン性アセチルコリンM_2受容体，ドパミンD_2受容体などはGiタンパク質共役型受容体である．Giタンパク質共役型受容体が刺激されると，Gsタンパク質とは対照的にアデニル酸シクラーゼの活性が抑制され，細胞内サイクリックAMP（cAMP）は減少する．これにより，プロテインキナーゼA（PKA）の活性が抑制されるため，抑制性の生理作用が発現する．

(ⅲ) Gqタンパク質共役型受容体

アドレナリンα_1受容体やムスカリン性アセチルコリンM_1受容体，ヒスタミンH_1受容体などはGqタンパク質共役型受容体である．Gqタンパク質共役型受容体が刺激されると，ホスホリパーゼCが活性化され，イノシトール1,4,5-三リン酸（IP_3）やジアシルグリセロール（DG）が細胞内に遊離される．遊離されたIP_3は細胞内カルシウムイオンの増加，DGはプロテインキナーゼC（PKC）を活性化し，両方の作用によりタンパク質のリン酸化などを介した生理作用を発揮する．

b. イオンチャネル内蔵型受容体

細胞膜を4～5回貫通する受容体で，五つのサブユニットから構成され，チャネルを形成している．神経伝達物質や作動性薬物が受容体に結合すると，内蔵されているナトリウムイオン，カルシウムイオン，クロライドイオンなどのチャネルが開口することで生理作用を発揮する（図12-4）．

ニコチン性アセチルコリン受容体やGABA$_A$受容体はイオンチャネル内蔵型受容体である．ニコチン性アセチルコリン受容体が内蔵する**イオンチャネル(ion channel)**はナトリウムチャネルであり，アセチルコリンが受容体に結合すると，内蔵されているナトリウムチャネルが開口し細胞内にナトリウムイオンが流入する．それにより細胞内は脱分極，つまり活動電位による興奮性の生理作用が発現する．一方，GABA$_A$受容体が内蔵するイオンチャネルはクロライドチャネルであり，γアミノ酪酸（GABA）が受容体に結合すると，内蔵されているクロライドチャネルが開口し細胞内にクロライドイオンが流入する．それにより細胞内は過分極，つまり活動電位が生じにくくな

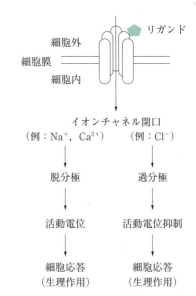

図12-4 イオンチャネル内蔵型受容体の情報伝達

ることで抑制性の生理作用が発現する．

c. 酵素共役型受容体

細胞膜を1回貫通する受容体で，チロシンキナーゼ活性領域あるいはグアニル酸シクラーゼ活性領域をもつ．インスリン受容体や**上皮成長因子受容体（epidermal growth factor receptor：EGFR）**，心房性ナトリウム利尿ペプチド受容体は酵素共役型受容体である．

インスリンがインスリン受容体に結合すると，共役するチロシンキナーゼが活性化され，細胞内のタンパク質のチロシン残基のリン酸化反応を引き起こす．この反応により，グルコース輸送担体を介したグルコースの細胞内への輸送，つまり血糖低下作用が発現する．また，上皮成長因子とは上皮細胞の成長や増殖に関与する因子であり，がん細胞の増殖にも深い関連性が指摘されている．そのため，多くの分子標的治療薬はこの上皮成長因子が結合するEGFRを標的としたものである（第17章参照）．上皮成長因子がEGFR

アラン・ロイド・ホジキン

英国の生理学者．1939年にイカの巨大軸索内の神経細胞にて，1950年にはカエルの単一筋細胞にて細胞内活動電位の測定に成功し，これらの業績により1963年にハクスリーとともにノーベル生理学・医学賞を受賞した．(1914-1998)

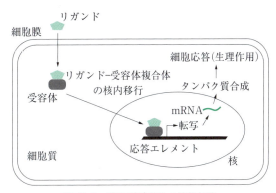

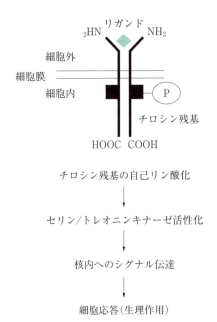

図 12-5 酵素共役型受容体の情報伝達

図 12-6 細胞質受容体の情報伝達

に結合すると，自己リン酸化を引き起こす．この反応に続いて，低分子量 G タンパク質である Ras が活性化され，さらに下流の MAP キナーゼカスケードが活性化される．それにより核内への情報伝達が起こり，細胞増殖・分化に関連するような特定の遺伝子発現が促進される（図 12-5）．

インスリン受容体や EGFR とは異なり，心房性ナトリウム利尿ペプチド受容体が刺激されると，膜結合型のグアニル酸シクラーゼが活性化する．この反応により，サイクリック GMP（cGMP）が増加し，プロテインキナーゼ G の活性化を介した生理作用である利尿作用や血圧降下作用が発現する．

12.3.2 細胞内受容体

細胞内受容体は，核内受容体ともよばれ，核内の DNA と結合することで転写調節因子として機能する．細胞内受容体は，その存在位置によりさらに細胞質受容体と核受容体とに大別される．

a. 細胞質受容体

細胞質受容体は，ホルモンや作動性薬物などのリガンド非存在下では細胞質に存在する．リガンドが細胞質受容体に結合すると，リガンド-受容体複合体となり核内へと移行し，核内の DNA と結合して転写調節因子として機能する（図 12-6）．つまり，特異的なタンパク質合成による生理作用を発揮する．活性型ビタミン D_3 やステロイドホルモン（コルチゾール，アルドステロン，プロゲステロン）の受容体は細胞質受容体である．

b. 核受容体

核受容体は，ホルモンや作動性薬物などのリガンド非存在下でも核内に存在する．リガンドが核内に移行すると，リガンド-受容体複合体を形成し，核内の DNA と結合して転写調節因子として機能する．それにより特異的なタンパク質合成による生理作用を発揮する．甲状腺ホルモンやステロイドホルモン（テストステロン，エストラジオール）の受容体は核受容体である．

12.3.3 セカンドメッセンジャー

受容体を介した細胞内情報伝達は，神経伝達物質や作動性薬物などのリガンドが受容体に結合することから始まる．リガンドが受容体に結合すると，細胞内情報伝達物質を介して生理作用を発現する．細胞外から情報を伝えるリガンドを**ファーストメッセンジャー（first messenger）**といい，細胞内に情報を伝える物質を**セカンドメッセンジャー（second messenger）**という．代表的なセカンドメッセンジャーとして，cAMP，cGMP，DG，IP_3，カルシウムイオンなどがある．

12.3.4 タンパク質のリン酸化，脱リン酸化

セカンドメッセンジャーによる細胞内情報伝達には，その下流にタンパク質のリン酸化および脱リン酸化が関与している．生体内でタンパク質がリン酸化されると，タンパク質の高次構造，機能，活性化に影響を与え，情報伝達の一端を担っている．細胞内情報伝達機構におけるタンパク質リン酸化酵素には，PKA，PKC，セリン/トレオニンキナーゼ，チロシンキナー

ゼ，MAPキナーゼなどがある．
　タンパク質のリン酸化は，側鎖に水酸基をもつセリン，トレオニン，チロシンの三つのアミノ酸残基で起こるため，多くのリン酸化酵素はセリン/トレオニンキナーゼとチロシンキナーゼの二つに大別される．

> **12.3 節のまとめ**
> - 細胞におけるシグナル伝達（細胞内情報伝達）には受容体とよばれるタンパク質が関与する．
> - 受容体を介した細胞内情報伝達は，神経伝達物質や作動性薬物などのリガンドが受容体に結合することから始まり，細胞内に情報を伝える物質（セカンドメッセンジャー）を介して生理作用を発揮する．
> - セカンドメッセンジャーによる細胞内情報伝達には，その下流でのタンパク質のリン酸化および脱リン酸化が関与し，生体内でタンパク質がリン酸化されることによりタンパク質の高次構造，機能，活性化に影響を与える．

12.4　神経系による情報伝達

　生体内の恒常性を維持するしくみの一つとして，神経系による働きがある．神経系ではニューロンとよばれる神経細胞を介して情報伝達が行われる．ニューロンは細胞内で電気シグナルを発生する性質をもっており，非常に早く情報を伝達することができる．ニューロンからニューロンへの情報伝達は，神経伝達物質とよばれる化学メッセンジャーの働きによって起こる．このような細胞間の伝達システムにより感覚器で受けとった刺激に対する応答（運動）が起こる．

　本節では，神経系による情報伝達のしくみを理解するために，ニューロンの構成，ニューロンにおける電気シグナル発生のしくみ，および化学シグナル（神経伝達物質）の作用機構について説明する．

12.4.1　ヒト神経系の構成

　ヒトの**神経系**（nervous system）は，中枢神経と末梢神経に分けられる（図12-7）．中枢神経は**脳**（brain）と**脊髄**（spinal code）からなる神経である．末梢神経は中枢神経とさまざまな器官をつなぐ神経であり，さらに体性神経と**自律神経**（autonomic nervous system）に分けられる．

　体性神経は，意識にのぼる知覚や運動を司る神経で，**感覚神経**（sensory nerve）と**運動神経**（motor nerve）がある．感覚神経は，皮膚などの感覚器からの情報を中枢神経に伝え，運動神経は中枢神経からの指令を骨格筋に伝えて運動を引き起こす．運動神経は自分の意志で制御できる随意神経である．

　自律神経は，内臓器官の活動を調節して生体の恒常性を維持する役割を果たす．自律神経は意識とは無関

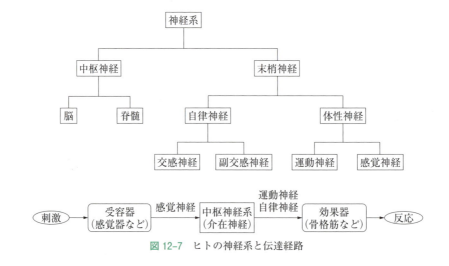

図12-7　ヒトの神経系と伝達経路

係に働く不随意神経で交感神経と副交感神経がある．交感神経は脊髄や腰髄などから出ており，副交感神経は中脳や延髄などから出ている．ほとんどの器官にはこの2種類の神経が分布しており，器官の働きは拮抗的に調節されている．

交感神経は活動時や興奮時に働く神経である．交感神経は一般的に体を闘争と逃避に導いてエネルギー消費を高める．一方，副交感神経は逆の役割をもっており，安静時や睡眠時に働く．副交感神経は体を安静と休息に誘い，エネルギーを蓄えさせる．交感神経と副交感神経の緊張のバランスが崩れると，自律神経失調症とよばれる病気になることが知られている．

12.4.2 神経系を構成する細胞

a．ニューロン

神経系は情報を伝える**ニューロン**（neuron，神経細胞）とそれを取り巻くグリア細胞（glia cell，神経膠細胞）からなる．ニューロンの形態はさまざまなものが知られているが，一般的に他のニューロンからの情報を入力する**樹状突起（dendrite）**，情報の統合が行われる**細胞体（cell body）**，そして情報を出力する**軸索（axon）**がみられる（図12-8）．

細胞体には他の体細胞にもみられる核などの細胞小器官がある．樹状突起は木の枝を広げたような形をしており，他のニューロンから伸びてくる軸索の終末が**シナプス（synapse）**とよばれる接点を形成することが多い．二つのニューロンによりつくられるシナプスには，非常に狭い間隙がある．

軸索は細長く伸びた繊維で，その根元は円錐形の軸索丘をなす．軸索は細胞体から1本のみが出て伸びており，長いもので長さ数十cmになる．軸索丘はニューロンが活動電位とよばれる電気シグナルを発生する場所である．軸索の終末は普通数本に分岐し，それぞれが他のニューロンとシナプスを形成している．多数のニューロンがシナプス結合を介して集合し，太い束になると神経系がつくられる．

b．グリア細胞

ニューロンの周囲にはグリア細胞がある（図12-8）．グリア細胞はニューロンに栄養分を与え，ニューロンが機能するうえで欠かせない細胞である．通常，ニューロンよりも小さいが，数的には数十倍存在する．グリア細胞にはオリゴデンドロサイト（希突起神経膠細胞）とシュワン細胞，アストロサイト（星状膠細胞），およびミクログリア（小膠細胞）がある．

中枢神経ではオリゴデンドロサイト，末梢神経では

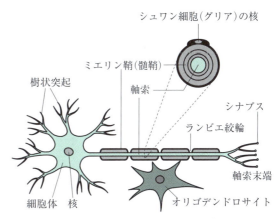

図12-8 神経細胞とグリア細胞の構造

シュワン細胞が軸索に何重にも巻きつき，ミエリン（髄鞘）とよばれる電気的絶縁体を形成する．ミエリンは脂質を豊富に含んでおり，軸索の束は白くみえる（脳や脊髄の灰白質）．アストロサイトはニューロンの代謝や生育を支え，ミクログリアは脳内での生体防御に関わる．

12.4.3 静止膜電位の発生

ニューロンでは，他の体細胞と同様に**Na^+ポンプ**（sodium pump）の働きにより常に細胞内からNa^+が汲み出され，細胞外からK^+が取り込まれている．この能動輸送によりK^+濃度は細胞の外側よりも内側が高い状態に保たれ，反対にNa^+濃度は内側よりも外側が高い状態に保たれている．

細胞膜ではNa^+ポンプのほかに**イオンチャネル（ion channel）**も働いている．刺激のない状態では，ニューロンの細胞膜にある**電位依存性Na^+チャネル（voltage-gated sodium channel）**は閉じているのに対し，**K^+リークチャネル（potassium leak channel）**は開閉を繰り返している．そのため，K^+が細胞外に少し漏れ出して細胞外に正電荷が蓄積し，細胞膜の外側が相対的に正，内側が負に**分極（polarization）**す

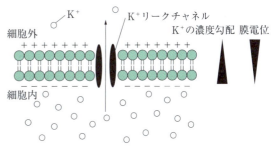

図12-9 膜電位が発生するしくみ

る（図 12-9）．この電位差（電位勾配）は**膜電位（membrane potential）**とよばれ，細胞内の K^+ が濃度勾配に従って細胞外へ流出するのを妨げる方向に働く．

K^+ の濃度勾配と電位勾配が釣り合うと，K^+ の移動は見かけ上止まる．この移動が止まるときの膜電位は平衡電位とよばれる（コラム図 12-1 参照）．静止状態では細胞膜の外側を基準（0 mV）とすると，内側は約 −70 mV の電位になっている．この電位差は**静止膜電位（resting membrane potential）**とよばれ，平衡電位に等しい．

12.4.4 活動電位の発生

ニューロンが刺激を受けると，刺激が加わった細胞膜部分では膜電位が瞬間的に逆転してもとの静止電位に戻る．この電位変化のしくみは，細胞膜にある電位依存性 Na^+ チャネルと電位依存性 K^+ チャネルの開閉によって説明することができる（図 12-10）．

ニューロンが刺激を受けると電位依存性 Na^+ チャネルが開いて Na^+ が細胞内に流れ込む．このとき，

ロデリック・マキノン

アメリカの生物物理学者．細菌の K^+ チャネルの立体構造を解明した（1998 年発表）．この研究によりイオンチャネルが特定のイオンを通すしくみが明らかになった．ロックフェラー大学分子神経生物学教授を務め 2003 年ノーベル化学賞受賞．（1956-）

膜電位が閾値まで上昇すると，Na^+ チャネルは開いた状態になり，膜電位は負から正へと急速に変化する（**脱分極（depolarization）**）．膜電位が極大に達すると，Na^+ の流入が止まり Na^+ チャネルは閉じる．続いて電位依存性 K^+ チャネルが開いて K^+ が細胞外に流出するようになる．このため，膜電位は急速に負の値になり（再分極），静止膜電位に戻る．このような負の値から一過的に正の値となる膜電位の変化を**活動電位（action potential）**とよぶ（コラム図 12-2 参照）．またニューロンで活動電位が発生することを**興奮（excitation）**とよぶ．興奮に伴い細胞内に流入した Na^+ と細胞外に流出した K^+ は，最終的に Na^+ ポンプの働きにより静止状態の濃度分布に戻される．

活動電位の発生過程は，1 ミリ秒程度で完結する．典型的なニューロンでは活動電位の発生が 1 秒間に何百回も起こることが知られている．

12.4.5 興奮の伝導

ニューロンが興奮して活動電位が発生すると，活動電位は軸索を末端に向かって伝導していく．軸索の膜には隙間なく電位依存性 Na^+ チャネルが並んでいる．活動電位は軸索に沿って連鎖的に発生し，一方向に大きさが変わることなく伝導する（図 12-11）．Na^+ チャネルは一過的に開いた後，不活性化状態となるため膜電位が変化してもしばらくは開かない．この性質により，活動電位は逆方向には伝導しない．

軸索がミエリン鞘で覆われていない無髄神経では，活動電位の変化が逐次的に隣へ移動するため，興奮伝達はそれほど速くない（毎秒 1〜数 m）．無髄神経に

膜電位の計算

静止状態における神経細胞の細胞膜では Na^+ は透過せず，K^+ がわずかに透過性を示す．ヤリイカの神経細胞について，細胞内と細胞外の K^+ 濃度比から細胞膜を隔てて K^+ の移動が起こらなくなるときの静止膜電位をネルンスト（Nernst）の式により計算することができる（コラム図 12-1）．細胞内と細胞外の K^+ 濃度比を $C_o/C_i = 1/19$，温度 25℃ とすると，K^+ の平衡電位 $V_K = 26 \times \ln(1/19) = -76$ mV となる．この値は静止膜電位の観測値にほぼ一致する．

神経細胞が興奮すると，電位依存性 Na^+ チャネルが開いて細胞膜は Na^+ 透過性となる．静止膜電位と同様に細胞内外の Na^+ 濃度比から，ネルンストの式により活動電位を計算することができる．細胞内外の Na^+ 濃度比を $C_o/C_i = 9/1$，温度 25℃ とすると，

Na^+ の平衡電位 $V_{Na} = 26 \times \ln(9/1) = +57$ mV となる．この値は活動電位の観測値にほぼ一致する．

$$\text{ネルンストの式}: V = \frac{RT}{ZF} \ln \frac{C_o}{C_i}$$

V：細胞膜を隔てたイオンの平衡電位
C_o, C_i：細胞外，細胞内のイオン濃度
R：気体定数（8.31 J/K^{-1} mol^{-1}）
T：絶対温度
Z：イオンの価数（Na^+ や K^+ では +1）
F：ファラデー定数（9.65×10^4 J V^{-1} mol^{-1}）

コラム図 12-1 膜電位を計算する式

12.4 神経系による情報伝達

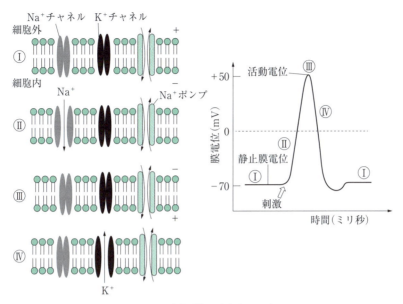

図 12-10 活動電位が発生するしくみ

対して軸索がミエリン鞘で覆われている有髄神経では，活動電位は軸索がわずかに露出した**ランビエ絞輪 (Ranvier node)** のところでしか発生しない．このため，有髄神経では興奮はランビエ絞輪から次のランビエ絞輪へ飛び飛びに伝わり（跳躍伝導），興奮伝導は非常に速い（毎秒約 100 m）．

無脊椎動物はすべて無髄神経をもつのに対して，ヒトをはじめとする脊椎動物の多くは有髄神経をもっている．

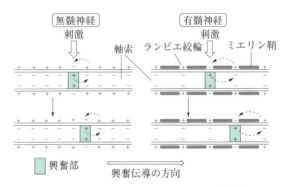

図 12-11 有髄神経と無髄神経での興奮伝導

ヤリイカを用いた活動電位の測定

活動電位が発生するしくみの解明には，ヤリイカを用いた研究が大きく貢献した．ヤリイカは長さ約 10 cm，直径約 1 mm の巨大な軸索をもっている．この軸索は哺乳類の軸索よりも 100 倍以上太く，興奮は体中に高速で伝わる．ヤリイカはこのような極太の軸索をもつため，無髄神経を有するにもかかわらず，敵に襲われると海中で勢いよく水を吐き出して素早く逃げることができる．

ホジキンとハックスレーは，ヤリイカの巨大軸索を用いて活動電位が発生するしくみを研究した．彼らはヤリイカから取り出した巨大軸索を海水中に浸し，ガラス毛細管電極を軸索の奥深くまで挿入して軸索の内側と外側の電位差を測定した（**コラム図 12-2**）．この微小電極を用いた測定により，軸索の内側は外側に対して負の電位であり，約 −70 mV の膜電位をもつことが初めて示された．

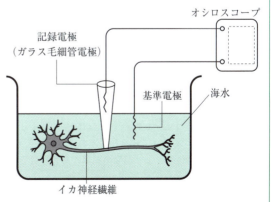

コラム図 12-2　巨大軸索を用いた活動電位の測定

12.4.6 シナプスにおける興奮伝達

あるニューロンにおいて，活動電位が軸索終末まで到達すると，細胞外から Ca^{2+} が流入する．すると，Ca^{2+} 濃度の上昇が引き金となって**神経伝達物質（neurotransmitter）**を含むシナプス小胞が細胞膜（シナプス前膜）まで移動する．シナプス小胞が細胞膜に融合すると，神経伝達物質がシナプス間隙に放出される（図 12-12）．神経伝達物質は，ニューロンによって化学種が決まっている．例えば，骨格筋の筋細胞が収縮するときは，伝達物質としてアセチルコリンが用いられる．また脳内の海馬では，グルタミン酸が伝達物質として用いられ，記憶や学習の過程において重要な役割を果たしている．

間隙に放出された神経伝達物質がシナプス後膜にあ

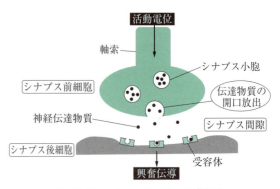

図 12-12　シナプスにおける興奮伝達

る受容体チャネルに結合すると（コラム図 12-3 参照，下記コラム参照），イオンが細胞内に流入して**シナプス後電位（postsynaptic potential）**とよばれるわず

アセチルコリン受容体

アセチルコリン（acetyl choline：ACh）は，骨格筋の収縮に関与する神経伝達物質として知られる．ACh は脳における睡眠や学習，記憶などの現象にも関わっていて，ACh を伝達物質とする神経はコリン作動性神経とよばれる．

骨格筋の細胞膜にある ACh 受容体は，4 種類のサブユニットからなる五量体構造をしている（コラム図 12-3）．それぞれのサブユニットは，膜貫通領域をもつ膜タンパク質であり，同心円状に配置されてイオンチャネルを形成している．五つのサブユニットのうち，二つのサブユニットに ACh の結合部位が存在する．

通常，ACh 受容体のチャネルは閉じている．興奮がシナプス前膜に到達して ACh がシナプス間隙に放出されると，この受容体の二つのサブユニットに ACh が結合してチャネルが開く．チャネルが開くと，Na^+ が筋細胞内に流入して脱分極が起こり，筋細胞の収縮が始まる．

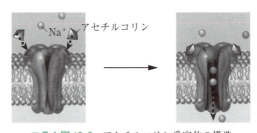

コラム図 12-3　アセチルコリン受容体の構造
(G.J. Tortora, B. Derrickson, Principles of Anatomy and Physiology, John Wiley & Sons, 2012 より改変)

神経伝達物質の行方

神経伝達物質は受容体に結合した後，酵素により分解されたり，エンドサイトーシスによりシナプス前膜へ再吸収されたりして，シナプス間隙から除去される．前述の ACh の場合は情報が伝達されると，シナプス後膜にあるコリンエステラーゼ（ChE）により加水分解され，メッセンジャーとしての役目を終える．このような不活性化により過度の興奮が抑えられるしくみになっている．

神経伝達物質を分解する酵素の阻害剤は，神経治療薬として有用である．例えば，ドネペジルとよばれる阻害薬は，ChE を可逆的に阻害して ACh の分解を抑制し神経伝達を促進することが知られている．ドネペジルは，認知症の治療に使用されている．

しかし，ChE の活性を非可逆的に阻害する物質は，神経障害を引き起こしてしまう．神経ガスの一種であるサリンは，ChE を非可逆的に阻害してその働きを強力に抑えてしまうため，神経毒としての作用がある．サリンが悪用された凶悪なテロである「地下鉄サリン事件」は，我々にとって決して忘れることのできない教訓となっている．

かな電位変化が生じる．細胞体には多数のシナプスがあり，各シナプスで発生する電位は時間的・空間的に加算される．加算結果が閾値よりも高いと，軸索丘で活動電位が発生し軸索に出力され，次のニューロンへ情報伝達が起こる．

まとめると，軸索を伝わってきた電気シグナルは，シナプスでいったん化学シグナル（伝達物質）に変換されて次のニューロンに渡されていく．無数のニューロン同士がシナプス結合によって神経回路を形成している脳や脊髄では，高度で複雑な情報伝達が行われる．

> ### 12.4 節のまとめ
> - 中枢神経は脳と脊髄であり，末梢神経には体性神経と自律神経がある．体性神経には感覚神経と運動神経がある．
> - ニューロンは主に細胞体と軸索からなり，軸索の末端はシナプスを介して次のニューロンに結びついている．
> - 静止状態のニューロンでは，細胞膜の内側は外側を基準にして約 $-70\,\mathrm{mV}$ の膜電位をもっている．
> - ニューロンが興奮すると，Na^+ が細胞内に流入して膜電位が一時的に逆転し活動電位が発生する．
> - 活動電位発生に伴う一連の膜電位の変化は，電位依存性 Na^+ チャネルと K^+ チャネルの開閉により理解できる．
> - シナプスにおいて，興奮は電気シグナル（活動電位）から化学シグナル（神経伝達物質）に変換されて伝達される．

12.5 感染と免疫

免疫（immunity）という言葉は，免税（im-munitas）が語源で，もともとは税（munitas）を免れる（im）という意味であったが，そこから，「疫病を免れる」ことを意味するようになった．生体内外の異物を認識し，これを排除する生体の防御反応で，生体恒常性維持機構の一つである．ここでは，動物の免疫システムについて概説する．

12.5.1 免疫システム

a. 免疫とは

環境中には，ウイルス，細菌，真菌などの微生物が多数存在し，我々の体は常にそれらの微生物の侵襲，すなわち，感染の危険にさらされている．微生物を含む非自己成分の異物から身を守る体のしくみが免疫システムである．この現象に気づき，それを医療に最初に応用したのがエドワード・ジェンナーである．18世紀当時，天然痘は致死率30%のウイルス性伝染病で，死に至らないまでも全身に瘢痕を残すため，非常に恐れられていた病気である．しかし，一度天然痘に感染した人や，類縁のウイルス感染疾患である牛痘に感染した人は，二度と天然痘に感染しないことが知られていた．そこで，天然痘に比べて弱毒な牛痘をあらかじめ接種してやれば，天然痘の予防になるとジェンナーは予想し，1796 年，人体実験でそれを証明した．これがワクチン療法の最初の例である．

生体は異物を**抗原（antigen）**として認識し，それに対抗するためにさまざまな免疫システムを駆使する．**抗体（antibody）**の産生もその一つである．抗体は，**免疫グロブリン（immunoglobulin）**ともよばれるタンパク質で，抗原に特異的に結合し，これを無毒化する．さらに，抗原の化学構造の記憶と，特異抗体の産生能は長期にわたって維持され，類縁の抗原が入ってきても，無毒化することができる．これが，免疫が成立した状態である．

b. 免疫担当細胞と組織

脊椎動物において免疫担当細胞は，白血球とよばれる細胞集団で，骨髄の造血幹細胞から分化し，血中に

エドワード・ジェンナー

英国の医学者．種痘法を開発した近代免疫学の父．天然痘に対する予防接種を研究する中，1796 年，牛痘を接種した少年に天然痘を接種したが，発病しないことを発見した．（1749-1823）

表 12-4 免疫担当細胞

	細胞	機能
顆粒球系細胞		
多核白血球	好中球	異物の貪食
	好酸球	寄生虫感染防御
	好塩基球	アレルギー反応
単球系細胞		
単球（血中）	マクロファージ（組織）	異物の貪食と抗原提示
樹状細胞（組織）	ランゲルハンス細胞（皮膚）	
リンパ球系細胞		
B 細胞		抗体産生
T 細胞	ヘルパー T 細胞	貪食細胞，B 細胞活性化
	キラー T 細胞	細胞障害
NK 細胞		細胞障害

表 12-5 自然免疫と獲得免疫

自然免疫		学習・記憶を伴わない．
獲得免疫	体液性免疫	学習・記憶を伴う．B 細胞（抗体）による免疫．
	細胞性免疫	学習・記憶を伴う．T 細胞による免疫．

放出され，免疫機能を担う細胞へと成長する．白血球は顆粒球系細胞，単球系細胞，リンパ球に大別される（表 12-4）．

　顆粒球系細胞は多核白血球である好中球，好塩基球，好酸球と，肥満細胞に分類される．好中球は白血球の中で最も多く存在する細胞で，感染や炎症時には急速に増加し，局所へ移動し，細菌の捕捉，貪食，殺菌に関与する．好塩基球は血液中に分布し，その細胞内顆粒にはヒスタミンやプロスタグランジンなどが含まれる．同様の顆粒は組織中の肥満細胞にもあり，アレルギー（allergy）はこの顆粒内容物の放出，すなわち脱顆粒によって引き起こされる．好酸球は寄生虫感染時に増加する細胞で，毒素などを分泌し寄生虫を攻撃する．

　単球系細胞には血中の単球，組織中のマクロファージや樹状細胞，皮膚のランゲルハンス細胞が含まれる．いずれも貪食能に富み，微生物の貪食ばかりでなく，死細胞や変性タンパク質の貪食除去にも関与する．また，貪食された微生物などは細胞内で分解され，そのタンパク質の小断片は異物情報として細胞表面に提示される．これがいわゆる抗原提示である．提示された抗原情報は，以下に述べるように獲得免疫系の活性化に活用される．

　リンパ球には T 細胞（T cell），B 細胞（B cell），NK 細胞（NK cell）がある．T 細胞は骨髄から出たのち，胸腺（thymus）で成熟するので "T" 細胞と名づけられた．B 細胞は哺乳類では骨髄（bone marrow）で，鳥類では肛門近くのファブリキウス嚢（bursa of Fabricius）で成熟するので "B" 細胞と名づけられた．T 細胞は，細胞表面に特異的抗原を認識する T 細胞受容体（T cell receptor：TCR）をもち，後述する細胞性免疫の主役である．T 細胞はさらに，マーカー分子として CD4 を発現するヘルパー T 細胞と，CD8 を発現するキラー T 細胞に大別される．なお，CD4 と CD8 はともに細胞膜表面に発現するタンパク質である．T 細胞と同様に，B 細胞も細胞表面に特異的抗原を認識する受容体を有している．この受容体は，B 細胞受容体（B cell receptor：BCR），あるいは膜型抗体とよばれている．この受容体に特異的抗原が結合すると，B 細胞は活性化して形質細胞に分化し，抗体を分泌する．NK 細胞の名称はナチュラルキラー細胞（natural killer cell）に由来し，キラー T 細胞と同様に，細胞障害活性を有する．ターゲットとなるがん細胞や変性細胞を認識すると，パーフォリンというタンパク質で細胞膜に穴を開け，タンパク質分解酵素であるグランザイムを注入し，ターゲット細胞の細胞死を誘導する．

c. 生体防御と免疫システム

　異物の侵入に対し，生体は 3 段階の防衛線で防御している（図 12-13）．まずは，皮膚や粘膜による物理的化学的防衛線である．皮膚は角化細胞で覆われ，何種類もの抗菌ペプチドを産生している．また，粘膜は粘液で覆われていて，異物の侵入を阻止している．第一次の防衛線を破り侵入した異物に対しては，第二，第三の防衛線が用意されていて，それが自然免疫（innate immunity）と獲得免疫（acquired immunity）の両免疫システムである（表 12-5）．自然免疫は先天的免疫ともいわれ，学習・記憶を伴わない．抗原特異的な免疫応答ではなく，生体が先天的にもっている異物に対する抵抗性で，主に単球系細胞がその役割を担当する．広義には上記の皮膚，粘膜の防御機構も，自然免疫に含める場合もある．獲得免疫は，外来の異物，すなわち抗原に対する学習・記憶を伴う特異性の高い抵抗性で，主にリンパ球がその役割を担当する．獲得免疫はさらに，B 細胞が産生する抗体を主体とす

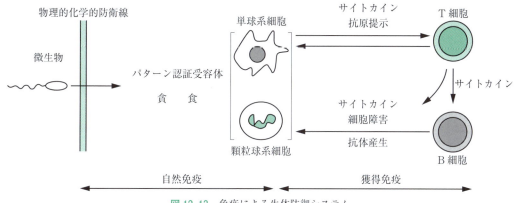

図 12-13　免疫による生体防御システム

る**体液性免疫**（humoral immunity）と，キラー T 細胞や NK 細胞の殺細胞活性が主体となる**細胞性免疫**（cellular immunity）の二つに分類される．

12.5.2　自然免疫

粘膜や皮膚などの第一次防衛線を破り生体に侵入した異物を，非特異的に除去する機構として自然免疫が働く．獲得免疫が働くまでには少なくとも数日かかり，それまでのつなぎの防御機構としてきわめて重要な働きを担っている．

a. 単球系細胞による初期免疫応答

微生物などが体内に侵入した場合，まず，感染の拡大の抑制を担うのは，単球系細胞，すなわち組織中のマクロファージや樹状細胞である（図 12-13）．これらの細胞は，貪食能を有し，微生物を直接取り込んで駆除するとともに，微生物の構成成分を認識することで活性化し，さまざまな**サイトカイン**（cytokine）とよばれる液性因子を放出する．サイトカインの中には腫瘍壊死因子，インターロイキン 1，ケモカインなどが含まれ，好中球や単球系細胞の活性化，血管透過性の亢進と顆粒球系細胞とリンパ球の動員などが行われ，自然免疫系が賦活化される．局所に動員された好中球や顆粒球系細胞は，微生物の捕捉と貪食，また，活性酸素を放出することで微生物を殺菌する．この一連の過程においては微生物の除去以外に，局所の組織の損傷を伴うことから，局所の腫脹，発赤，発熱，疼痛などの炎症症状がみられる．これらの細胞ならびに局所の反応は，病原体の種類によらず，短時間に起こる一般的な反応で，初期の生体防御反応として重要である．

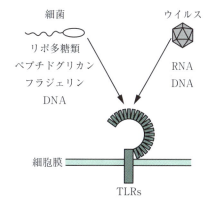

図 12-14　Toll 様受容体（TLR）

b. Toll 様受容体

自然免疫活性化の開始は，単球系細胞の微生物認識が引き金となるが，この微生物認識受容体として **Toll 様受容体**（toll-like receptor：TLR）が最近脚光を集めている（図 12-14）．Toll はもともとハエの背腹軸の決定に重要なタンパク質として同定されたが，後に真菌に対する免疫にも関与することが明らかになった．さらに，哺乳類にも Toll と相同性の高いタンパク質がみつかり，Toll 様受容体（TLR）と命名された．ヒトでは約 10 種類の Toll 様受容体が知られており，微生物の構成成分，いわゆる分子構造パターンを認識している．この分子構造パターンとしては，細菌の膜成分であるリポ多糖類，ペプチドグリカン，鞭毛成分であるフラジェリン，細菌の DNA，ある種のウイルスがもっている二本鎖 RNA などがある．これらの分子構造パターンが細胞上の各種 Toll 様受容体に結合することで，細胞は活性化し，サイトカインを分泌し，自然免疫系の賦活化が起こる．

単球系細胞が微生物を認識し貪食する際にも，Toll 様受容体は使われる．貪食された微生物は細胞内で分

解され，その抗原情報は細胞表面に提示され，ヘルパー T 細胞へと伝わる．したがって，単球系細胞による自然免疫活性化は，後の獲得免疫活性化の先導役となっている．

なお，2011 年のノーベル生理学・医学賞は，Toll ならびに Toll 様受容体の「自然免疫の活性化に関わる発見」によりジュールズ・ホフマンとブルース・ボイトラーに，また，「獲得免疫における樹状細胞の役割の解明」によりラルフ・スタインマンに授与されている．

c. 補体

補体 (complement) は血液中に存在するタンパク質で，免疫反応の補助因子として作用することから，この名がついている．補体は，微生物に直接結合したり，微生物に結合している抗体に結合したりすることで活性化する．活性化した補体の一部は貪食細胞の走化性因子として働き，貪食細胞を感染局所に集める．また微生物表面に結合する補体は微生物を標識し，貪食されやすくする．さらに，活性化した補体は細胞膜上でいくつか集まり，いわゆる膜侵襲複合体を形成してチャネル状の穴を開け，微生物を直接破壊する．なお，膜侵襲複合体による膜の破壊は微生物だけに限らず，感染周囲の体内組織も損傷される可能性もあることから，補体の活性化は，生体内では厳密に制御されている．

12.5.3 獲得免疫

獲得免疫は，リンパ球のうち B 細胞がつくる抗体が重要な働きを有する体液性免疫と，T 細胞が重要な役割を有する細胞性免疫の二つに大別できる．獲得免疫は自然免疫に比べて発動は遅れるが，学習と記憶により，抗原に対して特異性が高い免疫応答である．

a. 抗体

抗体は抗原に対して免疫を獲得した生体で産生され，抗原特異的に結合し，これを排除，無毒化するタンパク質で，免疫グロブリン (immunoglobulin : Ig) ともいう．免疫グロブリンは，重鎖 (heavy chain : H 鎖) と軽鎖 (light chain : L 鎖)，それぞれ 2 分子ずつから構成される Y 字形の四量体構造が基本構造である (図 12-15)．Y 字形の足の部分は Fc 部位とよばれ，この部位の重鎖の構造の違いにより，免疫グロブリンは，IgM (重鎖 μ)，IgD (重鎖 δ)，IgG (重鎖 γ)，IgE (重鎖 ε)，IgA (重鎖 α) の 5 種類のクラスに分類される．Y 字形の上部は Fab 部位とよばれ，

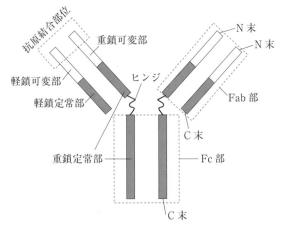

図 12-15 抗体の構造

表 12-6 抗体の種類

抗体の種類	機能
IgM	初期免疫応答で働くが，親和性は低い．
IgD	初期免疫応答で働くが，親和性は低い．
IgG	二次免疫応答で働き，親和性は高い．
IgE	アレルギーや，寄生虫感染時に働く．
IgA	粘膜組織で働く．

抗原の認識結合部位である．

抗体は B 細胞でつくられるが，細胞膜表面に分布する膜型抗体と，血液中に分泌される分泌型抗体がある．その違いは重鎖にあり，異なる mRNA をもとにつくられているが，もともとは同一の重鎖遺伝子由来である．一次転写 RNA から mRNA がつくられる際に，細胞膜貫通領域のタンパク質をコードする塩基配列を含むか含まないかで，膜型，分泌型の差が出てくる．いずれも Fab 部位のアミノ酸配列は同一であるため，抗原特異性は変わらない．膜型抗体は細胞膜ならびに細胞質で他のシグナル関連分子と会合し，抗原と結合すると，その情報は細胞内に伝わり，B 細胞の活性化，分化，成熟を引き起こす．このため膜型抗体は B 細胞抗原受容体ともよばれる．

5 種類のクラスに分類される抗体にはそれぞれ機能の違いがある (表 12-6)．IgM と IgD は免疫応答の初期に産生され，抗原に対する親和性は高くない．IgG，IgE，IgA の三つは，後に述べるクラススイッチ組換えの結果，産生される抗体である．IgG は免疫応答の際に血中に大量に分泌される抗体で，抗原親和性が高い．IgA は唾液，気管，腸管などの粘液中に分泌され，いわゆる粘膜免疫に重要である．IgE は肥

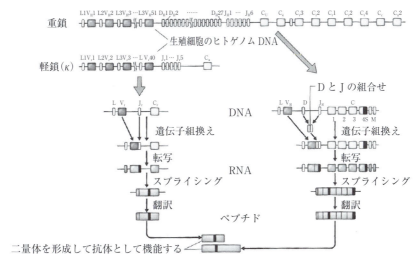

図 12-16 抗体遺伝子の組換え
(高畑雅一ほか，生物学［カレッジ版］，医学書院，2013 より引用)

満細胞表面の Fc 受容体に結合し，抗原が結合すると肥満細胞を刺激し，ヒスタミンを放出させる．この結果，粘液分泌，血管透過性の亢進が起こり，いわゆるアレルギー反応を誘発する．

b．抗体の多様性

環境中には多様な抗原が存在するが，それに対応するためにも，生体は膨大な数の抗体産生能力を維持していなければならない．ヒトの遺伝子は約 32 000 程度とされていることから，単純に遺伝子の数だけでは多様性は説明できない．したがって，多様な抗体を産生するためには特別なしくみを必要とする．実際には抗体遺伝子の組換え (recombination) と体細胞突然変異 (somatic mutation) の二つの機構により，膨大な多様性がつくられている．

抗体は重鎖 2 分子，軽鎖 2 分子から構成されるが，各鎖の N 末は可変部とよばれ，抗原結合部位で，抗原の種類によりアミノ酸配列が異なり，多様性をもっている (図 12-15)．各鎖の C 末端側は定常部とよばれ，抗原の種類によらず，クラスが同じならアミノ酸配列は一定である．可変部，定常部ともに，それを規定する遺伝子領域は，それぞれ V 領域，C 領域とよばれ，抗体遺伝子の，別々の領域にコードされている (図 12-16)．軽鎖の場合，V 領域と C 領域の間にさらに J 領域がある．重鎖の場合はさらに D 領域が存在する．各領域はセグメントとよばれる塩基配列が類似した複数のパーツから構成されている．抗体可変部の多様性はまずこの V 領域と J 領域，あるいは V 領域，D 領域，J 領域の組換えによって得られる組合せの数に依存する．すなわち，各領域からセグメント 1 個ずつが選択されて組み換わり，新しい融合セグメントが形成される．ヒトの場合，重鎖では約 50 個の V セグメント，27 個の D セグメント，6 個の J セグメントをもつ．この V，D，J の各セグメントが 1 個ずつ選択され，V-D-J の遺伝子組換え（VDJ 組換え）により，約 8000 個（$50 \times 27 \times 6$）の組合せをもった遺伝子をつくり出すことができる．軽鎖の場合は約 40 個の V セグメント，5 個の J セグメントンをもつので，約 200 個（40×5）の遺伝子をつくり出すことができる（VJ 組換え）．さらに軽鎖の場合，κ 鎖，λ 鎖の別々の染色体に乗っている二つの遺伝子があるため，重鎖，軽鎖の組合せにより 3×10^6 以上の多様な抗体がつくられることになる．さらに各遺伝子組換えの際には，DNA の切断と修復が必須であるが，このとき，塩基の欠失や付加が起こることにより，可変部の多様性はさらに増すことになる．なお，重鎖と軽鎖の可変部遺伝子の組換えを，あわせて V(D)J 組換えという．

一方，体細胞突然変異は，組換え後の新規 V(D)J セグメント部位に発生する高頻度の突然変異である．この突然変異は抗体の抗原に対する親和性に直接影響を及ぼすことから，抗体の成熟，さらには B 細胞の増殖にも影響を与える．

抗体の可変部位はそのままで，定常部位のみがすげ替わり，他のクラスの抗体へと変化する現象がクラススイッチ組換えとよばれる現象である（図 12-17）．これは B 細胞の成熟過程においては必須の現象で，抗原への親和性を維持したまま，抗体の生化学的性状，すなわち，補体への結合性や，Fc 受容体を介し

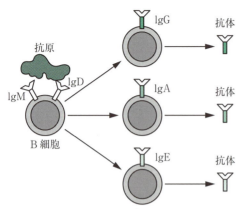

図 12-17　B 細胞のクラススイッチ

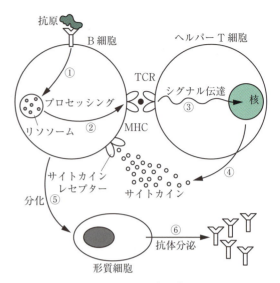

図 12-18　T-B 相互作用

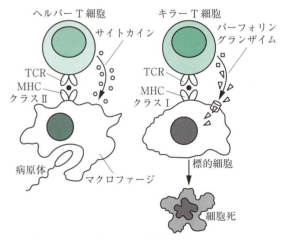

図 12-19　細胞性免疫

た選択性の変化をもたらす．未熟な B 細胞は細胞表面に IgM と IgD を同時に発現しているが，クラススイッチにより IgG, IgE, IgA のみを発現するようになる．定常部位のこの変化も，可変部位と同様に，抗体遺伝子の定常部位をコードする C 領域セグメントの遺伝子組換えによって起こる．

　抗体あるいは B 細胞抗原受容体の多様性は抗体遺伝子の組換えによって生じることが明らかになったが，同様のことは T 細胞にも当てはまる．T 細胞表面には T 細胞受容体があり，B 細胞抗原受容体と同様に可変部と定常部が存在し，遺伝子も類似の構造をとる．可変部の遺伝子は組換えにより多様性を獲得し，さまざまな抗原に対して結合性を獲得するが，定常部は一定である．したがって，B 細胞も T 細胞も遺伝子組換えにより細胞表面の抗原受容体の構造を変化させ，どのような抗原に対しても結合できるだけの多様性を備えている．

c. B 細胞と T 細胞の協調

　多糖類や脂質などが抗原の場合，T 細胞の補助なしで B 細胞を活性化できることもあるが，タンパク質抗原の場合は B 細胞の活性化に T 細胞の補助が必要である（図 12-18）．例えば微生物などが抗原として体内に侵入した場合，B 細胞抗原受容体に結合し，B 細胞内に取り込まれる．取り込まれた抗原はリソソーム内で分解され，ペプチド小断片になる．次に，これらのペプチドは細胞内で**主要組織適合遺伝子複合体（major histocompatibility antigen complex : MHC）**クラス II とよばれる分子と結合し，この複合体が B 細胞表面に出てくる．この過程は抗原提示とよばれている．ここでヘルパー T 細胞が自身の T 細胞受容体（TCR）でこのペプチドと MHC 複合体を認識し，活性化する．活性化した T 細胞は B 細胞の活性化ならびに分化に必要なサイトカインを分泌する．B 細胞は，これらのサイトカインを認識する受容体をもっていて，その刺激によって活性化する．B 細胞は活性化すると，増殖，クラススイッチ，抗体の親和性成熟などを行い，最終的には，分泌抗体を大量に産生するのに特化した細胞である形質細胞へと分化する．形質細胞から産生された抗体により抗原の除去が行われる．また一部の細胞は，抗原への高親和性を有する B 細胞抗原受容体を保持した記憶 B 細胞へと分化する．記憶 B 細胞は，同一抗原による 2 回目の刺激の際に，素早く反応し，親和性の高い IgG を産生するのに役立つ．これが二次免疫応答とよばれる反応で，最初に抗原が侵入したときの反応，すなわち一次免疫応答と

対比して述べられることが多い．

d. 細胞性免疫

細胞性免疫はT細胞によって担われる異常な細胞，すなわちウイルス感染細胞やがん細胞に対する免疫応答である．ヘルパーT細胞によるマクロファージ活性化と，キラーT細胞による異常細胞除去の二つが，特に知られている（図12-19）．マクロファージによる細菌や異物の貪食は，自然免疫の一つであるが，活性化していないマクロファージの殺菌力は十分ではない．マクロファージは貪食した異物の情報を，MHCクラスII分子を介してヘルパーT細胞に抗原提示する．すると，これを認識したヘルパーT細胞は活性化し，インターフェロンγなどのマクロファージ活性化因子を分泌する．これらによって活性化したマクロファージにおいては，活性酸素やリソソーム酵素の産生が高まり，殺菌力が亢進する

MHCクラスII分子は細胞外から取り入れた抗原を分解してできたペプチドと一緒に細胞表面に現れるが，MHCにはクラスIという分子もある．クラスI分子は，細胞内でつくられるペプチドと結合し，細胞表面に現れる．例えば，ウイルスに感染した細胞では，ウイルスタンパク質が細胞内でつくられ，その一部であるペプチドは，クラスI分子とともに細胞表面に提示される．キラーT細胞はこれを認識し活性化し，パーフォリンを放出して，感染細胞の膜に穴を開けると同時に，グランザイムを注入して感染細胞の細胞死を誘導する．

12.5節のまとめ

- 免疫とは生体内外の異物を認識し，これを排除する生体の防御反応である．
- 免疫には自然免疫と獲得免疫の二つがある．前者は生体が先天的にもっている異物に対する抵抗性であり，後者は後天的に生体が獲得する特異性の高い抵抗性で，異物に対する学習・記憶を伴う．
- 獲得免疫はB細胞が産生する抗体を主体とする体液性免疫と，キラーT細胞やNK細胞の殺細胞活性が主体となる細胞性免疫の二つに分類される．
- 抗体の多様性は主として抗体遺伝子の組換えによって担われている．

参考文献

[1] 田中千賀子，加藤隆一編，NEW薬理学 改訂第6版（NEWテキストシリーズ），南江堂 (2011).
[2] 山本敏行，鈴木泰三，田崎京二，新しい解剖生理学 改訂第12版，南江堂 (2010).
[3] 和田勝，基礎から学ぶ生物学・細胞生物学，羊土社 (2006).
[4] 坂本順司，理工系のための生物学，裳華房 (2009).
[5] 丸山敬，松岡耕二，医薬系のための生物学，裳華房 (2013).
[6] 東京大学生命科学教科書編集委員会，理系総合のための生命科学 第3版─分子・細胞・個体から知る"生命"のしくみ，羊土社 (2013).
[7] 赤坂甲治編，新版生物学と人間，裳華房 (2010).
[8] 石浦章一，笹川昇，二井勇人，脳─分子・遺伝子・生理─（新・生命科学シリーズ），裳華房 (2011).
[9] 中束美明，生命の科学（細胞の分子的理解），培風館 (1998).
[10] 岡良隆，基礎から学ぶ神経生物学，オーム社 (2012).
[11] 橋本祐一，村田道雄，生体有機化学，東京化学同人 (2012).
[12] 中村桂子・松原謙一監訳，細胞の分子生物学 第5版，ニュートンプレス (2010).
[13] 竹島浩編，illustrated 基礎生命科学 第2版，京都廣川書店 (2012).
[14] 穂積信道，Shall We 免疫学（Shall We シリーズ），講談社 (2009).
[15] 高畑雅一，増田隆一，北田一博，生物学［カレッジ版］，医学書院 (2013).

13. ゲノム，進化，系統

13.1 生物の三つのドメイン

地球上には微生物からヒトに至るまで，多種多様な生物が生息している．この地球生物を体系的に理解するために，これまで生物間に共通する形質などに基づいた分類が行われてきた．

本節ではこれまでの生物の分類法と遺伝子配列を指標とする超界（ドメイン）分類について説明する．

13.1.1 これまでの生物分類

生物の分類は，形態などの特徴を比較し，共通性に注目することで行われてきた．リンネは生物を動物界（animalia）と植物界（plantae）の二つのグループに分類した（二界説）．この説は長い間用いられたが，生物学の発達とともに分類に無理が生じるようになった．ヘッケルは原生生物界（protista）を第3の界として加えた三界説を提唱した．この説では菌類（fungi）を植物界に分類し，菌類以外の微生物を原生生物界に分類した．また単細胞の真核生物や藻類の一部も原生生物界にまとめた．

ホイタッカーやマーギュリスは，生物を原核生物界（モネラ界），原生生物界，植物界，動物界，菌界の五つに分ける五界説を提唱した（図13-1）．この説では，細菌などの**原核生物**（prokaryote）が原生生物界から独立されている．植物界に分類されていたカビなどの菌類も菌界として独立されている．

五界説では**真核生物**（eukaryote）のうち，多細胞生物は動物界，植物界，菌界の三つの界に分けられ，単細胞生物は原生生物界に分けられた．動物は餌を補食して消化する生物，植物は光合成を行って自分で有機物をつくる生物，菌類は体外で分解された有機物を吸収する生物とされた．

13.1.2 三超界分類

DNAの塩基配列やアミノ酸配列を比較して生物の類縁関係を調べることが可能になると，分子データに基づいた分類体系が提案されるようになった．

カール・ウーズは，すべての生物が共通してもつリボソームRNAの遺伝子解析に基づき進化の過程を表した三超界説（三ドメイン説）を提唱した（図13-2）．この説では，**界**（kingdom）の上に**超界**（ドメイン，domain）という階級を設けて，生物全体は**真核生物**（ユーキャリア，eukarya）と**細菌**（バクテリア，bacteria）と**古細菌**（アーキア，archaea）とい

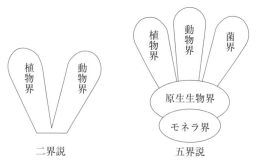

図 13-1 二界説と五界説による分け方

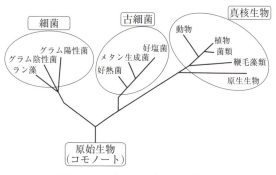

図 13-2 三超界説に基づく系統樹

カール・フォン・リンネ

スウェーデンの博物学者．1741年ウプサラ大学医学部教授，翌年同大学の植物園長となり没年まで務めた．1735年，『自然の体系』を出版し，生物分類を体系化した．また，動植物を整理して，属名と種名で表す二名法を確立した．（1707-1778）

う三つの界に分けられた．五界説での原生動物，動物，植物および菌類は真核生物として一つのドメインにまとめ，原核生物を細菌と古細菌という二つのドメインに分けている．

細菌は，従来から知られている身近なバクテリアである．古細菌も核をもたない原核生物で，形態的には普通の細菌に似ている．古細菌は原始地球のような過酷で酸素のない環境に棲んでおり，高温を好む**超好熱細菌（hyperthermophiles）**や塩湖に生息する高度好塩菌などが知られている．

古細菌は形態的には細菌に近いが，遺伝子的には真核生物に近い生物である．遺伝子の構造やタンパク質の合成系について真核生物と似た特徴をもっている．系統樹でみると，**原始生物（コモノート，commonote）**からまず細菌の枝が分岐し，その後で古細菌と真核生物とが分岐している．これらのことから，古細菌は細菌とも真核生物とも異なる第3の生物といわれている．

> **13.1 節のまとめ**
> - 五界説では生物は，原核生物界（モネラ界），原生生物界，植物界，動物界，菌界の五つの界に分類される．
> - 三超界説では全生物は，真核生物，細菌，古細菌という三つのドメインに分類される．
> - ヒトを含む真核生物は古細菌に近く，進化の過程で古細菌から分かれたと考えられている．

13.2　細菌と古細菌（バクテリアとアーキア）

3ドメインのうち，細菌（バクテリア）と古細菌（アーキア）は，真核生物ほど一般によく知られた生物ではないが，生物の進化と生態系，そして我々真核生物のしくみを考えるとき，欠かすことのできない重要な構成員であることに気づく．果たして細菌とは，古細菌とは，どのような生物のグループなのだろうか．

13.2.1　原核生物という分類

ホイタッカーが提唱した五界説において，細菌と古細菌はまとまって「モネラ界（原核生物界）」に属する生物として位置づけられていた．すなわち，細菌も古細菌も，ともに細胞核のない（核膜が存在しない）**原核生物（prokaryote）**であるという共通点がある．

本来は，細胞核をもたないというよりも「原始的な核をもつ」という意味で原核という．実際には，電子顕微鏡などにより周囲と区別できる核様体とよばれる領域が，細胞内にみてとれる．この中にゲノムDNAが含まれている．

原核細胞内には目立った構造体は存在しないことがほとんどであり，最も単純な原核生物の一つであるマイコプラズマは，タンパク質や脂質などの生体高分子を除けば，細胞内にDNAとリボソームしかない．また原核細胞には，細胞膜の外側に厚い細胞壁が存在する（図13-3）．

原核生物の多くは，その細胞の直径が0.5〜5 μm程度であり，真核生物（の細胞）よりも1桁小さいが，中には直径750 μmにも達するほど巨大な原核生物もいる．

13.2.2　細菌（バクテリア）

細菌（bacteria）は，地球上に最初に誕生した生物であると考えられており，すべての生物の共通祖先（last universal common ancestor）に最も近いといわれる．

a. グラム陽性細菌とグラム陰性細菌

細菌は，これまでに知られている原核生物のほとんどを占めており，バイオマスは三つのドメインの中で最大である．これまでの古典的な分類としてよく用いられてきたのが，細胞壁の構造を基準とした，グラム

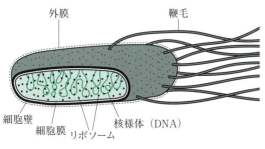

図13-3　典型的な原核生物

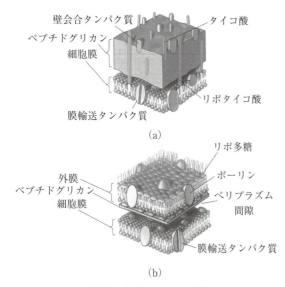

図 13-4 グラム陽性細菌(a)とグラム陰性細菌(b)の細胞壁の構造
(Jacquelyn G. Black, Microbiology, 8th Edition, John Wiley & Sons, 2012 より引用)

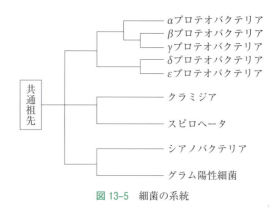

図 13-5 細菌の系統

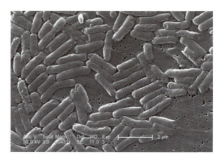

図 13-6 プロテオバクテリア（サルモネラ菌）
(Public Health Image Library（ID：10567），CDC. より転載)

染色とよばれる染色法によって染色されるかされないかで細菌を大きく二つに分類する方法であった．グラム染色される細菌を**グラム陽性細菌（Gram-positive bacteria）**，染色されない細菌を**グラム陰性細菌（Gram-negative bacteria）**という．

細菌の細胞壁にはペプチドグリカンという高分子物質が存在している．脂質二重膜でできた細胞膜の外側にペプチドグリカン層があるグラム陽性細菌は，グラム染色により紫色に染色される．一方，グラム陰性細菌では，ペプチドグリカン層の外側にさらに脂質二重膜が存在しており，グラム染色では染まらない．

b. 細菌の系統

リボソーム RNA 遺伝子などを用いた分子系統解析により，とりわけグラム陰性細菌が複数の系統に分かれることがわかってきた．現在知られている細菌の主なグループは，プロテオバクテリア，グラム陽性細菌，クラミジア，スピロヘータ，シアノバクテリアである．

細菌の系統に関する仮説の一つを図 13-5 に示した．

c. プロテオバクテリア

プロテオバクテリア（proteobacteria）は，グラム陰性細菌の中でも非常に多様性に富む大きなグループである．αプロテオバクテリア，βプロテオバクテリア，γプロテオバクテリア，δプロテオバクテリア，εプロテオバクテリアの五つのサブグループに分類される．

αプロテオバクテリアは，ミトコンドリアの祖先となった細菌に近いグループとされ，マメ科植物に共生する根粒菌や，遺伝子組換え作物作成に用いられるアグロバクテリウムなどが属する．γプロテオバクテリアには，大腸菌や食中毒の原因となるサルモネラ菌（図 13-6），コレラの病原菌であるコレラ菌などが属し，εプロテオバクテリアには，胃潰瘍の原因となるピロリ菌などが属する．

d. クラミジア，スピロヘータ

クラミジア（chlamydia，図 13-7(a)）は，真核生物（動物）の細胞内でのみ生育することが可能な，いわゆる寄生性生物であり，性感染症の原因菌としても知られる．細菌の中では珍しく，クラミジアの細胞壁にはペプチドグリカンが存在しない．

スピロヘータ（spirochaeta，図 13-7(b)）は，らせん状の形状をもつ細菌である．細胞内に鞭毛と同じような構造をもち，それを回転させて移動する．梅毒の病原菌としても知られる．

13.2 細菌と古細菌（バクテリアとアーキア）

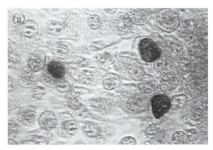

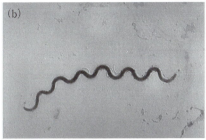

図 13-7　クラミジア (a) とスピロヘータ (b)
（Public Health Image Library (ID：(a) 3802，(b) 14969)，CDC. より転載）

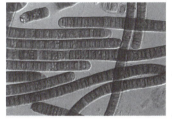

図 13-8　シアノバクテリア
（Jane B. Reece *et al.*, Cambell Biology, 9th Edition, Benjamin Cummings, 2011 より引用）

e. シアノバクテリア

シアノバクテリア（cyanobacteria，図 13-8）は藍色細菌，ラン藻などともよばれる細菌で，光合成を行う独立栄養生物である．植物と同様に，酸素発生型の光合成を行う特異な細菌であり，植物細胞がもつ葉緑体の祖先となった光合成細菌に最も近縁な生物としても知られている．シアノバクテリアには，いくつかの細胞が集まって糸状のコロニーを形成する種類があり，栄養細胞，ヘテロシスト，胞子を形成する．栄養細胞は光合成を行う細胞で，胞子は休眠状態となった細胞，ヘテロシストは窒素固定を行う細胞である．ただし，ヘテロシストをもたず，窒素固定を行わないシアノバクテリアもいる．水環境に普遍的に存在し，ネンジュモやユレモなど，よく知られた種もシアノバクテリアの一種である．

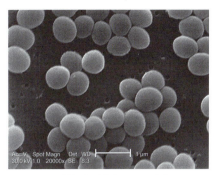

図 13-9　グラム陽性細菌（黄色ブドウ球菌 *Staphylococcus aureus*）
（Public Health Image Library (ID：11156)，CDC. より転載）

f. グラム陽性細菌

グラム染色により紫色に染色される細菌が，グラム陽性細菌（図 13-9）であり，グラム陰性細菌であるプロテオバクテリアのグループに匹敵するほどの多様性をもつ，細菌の中でも大きなグループである．ストレプトマイシンなどの抗生物質を生成するストレプトマイセス属（放線菌の一種），皮膚常在細菌として知られるブドウ球菌や，連鎖球菌，ボツリヌス菌，納豆の製造に使われる枯草菌，乳酸菌などが含まれる．

13.2.3　細菌とヒトとの関わり

細菌とヒトとの関係は，生物学的な観点からも，また時には人類史を語るうえでも非常に重要である．

a. 病原菌

すでに述べたように，一部の細菌は，ヒトの体に感染することでさまざまな病気を引き起こすことが知られており，そのような細菌を「病原菌」と総称している．抗生物質が発見される以前は，こうした病原菌によって人類に感染症を引き起こし，時にはそれが社会現象となった．いわゆる大流行（パンデミック）である．

例えば，14 世紀ヨーロッパで大流行した黒死病は，ペスト菌による感染症として知られ，人口のおよそ 3 割が命を落とした．結核菌により引き起こされる結核は，多くの歴史上の著名人を死に追いやってきた．こうした病原菌は，時には歴史を変える力をもっていたともいえ，人類の歴史には，病原菌との戦いという側面もあったといえる．

1929 年，英国のフレミングによりアオカビから抗生物質ペニシリンが発見されたことを契機として，感染症による死亡例は徐々に少なくなってきている．

図 13-10　細菌が製造に用いられている食品

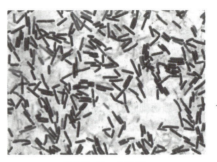

図 13-11　大腸菌
(Jacquelyn G. Black, Microbiology, 8th Edition, John Wiley & Sons, 2012 より引用)

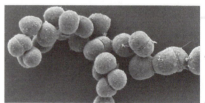

図 13-12　古細菌の一種
(Jane B. Reece *et al.*, Cambell Biology, 9th Edition, Benjamin Cummings, 2011 より引用)

b. 腸内細菌叢

　脊椎動物の腸内には，常在細菌として多くの腸内細菌が生息していることが知られている．ヒト一人の大腸内に生息している腸内細菌は，総数にして宿主であるヒトの細胞数よりも多い，100兆個以上にものぼり，その種類も100種類以上にものぼると考えられている．この腸内細菌の集団を **腸内細菌叢（gut flora）** というが，現在でもそのすべてが解明されているわけではなく，未発見の種も多数存在すると考えられている．

　腸内細菌は，ヒトの消化器系が消化できなかったものを吸収しやすい形に変換したり，病原性の細菌が腸内で増殖しないようにしたりと，我々ヒトに多大な利益をもたらしている．一方腸内細菌にとっては，ヒトの腸内は非常に住みやすい環境であり，食物にも事欠かないため，こちらも多大な利益がもたらされている．このことから，腸内細菌と我々宿主との関係は，相利共生の関係であるといえる．

c. 食品加工における細菌の役割

　一方，ヒトは昔から，食品製造において細菌の力を利用してきた（図13-10）．例えば乳酸菌は，ヨーグルトやチーズ，漬物などの発酵食品をつくるために，その発酵能力が利用されている．また，ワラに多く生息する枯草菌の一種は，よく知られているように納豆の製造に用いられている．

d. 分子生物学に用いられる細菌

　20世紀中葉に勃興した分子生物学にとって，細菌は欠かせない実験生物となってきた．とりわけ世代交代が早く，実験室での培養が容易な大腸菌（図13-11）は，多くの研究室で実験に供され，初期（1997年）にゲノムが解読された生物の一つである．大腸菌に導入可能なプラスミドをベクターとして用いることで，組換えDNA技術のホームタウンとして，大腸菌は利用されてきた．

　また，遺伝子組換え作物の作成には，アグロバクテリウムという土壌細菌がもつ植物細胞に感染するメカニズムが応用されている．

13.2.4　古細菌（アーキア）

　古細菌（archaea，図13-12）は，それまで細菌に分類されていた一部の原核生物が，分子系統解析によって他の細菌とは大きく異なるグループを形成することが明らかとなり，提唱された原核生物の巨大グループである．

a. 分子系統解析から明らかになったこと

　1977年，ウーズは，リボソームの小サブユニットを構成するrRNA遺伝子の塩基配列の類縁性から，

カール・ウーズ

アメリカの微生物学者．rRNAの遺伝子解析に基づき六界説を唱えた．さらに古細菌を発見し，三超界（三ドメイン）説を提唱した．(1928-2012)

ある種のメタン生成菌が，系統的に他の細菌と大きく離れており，さらにその「遠さ」が，細菌と真核生物との「遠さ」ほどもあることを明らかにし，これをもとに，細菌とも真核生物とも異なる第3の生物グループとして「古細菌（アーキバクテリア，後にアーキア）」というグループを提唱した．

その後の分子系統解析により，真核生物は細菌よりも古細菌により近縁であることが明らかとなり，その進化において，まず細菌から古細菌が分岐し，さらに古細菌から真核生物が分岐した，とする説が有力となってきた．

b. 古細菌の種類

古細菌に含まれることが明らかとなった生物のうち，初期に発見されたものの多くは，通常の生物は生きることができない極限環境に生息するものであった．例えば，死海やグレートソルト湖などのように，塩分濃度がきわめて高い環境に生息する高度好塩菌や，90℃以上の熱水環境に生息する超好熱菌などはその典型である．

また，特殊なエネルギー代謝を行う古細菌として，メタン生成古細菌，硫酸還元古細菌，硫黄代謝好熱古細菌などが知られている．

c. 古細菌の特徴

古細菌の原核生物としての特徴（核膜がないこと）は，細菌のそれと変わらないが，その他の点において，古細菌は細菌とは大きく異なる特徴を有している．

例えば，ほとんどの細菌は細胞壁成分としてペプチドグリカンをもつが，古細菌の細胞壁にはペプチドグリカンがない．また，細菌と真核生物の細胞膜は，直鎖炭化水素鎖をもち，エステル結合でグリセロールと結合した脂肪酸により構成されるが，古細菌の細胞膜は，一部に分枝状の炭化水素鎖（イソプレノイド）をもち，エーテル結合によりグリセロールと結合した脂肪酸により構成される（図13-13）．また一部の古細菌では，きわめて長い炭化水素鎖の両端にグリセロールがエーテル結合した脂質一重鎖をもつものもあり，きわめて多様性に富んでいる．

タンパク質を合成する際の開始アミノ酸は，古細菌と真核生物ではメチオニンが用いられるが，細菌ではホルミルメチオニンである．また，RNAポリメラーゼやDNAポリメラーゼなど古細菌の情報系遺伝子の多くは，細菌よりも真核生物のものに近縁である．

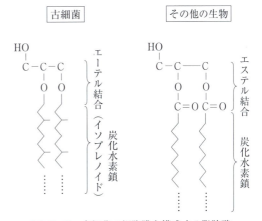

図13-13 古細菌の細胞膜を構成する脂肪酸

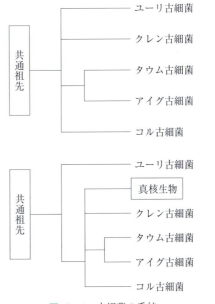

図13-14 古細菌の系統

d. 古細菌の系統

古細菌の系統に関する研究はまだ未解明の部分が多く，現在までに同定されている古細菌の種類よりも，未発見の種類の方が圧倒的に多いと考えられているため，確定的な系統は明らかではないが，現在までにいくつかの互いに大きく異なるグループが存在することが知られている（図13-14）．

古細菌の中で最も祖先的なものがユーリアーキオータ（ユーリ古細菌）であり，加えてタウムアーキオータ，アイグアーキオータ，クレンアーキオータ，コルアーキオータという四つの大きなグループが知られている（以上四つをまとめてTACKとよぶ）．

最近では，ユーリアーキオータとTACKとの系統

的関係は，真核生物とほぼ同じかそれ以上に遠く離れており，真核生物がTACKにより近いことを示唆する分子系統解析結果が得られている．このことから，真核生物は古細菌の複数ある系統の一つにすぎず，生物界は3ドメインに分けるよりも，細菌と古細菌の二つのドメインに分けるべきだと主張する研究者もいる．

最近では，ユーリアーキオータやTACK以外にも新たなグループ（ロキアーキオータ）の存在が報告されている．

13.2 節のまとめ
- 細菌は，すべての生物の共通祖先に近く，バイオマスは三つのドメインのうち最大である．
- 細菌はグラム陽性細菌とグラム陰性細菌に大別されるが，グラム陰性細菌はきわめて多様である．
- 古細菌は，極限環境下に生息するものが多く，未発見のものは数多いと考えられている．
- 古細菌には複数の系統があるが，真核生物との系統関係はまだはっきりしていない．

13.3 真核生物の新しい系統分類体系

生物分類の体系の中心が，ホイタッカーの五界説から，ウーズが提唱した三ドメイン説（三超界説）へと変わると，それまで五界のうち四界を占めていた**真核生物（eukaryote）**の系統分類体系も大きく変化した．ここでは，現在の真核生物の系統分類体系について述べる．

13.3.1 スーパーグループの提唱

2005年，これまでの四界（原生生物，菌，動物，植物）にはとらわれない，新たな分類体系が提唱された．すなわち，分子系統学的解析に基づき，形態や生態に捉われず，どのような細胞を祖先としてもつかによって，真核生物ドメインを六つのスーパーグループ（巨大系統群）に分類するものである．大きな特徴の一つは，これまで原生生物界に押し込められていた多様な単細胞生物たちが，この六つのスーパーグループのいずれかに分類されたことである．例えば，襟鞭毛虫という原生生物は，我々動物と同じスーパーグループに分類された．

このとき提唱されたスーパーグループは，アメーボゾア，エクスカバータ，リザリア，クロムアルベオラータ，アーケプラスチダ，そしてオピストコンタの六つである．

この分類の方法は，その後も何度か変更・更新がなされており，2012年には，真核生物ドメインとスーパーグループとの中間で，まず真核生物を四つの大きなグループ（アモルフェア，エクスカバータ，ディアフォレティケス，その他）に分けたうえで，アモルフェア（ユニコンタともよばれる）にはアメーボゾアとオピストコンタが，ディアフォレティケスにはサール（リザリアとクロムアルベオラータ）とアーケプラスチダがそれぞれ含まれる，とされた（図 13-15）．

13.3.2 それぞれのスーパーグループの特徴

それでは，それぞれのスーパーグループにはどのような特徴があるのだろうか．

a. アメーボゾア

アメーボゾアには，細胞の移動と捕食に用いる，先端が丸みを帯びた葉状仮足をもつ単細胞生物が分類される．その名のとおり，いわゆる「アメーバ状」の生物がこれに含まれる（図 13-16）．自由生活性のアメーバや，寄生性のエントアメーバ類が含まれ，また，

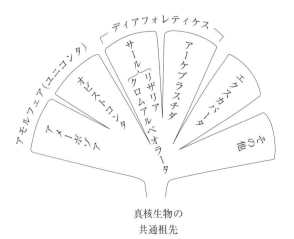

図 13-15　スーパーグループ

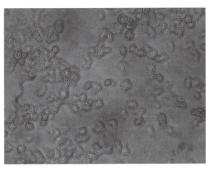

図 13-16　アカントアメーバ

図 13-17　ユーグレナ（ミドリムシ）
(Jane B. Reece *et al.*, Cambell Biology, 9th Edition, Benjamin Cummings, 2011 より引用)

アメーバ以外にも，細胞性粘菌や変形菌なども，アメーボゾアに分類される．

b. オピストコンタ

アメーボゾアとともに「アモルフェア（ユニコンタ）」とよばれるグループを形成すると考えられているのがオピストコンタである．オピストコンタには，後方に鞭毛をもち，それを用いて運動（遊泳）する単細胞生物もしくはこれを祖先とする多細胞生物が含まれる．原生生物のうち襟鞭毛虫類と，菌界，動物界に含まれる生物はオピストコンタに含まれる．

c. エクスカバータ

エクスカバータには，2本もしくはそれ以上の鞭毛をもち，細胞表面に捕食用の溝を有する単細胞生物が分類される．これには，哺乳類の腸内に生息するランブル鞭毛虫などのディプロモナス類，寄生生物の膣トリコモナスなどの副基体類，ユーグレナ（ミドリムシ，図 13-17）がよく知られるユーグレノゾアが含まれる．

d. サール

サールには，かつてクロムアルベオラータに含まれ

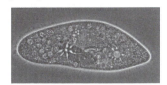

図 13-18　ゾウリムシ
(Jane B. Reece *et al.*, Cambell Biology, 9th Edition, Benjamin Cummings, 2011 より引用)

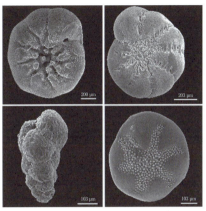

図 13-19　有孔虫の一種
(United States Geological Survey より転載)

図 13-20　アーケプラスチダ
(jack_246 より転載)

たストラメノパイルならびにアルベオラータ，そしてリザリアが含まれる．

ストラメノパイルには，前方に鞭毛をもち，その推進力を逆転させる構造を有する細胞もしくはこれを祖先とする多細胞生物が含まれる．藻類のうち珪藻類，褐藻類，黄金色藻類などが属する．

アルベオラータには，細胞膜直下に扁平な袋をもつ単細胞生物が属する．渦鞭毛藻類や，ゾウリムシ（図 13-18）などで知られる繊毛虫類などが属する．

リザリアには，糸状，網状，もしくは有軸の仮足をもつアメーバ状の単細胞生物が含まれる．放散虫類，有孔虫類（図13-19）などが属する．

e. アーケプラスチダ

アーケプラスチダ（図13-20）には，一次共生によ り葉緑体を獲得した単細胞生物もしくはこれを祖先とする多細胞生物が含まれる．かつて植物界に分類されたすべての陸上植物を含む緑色植物と，藻類のうち紅藻類，灰色藻類，緑藻類が属する．

> **13.3 節のまとめ**
> - 真核生物は，どのような細胞を祖先としてもつかにより，複数のスーパーグループに分類されている．
> - 動物はオピストコンタに，植物はアーケプラスチダに分類され，原生生物はすべてのスーパーグループに分かれて分類されている．

13.4 進化のしくみ

DNAを遺伝子としてもつことや，普遍遺伝暗号の存在は，すべての生物がある共通祖先から進化してきたことを示唆している．ドブジャンスキーは「生物学のすべての事象は進化の光に照らしてみなければ意味がない」と述べ，生物学における進化の重要性を説いた．果たして生物は，どのようなしくみで進化を遂げてきたのだろうか．

13.4.1 進化する単位としての種

進化（evolution）とは，生物の集団がもつ遺伝的性質（形質）が，時間を経るに従って変化していくことである．したがって進化の単位が個体ではないことは明らかである．ではこの場合の「生物の集団」とは何を指すのだろうか．

a. 種の定義

進化を知るためには，この「生物の集団」を一つのまとまりとして捉え，そのまとまりの進化のありようを知らなければならない．このまとまりの一つが種（species）である．種は，生物分類の基準となる最小の単位であり，かつ進化を考えるうえでの基準ともなる重要な概念である．

ただ，現在に至ってもなお，種とは何かに関するいわゆる「種の定義」については議論が続いている．現在最もよく知られている種の定義（種概念）は，マイアが提唱した生物学的種概念である．生物学的種概念とは，「互いに交配を行って，繁殖力をもつ子孫を残すことができる構成員をもつ集団を種とみなす」というものであるが，有性生殖生物にしかあてはまらないことから，形態学的種概念，生態学的種概念，系統学的種概念など他の種概念と合わせて考えることも必要である．

b. 小進化と大進化

生物の進化は，種を基準として考える．進化には，種の中で進化が起こる場合と，種を超えて進化が起こる場合がある．

例えば，人間というのはホモ・サピエンスという一つの種だが，その中にもモンゴロイド，コーカソイド，ネグロイドという人種がある，といったように，新たな種が生じるほど大きなものではない形質の変化が種の中で生じるものを小進化（micro-evolution）という．

これに対して，ある種から新たな種が生じる種分化が起こること，あるいはそれ以上の大きな進化（無脊椎動物から脊椎動物が進化した，爬虫類から哺乳類が進化した，など）のことを大進化（macro-evolution）という．多くの場合，生物の進化としてイメージされるのは，後者であろう．

13.4.2 突然変異

生物の進化には，どの進化の過程，あるいは段階においても，共通のメカニズムがその根底にあると考えられる．その重要なものの一つが突然変異である．果たして突然変異とは，どのような現象なのだろうか．

a. 突然変異の種類

突然変異（mutation）とは，DNAの塩基配列に生じる，永続的な変化のことをいい，DNAの塩基配列レベルの突然変異を遺伝子突然変異，染色体レベルの

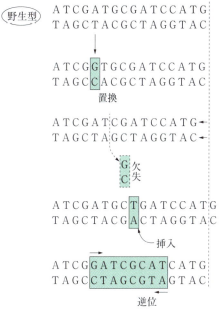

図 13-21　遺伝子突然変異

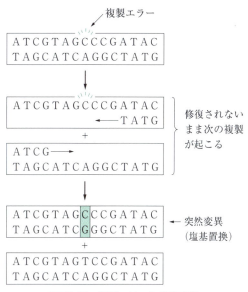

図 13-22　複製エラーと突然変異

突然変異を染色体突然変異という．

遺伝子突然変異には，ある塩基（配列）が別の塩基（配列）に変化する置換，ある塩基（配列）が抜け落ちてしまう欠失，別の塩基（配列）が新たに付け加わってしまう挿入，ある塩基配列の方向が逆転してしまう逆位，ある塩基配列のコピーが新たに付け加わってしまう重複などがある（図 13-21）．

一方，染色体突然変異には，染色体の一部領域が抜け落ちてしまう欠失，ある領域の方向が逆転してしまう逆位，ある領域が別の染色体に移動してしまう転座，ある領域のコピーが新たに付け加わってしまう重複などがある．さらに，染色体全体の数が倍化してしまう倍数化などもある．

b. 複製エラーと塩基置換

突然変異の中で最も頻度が高く生じるのが，ある一つの塩基が別の塩基に置換してしまう「一塩基置換」である（以降，単に「塩基置換」とよぶ）．

塩基置換（base substitution）の原因には，主に二つのものがあると考えられている．一つは，DNA 複製時に DNA ポリメラーゼが起こす**複製エラー**（replication error）が，修復されずにそのまま残ってしまうものであり，いま一つは，DNA 損傷が修復されずにそのまま複製されてしまうものである．

複製エラーにより生じたミスマッチ塩基対は，通常は DNA ポリメラーゼのもつ校正機能や，別の DNA 修復機能によって修正されるが，ごくまれに見過ごされる場合がある．そのまま次の DNA 複製反応が起こると，ミスマッチ塩基対は別の二つの塩基対となって固定化される．こうして塩基置換（正確には塩基対の置換）が生じる（図 13-22）．

13.4.3　遺伝子頻度の変化と自然選択

塩基置換をはじめとする突然変異のほとんどは，ゲノム中でランダムに生じると考えられている．こうした突然変異が，体細胞ではなく生殖細胞系列で生じると，進化をもたらす可能性をもつことになる．突然変異はどのようなメカニズムで，進化をもたらすのだろうか．

a. 遺伝子頻度

ある二倍体生物の集団内にある遺伝子のうち，A という遺伝子があるとする．ある個体の一対ある遺伝子 A のうち一方に，何らかの突然変異が起こり，性質の異なる遺伝子 a に変化したとする．このとき，遺伝子 A と遺伝子 a は対立遺伝子の関係になる．これが自由交配により集団内に広まったとき，AA という遺伝子型をもつ個体，Aa という遺伝子型をもつ個体，aa という遺伝子型をもつ個体が混在する状況となる．このとき，集団全体の中で，遺伝子 A もしくは遺伝子 a が存在する相対的な頻度を**遺伝子頻度**（gene frequency）という．

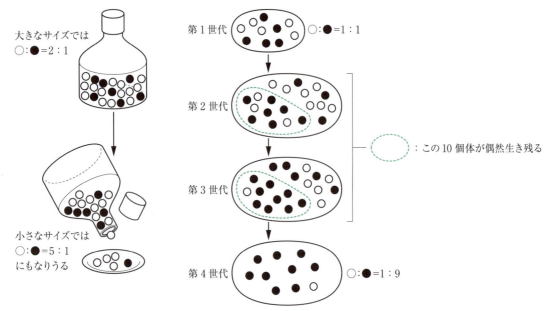

図 13-23　ビン首効果と遺伝的浮動

b. ハーディー・ワインベルグの法則からの逸脱

　数学者ハーディーと生物学者ワインベルグがそれぞれ提唱した**ハーディー・ワインベルグの法則 (Hardy-Weinberg principle)** は，十分に大きなサイズの自由交配集団において，対立遺伝子間で生存や生殖に関して有利・不利がなく，さらに突然変異も起こらず，他集団との間で個体の出入りがないという条件においては，遺伝子頻度は世代を経過しても不変であるとする法則である．生存や生殖に関して有利・不利がないということは，自然選択が働かないということであるが，こうした条件をすべて満たす生物集団は，地球上には存在しない（と考えられる）．突然変異があれば，ハーディー・ワインベルグの法則から逸脱する．つまり，遺伝子頻度は世代を経るごとに徐々に変化し，生物は進化する．

c. 遺伝的浮動

　ある生物集団において，生殖可能な個体数が何らかの原因によって減少することを考えてみる．口の小さな瓶に，囲碁で用いる白石と黒石が 2：1 の割合で入っている場合，それを傾けて小さな口からいくつか石を出すと，出た石の白と黒の割合は必ずしも 2：1 であるとは限らない．これと同様に，集団のサイズが減少すると，遺伝子 A と遺伝子 a の遺伝子頻度が，当初の集団における A と a の遺伝子頻度と同一になるとは限らない．このような現象を，挙げた例そのままに，**ビン首効果（ボトルネック効果）**という．その結果，ある遺伝子に生じた突然変異が，集団内に偶然広まることがあると考えられており，こうした現象を**遺伝的浮動（genetic drift）**という（図 13-23）．

d. 自然選択

　ある遺伝子に生じた突然変異が，遺伝的浮動によって偶然広まった場合，環境との相互作用の結果，生存や生殖に有利となったり，不利となったりする場合が出てくる．前者の場合，そうした個体（もしくはその集団）は，そうでない個体に比べて次世代を残しやすくなり，後者の場合は残しにくくなる．このように，生息環境（自然）によって，生じた突然変異により生存や生殖に有利となった個体が，その子孫を多く残せるように「選択」されるようにみえることから，このようなしくみを**自然選択（natural selection）**という．自然選択をもたらす要因には，気温，降水量，生物間相互作用などがあり，これらが選択圧となる．

13.4 節のまとめ
- 進化の単位は個体ではなく集団であり，種はその代表である．
- 進化には種内で生じる小進化と，種を超えて起こる大進化がある．
- 突然変異は，DNAの塩基配列に生じる永続的な変化であり，進化をもたらすもととなる．
- 遺伝的浮動などによる集団内の遺伝子頻度の変化が進化をもたらす．

13.5 ゲノムからみた進化

進化は生殖細胞中のゲノム（genome）に突然変異が生じ，その突然変異が次世代へと伝わり，その結果として起きる．これに対して，脳や筋肉などの体細胞中のゲノムに変異が生じても，それは次世代に伝わることができないので，進化にはまったく関わらない．

生物の設計図はゲノムそのものであり，いろいろな生物間でゲノムを比較解析することで，進化のメカニズムが解明される．

13.5.1 ゲノムとは

ゲノムとは，ある生物が正常に成り立つために必要なDNA塩基配列のワンセットという意味の用語である．原核生物などの半数性のゲノムは単一の染色体DNAそのものである．また，真核生物など二倍性の生物の場合は半数体である配偶子に含まれる染色体DNAを指す．

さらには，細胞小器官にもゲノムが含まれている．ミトコンドリアゲノムや葉緑体ゲノムである．これらのゲノムは太古に真核生物の祖先と細胞内共生した細菌のゲノムの名残である．

13.5.2 ゲノム情報

ゲノム情報とは，DNA塩基配列に基づく情報のことである．DNA塩基配列を解読する技術は1970年代後半頃に確立された．それ以後，ゲノム情報が急速に，指数関数的に蓄積されていった．このようなゲノム情報の蓄積には，塩基配列を解読する技術のみならず，解読された塩基配列を解析するコンピュータの性能向上が大いに寄与している．そして，ゲノム情報はデータベース化され，誰でも無料でその情報を得ることが可能になったのである．

これらのゲノム情報を用いることで，これまで仮説の域を出なかった分子進化に関する研究分野が実証されることになり，次節で述べる分子進化学や分子系統学が発展することとなったのである．

13.5 節のまとめ
- ゲノムとは，ある生物が正常に成り立つために必要最低限なDNA塩基配列のワンセットである．
- 膨大なゲノム情報が日々蓄積している．
- ゲノム情報の蓄積は進化学の進展に大いに貢献している．

13.6 分子進化学と分子系統学

進化学や系統学を分子のレベル，すなわちDNAの塩基配列情報に基づいて研究する学問が分子進化学や分子系統学である．したがって，これらの学問は近年になり，ゲノム情報が蓄積されたことにより，急速に発展してきた学問である．

生物の形態など，表現型に基づいてきたこれまでの進化学や系統学はどうしても研究者の主観が入りがちであった．また，表現型などを的確に解析するには相当な経験を必要としており，その道のプロでなくてはとうていできない学問領域である．それに対して，ゲノム情報に基づくと，客観的に，そして誰でも同じ結果が得られるという最大の利点がある．そこでこの節では，ゲノム情報に基づいた分子進化学と分子系統学について解説する．

13.6.1 分子進化学

a. 遺伝子の進化と突然変異

遺伝子の進化は主に，DNA の一部が変化する点突然変異によって生じる塩基置換や挿入・欠失である．塩基置換とは，塩基が一つ置き換わった変異で，塩基置換によってアミノ酸が変化しない同義的置換（synonymous substitution）と，塩基置換によってアミノ酸が変化する非同義的置換（nonsynonymous substitution）がある．また，塩基の挿入・欠失が起こると，コドンの読み枠がずれ，アミノ酸置換や遺伝子の不発現が生じる．

突然変異の原因としては，放射線や化学物質，ウイルスなどの寄生生物が挙げられる．

進化に関わる突然変異は次世代に伝わらなければならないので，生殖細胞に生じた変異のみである．体細胞で生じた変異はその個体1代限りで，進化には関わらない．

b. 突然変異の種類

突然変異には，「生存に有利な変異」，「生存に不利な変異」そして「生存に有利でも不利でもない変異（中立変異）」があり，ほとんどの突然変異は「生存に不利な変異」である．

c. 中立変異

一方，分子レベルの進化はほとんどが中立変異（neutral mutation）による中立的進化（neutral evolution）であり，自然選択（natural selection）による進化は非常に少ない．自然選択は主に有害変異を排除するために機能している．中立変異の例として，まず同義的置換が挙げられる．例えば，グリシンのコドンは GGU，GGC，GGA，GGG で，コドンの3番目がいずれの塩基に置換してもグリシンとなるので，表現型に変異は現れない．また，ノンコーディング領域や偽遺伝子（発現しない遺伝子）上の変異も中立的である．

d. 分子進化の中立説

木村資生が 1968 年に発表した説である．中立変異は形質が変化しないので，自然選択がかからないため，確率論的な遺伝的浮動により集団全体に広まっていく（固定）か，排除される（図13-24）．遺伝子の進化の大部分はこの中立的な進化である．

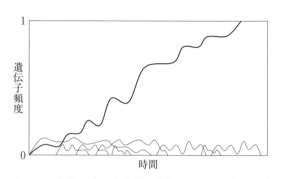

図 13-24　個体に生じた変異の遺伝子頻度が遺伝的浮動（偶然）によって変化する様子．太線は集団中に固定する変異の遺伝子頻度を示している．

e. 分子時計

中立変異はランダムに生じ，一定の確率で固定されるので，変異の数は時間の長さに比例して増えていく．このような塩基置換は分子時計とよばれ，分子系統学で重要なツールとなっている．例えば，シーラカンスは形質が太古から変わらない（生きた化石）が，中立変異の数は蓄積している．

f. 分子時計の速さ（進化速度）

同義的置換の起こるコドン3番目はコドン1，2番目（非同義的置換）と比べて進化速度が速い．また，ヒストン H4 遺伝子など生体にとって重要な遺伝子ほど進化速度は遅く，酵素として機能をもたないプレプロインスリンの C ペプチド遺伝子の進化速度はきわめて速い．偽遺伝子は理論上，最も進化速度が速い．

また，同じ遺伝子の進化速度は生物種が変わっても一定である．

g. 分子進化と形質進化

分子レベルでの進化のほとんどは中立的進化であり，形質に影響を与えない．それに対して，形質レベルでの進化は多様な形質上の変異が生じ，自然選択を主とした適者生存的進化（adaptive evolution）である．

木村資生

日本の集団遺伝学者．分子進化の中立説を 1968 年に発表した．ダーウィンの自然選択説を批判し，論争となったが，進化学では権威のあるダーウィン・メダルを受賞している．（1924-1994）

13.6.2 分子系統学

系統学とは簡単にいうと，生物間の類縁関係を推定する学問である．これまで行われてきた形質の比較による系統学では，生物のもつ形や機能の比較に基づいていた．比較対象とする形質の差異が，進化の結果，新たに生じたと考えられる形質（派生形質）を共有している形質（共有派生形質）をもつ生物を同じ分類群とし，さらに，分類群間の形質を比較して，似ている分類群をつなぎ合わせて**系統樹**（phylogenetic tree）を描いてきた．しかし，この方法では，どの形質を共有派生形質とするか，形質の違いの重要性をどのように判断するかなど，研究者の主観が入りやすいうえ，細かな形態の違いなどはとても素人には判断がつかない．

そこで，ゲノム情報の比較に基づいた分子系統学が分子進化の中立説が提唱されてから急速に発展してきた．塩基配列の決定は，今や装置さえあれば誰でも簡単にでき，そのうえ，誰がやっても同じ結果を得られる．つまり，形態に基づいた共有派生形質の推定はその道のプロしか行えなかったのが，ゲノム情報は実験技術さえ習得すれば，誰でも正確に得ることができるのである．そして，それらのデータによって系統樹を客観的に作成できるのである．

a. ゲノム情報の取得

DNAの塩基配列は生物をつくる設計図であるので，生物の系統関係を明らかにできる．塩基配列は現存の生物から得られるだけではなく，最近では，かなり古いサンプル，例えばネアンデルタール人の骨からも得ることができるようになってきた．また，すでに決定された塩基配列情報はネット上でいつでも誰でも無料で入手することが可能である．

b. 分子系統樹

進化速度は遺伝子ごとに一定である．そこで，系統関係を解析したい生物で相同な遺伝子の塩基配列を取得し，相同な塩基座位が揃うように塩基配列の整列（アライメント）を行い，塩基置換数から進化距離を算出する．そして，進化距離の近いものから順に組み合わせる（近隣結合法）ことで，分子系統樹が完成する．

ただし，系統解析に用いる遺伝子の進化速度に注意する必要がある．例えば，リボソームRNA遺伝子の

大量絶滅

地球上に誕生した生物は長い時間をかけてヒトにまでに進化した．この間，何事もなく平穏無事であったわけではない．実は，これまでに計5回の大量絶滅があった．その絶滅の原因はさまざまで，大規模な気候変化（灼熱の惑星状態や全球凍結など）や火山噴火（スーパープルーム），そして小惑星の衝突などが考えられている．

この中でも最大規模の大量絶滅が2億4800万年前のペルム紀末にあった．この大量絶滅の原因は一説によると，大規模な火山の噴火が同時多発的に生じたことであるとされている．その結果，三葉虫を含む全生物種の90％以上が絶滅し，両生類の繁栄した時代が終焉したのである．

最近に起こった大量絶滅は6550万年前の白亜紀末である．恐竜を含む全生物種の約半分が絶滅した．このときの原因は解明されており，直径約10kmの小惑星が衝突したことによる．現在でもメキシコのユカタン半島に直径約180kmのクレーターが残っている．

大量絶滅が起こっているまさにその時代に生きている生物はたまったものではないが，それまで地球上を支配していた生物が絶滅すると，日陰的な存在の生物が今度は一斉に適応放散していく．例えば，哺乳類の祖先は恐竜が跋扈（ばっこ）していた中生代では，こそこそと隠れるように生きていた．そこに白亜紀末の大量絶滅が起こり，恐竜が絶滅したおかげで，今度は哺乳類が陸・海・空へと適応放散して，さまざまな種類の哺乳類へと進化したのである．したがって，大量絶滅の後に，生物の大進化が生じたのである．

ところで，現在の地球は6回目の大量絶滅時代に突入しているといわれている．脊椎動物の個体数でみると，1970～2008年の38年間で28％減少し，その2年後まで入れた1970～2010年では52％も急激に減少しているのである．さらには，全生物の半分以上の種が2100年までに絶滅するといわれている．

これまでに起こった5回の大量絶滅は数万年から数十万年かかっているといわれている．それに対して，今起こっている6回目の大量絶滅は数十年から数百年と極端に短い時間で起きようとしている．こんなに短いスパンでは新たな生物種が登場することができず，やがて地球上から生物がいなくなってしまうかもしれないのである．

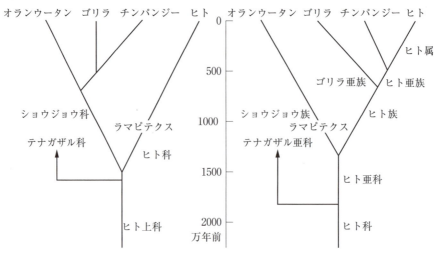

図 13-25　霊長類における系統樹の比較

進化速度はかなり遅いので，細菌や古細菌の系統関係を解析するのによく利用されるが，哺乳類間のような近縁な系統関係には，進化速度が遅すぎてほとんど有効な情報が得られない．その反対に，進化速度が速い遺伝子の場合では，近縁な生物間では得られる情報量が多くて有効であるが，遠縁な生物間では，同じ塩基座位で多重の置換が生じているので，不正確な情報となってしまう．

c. 形態および分子系統樹（例：霊長類の系統）

霊長類を例にとり，形態に基づいた系統樹と分子情報に基づいた系統樹を比較したのが図 13-25 である．

形態情報に基づいた系統樹では，ヒトが最も早くにその他の霊長類と分岐しているのに対して，分子情報に基づいた系統樹では，ヒトとチンパンジーはきわめて近縁であることが示されている．この分子系統樹が発表された当初は反論などいろいろな議論が噴出していたが，現在ではこちらが正しい系統関係を表していることで一致している．

また，3 万 8000 年前のネアンデルタール人の骨から DNA を抽出して解析したところ，現代人とネアンデルタール人は共通祖先から約 37 万年前に分かれたことや，現代人は約 20 万年前のアフリカから広まったことなどが示された．

13.6 節のまとめ
- 生殖細胞中の遺伝子に生じた突然変異が次世代に受け継がれ，進化に関わる．
- 分子レベルの進化はほとんどが中立変異による中立的進化である．
- 中立変異の数は時間の長さに比例して増えていくので，分子時計として使える．
- 同じ遺伝子の進化速度は生物種が変わっても一定である．
- 生体にとって重要な遺伝子ほど進化速度は遅く，偽遺伝子は最も速い．
- ゲノム情報を取得することにより，客観的な分子系統樹を作成することができる．

13.7　ゲノムの変化と進化

ゲノムは塩基置換以外にもさまざまな変化を示す．ここでは，その例として，遺伝子重複と反復配列を挙げて説明する．

13.7.1　遺伝子重複

遺伝子重複（gene duplication）とは，ゲノム内に

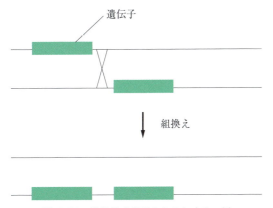

図 13-26　遺伝子重複が生じるしくみの例

同じ遺伝子が2個以上存在することである．この遺伝子重複が起こる一つの例として，染色体の不等交叉および組換えがある（図 13-26）．遺伝子が重複すると，以下の二つの状態に進化することが予想される．
① 同じ遺伝子があるので，増えた遺伝子は新たな機能をもつ遺伝子へと進化する．→多重遺伝子族
② 同じ遺伝子があるので，機能を失うほどに突然変異が蓄積しても生体に影響を与えない．そのため，もはや遺伝子としての機能がなくなる．→偽遺伝子
上記の一例として，グロビンタンパク質遺伝子がある．重複を繰り返して**多重遺伝子族（multigene family）**となり，酸素の親和性が異なったグロビンタンパク質をコードする遺伝子や，発現の時期が一生の間で異なるグロビンタンパク質遺伝子などに進化している．また，この多重遺伝子族の中には，**偽遺伝子（pseudogene）**となった塩基配列も含まれている．

13.7.2　反復配列

ヒトのゲノムの半分以上は反復配列（繰返し配列）である．この塩基配列はゲノムの組換えが起こる足場となり，先程述べた遺伝子重複が起こる際にはこの反復配列で組換えが行われている．

また，反復配列に挟まれたトランスポゾンとよばれる転移因子があり，ゲノムのある場所から切り出され，別の場所に入り込む．このトランスポゾンがある遺伝子の中に入り込むと，その遺伝子は機能を失ってしまう可能性がきわめて高い．その一例として，絞りアサガオの斑入りがある．

13.7 節のまとめ
- 遺伝子重複は反復配列を足場とした組換えにより生じる．
- 遺伝子重複により多重遺伝子族もしくは偽遺伝子へと進化する．
- 多重遺伝子族には，さまざまな機能や発現時期の異なる遺伝子が含まれている．

13.8　生命の起源の謎に迫る

約 46 億年前に地球が誕生したとき，地球上に生物は存在しなかった．やがて，自己複製能力や細胞構造をもつ原始生命体が誕生すると，原始生命体はより高度な生物へと進化していった．現在，地球に生息するさまざまな生物は，太古に遡ると共通の祖先にたどり着くことになる．

本節では，原始地球において有機物が生成し生命が誕生する過程を理解する．さらに原始的な細胞が進化して真核細胞が誕生するまでの過程についても学ぶ．

13.8.1　原始地球と化学進化

a. 有機化合物の生成

地球は今から約 46 億年前に誕生したといわれている．誕生した頃の地球は，惑星の衝突により表面が溶けてマグマで覆われた熱い地球であった（マグマオーシャンの誕生）．その後次第に地表温度が低下し，大気中の水蒸気は冷えて雨となり海が形成された．地球の誕生から数億年後には，原始大気と原始海洋が形成された．

生命の起源については諸説が提案されている．生命が誕生するためには，もとになる有機化合物が必要である．有力な仮説の一つとして，雷や太陽からの放射線のエネルギーが原始大気に作用して，有機分子が非生物的に合成されたというものがある．原始大気中には水素，アンモニア，メタンなどの無機化合物が含まれていて，これらにエネルギーが加わって化学反応が起こり，アミノ酸などの有機物が合成された（コラム図 13-1 参照）．生成した有機物は雨に溶けて海に蓄積されたと考えられる（原子スープの形成）．

別の有力な仮説として，深海底にある**熱水噴出孔**

ミラーによる有機物生成の検証

ミラーは原始地球の大気を想定して，水，水素，アンモニア，メタンを入れたフラスコに熱や放電のエネルギーを加え続けて，アミノ酸が合成されることを示した（コラム図 13-1）．同様の実験によって，ヌクレオチドのような複雑な分子も合成できることが示された．原始地球の環境でも同じようにして有機物が生成したと考えられた．

しかし，その後の研究によれば，原始地球の大気は水蒸気，二酸化炭素，窒素からなっており，反応性に富む還元的な気体はほとんどなかったと考えられている．また自然界に存在するアミノ酸は，L体がほとんどであるのに対して，ミラーの実験では常にラセミ体（D体とL体の混合物）が形成されるという矛盾もある．

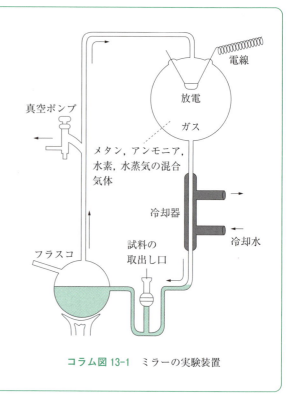

コラム図 13-1　ミラーの実験装置

(hydrothermal vent)で生命が誕生したというものがある．熱水噴出孔は，海底火山の周辺で硫化水素やメタンを含む高温水が噴き出す場所である（コラム図 13-2 参照）．このような高温・高圧環境の下で，熱水中に含まれる無機化合物が反応し合い，アミノ酸のような有機物が生じたと考えられている．

また，生命のもとになる有機物は地球外の天体が起源であるという仮説もある．これまでに，アミノ酸や核酸塩基などの有機物を含む隕石が発見されている．最近の惑星探査機を用いた測定によると，宇宙空間に水やメタノール，アンモニアなどのアミノ酸生成のための前駆体が存在することが確認されている．このような前駆体物質から有機物がつくられて隕石などに付着して，原始地球に降った可能性がある．

上記のような過程により生成したアミノ酸などの有機化合物は，エネルギーを受けて互いに反応し合い，より複雑な高分子化合物がつくられていった．このように無機物から生命に必要な有機物や高分子がつくられていった過程を化学進化（chemical evolution）とよぶ．

b. 原始生命体の誕生

化学進化により高分子などの物質が蓄積してくると，これらの物質はミセルのような凝集体を形成したと考えられる．この凝集体は膜に似た境界をもち，周囲から有機物を取り込み，内部で反応を起こして細菌のように振る舞ったと推定されている．

オパーリンは水溶液中でタンパク質と有機物を混合して，コアセルベート（coacervate droplets）とよばれるコロイド粒子の集合体をつくり出した（図 13-27）．コアセルベートは基質と酵素を加えるとこれらを取り込んで，酵素反応を行うことが見出された．コアセルベートは，他の粒子と融合して大きくなることも観察された．

コアセルベート以外にも，リポソーム（lipo-

スタンレー・ミラー

アメリカの化学者．1953年，大学院生のときにユーリーの指導の下，生命の起源に関わる実験を行った．原始地球の環境下で無機物から有機物がつくられる可能性を初めて示し注目を集めた．カリフォルニア大学化学教授を務めた．(1930-2007)

熱水噴出孔に生息する生物

　太平洋や大西洋の深海底にある熱水噴出孔は，海底から浸みこんだ海水が地下のマグマに熱せられて噴出する場所である（**コラム図 13-2**）．熱水噴出孔は光や栄養が乏しい場所であるにもかかわらず，生態系がみられる．チューブワームとよばれるハオリムシをはじめ，シロウリガイ，エビやカニの仲間などさまざまな生物が生息している．

　噴出孔の周辺には硫黄酸化細菌とよばれる化学合成細菌が生息している．この微生物は熱水中に豊富に含まれる有毒の硫化水素を用い，二酸化炭素を還元して有機物を合成する能力をもっている．硫黄細菌以外にもメタンから有機栄養物をつくり出す細菌などが生息している．

　ハオリムシは，体内に硫黄細菌を共生させている無脊椎動物である．ハオリムシは水中の硫化水素を吸収して硫黄細菌に与え，自らは硫黄細菌がつくり出した有機物を利用している．このため，ハオリムシは動物であるにもかかわらず，餌をとることなく生活している．

コラム図 13-2　深海底の熱水噴出孔

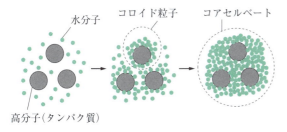

図 13-27　コアセルベート形成の過程

some），ミクロスフェア，マリグラヌールが原始細胞モデルとして報告されている．これらの細胞モデルが示すように，高分子の集合体は原始的な環境で外界と隔離する膜構造をもち，基質を取り込み代謝に似た反応を行ったと推測される．そして，自己複製の能力も獲得して**原始生命体（protobiont）**へと進化していったと考えられる（**コラム図 13-3** 参照）．

13.8.2　原核細胞から真核細胞への進化

a. 嫌気性細菌の出現

　生命は原始海洋で誕生し，変遷する地球環境に影響を受けながら進化した．現在の全生物の祖先（**コモノート（commonote）**）が誕生したのは，今から約 38 億年前とされる（図 13-28）．この当時，原始大気中には酸素はほとんど存在しなかったが，海洋中には有機物が多く蓄積していたと考えられる．

　最初の生物は，海洋中に豊富に存在した有機物を取り入れ，嫌気呼吸によりエネルギーを得る従属栄養の単細胞原核生物であったと考えられる．このような**従属栄養生物（heterotroph）**の増加により海洋中の有機物は減少していった．

　上記のような説とは反対に地球上には最初，独立栄養型の生物が出現したとする説もある．

b. 化学合成細菌の出現

　従属栄養生物により有機栄養物が枯渇してくると，**独立栄養生物（autotroph）**として化学合成細菌が出現したと考えられている（図 13-28）．化学合成細菌は，火山から放出される硫化水素などの還元物質を用いて，二酸化炭素を還元して有機物を合成していた．その後，より進化した独立栄養生物として光合成細菌が現れた．この細菌は，水素または硫化水素を用いるだけでなく，太陽の光エネルギーも利用して二酸化炭素を還元した．このように，初期の光合成細菌は水を分解しない光合成を行ったと考えられている．

c. 酸素発生型光合成細菌の出現

　約 27 億年前に，現在の植物のように光エネルギーを利用して二酸化炭素を還元する**ラン藻類（cyanobacteria，藍色細菌，シアノバクテリア）**が出現したと推定されている（図 13-28）．ラン藻類は普遍的に存在する水を光合成の原料に用いたため，爆発的に繁殖し酸素が放出されたと考えられる．ラン藻が盛んに

RNA ワールド仮説

　原始生命体が誕生した頃，生命活動は RNA だけによって営まれていたとする仮説（**RNA ワールド (RNA world)**）がある．この説によると，RNA は遺伝物質としてだけでなく，自身の複製や酵素としての役割も担っていたと考えられている（**コラム図 13-3**）．この仮説の根拠は，RNA をゲノムとしてもつウイルスの存在や触媒作用を示す RNA（**リボザイム (ribozyme)**）の発見による．

　やがて RNA を中心とした生命系は，遺伝情報の保持はより安定な核酸である DNA に，酵素としての役割は強い触媒活性をもつタンパク質に移されたと考えられている（DNA ワールド）．現在の生命系では，RNA はタンパク質合成の過程に関わっている．

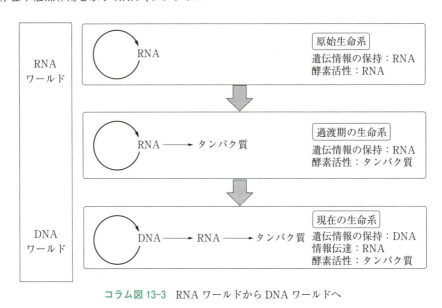

コラム図 13-3　RNA ワールドから DNA ワールドへ

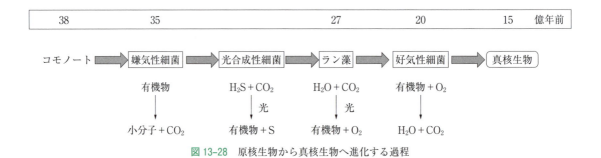

図 13-28　原核生物から真核生物へ進化する過程

シドニー・アルトマン

カナダ生まれの分子生物学者．RNA 分子が単独でも触媒活性をもっていることを発見したことにより，トーマス・チェックとともに 1989 年にノーベル化学賞を受賞した．(1939–)

トーマス・チェック

アメリカの生化学者，分子生物学者．原生動物テトラヒメナから酵素のように触媒として働く RNA を発見した．この発見によりすべての酵素はタンパク質であるという考え方が修正された．1989 年にノーベル化学賞を受賞．(1947–)

細胞内共生説

ミトコンドリアと葉緑体は，原核生物が原始真核細胞に共生することによって生じたとする考え方を**共生説（endosymbiosis）**とよぶ（コラム図13-4）．この共生説を支持する証拠として，ミトコンドリアと葉緑体は，独自の環状DNAやリボソーム，二重の膜構造をもっていることが挙げられる．最近のゲノム遺伝子解析により，ミトコンドリアはαプロバクテリア（好気性細菌）に由来し，葉緑体はシアノバクテリアに由来することが示されている．

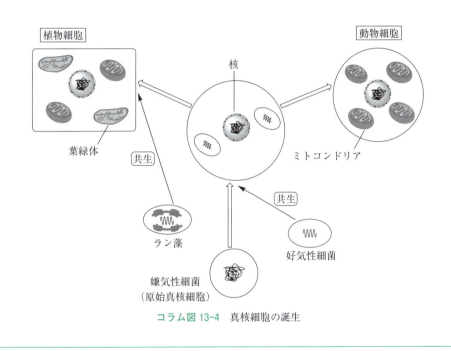

コラム図13-4 真核細胞の誕生

光合成を行った結果，地球環境の酸素濃度は次第に増加していった．

d. 好気性真核細胞の誕生

大気中の二酸化炭素が減少し酸素が増加してくると，酸素に耐性のない嫌気性細菌は極限環境に追いやられ，酸素に適応した好気性細菌が出現したと考えられる（図13-28）．

今から約15億年前に，核などの細胞小器官をもつ真核細胞が誕生したと推定されている．真核細胞のもとになった細胞は嫌気性の古細菌であったとされている．この古細菌に好気性細菌やラン藻類が取り込まれた後，細胞内に共生することによってそれぞれミトコンドリアや葉緑体が生じたと考えられている（コラム図13-4参照）．ミトコンドリアなどを獲得した真核生物は，好気呼吸により効率よくエネルギーをつくり出して活発に運動することが可能になった．その後，好気性真核生物は，多細胞化，大型化してさらに進化していった．

13.8 節のまとめ

- 原始地球において無機物から簡単な有機物がつくられ，生命体に必要な複雑な有機物がつくられた．
- 有機物の集合体は，膜構造や代謝，自己複製の能力を獲得して原始生命体へと進化した．
- 原核生物の進化の過程で誕生したラン藻は，植物のような光合成を行って大気中に酸素を放出した．
- 真核細胞の細胞器官として知られるミトコンドリアは，原始真核細胞に好気性の細菌が共生して誕生した．

参考文献

[1] 井出利憲，分子生物学講義中継 番外編 生物の多様性と進化の驚異，羊土社（2010）.
[2] 百瀬春生編，微生物工学（生物工学基礎コース），丸善（1997）.
[3] 赤坂甲治編，新版生物学と人間，裳華房（2010）.
[4] 坂本順司，理工系のための生物学，裳華房（2009）.
[5] 中村運，基礎生物学―分子と細胞レベルから見た生命像，培風館（1988）.
[6] 中村運，新・細胞の起源と進化―生命のしくみを探る，培風館（2006）.
[7] 立花隆・佐藤勝彦，地球外生命 9の論点（講談社ブルーバックス），講談社（2012）.
[8] 木村資生編，分子進化学入門，培風館（1984）.
[9] 今堀宏三，木村資生，和田敬四郎編，続・分子進化学入門，培風館（1986）.
[10] 根井正利原著，五條堀孝，斎藤成也共訳，分子進化遺伝学，培風館（1990）.
[11] 武村政春，ベーシック生物学，裳華房（2014）.
[12] J.B. Reece ほか著，池内昌彦，伊藤元己，箸本春樹監訳，キャンベル生物学 原書9版，丸善出版（2013）.

14. 地球エネルギーと生物の関わり

　放射性同位体の分析から，地球は約46億年前に誕生し，生命の誕生は諸説あるが，グリーンランドのイスア地方で発見された最古の化学化石の推定より約38億年前頃に現れたと考えられている．生命活動にはエネルギーが必須であり，このときから生物のエネルギー獲得の歴史が始まった．最初の生命は海から誕生し，陸上に生命が進出するのは光合成生物によってオゾン層（ozone layer）が成層圏に形成される約6億年前からとなる．最初の生命は深海の熱水鉱床近傍で誕生した化学合成独立細菌とする説が有力である．酸素発生型光合成生物であるシアノバクテリアの化石が約27億年前の地層から見つかっており，これより前に硫黄を電子源とする非酸素発生型光合成を行う光合成細菌が誕生したと考えられる．これら光合成生物の誕生により太陽光をエネルギー源とする生物が誕生した．現在ではほとんどすべての生物エネルギーは光合成由来である．現在，我々の生活とエネルギーは切っても切り離せないものであり，科学の発展に伴い大量のエネルギーを使用するようになってきた．しかし，現在化石燃料（石油，石炭，天然ガス）は枯渇が近づいており，ウランについても埋蔵量は限られている．本章ではこれらエネルギーと生物の関わりについて述べることとする．

14.1　エネルギーの獲得

14.1.1　酸素の獲得

　地球誕生当時の大気組成は太陽と類似のヘリウムと水素からなる組成であった．その後，火星くらいの大きさの原始惑星が地球に衝突し，その衝撃で地球内部のマグマに溶け込んでいた二酸化炭素や窒素酸化物により原始大気が形成された（ジャイアントインパクト説）．現在では原始大気はこのような二酸化炭素や窒素酸化物を主成分とする酸化的気体（oxidizing atmosphere）であったと考えられている．メタンやアンモニアなどの還元性気体に放電を繰り返すことによりアミノ酸が合成された，有名な化学進化を示すミラーの実験があるが，現在ではこの説は支持されていない．アミノ酸や核酸がどこから生じたかは，不明瞭な点が多い．RNAには触媒として働くものがあり，リボザイムともよばれ自己複製能力があることから，RNAが生命の起源とする考え方や，宇宙空間でアミノ酸類似物質が見つかっていることから宇宙を起源とする説も一つの有力な候補になってきている．ジャイアントインパクトの後，熱かった地球温度は低下し，水蒸気が水となり海が形成された．原始大気には酸素は存在しなかったため，生物は太陽から降り注ぐ紫外線を防御する手段（オゾン層）がなく，陸地で生活することはできなかった．また，酸素は生物にとって毒ともなりうることから，最初の生物は嫌気的生物で海の深くにある熱水鉱床から噴出する硫黄，硝酸，鉄などの酸化還元反応によりプロトン濃度勾配を形成してエネルギー源として生命活動に必要なATPを合成していた超好熱細菌（hyperthermophiles）だと考えられる．このような細菌は現在でもその進化した姿として，熱水鉱床で発見されている．その後，海の浅いところ（水深150m以下）では，太陽光をエネルギー源として活用可能な光合成生物が誕生した．しかしながら，その生物は現在の酸素発生型光合成と異なり，硫化水素を電子供与源とする光合成細菌が最初に誕生したものと考えられている（約35億年前）．光合成細菌はその後進化して，現在でも地球上の嫌気または微好気的な場所で生育している．光合成細菌には現在の酸素発生型光合成の光化学系Ⅰ類似のものと，光化学系Ⅱ類似のもの（第8章参照）がおり，それら光合成細菌から酸素発生型光合成を行う原核生物であるシアノバクテリア（ラン藻，cyanobacteria）が誕生した（約27億年前）．シアノバクテリアは硫化水素のかわりに水を電子供与源とすることが可能になり，その結果，水から電子が引き抜かれることにより副産物として酸素が発生した．第7章でも述べたが，一般的な嫌気生物は発酵により少量のATPをつくり出すことしかできない．一方，ミトコンドリアをもつ好気生物は酸化的リン酸化により大量のATPをつくることができるのが特徴である．

$C_6H_{12}O_6 + 6O_2 + 6H_2O \longrightarrow 6CO_2 + 12H_2O (+38 ATP)$
(好気呼吸)

$C_6H_{12}O_6 \longrightarrow 2C_2H_5OH + 2CO_2 (+2 ATP)$
(アルコール発酵：嫌気)

　上記式は酸素の有無による生物のエネルギー変換を示している．実際の好気呼吸においてはグルコースやピルビン酸の輸送に ATP が使われるので，好気呼吸においては 1 分子のグルコースあたり 30 分子程度の ATP 生成量になる．この ATP 獲得能力の違いから，酸素の登場は生物にとってすぐれたエネルギー生産の獲得につながる重要な変化であったといえる．しかし，酸素は 活性酸素 (reactive oxygen species) として生体を傷つける，非常に害のある二面性をもつ．嫌気性細菌は原核生物であり，酸素は活性酸素となり嫌気性細菌にとって有害であることから，酸素存在下では生きていけない．そのため，生物は核をもつことにより酸素から自らを守るようになった．さらに真性細菌である α プロテオバクテリアを取り込むことにより，細胞内小器官であるミトコンドリアが形成された．また，ある種の生物はシアノバクテリアを取り込むことにより，葉緑体を獲得した（マーギュリスによる細胞内共生説）．

　酸素発生型光合成生物の誕生で，いきなり大気に酸素が増えたわけではなく，最初は海水中で二価の鉄イオンが酸素を結合して酸化鉄となり 縞状鉄鉱床 (banded iron formation) を形成した（約 27 億～19 億年前），その後海水に飽和した酸素が大気中に出ていった．紫外線はエネルギーの高い電磁波であり容易に DNA を損傷するため，生物は紫外線のふりそそぐ地表では生きていくことができない．しかし，酸素濃度の上昇により，酸素が紫外線と反応しオゾン層が形成され，このオゾンが紫外線を吸収することにより，生物が陸上に進出できるようになった．オゾン生成のメカニズムを以下に示す（チャップマン機構）．

$O_2 + $ 紫外線 (240 nm 以下) $\longrightarrow 2O$

$O_2 + O + M \longrightarrow O_3 + M$

$O_3 + $ 紫外線 (230～340 nm) $\longrightarrow O + O_2$

（M は N_2 や O_2 などの過剰なエネルギーを取り去るための分子）

　上記反応が繰り返されることにより，オゾンは一定量大気中に存在することになる．このオゾン層は 22 億年前頃から地表付近に形成され，6 億年前くらいに現在のような成層圏に高度を上げたと考えられている．これは 6 億年前に地球を氷漬けにした全球凍結が終了し，一気に酸素濃度が高くなったことと関係している．そして 5 億 4 千年前くらいより生物進化にとって重要なカンブリア大爆発が起き，生物が一気に多様化し，現在の動物の門がほぼ出揃った．地球史と酸素・二酸化炭素存在量の変遷を 図 14.1 に示す．

14.1.2 二酸化炭素の推移

　地球誕生から 20 億年以上，二酸化炭素は非常に高い濃度であった（図 14-1）．オゾン層の形成と真核藻類の誕生に伴い，光合成生物が増え二酸化炭素は固定されどんどん減少していった．また，造山運動に伴う炭酸カルシウムによる固定化や海への吸収も二酸化炭素濃度減少の要因の一つであった．第 8 章で C_4 植物について述べたが，C_4 植物の出現は白亜紀の頃（約 6500 万年前）に種々の光合成生物から独立的に出現し，約 700～500 万年前に増加したと考えられており，同時代に C_4 植物特有のクランツ構造（第 8 章参照）をもった化石もみつかっている．これは，二酸化炭素を固定する酵素である RuBisCO と PEP カルボキシラーゼの間に炭素の同位体（^{12}C, ^{13}C）選択制があり，C_3 植物は好んで ^{12}C を使い，C_4 植物にはそのような選択制はないため，化石の同位体比を測定することによって，進化関係が解析可能となっている．白亜紀中期には現在の 18 倍あった CO_2 濃度が，後期には現在の 3 倍にまで減少していたことが明らかになっており，それに対応するために CO_2 濃縮機構をもつ C_4 植物が出現したとの説が有力である．その後，地球史における二酸化炭素の濃度は 200～280 ppm あたりを推移していた．しかし，産業革命や人口爆発により，化石燃料の大量消費が始まると大気中の二酸化炭素濃度は急激に上昇し，現在では 400 ppm を超える観測点が出現してきている（図 14-1）．二酸化炭素は温室効果ガスの一つであり，近年の急激な濃度変化は生物にとって重大な影響を与える恐れがあるので，現在 CO_2 排出削減は地球的課題となっている．

14.1.3 窒素

　窒素はタンパク質や核酸の構成元素であり，生命活動を維持するうえで必須の要素である．生物エネルギーを担う植物の肥料として窒素が必要であり，窒素化合物であるアンモニアがないと農業生産が減ってしまい爆発的に増えた現在の人口を支えることができない．空気中の約 80% は窒素であるが，ほとんどの生物は分子状 N_2 を直接利用できず，NO_3^- や NH_4^+ のようなイオンの形でないと取り込むことができない．化学反応で有名な ハーバー・ボッシュ法 (Haber-Bosch process) はこれまで困難であった空気中の N_2 を鉄系の触媒存在下で高温，高圧下

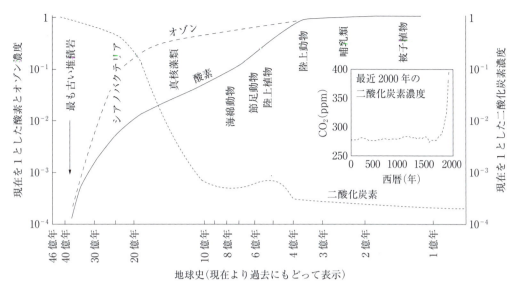

図 14-1 地球史と酸素および二酸化炭素濃度の変遷．図中の生物種は出現したおおよその時期
（Wayne, R.P., *Chemistry of Atmosphere : second edition*, Oxford University Press, 1991 の図を改変）

（400～600℃，200～400気圧）においてアンモニア（NH_3）に変換する反応である．この反応は，現在の地球で最大の窒素固定源となっている．しかし，この反応は，高温・高圧下で行うことから全人類の年間消費エネルギーの1%以上を使用しているといわれており，もっとエネルギー消費の低い N_2 固定反応が求められている．ある種の**嫌気性細菌（anaerobic bacteria）**はこの反応を常温・常圧で進行させている．この嫌気性細菌は**ニトロゲナーゼ（nitrogenase）**という空気 N_2 をアンモニアに変換する酵素をもっている．この酵素反応は酸素で阻害される特徴をもつ．マメ科やフトモモ科の植物は根に根粒があり，ニトロゲナーゼをもつ根粒菌と共生関係にあることによってアンモニアが供給されている．また，ある種の光合成細菌とシアノバクテリアは共生関係によらず単独で光合成を行いながらニトロゲナーゼによって窒素固定を行っている．シアノバクテリアは好気性生物であるが，一部のシアノバクテリアは窒素固定を専門に行う酸素濃度の低い細胞（**ヘテロシスト（heterocyst）**）をもつことにより，活性酸素への暴露を回避し，このニトロゲナーゼ反応を行っている．

ニトロゲナーゼによる窒素固定反応は次の式で表される．

$$N_2 + 8H^+ + 8e^- + 16ATP \longrightarrow 2NH_3 + H_2 + 16ADP + 16Pi$$

代表的なニトロゲナーゼは，二つのコンポーネント（**Fe タンパク質（Fe protein）**と **MoFe タンパク質**

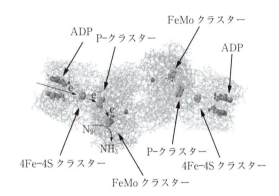

図 14-2 ニトロゲナーゼの構造．図は二量体の構造を示している（C_2 対称）．図の左（右）の部位に還元されたフェレドキシンあるいはフラボドキシンが結合し，電子を 4Fe-4S クラスター，P-クラスターを経て FeMo クラスターに伝達する．FeMo クラスター上で N_2 が電子と H^+ によって還元され NH_3 が生成する．

(MoFe protein)）から構成されている．上式から明らかなように，この反応は電子伝達が関わっている．Fe タンパク質は，ATP を加水分解して，窒素の還元に必要とされる電子を送り出す働きを担い，MoFe タンパク質は，Fe タンパク質から送られてきた電子を使って実際に窒素分子の還元を行う触媒部位である．構造解析されたニトロゲナーゼの構造を図 14-2 に示す．

前述の工業的に固定される窒素を除けば，地球のす

べての生物のアミノ酸，タンパク質は，このニトロゲナーゼをもつ細菌が固定したNH_3に由来している．真核生物はこの酵素をもっておらず，窒素固定できない細菌およびすべての真核生物は窒素固定細菌が固定したNH_3に依存して生存している．

14.1.4 リン

我々が利用可能なリンは基本的に**リン鉱石（phosphorite）**由来であり，その鉱床は限られており日本には存在していない．リン鉱石の由来は太古の昔に海底で形成された海成リン鉱床であるが，その起源は詳細には明らかになっていないものの生物がつくる**ポリリン酸（polyphosphate）**の可能性が高い．自然界では，リン酸（PO_4^{3-}）は生物の死骸が分解されて生じた有機リン酸がホスファターゼによって分解されて供給されるか，非常に溶解度の低い鉱石の風化や溶解によって供給される．いったん，水圏に流出したリン酸は回収されるのに非常に長い年月がかかるため，現在ではリン源はリン鉱石のみに頼っているといえる．リンは生物にとって重要であり，核酸はリン酸によって繋がれており，細胞内での情報伝達はリン酸化，脱リン酸化によって行われている場合が多い．また生物のエネルギー共通貨幣であるATPのPはリン酸である（ATPもポリリン酸である）．植物生育にとってもリンはもちろん重要であり，肥料には必ず含まれている．世界のリン鉱石の埋蔵量は約140億tと見積もられている．現在，年間約1.4億tのリンが採掘されており，人口増加に伴い農業生産がさらに拡大すれば，リン資源はあと100年足らずで枯渇するとみられている．そのため，石油と比較して忘れられがちであるが，現在捨てるのみであるリンのリサイクル化は重要な課題の一つである．

14.1.5 太陽光エネルギー

太陽の推定寿命は約100億年で誕生から現在までに約46億年経過しており，まだ寿命の半分にも達していないことから，現在の人類にとって太陽は**枯渇の恐れがないエネルギー（sustainable energy）**である．単位面積あたり，単位時間に大気圏外で太陽から垂直に受けるエネルギーは$1.36 \times 10^3 \mathrm{~J~m^{-2}~s^{-1}}$である（太陽定数）．地球は太陽から$1.5 \times 10^{11}$ m離れていることから，太陽の全放射エネルギーは太陽定数と太陽と地球の距離を半径とする球の表面積を掛けたものとなり，約$3.8 \times 10^{26} \mathrm{~J~s^{-1}}$となる．太陽定数に地球の断面積$1.274 \times 10^{14} \mathrm{~m^2}$を掛けると地球全体が受けとっているエネルギーは$1.72 \times 10^{17} \mathrm{~J~s^{-1}}$となる．$10^{15}$をSI単位の接頭辞P（ペタ）で，またエネルギーをW（仕事量ワット＝$\mathrm{J~s^{-1}}$）でこの値を換算すると172 PWとなる．地表に到達するエネルギーは雲や大気による散乱などで減衰され，約半分になることから約86 PWとなる．実際に人類が地上で収集可能な太陽エネルギーはそれよりだいぶ減って約1 PWとの計算がある（図14-3）．2004年の人類のエネルギー需要は約0.013 PWと推計されていることから，太陽光は人類のエネルギー需要の少なくとも約80倍のエネルギーがあることになる．このことから太陽光エネルギーは再生可能エネルギーの中でも有力な候補であるといえる．

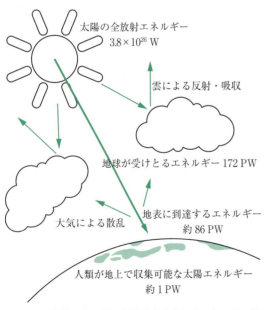

図 14-3 太陽エネルギーと地球が受けとるエネルギー量

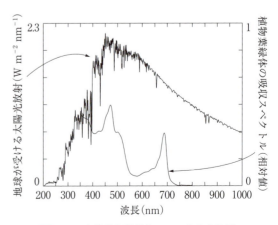

図 14-4 太陽光と葉緑体のスペクトル比較

図 14-5　ドーバー海峡（英国側）チョーククリフ

図 14-6　緑藻 *Botryococcus braunii* の光学顕微鏡像

　地表に到達する太陽光スペクトルと植物の葉緑体の吸収スペクトルを図 14-4 に示す．全エネルギーの約半分が可視光領域に含まれており，波長の短い紫外線はオゾン層の影響により地表にはほとんど到達していない．また，太陽光の極大は可視光領域にあり，葉緑体の吸収スペクトルとよく重なっていることから，光合成生物は進化の過程で太陽光をよく吸収できるように色素を進化させていったことがわかる．

　植物が緑色を呈しているのはクロロフィルが可視光の青と赤の領域に吸収極大があるため，使われなかった緑色の光が捕色としてみえているためである．しかし，緑色の領域に吸収がないわけではなく（図 14-4），高等植物では葉の表と裏で細胞の並び方を変え，光を散乱させることにより，何度も葉緑体を光が通過することで緑色光の吸収率を 70％強まで上げている．光合成のエネルギー移動効率は高いため，いったん光が吸収されれば，それは効率よく駆動する．また，紅藻やシアノバクテリアはフィコビリゾームという青緑色を吸収する光捕集色素タンパク質をもつことにより，緑色光の吸収効率を上げることにより太陽光を利用している．

14.1.6　化石燃料

　現在の我々の生活と石油をはじめとする化石燃料は切っても切り離せないものである．世界の石油確認埋蔵量は 2013 年末時点で 2382 億 t であり，これを 2013 年の石油生産量から計算した可採年数はあと 53 年である．石油の起源は生物由来と考えるのが一般的であり，光合成によって植物や藻類から生産される有機物が酸素の少ない海底などの場所に堆積し，ケロジェンとよばれる石油のもとが地熱や圧力で長い年月をかけて石油へ変化したと考えられている．現在の石油の大半は古生代（5 億 4000 万年前〜2 億 4500 万年前）より後にできたもので，中生代（2 億 4500 万年前〜6500 万年前）のものが約 6 割を占めるともいわれ

る．今から約 1 億年前の中生代白亜紀（7000 万年〜1 億 5000 万年前）に円石藻が大発生して石灰岩の地層がつくられた．英国のドーバー海峡に位置する白いチョーク層は円石藻由来である（図 14-5）．培養された円石藻を無酸素で加熱すると，300℃で液体炭化水素，400℃で天然ガスができて，それが原油の成分と非常によく似ていたとの報告がある．

　また，黒色頁岩とよばれる有機物に富んだ堆積物が海洋の広範囲にわたって形成されており，石油の根源岩の一つとされている．その成分を解析すると，シアノバクテリアと考えられるバイオマーカーの存在が確認されている．

　また，光合成によってオイル（炭化水素）をつくる緑藻 *Botryococcus braunii* が知られている（図 14-6）．光学顕微鏡下で *B. braunii* を観察しながら，カバーガラスをスライドガラスに軽く押しつけると油滴を観察できる．近年，オーランチオキトリウムとよばれる炭化水素を高効率で蓄積する微生物も日本の研究者によって発見されている．

　これらの事象から考えて，石油の起源は光合成微細藻類（microalgae）を主とする可能性が高い．地層の解析から，中東のような中生代の石油は円石藻由来のものが多く，サハリンやカリフォルニア，秋田，新潟など新生代につくられた石油は主に珪藻の仲間由来のものが多いと考えられている．これら藻類の炭化水素をつくる機構を明らかにすることにより，石油などを生物から大量調製することが期待されている．

　石炭の可採年数を石油と同様に計算するとあと 113 年である．石油よりやや長いが枯渇するのは自明である．石炭の起源であるが，石炭の中には植物組織などが観察されることから，古代の陸上植物がその起源であることに疑いはない．石炭は古生代の石炭紀の地層に主としてみられるが，古くはデボン紀の地層にも観

測される．日本を含む環太平洋地域では，新生代の第三紀の地層からも産出される．石炭の形成は，植物が堆積し地中の嫌気条件下で嫌気細菌によって，水・二酸化炭素・メタンなどが遊離し炭素が濃縮され，そこに，地中の圧力や温度の影響を受けて長い時間をかけて形成されると考えられている．2015 年に青森県八戸市沖の約 80 km の地点（水深 1180 m）の海底下 2466 m までの堆積物を海洋研究開発機構を主とする国際研究チームで分析した結果，約 2000 万年以上前の地層に陸生の微生物群集に類似した固有の微生物群衆が発見され，2000 m の地層（石炭層）の堆積物から**メタン生成菌**が分離された．これは，かつて木々が生えていた太平洋岸の環境が海底下深部に埋没してから 2000 万年を経過しても微生物生態系の一部が保持され，石炭層や天然ガス形成プロセスに関与していることを示唆するものであった．

化石燃料の一つとしてメタンハイドレートが存在する．メタンハイドレートとは低温・高圧下においてメタンが水分子のかごの中にとりこまれているものを指す．約 5500 万年前に地球の海面温度が約 5℃ 上昇する突発的温暖化が生じた．これは，海底に存在していたメタンハイドレートが融解して温室効果ガスであるメタンが大気中に放出されたためと考えられている．

近年，日本近海でメタンハイドレートの採掘が行われた．このメタンは嫌気条件に生息するメタン生成菌によるものや，生物由来の有機物の熱分解によるものである．このような深海掘削により微生物は地下深く 1～2 km ほどの深度まで存在することがわかってきた．地下は光も届かず，嫌気性であり，**嫌気性細菌**が存在している．地下に生息する生物のバイオマスは地表のそれに匹敵するとの試算もある．

> **14.1 節のまとめ**
> - 光合成由来の酸素により多量の ATP が獲得できるようになり，オゾン層の形成により紫外線に暴露される危険性が減少した．
> - 地球環境は生物，とりわけ微生物によって支えられてきた．
> - いくつかの物質は枯渇の危機にあるが，微生物がそれを解決できる可能性をもっている．

14.2 バイオマス

14.2.1 主なバイオエネルギー

バイオマスとはエネルギーとして用いられる生物および生物資源を指す．よく知られているバイオマスは食料，薪，わら，植物オイル，堆肥などである．バイオマスの原料は光合成で用いられる太陽，二酸化炭素と水であり，二酸化炭素の排出と吸収が釣り合ったいわゆるカーボンニュートラルな資源である．近年，化石燃料の枯渇に伴いバイオ燃料の注目が上がってきた．燃料の形態としては，メタンなどのバイオガス，バイオアルコール，バイオディーゼル，水素などが一般的である．バイオガスは前述のメタン生成菌がバイオマスから嫌気的に生成される．近年は嫌気的バイオマスとして付加体（海洋プレートが大陸プレートに沈み込んでいく際に海洋プレート上の堆積物が陸地側に付加されたもの）も注目されている．バイオアルコールはトウモロコシやサトウキビなどの糖質・デンプンを発酵することによって得られている（アルコール発酵）．バイオディーゼルは食用オイル（菜種油，パーム油，大豆油）にメタノールを加えてエステル交換反応によって固まりやすいグリセロール成分を除いたものが使用されている．バイオアルコールやバイオディーゼルは，主に南米や欧州において車のガソリン，軽油に添加されて用いられている．水素は前述のニトロゲナーゼ反応，あるいはある種の嫌気性細菌や藻類が行う**ヒドロゲナーゼ**（hydrogenase）による反応で生産される．

ヒドロゲナーゼは下記の反応を触媒する．

$$2H^+ + 2e^- \rightleftharpoons H_2$$

ニトロゲナーゼ，ヒドロゲナーゼともに酸素存在下で反応は失活する．近年，2 種の硫酸還元菌のゲノムが解読され，水素生産能が高く，低濃度の酸素（1%）でも水素生産を行うヒドロゲナーゼが発見された．結晶構造解析から，活性中心への酸素の接近がブロックされているとの知見が明らかになってきた．このことから，遺伝子工学的手法を用いて酸素存在下でのヒドロゲナーゼによる水素生産が期待されている．

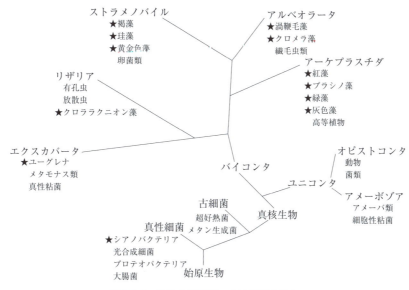

図 14-7　生物の系統樹．★は藻類を示す．

14.2.2　藻類バイオエネルギー

トウモロコシなどの植物からのバイオマス供給は食料と拮抗するため安定的なエネルギー供給に関して欠点がある．一方，微細藻類は食料と拮抗せず，細胞分裂で増えるので密度高く培養できること，単位面積あたりのエネルギー生産量は陸上植物の100倍程度に達する潜在能力をもつ利点がある（表 14-1）．

また，好酸性・好アルカリ性などの特殊環境下で生育可能な種がいること，淡水や海水で生育可能な種がいること，氷中でも生育可能なアイスアルジや高温（50〜74℃）で生育する種がいることなど，生育環境において多様性が存在するのは利点である．藻類は生物の分類体系において，古細菌および真核生物のグループのオピストコンタ，アメーボゾアにはみつからないものの非常に多様なグループに存在している（図14-7）．

これら多様な藻類の中にはオイルを生産するもの，特殊な脂質を合成するものがおり，未知の有用な藻類はまだまだいると考えられる．これらの藻類を直接利用する，あるいは遺伝子を他の生物に組み込むことにより，新たなバイオマス源として注目されている．

表 14-1　作物種によるバイオディーゼル燃料の比較

作物種	Oil yield (L/ha)	必要な面積 (m ha)	米国における培養・耕作面積に対する割合
トウモロコシ	172	1540	846
大豆	446	594	326
アブラナ	1190	223	122
ジャトロファ	1892	140	77
ココナッツ	2689	99	54
パーム	5950	45	24
藻類	136 900	2	1.1
藻類	58 700	4.5	2.5

(Chisti, Y., Biodiesel from microalgae. *Biotechnol. Adv.* 25, 294-306, 2007 を改変)

14.2 節のまとめ

- 光合成微細藻類は再生可能エネルギーとして注目されている．
- 持続可能なエネルギーとしてバイオエネルギーは有力な候補の一つである．
- 光合成微細藻類の多様性は再生可能エネルギーとして注目されている．

参 考 文 献

[1] 川上紳一，東條文治，図解入門　最新地球史がよくわかる本　第2版，秀和システム（2009）．

[2] 大竹久夫編著，リン資源枯渇危機とはなにか — リンはいのちの元素（阪大リーブル29），大阪大学出版会（2011）．

[3] 大河内直彦，柏山祐一郎，クロロフィルの分子化石ポルフィリンの地球科学，光合成研究，19 (3)，142-154（2011）．

[4] 寺島一郎，葉が緑色なのは緑色光を効率よく利用するためである，光合成研究，20，15-20（2010）．

[5] 井上勲，藻類30億年の自然史 — 藻類からみる生物進化・地球・環境　第2版，東海大学出版会（2007）．

[6] 白岩善博，微細藻類によるCO_2固定とオイル生産，科学技術国際交流センター会報，80（2011）．

15. 環境と微生物

本章では，地球環境で生じる現象を主に物質循環の観点からみていく．そして，物質循環には微生物が大きく関わっていることを説明する．

15.1 微生物とは

生活環の大部分において肉眼でみえない生物を微生物（microorganism）といい，細菌，古細菌，原生生物，真菌，微細藻類（植物の一部，原生生物の一部）に含まれる生物を指す．ちなみに，キノコ（真菌）は目にみえる子実体が特徴的であるが，生活環の大部分は目にみえない菌糸の状態なので，微生物に含まれている．

15.1.1 生命過程にはエネルギーが必要

ATPはエネルギーの通貨として利用されており，ATPがADPとリン酸とに分解するときにエネルギーが放出される．

15.1.2 エネルギー獲得形式

微生物がATPを合成する方法はさまざまあり，従属栄養微生物と独立栄養微生物に大きく分けられる．

a. 従属栄養微生物

有機物からエネルギーを引き出してATPを合成する微生物である．化学合成従属栄養微生物と光合成従属栄養微生物に分けられる．

（i） 化学合成従属栄養微生物

(1) **好気呼吸** 酸素呼吸ともいい，有機物をO_2で酸化し，その酸化の過程で遊離するエネルギーを用いてATPを生成する．人間も含め，このようなエネルギー獲得様式をもつ生物を好気性生物とよぶ．

(2) **嫌気呼吸** 有機物をO_2以外の無機物で酸化し，その酸化の過程で遊離するエネルギーを用いてATPを生成する．酸化に用いる物質によって硝酸呼吸，硫酸呼吸，鉄呼吸とよばれており，このようなエネルギー獲得様式をもつ生物を嫌気性生物とよぶ．

(3) **発酵** 嫌気的条件下で，有機物を有機物で酸化し，その酸化の過程で遊離するエネルギーを用いてATPを生成する．エタノール発酵や乳酸発酵などがある．

（ii） 光合成従属栄養微生物

光を利用して有機物を酸化し，ATPを少量生産する紅色非硫黄細菌などがいる．自分の体は有機物からつくり，CO_2からはほとんどつくらない．排水処理施設では有機物の分解除去に役立っている．後述するバクテリオクロロフィルタンパク質をもつ．

b. 独立栄養微生物

無機物からエネルギーを引き出してATPを合成する，他の生物に依存しない微生物である．化学合成独立栄養微生物と光合成独立栄養微生物に分けられる．

（i） 化学合成独立栄養微生物

無機物をO_2で酸化し，ATPを生成する微生物で，細菌と古細菌に存在している．酸化される無機物の種類によりアンモニア酸化微生物，亜硝酸酸化微生物，硫黄酸化微生物，鉄酸化微生物とよぶ．その他，硫黄化合物をNO_3^-で酸化してATPをつくる脱窒細菌や，H_2をCO_2で酸化するメタン生成古細菌などもいる．

（ii） 光合成独立栄養微生物

(1) **酸素を放出する光合成生物** 光を利用してH_2Oを酸化（分解）してATPを生成する生物で，植物，藻類，シアノバクテリアなどがいる．光合成色素として，クロロフィルタンパク質をもつ．

(2) **酸素を放出しない光合成生物** 光を利用してH_2Sを酸化してATPを生成する生物で，緑色硫黄細菌，紅色硫黄細菌などがいる．光合成色素として，バクテリオクロロフィルタンパク質をもつ．

15.1 節のまとめ

- 微生物とは，生活環の大部分において肉眼でみえない生物である．
- 化学合成従属栄養微生物は自分の細胞を有機物からつくる．
- 化学合成独立栄養微生物は自分の細胞を CO_2 からつくる．
- 光合成独立栄養生物は自分の細胞を CO_2 からつくる．

15.2 炭素循環

炭素に関わる地球上の物質循環である（図 15-1）．大気中の CO_2 が海などに溶け込み，植物の光合成で固定され，その植物を動物が摂食し，呼吸により CO_2 が大気に戻る．

15.2.1 炭素が生物以外で存在する場所

a. 地殻
巨大な炭素の貯蔵庫で，循環時間が非常に長い．

b. 腐植質
植物，動物，微生物の死骸が分解されずに残ったもので，数年から数十年かけて分解されるか，非常に長い時間をかけて化石燃料になる．

c. 大気
循環が非常に速い．植物や藻類によって CO_2 が吸収され，動物や従属栄養微生物によって CO_2 が排出される．また，腐植質が分解しても CO_2 が発生する．

15.2.2 二酸化炭素の固定

光合成と化学合成があるが，地球上の大部分の有機物は光合成に由来する．

a. 光合成
光のエネルギーを用いて CO_2 を固定し，有機物を合成する．消費される CO_2 量の約 70％は海洋の藻類とシアノバクテリアである（15.1.2 項 b(ii)参照）．

b. 化学合成
無機物の酸化エネルギーを用いて CO_2 を固定し，有機物を合成する（15.1.2 項 b(i)参照）．

15.2.3 二酸化炭素の発生

従属栄養生物による有機物の分解，独立栄養生物の呼吸，嫌気性微生物の有機物分解，人間による化石燃料の燃焼などで CO_2 が発生する．

15.2.4 メタン生成

メタン生成古細菌が H_2 を CO_2 で酸化して CH_4 を生成し，この反応により ATP を生産（炭酸呼吸）する．この反応は独立栄養メタン生成古細菌が行い，自分の細胞を CO_2 からつくる．これに対して，従属栄養メタン生成古細菌は酢酸塩やメタノールを還元して CH_4 を生成する．

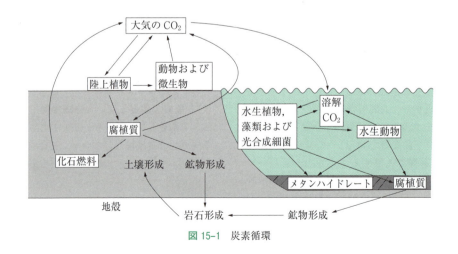

図 15-1 炭素循環

CH$_4$ を生成する場所は嫌気的環境下である．例えば，沼池や低湿地，二，三人に一人の腸管内，シロアリの腸管内，反芻動物のルーメン（第一胃），水田土壌の嫌気層，海底などである．このうち，海底で生成された CH$_4$ はメタンハイドレート（水結晶に閉じ込められた状態）になる．また，嫌気性従属栄養微生物（H$_2$, CO$_2$, 酢酸，メタノールなどを生産）と共生している場合もある．ちなみに，CH$_4$ は CO$_2$ より 21 倍も温室効果が大きい．

15.2.5 メタン酸化

メタン酸化細菌による酸化や人間が天然ガス（CH$_4$ が主成分）を利用することで CO$_2$ になる．

15.2 節のまとめ
- 約 70% の CO$_2$ は海洋の藻類とシアノバクテリアによって固定される．
- 有機物の分解によって CO$_2$ が発生する．
- CH$_4$ は嫌気的条件下でメタン生成古細菌によって発生する．
- CH$_4$ はメタン酸化細菌によって CO$_2$ になる．

15.3 窒素循環

窒素循環の模式図を図 15-2 に示す．

15.3.1 硝化

NH$_4^+$ が NO$_2^-$ を経て NO$_3^-$ へと酸化する反応をまとめて**硝化**（nitrification）とよぶ．

a. アンモニウム塩の酸化

NH$_4^+$ は主にタンパク質などが分解して生成する．一部の植物は NH$_4^+$ を利用できる（イネは穂が出るまで）．NH$_4^+$ は好気的条件下で独立栄養のアンモニア酸化細菌およびアンモニア酸化古細菌により NO$_2^-$ に酸化される．

NH$_4^+$ ⟶ ヒドロキシルアミン (NH$_2$OH)
　　⟶ NO$_2^-$

b. 亜硝酸塩の酸化

NO$_2^-$ は毒性が強いので，動物にも植物にも利用されない．NO$_2^-$ は独立栄養の亜硝酸酸化細菌および亜硝酸酸化古細菌により NO$_3^-$ に酸化される．

植物は NO$_3^-$ を非常によく利用する．しかし，肥料として NO$_3^-$ は利用されず，NH$_4^+$ が利用されている．その理由は，NO$_3^-$ は雨が降ると土壌から溶出するが，NH$_4^+$ は負に荷電した土壌鉱物に強く吸着するからである．なお，NH$_4^+$ だけを田畑にまくと，急速に硝化，**脱窒**（denitrification, 後述）してしまうので，硝化抑制剤を肥料に添加している．

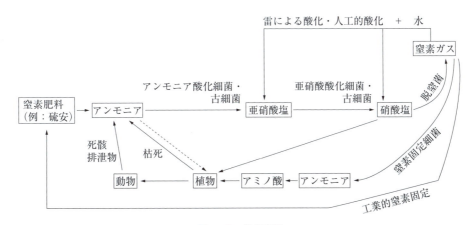

図 15-2　窒素循環

c. 排水中の窒素成分の除去

NH_4^+ を好気的条件下で硝化して NO_3^- にし，これを嫌気的条件下で脱窒して N_2 ガスとし，排水中から窒素成分を除去する．また最近では，嫌気的条件下で NH_4^+ を NO_2^- で酸化して N_2 にするアナモックス（anammox，嫌気性アンモニア酸化（anaerobic ammonium oxidation）の略）細菌の利用も検討されている．

15.3.2 硝酸還元

この反応には，異化型硝酸還元と同化型硝酸還元がある．

a. 異化型硝酸還元（脱窒）

NO_3^- は嫌気的条件下で脱窒菌（細菌，古細菌，真菌）により N_2 に還元される．

各窒素酸化物で有機物を酸化して（従属栄養），ATP を生成する（硝酸呼吸）．

$$NO_3^- \longrightarrow NO_2^- \longrightarrow NO\uparrow \longrightarrow N_2O\uparrow \longrightarrow N_2\uparrow$$

不完全な嫌気的条件では N_2O までの還元で止まってしまう．この N_2O はオゾン層を破壊し，CO_2 よりも 320 倍も温室効果が大きい．

また，NO_3^- は植物と脱窒菌とで取り合い，特に熱帯地方では深刻な農業上の問題となっている．

b. 同化型硝酸還元

植物や一部の細菌・真菌が行う．NO_3^- が NO_2^- に還元された後，NH_4^+ へと変換され，それが有機酸と結合してアミノ酸となり，生体成分の合成に使われる．この反応は硝酸呼吸と異なり，O_2 で阻害されない．

15.3.3 窒素固定

N_2 を還元して NH_4^+ を生成する．その際，N_2 の三重結合を切るために莫大なエネルギー（ATP）がいるので，この反応は厳密に制御されている．つまり，NH_4^+ やアミノ酸などが供給されると，エネルギー消費を少なくするために窒素固定反応がストップする．つくられた NH_4^+ はアミノ酸になって植物に利用される．

N_2 を NH_4^+ に還元する酵素（ニトロゲナーゼ）は O_2 に対して非常に不安定である．この反応を行うのは嫌気性の窒素固定細菌のほかにも，好気性窒素固定細菌，酸素発生型光合成窒素固定細菌がいる．

a. 好気性細菌が窒素固定できる理由

（ⅰ）根粒

根粒菌（リゾビウム属細菌など）は土壌中にフリーな状態（単生）で生育できるが，窒素固定（nitrogen fixation）はできない．リゾビウムがマメ科植物の根に感染すると，根粒が形成される（共生）．この根粒内にはレグヘモグロビン（O_2 に対して非常に親和性が高い）があるので，根粒内は嫌気的環境になり，窒素固定反応が可能となる．

（ⅱ）保護タンパク質と酸素の還元

土壌中のアゾトバクター属細菌は単生で窒素固定ができる．これはニトロゲナーゼをシェトナタンパク質が保護しているからである．さらにはニトロゲナーゼ周辺の O_2 を還元酵素系（窒素固定しないときは ATP 合成のため O_2 を還元）が除去している．

（ⅲ）低酸素分圧環境

O_2 分圧の低い場所（イネ，ムギ，トウモロコシ，サトウキビなどの根圏）では，アゾスピリラム属細菌が窒素固定を行っている．これらの植物の根からはこの細菌を誘引する物質が分泌しており，ゆるい共生関係が成り立っている．

b. 酸素発生型光合成細菌が窒素固定できる理由

数珠状のシアノバクテリアには，少し大きく，細胞壁が厚いヘテロシスト細胞（細胞内に O_2 が透過しない）がところどころにある．通常細胞は酸素発生型の光合成をし，ヘテロシスト細胞では非酸素発生型の光合成をしている．そして，ニトロゲナーゼはヘテロシスト細胞にのみ存在している．

江戸時代の硝石（KNO_3）製造

最初の頃は，数十年ほど経った家の便所や馬小屋の土を水で浸出し，硝石を精製していた．その後は今でいう「培養法」を用いた．その方法は，床下に穴を掘り，枯れ草・カイコの糞・魚のはらわた・人馬の尿，そして土を入れ，よく混ぜて 4，5 年「培養」し，掘り出して硝石を精製した．なお，すべて掘り出さずに一部は「種菌」として次の硝石製造のために残した．

15.3 節のまとめ

- 好気性で独立栄養のアンモニア酸化細菌（古細菌）が NH_4^+ を酸化して NO_2^- に変換する．
- 好気性で独立栄養の亜硝酸酸化細菌（古細菌）が NO_2^- を酸化して NO_3^- に変換する．
- 嫌気的条件下で従属栄養の脱窒菌が NO_3^- を還元して N_2 に変換する．
- 窒素固定細菌が N_2 を還元して NH_4^+ を生成し，それを植物が利用する．

15.4 硫黄循環

硫黄循環の模式図を図 15-3 に示す．

15.4.1 硫化水素の生成

H_2S は硫黄泉水や火山ガスから発生しているほかに，動植物の死骸や排泄物を微生物が分解して生成したり，硫酸還元細菌や超好熱性硫酸還元古細菌が硫酸塩を還元して生成したりしている．

嫌気的条件下で，SO_4^{2-} で有機物を酸化して（従属栄養），ATP を生成する（硫酸呼吸）．汚い沼や川などからする腐った卵の臭いの原因である．

15.4.2 硫黄化合物を酸化する微生物

a. 光合成硫黄細菌

偏性嫌気性の光合成緑色硫黄細菌や微好気性の光合成紅色硫黄細菌が H_2S, S, $S_2O_3^{2-}$（チオ硫酸塩）などを酸化する．H_2S が少ないと H_2SO_4 まで酸化するが，H_2S が多いと S で酸化が止まる．

b. その他の細菌，超好熱性古細菌など

H_2S, S, $S_2O_3^{2-}$, FeS（硫化鉄）などを酸化して，H_2SO_4 を生成する．H_2SO_4 は土壌中の $CaCO_3$ と反応して，$CaSO_4$（植物の硫黄源）となる．また，FeS は好酸性鉄酸化細菌や好酸性鉄酸化古細菌によって酸化され，SO_4^{2-} となる．

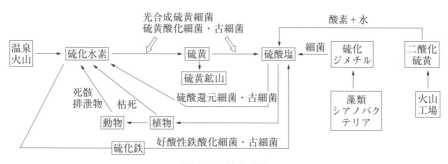

図 15-3 硫黄循環

--- イネの秋落ち ---

水田のイネが穂の出る時期になると急に枯れる現象で，その発生メカニズムは次のとおりである．

硫安などの肥料中の NH_4^+ を穂が出る前のイネが吸収し，その結果，SO_4^{2-} が水田土壌中に残る．水田土壌の嫌気層にいる硫酸還元細菌が SO_4^{2-} を還元して H_2S を生成する．生成した H_2S は土壌中の鉄イオンと反応して硫化鉄（無害）となる．しかし，鉄イオンの量以上に H_2S が発生した水田では，イネの根に障害を起こし，イネを枯らしてしまう．

その対策は，真夏に水田の水を引き抜く「中干し」を数回行って，嫌気層に空気を浸透させることである．そうすれば，嫌気性細菌である硫酸還元細菌の生育が抑制され，H_2S の生成が押さえられる．

15.4.3 硫黄鉱床の形成

現在，リビアの湖で形成中である．その形成メカニズムは以下のとおりである．

この湖の湖水にはCaSO₄が飽和していて，湖底で硫酸還元細菌がSO₄²⁻を還元してH₂Sを盛んに生成している．H₂Sは湖面へと上昇し，光合成硫黄細菌が酸化してSに変換している．ここで，前述のように，H₂Sの発生量が多いので，光合成硫黄細菌による酸化はSで止まってしまうため，Sがどんどん蓄積していく．また，光合成硫黄細菌はCO₂から有機物を生成して，それを硫酸還元細菌に供給している．このようにして，Sが0.1 mm/年ずつ積もり，1千万年経つと1000 mの硫黄の山（$0.1 \times 10^{-3} \times 10^7 = 10^3$ m）になる．

15.4 節のまとめ
- 嫌気的条件下で硫酸呼吸により H₂S が生成する．
- 硫黄酸化細菌（古細菌）が H₂S を酸化して H₂SO₄ を生成する．

15.5 鉄循環

鉄循環の模式図を図 15-4 に示す．

15.5.1 二価鉄の酸化

a. 中性条件下

Fe²⁺は自然に酸化してFe³⁺となり，FeO(OH)（水酸化第二鉄）の茶色沈殿を生成する．ガリオネラ属細菌はFe²⁺を酸化して炭酸固定する（独立栄養）．このときのFe²⁺酸化反応は周りに存在するO₂と競合するので，ガリオネラはFeO(OH)の殻を形成して，その中（微好気的環境下）で生息している．

b. 酸性条件下

Fe²⁺は周りのO₂では容易に酸化されないが，好酸性鉄酸化細菌や好酸性鉄酸化古細菌はFe²⁺を酸化して炭酸固定する（独立栄養）．これらの微生物の中には，100℃近い高温酸性温泉にも存在している．

15.5.2 三価鉄の還元

嫌気的条件下において，Fe³⁺で有機物を酸化して（従属栄養），ATPを生成（鉄呼吸）する微生物がいる．この反応でFe³⁺は還元されて，Fe²⁺となる．Fe³⁺は腐植質とともに湿地，湖沼などで堆積している．そこに鉄還元細菌が作用すると，可溶性のFe²⁺へと変換され，鉄が溶出する．

深海底の熱水噴出孔付近に生息する超好熱性鉄還元古細菌はFe³⁺を磁鉄鉱に，Mn⁴⁺をMnCO₃に変換していて，これら鉱物は海洋資源として有望である．また，マグネトスピリラム属細菌はFe³⁺を還元して，細胞内に磁鉄鉱をもっている．この細菌は磁石を用いて簡単に湖沼水から分離することができる．さらに，細胞に含まれている微小な磁石は応用面でも期待されている．

15.5.3 バクテリアリーチング

バクテリアリーチングとは，細菌を利用して金属を可溶化することである．その実例として，黄銅鉱からの銅の精製を挙げる．

黄銅鉱（FeCuS₂）をFe₂(SO₄)₃（三価）で溶解すると，CuSO₄とFeSO₄（二価）になる．この溶液をくず鉄槽に入れると，Cuが析出してくるので，これを回収する．残った上清（Fe²⁺）は好酸性鉄酸化細菌がいる酸化槽へと導き，そこで酸化されてFe³⁺に戻る．そして再び，この溶液で黄銅鉱を溶解する．

この手法はウランや金を含む鉱石の溶出にも利用されている．

図 15-4　鉄循環

15.5 節のまとめ

- Fe^{2+} は中性条件下では溶存酸素によって容易に酸化されるが，酸性条件下では酸化されない．
- 独立栄養のガリオネラ属細菌は $FeO(OH)$ の殻の中で Fe^{2+} を酸化して生息している．
- 独立栄養の好酸性鉄酸化細菌（古細菌）は Fe^{2+} を酸化して炭酸固定している．
- 従属栄養で鉄呼吸をする細菌や古細菌は Fe^{3+} で有機物を酸化して ATP を生成している．
- 好酸性鉄酸化細菌はバクテリアリーチングで利用されている．

15.6 水銀循環

Hg はさまざまな工業製品や殺虫剤などで広く利用されてきた．これらの廃棄物や都市廃棄物の燃焼，さらには水銀鉱石や石炭の燃焼によって大量に Hg が大気中に放出され，地球上に拡散している（平均 1 ng/L）．図 15-5 に水銀循環の模式図を示す．

15.6.1 水銀

Hg は揮発性で肺から吸収されやすく，有毒である．大気中において光化学的に酸化され，さらに毒性の高い Hg^{2+} となる．この Hg^{2+} は水に溶け，微生物に代謝される．

15.6.2 メチル水銀

Hg^{2+} は微生物によってメチル化されて CH_3Hg^+（メチル水銀）になる．この CH_3Hg^+ は脂溶性で，皮膚からも吸収され，Hg や Hg^{2+} よりもさらに有毒で，水俣病の原因物質（神経毒）である．また，食物連鎖により生物濃縮され，大型の魚類や哺乳類で影響が大きくなる．CH_3Hg^+ は微生物によりさらにメチル化され，猛毒で揮発性の CH_3HgCH_3（ジメチル水銀）となる．これら CH_3Hg^+ や CH_3HgCH_3 はタンパク質や脂質に結合しやすいので，動物の筋肉や中枢神経系に蓄積しやすい．

メタン生成古細菌は無酸素堆積物中の CH_3Hg^+ を還元して，CH_4 と Hg に分解する．

15.6.3 硫化水銀

Hg^{2+} と H_2S が反応すると HgS になる．これは辰砂とよばれる水銀の主要な鉱石で，朱色の顔料にも使われる．難溶性で，無酸素の堆積物中に存在しており，通気をすると，硫黄酸化細菌により HgS は Hg^{2+} となる．

15.6.4 水銀抵抗性

緑膿菌は水銀化合物に対して抵抗性をもっている．緑膿菌の水銀還元酵素により CH_3Hg^+ は Hg^{2+} を経て，Hg へと還元される．Hg は CH_3Hg^+ や Hg^{2+} に比べて毒性がかなり低い．また，還元された Hg は揮発性なので，細胞から放出される．

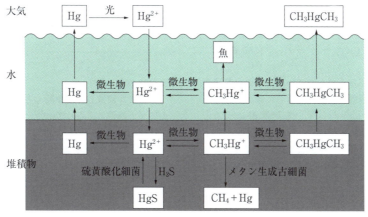

図 15-5 水銀循環

15.6 節のまとめ
- Hg は揮発性である．
- Hg は光化学的に酸化され，水溶性の Hg^{2+} となる．
- Hg^{2+} は微生物によって脂溶性の CH_3Hg^+ や CH_3HgCH_3 となり，動物の筋肉や中枢神経系に蓄積する．
- メタン生成古細菌は CH_3Hg^+ を CH_4 と Hg に分解する．
- 緑膿菌は CH_3Hg^+ や Hg^{2+} を揮発性の Hg へと還元するので，抵抗性がある．

15.7　汚水処理

汚水処理には大きく分けて二つの処理法がある．一つ目は物理・化学的処理法で，活性炭による吸着処理，膜分離，化学薬品の投入による汚れの沈殿などである．二つ目は生物学的処理法で，微生物の代謝を利用した活性汚泥法などがある．実際の処理に際しては，これら二つの処理法を組み合わせて行われている．

15.7.1　嫌気・好気式活性汚泥法

活性汚泥（activated sludge）が入っている嫌気槽と好気槽とから構成されており，汚水中のリンや窒素成分の除去効率がよい方法である（図 15-6）．活性汚泥とは，細菌や原生動物などの複合微生物系が粘質物質によりフロック（凝集物）を形成したものである．

最終沈殿池で処理水と返送汚泥とに分けられ，返送汚泥は活性汚泥の種菌として再利用される．増加した余分な活性汚泥は余剰汚泥として廃棄される．

リンや窒素成分はアオコや赤潮の発生原因となる．リン酸は好気的条件下で高リン酸蓄積細菌に取り込まれ，ポリリン酸として蓄積されるが，嫌気的条件下では，逆反応が起こり，リン酸として放出される．

a. 嫌気槽内での反応

高リン酸蓄積細菌はリン酸を放出し，リン酸飢餓状態となる．タンパク質の分解による NH_4^+ の生成と脱窒菌による NO_3^- の還元（脱窒）が行われ，窒素成分が除去される．

b. 好気槽内での反応

リン酸飢餓状態となった高リン酸蓄積細菌によるリン酸の過剰摂取が起こり，リン酸が除去される．硝化菌による NH_4^+ や NO_2^- の酸化（硝化）反応が行われる．また，好気性従属栄養微生物による有機化合物の酸化分解が行われている．

15.7.2　嫌気性微生物消化法

通性嫌気性細菌が高分子化合物を不完全分化して H_2 や酢酸などの有機酸にする（低分子化・可溶化）．偏性嫌気性メタン生成古細菌が H_2 や有機酸から CH_4 を生成する．この方法は通気のためのエネルギーが不

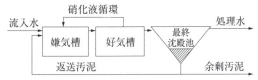

図 15-6　嫌気・好気式活性汚泥法

下水処理施設のコンクリート腐食

下水には有機物が多く含まれている．その分解過程で好気性微生物が酸素を大量に消費して嫌気的環境になっている．そこに生息している硫酸還元細菌が SO_4^{2-} を H_2S に変換し，その H_2S が下水管などの下水処理施設のコンクリート表面の水分に溶け込む．今度は，そこに生息している硫黄酸化細菌が H_2S から H_2SO_4 を生成する．そして，生成した H_2SO_4 はコンクリートの細孔内で濃縮され，コンクリートを腐食するのである．

下水管が腐食して穴が開くと，下水管を覆っている土砂が下水管に流入して，下水管とアスファルトとの間に空洞が生じ，やがてはアスファルトが陥没して，そこを通行した車両がその穴に落ちてしまう事故が起こっている．現在では，下水管の内側のコンクリートにコーティングを施して，H_2SO_4 が生成・濃縮しない下水管が開発されている．

要で，CH_4 や H_2 を回収してエネルギー源として再利用が可能である．

15.7.3 植生浄化法（ファイトレメディエーション）

植物がリンや窒素を吸収し，根圏微生物が有機物を分解する．ガマやアシなどを植えた人工湿地や，ホテイアオイなどの浮遊植物が利用されている．しかし，繁茂した植物を放置していると，枯れて吸収したリンや窒素を再放出するなどの問題点がある．

15.7 節のまとめ
- 活性汚泥は細菌や原生動物などの複合微生物系である．
- 返送汚泥は活性汚泥の種菌として再利用される．
- 嫌気・好気式活性汚泥法は廃水中のリンや窒素成分の除去効率がよい方法である．
- 嫌気性微生物消化法は CH_4 や H_2 を回収してエネルギー源として再利用が可能である．

15.8 微生物群集構造解析法

物質循環や汚水処理に関わる微生物を検出し，その役割などを研究する際に必要となるのが微生物群集構造解析である．この方法は大きく分けると，微生物を培養して行う方法と，培養せずに分子生物学的に行う方法とがある．

15.8.1 培養法によるモニタリング

土，水，大気，糞便，活性汚泥，食品などさまざまなサンプルを適当に希釈して，それを培地にまき，微生物を培養・増殖させて，純粋分離法により単一微生物株を取得する．そして，その株の生理生化学的性状や分子系統学的解析を行って同定（identification）し，サンプル中にどのような微生物が存在しているのかを解析する方法である．

この方法は特殊な装置などを必要とせずに，比較的簡単に行えるが，培養条件（培地組成，温度，酸素濃度，光強度など）が合わないと微生物がコロニーをつくらないため，何種類もの培地で培養をしなければならない．現時点でも，99%以上の微生物は培養できていないといわれている．

15.8.2 分子生物学的手法によるモニタリング

この方法はサンプルから直接 DNA を抽出して解析するので，培養困難な微生物も検出できる．

以後，この分子生物学的手法に基づいた各種解析方法について述べる．

15.8.3 特定の微生物の検出

目的微生物に特有な塩基配列を PCR 法により増幅し，その増幅 DNA 断片を検出することで行う．例えば毒素を出す病原菌などは，毒素生産遺伝子を増幅するプライマーを使用する．

15.8.4 微生物叢の解析

微生物の種類やそれらの量などを解析する方法で，細菌や古細菌を対象とする場合には主に 16S rRNA 遺伝子を用い，真核生物を対象とする場合には主に 18S rRNA 遺伝子や ITS 領域（18S rRNA 遺伝子と 28S rRNA 遺伝子との間の配列と 5.8S rRNA 遺伝子）を用いる．

a. rRNA 遺伝子の増幅

タッチダウン PCR 法を用いる．この方法は複数のゲノムが混ざっている場合に有効で（非特異的な増幅が少ない），最初のアニーリング温度を最適なアニーリング温度よりも 10℃ 高い温度に設定し，1 サイクルごとに 1℃ ずつ温度を下げ，11 回目に最適なアニーリング温度とし，残り 19 回を最適温度で反応させる．

b. 異なった塩基配列をもった増幅断片の分離

増幅した DNA 断片は異なった微生物由来の複数種類の塩基配列を含んでいるので，それぞれ単一の塩基配列になるように分ける必要がある．ここではクローニング法と DGGE 法について述べる．

（ⅰ）**クローニング法**

大腸菌に増幅断片を組み込んだプラスミドを入れ，

それぞれ培地上で単離を行う．この手法は特別な装置を用いる必要がないが，時間と手間がかかるうえに，すべての配列を検出し，決定できるとは限らない．そこで，現在では次に述べる手法が主流である．

(ii) DGGE 法

DGGE（denaturing gradient gel electrophoresis, 変性剤濃度勾配ゲル電気泳動）法は 1 塩基の相異しかない DNA 分子も分離できる．

(1) 原理　温度や変性剤の濃度が高くなると，DNA は二本鎖から一本鎖へと解離する．その解離温度は 1 塩基異なると，1.5℃異なる．したがって，塩基配列が異なると変性過程で立体構造が異なるので，ポリアクリルアミドゲル電気泳動で異なる移動度を示し，ゲル上の異なる位置にバンドとして検出できる．

(2) 方法　変性剤（尿素とホルムアミド）の濃度勾配がついたゲル（下に向かって濃度が濃くなる）の上部に増幅断片をのせ，一定温度（60℃）で電気泳動する．

c. 微生物の同定

1 本のバンドは 1 種類の微生物に対応し，バンドの濃さはある程度その微生物の量を示す．つまり，バンドパターンは微生物叢 (microbiota, microbial flora) を反映している．これらのバンドから DNA を抽出して塩基配列を決定し，データベースで相同検索を行い，微生物の種類を同定する．

15.8.5　微生物数の定量

DGGE 法の DNA バンドの濃さの違いは微生物数が極端に異なる場合にみられる．その理由は PCR サイクルの初期は増幅産物の量に差があるが，やがて増幅量が飽和点に達するからである．したがって，定量的に調べるためにはリアルタイム PCR 装置を用いた定量的 PCR（quantitative PCR：qPCR）法を行う必要がある．この方法は増幅 DNA 量をリアルタイムに測定し，ある一定の増幅量に達するための PCR サイクル数を求めることで，正確にもとの DNA 量が推定できる．

15.8.6　微生物活性の推定

a. 微生物の代謝量の推定

微生物の代謝が活発ということはタンパク質合成が活発なので，リボソームの数が増大し，rRNA 数が増大している．そこで，サンプルから rRNA を抽出し，逆転写酵素（reverse transcriptase）で rRNA から cDNA（complementary DNA）を合成し，それを鋳型として DGGE 法や qPCR 法を行う．

b. 各種酵素生産量の推定

各種遺伝子から転写された mRNA を抽出する．目的とする酵素の mRNA とアニーリングするプライマーを用いて cDNA を合成し，それを鋳型として DGGE 法や qPCR 法を行う．

15.8.7　特定微生物の観察および計数

FISH（fluorescence *in situ* hybridization）法を行う．これはサンプルに蛍光標識した DNA プローブを結合させ，蛍光顕微鏡下で検出する方法である．DNA プローブとは，目的とする遺伝子と相補的な塩基配列をもつ断片である．この手法により，特定微生物の存在状態の観察や微生物群集全体に占める特定微生物の割合の計測ができる．

15.8 節のまとめ

- 培養法によるモニタリングでは，地球上で大部分を占める培養困難な微生物が検出できない．
- PCR 法は培養困難な微生物の検出が可能である．
- DGGE 法は比較的容易に微生物叢の解析をすることができる．
- PCR-DGGE 法をまとめると，サンプルから直接 DNA を抽出 → タッチダウン PCR 法による rRNA 遺伝子の増幅 → DGGE 法 → DNA バンドの切り出し → 塩基配列の決定・解析となる．
- 正確な定量には定量的 PCR 法が必要である．
- 微生物の代謝活性を推定するためには，rRNA や mRNA を抽出し，それを鋳型として DGGE 法や qPCR 法を行う．
- FISH 法は特定微生物の存在状態の観察やその微生物の存在割合が計測できる．

参 考 文 献

［1］山中健生, 環境にかかわる微生物学入門（生物工学系テキストシリーズ），講談社（2003）.
［2］Michael T. Madigan, John M. Martinko, Jack Parker 著, 室伏きみ子, 関啓子監訳, Brock 微生物学, オーム社（2003）.
［3］藤田正憲, 池道彦, バイオ環境工学, シーエムシー出版（2006）.
［4］日本生態学会編, 微生物の生態学（シリーズ現代の生態学 11），共立出版（2011）.

16. バイオテクノロジー

16.1 バイオテクノロジーとはどういう技術か

バイオテクノロジーとは，生物のもつ特性を活かして，我々人間に役立てる技術である．図16-1は，バイオテクノロジーにより，現在または将来において実現可能な人類への恩恵となる主な技術を示すが，他章での記載があるものが多いので列挙するに留める．

遺伝子組換えとは，ある生物から，目的のタンパク質をつくるための情報をもつ遺伝子を取り出し，改良しようとする生物の細胞の中に人為的に組み込むことで新しい性質を加えることである．例にとると，「ヒト型の成長ホルモンを大腸菌につくらせて，取り出し，薬剤とする」ということである．

世界で最初に開発された遺伝子組換え医薬品はヒトインスリンである．従来は，ブタやウシから抽出されたインスリンが使用されていたが，ヒトインスリンとは，アミノ酸が1または3残基異なるため，長期間使用すると免疫により排除され，効き目がなくなる欠点があったが，ヒトインスリン遺伝子を導入した組換え大腸菌を用いて生産された人間由来のものなので，この欠点はなく，量産可能である．

これまでに開発された主な遺伝子組換え薬品を表16-1にまとめた．

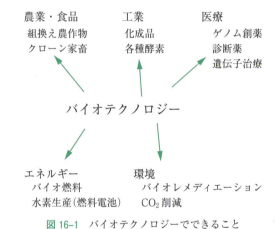

図16-1 バイオテクノロジーでできること

表16-1 遺伝子組換えにより作製された医薬品

エリスロポエチン	造血ホルモン，貧血治療
ヒト顆粒球コロニー刺激因子	白血球の増殖作用
インターフェロン	抗ウイルス，抗がん治療薬
ヒト成長ホルモン	低身長治療薬
インターロイキン2	免疫の賦活，がん治療薬
血液凝固第VIII因子	血友病治療薬
ウロキナーゼ	血栓溶解剤
ナトリウム利尿ペプチド	急性心不全の治療薬

16.1節のまとめ
- バイオテクノロジーとは，生物の特性を活かして人間に役立てる技術である．
- バイオテクノロジーは，農業，工業，医療，環境，エネルギーなどに用いられている．
- 数多くの組換えを用いた医薬品が開発され続けている．

16.2 遺伝子組換え実験の道具立て

大腸菌の遺伝子組換えに必要なものは，ベクター，制限酵素，DNAリガーゼ，コンピテントセルである．

16.2.1 ベクター

大腸菌などへの遺伝子導入を容易にするための小型DNAのことで，プラスミドやウイルスが使用されるが，ここではプラスミドについて述べる．プラスミド

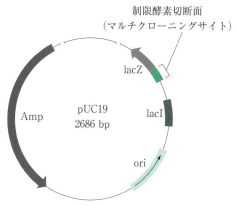

図 16-2 大腸菌で使用されるプラスミド pUC19

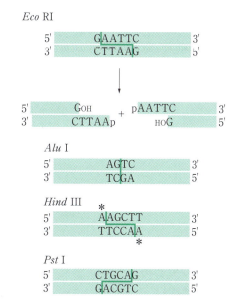

図 16-3 制限酵素による切断のしくみと代表的な制限酵素

とは，染色体とは別に存在し，自律的に増殖し細胞分裂時にも安定に子孫に伝搬される環状の DNA である．その配列上には，以下の特徴をもつ．
・複製開始点（ori）をもつ．
・組換え体選別のためのマーカー遺伝子（抗生物質耐性遺伝子など）をもつ．
・導入すべき遺伝子断片を接続しやすいように多くの制限酵素（接着末端を形成する制限酵素サイトは結合が容易）切断点をもつ．

16.2.2 制限酵素

DNA の識別塩基配列（4～6 個）の中，または少し離れた特定塩基配列を識別して二本鎖を切断する酵素（エンドヌクレアーゼ）のことをいう．

従来は，ゲノム上から必要な遺伝子を切り出してくるのに制限酵素が必要であったが，PCR 法（後述）の実用化以来，ゲノム上から切り出してくるために制限酵素を使用することはなくなっているのが実状である．図 16-3 において，ある遺伝子の緑色の部分を導入しようとする際，ベクターに連結するための PCR 用のプライマーの 5′ 側に制限酵素認識配列を人工的に付加することによって，その制限酵素部位をもった断片を増幅することができる．

この DNA を制限酵素で切れば，同じ制限酵素で切ったベクターに連結することができる．

16.2.3 DNA リガーゼ（DNA 連結酵素）

隣接した DNA の 3′ 末端と 5′ 末端をリン酸ジエステル結合で連結する酵素である（図 16-6）．岡崎フラ

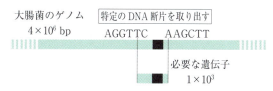

図 16-4 ゲノム上から特定の遺伝子を切断し取り出す場合

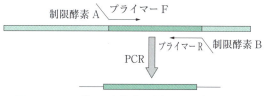

図 16-5 PCR 法により特定の遺伝子を増幅する場合

グメントの結合や損傷を受けた DNA の修復過程に関与している．

16.2.4 コンピテントセル

DNA の膜透過性を増大させ，組換え体をより得やすくするために処理をした細胞である．大腸菌を増殖させ，塩化カルシウム存在下で冷却することで得られる．

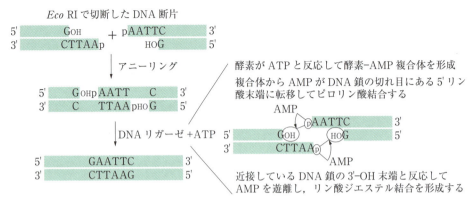

図 16-6　DNA リガーゼによる DNA の連結

16.2 節のまとめ
- 遺伝子組換えには，主にベクター，制限酵素，DNA リガーゼ，コンピテントセル（宿主）が用いられる．
- ベクターは，宿主に DNA を導入し保持させるための DNA であり，プラスミドやウイルスが用いられる．
- 制限酵素は，特定の DNA 配列を切断する酵素であり，目的の遺伝子をベクターに組み込む際に用いられる．
- DNA リガーゼは，DNA 断片を接続する酵素である．
- コンピテントセルは，宿主が，DNA を導入しやすくなるように処理された細胞である．

16.3　遺伝子組換え実験の手法

遺伝子組換えの流れは，以下のようになる．
① 目的の DNA とプラスミド DNA を制限酵素で切断
② 目的の DNA 断片をプラスミドに加えアニーリング
③ 組換え DNA（プラスミド）を大腸菌（コンピテントセル）に移入（トランスフォーム）
④ 薬剤耐性を利用して組換え DNA の導入された大腸菌をクローニング →（組換え体：トランスフォーマント）
⑤ 増殖 → タンパクの大量発現

ただし，真核生物の DNA にはイントロンがあるので mRNA の情報から DNA をつくる．RNA は不安定で，さらに RNA に対する制限酵素はない．そこで，mRNA と等価の DNA をつくるのである．

mRNA から DNA をつくる過程は，自然界の転写と逆方向で，レトロウイルスのもつ逆転写酵素を用いて mRNA から cDNA（相補 DNA）を合成して大腸菌に組み込む．mRNA からであればイントロンが切除されているので原核生物でも発現することができる．

16.3 節のまとめ
- 遺伝子組換えの手順①は，挿入する DNA とベクター DNA を同じ制限酵素で切断することである．
- 遺伝子組換えの手順②は，挿入する DNA とベクター DNA を DNA リガーゼで結合することである．
- 遺伝子組換えの手順③は，②でできた DNA を宿主に導入することである．
- 遺伝子組換えの手順④は，組換え体を抗生物質入りの培地で選別することである．

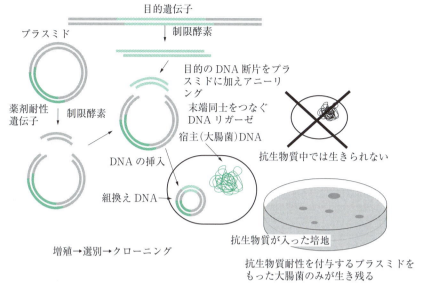

図 16-7　遺伝子組換えの手順

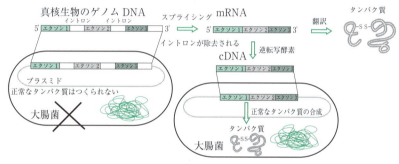

図 16-8　真核生物の遺伝子を原核生物に発現させる

16.4　遺伝子組換え技術の発展

16.4.1　PCR 法

前述したとおり，現在では必要な DNA 断片を得たい場合，PCR（polymerase chain reaction）法（図 16-9）を使用する．耐熱性の高い DNA 合成酵素を利用し，DNA の特定配列のみを繰り返し合成させることによって，少量の DNA から目的とする DNA を大量に得ることができる．

16.4.2　ゲノム編集

これまで，ヒトの細胞のような真核細胞へプラスミドなどを用いて，目的の遺伝子配列をターゲットとして相同組換えをすることは，起こる頻度が低く効率が悪かった．しかし近年になり，ゲノム編集技術のいくつかが確立された．その代表的な方法が，TALENs と CRISPR である．

基本的には，目的遺伝子配列と相同性の高い RNA プライマーと人工制限酵素の組合せにより，切断した後に，非相同末端結合などにより再接続させる方法であるが，その際に変異，欠失および新たな遺伝子配列の挿入などを起こさせて「編集」するというものである．

a. TALENs

TALENs（図 16-10）とは transcription activator-like（TAL）effector nucleases の略で，DNA に結合するドメインと制限酵素（FokI）を連結した融合タンパク質で，植物の病原性細菌のもつ DNA を認識する TAL エフェクターのアミノ酸を部分的に変化させると結合する DNA 配列を変えられるというものである．

さらにこのタンパク質が二量体で結合すると DNA を切断する制限酵素を用いているので，切断したい

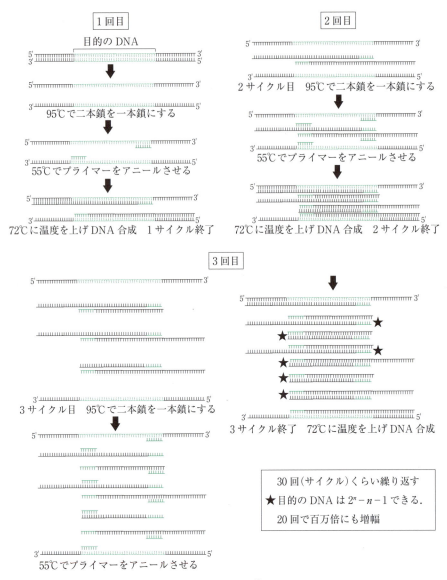

図 16-9 PCR法

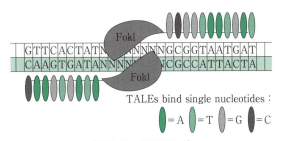

図 16-10 TALENs法

DNA 配列近傍の DNA 配列をデザインすればよいことになる.

高等生物などは，染色体を二つ以上もつため，すべての染色体に同じ変異をもたせなければならない．また，遺伝子に変異が入った細胞を選択する方法の確立や，変異が入った際に遺伝子発現への影響を考慮しなければならないなど問題点もある．

b. CRISPR

CRISRR/Cas9 は clustered regularly interspaced short palindromic repeat/CRISPR-associated (*Cas*) の略で，短いパリンドロームを繰り返した配列であり，それに結合するヌクレアーゼ (Cas9) を利用した編集法である．目的の DNA 配列と相補するガイド RNA の転写と Cas9 タンパク質の発現を同時に行う

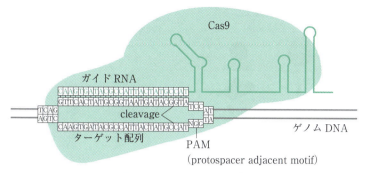

図 16-11　CRISPR/Cas9 法

と，PAM 配列を認識しその上流を切断するというものである．

遺伝子組換えに関する法律であるカルタヘナ法によれば，「『遺伝子組換え生物等』とは，細胞外において核酸を加工する技術の利用により得られた核酸又はその複製物を有する生物をいう」とあるが，ゲノム編集は，遺伝子を改変した痕跡が残らず，「遺伝子組換え生物等」とはよべない「遺伝子改変生物」の作出が可能になった．これについては，新たに適切な法規制がなされる必要があると考えられる．また，これらの技術では，オフターゲット効果（ゲノム中の目的の遺伝子以外の場所で変異が生じること）が起こる可能性があり，特にヒトの遺伝子治療などでは，慎重に行われねばならない．

16.4 節のまとめ

- PCR 法は，大腸菌などを用いずに酵素反応だけで，目的の DNA だけを短時間で増幅する技術である．
- ゲノム編集法は，近年に開発された技術で，遺伝子改変を効率よく可能にした技術であり，外来 DNA を残さないことから，遺伝子組換えとの違いから運用方法が今後検討される．

16.5　遺伝子組換え技術の作物への応用

16.5.1　遺伝子組換え作物・遺伝子組換え食品

遺伝子組換え作物とは，外来遺伝子を導入した作物で，除草剤に強いダイズ（除草剤耐性遺伝子），害虫に強いトウモロコシ（Bt 産生殺虫タンパク遺伝子）などが最初に開発された．その目的は，① 品種改良の可能性が広がる，② 農作業の軽減，③ 農薬の削減，④ 収穫量の増大，⑤ 劣悪な環境での成育を可能にする，などである．

従来は，異なる品種との交配による品種改良が行われてきたが，遺伝子組換えによる品種改良により，多くの作物が作出されてきた．図 16-12 に，遺伝子組換えによる品種改良の利点をまとめた．

16.5.2　GM 食品をつくる方法

害虫に強いジャガイモをアグロバクテリウム法でつくる場合について述べる．

アグロバクテリウムは，植物に感染して腫瘍（こぶ）をつくる土壌菌で，アグロバクテリウムのもつプラスミドは，こぶをつくる自分の遺伝子を植物の細胞内に送り込む性質がある．

害虫に強い遺伝子は，Bt 菌（*Bacillus thuringiensis*）ガやコガネムシの天敵微生物で，殺虫性タンパク質（Bt 毒素）遺伝子をアグロバクテリウムの Ti プラスミドに組み込んだ後，ジャガイモの細胞に感染させ，殺虫遺伝子をジャガイモのゲノム中に挿入し，組換えジャガイモ細胞をつくるのである．

16.5.3　GM 食品の問題点

アメリカで除草剤が効かない突然変異の雑草が大繁殖している．除草剤に対する耐性をもった GM 種子

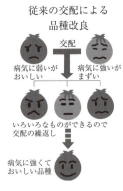
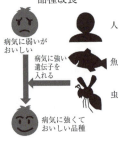

図 16-12　遺伝子組換えによる品種改良の利点

図 16-13　アグロバクテリウム法

が開発されたために，除草剤が過剰使用されていることが原因だと，多くの科学者が指摘している．

日本では，現在のところ，遺伝子組換え植物は，実験圃場でのみ栽培されているが，農林水産省の輸入港周辺での「平成25年度遺伝子組換え植物実態調査」の結果によれば，組み換えられた遺伝子をもつセイヨウナタネは，調査した輸入港15港の周辺地域のうち9港の周辺地域で生育しており，組み換えられた遺伝子をもつダイズは，調査した10港の周辺地域のうち，2港の周辺地域で生育していたとあり，現実には遺伝子組換え植物が，生育しているのが実情である．

16.5 節のまとめ

- 遺伝子組換え作物とは，品種改良のために外来遺伝子を挿入した作物である．
- Bt菌がもつ殺虫性タンパク質遺伝子を細菌に組み込み，ジャガイモに感染させて害虫に強いジャガイモをつくる方法（アグロバクテリウム法）がある．
- 遺伝子組換え植物が自然環境中で繁殖し，問題を起こしている例もある．

16.6　細胞工学の発展

バイオテクノロジーといえば，遺伝子工学に代表されるように，遺伝子操作技術がまずイメージされることが多いかもしれないが，遺伝子だけがそこにあっても，活かすことはできない．遺伝子は，その塩基配列情報からタンパク質をつくり上げるために，必ず「細胞」を必要とする．したがって，遺伝子操作技術は，細胞を自由自在に扱う細胞操作技術とセットになってはじめて役に立つのである．

16.6.1　細胞工学とは

細胞工学（cell engineering）とは，細胞を工学的に操作するための学問である．主として，細胞を操作するための方法論や，技術論などを学ぶものであり，遺伝子操作技術の発展とともに，生命科学にはなくてはならない分野として確立されてきた．

「工学的に」という言い方にはさまざまな意味があるが，ここでは広く，人工的環境下で細胞を操作することを指すものだとするならば，世界中の細胞生物学研究室で行われている細胞培養や組織培養なども，細胞工学の範疇に入るとみてよい．

図 16-14　細胞培養技術

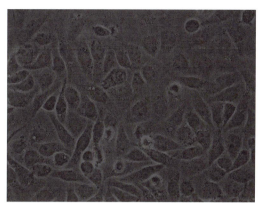

図 16-15　ヒーラ細胞

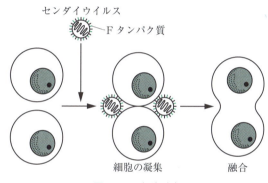

図 16-16　細胞融合

16.6.2　細胞培養技術

生体から取り出した細胞を，プラスチックやガラス製の培養フラスコ，培養シャーレなどで，一定の環境下，栄養状態で培養する**細胞培養（cell culture）**は，生命科学にはなくてはならない手法である（図 16-14）．どのような種類の細胞ならどのような培地で培養すればよいかがおおよそ明らかになっており，例えば接着して増殖する上皮系細胞では MEM 培地，DMEM 培地など，浮遊状態で増殖するリンパ系細胞では RPMI 培地などが，すでに細胞培養技術の一つとして確立されている．

16.6.3　細胞株

微生物の細胞や，動植物細胞，あるいはがん細胞など汎用性の高い細胞は，生体から分離して純粋培養され，植え継いで半永久的に継代培養できるよう樹立されており，各種メーカーから販売されている．このような細胞のそれぞれの系統を株（もしくは**細胞株（cell line）**）という．有名な細胞株の一つが，1950 年代に一人のアメリカ人女性の子宮頸部がんから樹立された**ヒーラ細胞**（HeLa cell，図 16-15）である．すでに 60 年以上にわたり，世界中の研究室で継代培養さ

れ，さまざまな実験に用いられている．

16.6.4　細胞融合

細胞膜の主成分はリン脂質であり，脂質二重膜という特徴的な二重シート状の膜でできている．脂質二重膜は，互いに近付けるとある時点で融合したり，逆に分離したりすることができる．

真核細胞内では，細胞膜と同じ成分でできている細胞小器官や輸送小胞などの膜が互いに融合と解離を繰り返すことで物質輸送が行われていることが知られている．実は細胞全体もまた，別の細胞と融合することができるというダイナミックな現象が，1957 年に岡田善雄によって発見された．これが**細胞融合（cell**

岡田義雄

日本の細胞生物学者．センダイウイルスが複数細胞同士を融合させることを発見．細胞融合法を確立し，バイオテクノロジーの発展に寄与した．(1928-2008)

fusion）である．岡田は，センダイウイルスというウイルスを細胞に感染させることにより，細胞融合が生じることを発見した（図 16-16）．現在ではセンダイウイルスだけでなく，さまざまな方法で細胞融合が行われている．

16.6.5 モノクローナル抗体の作成

細胞融合技術を使って開発されたのが，モノクローナル抗体作成法である．**モノクローナル抗体（monoclonal antibody）**とは，ある抗体の単一のクローンのことである．1種類の抗体は1種類の抗原決定基のみを認識するので，モノクローナル抗体は，そうした特性から，生体や細胞に微量にしか存在しない物質（主にタンパク質）を検出したり，これを精製するための担体として利用したりといった，生化学や細胞生物学にとってきわめて重要な応用がなされている．

モノクローナル抗体の作成は，まずマウスに目的の抗原決定基をもつ抗原を注射し，免疫をつくることから始める．そのマウスの脾臓などからB細胞（抗体産生細胞）を取り出し，マウスのミエローマ（リンパ球系がん細胞）と細胞融合技術により融合させる．その後，クローニングにより単一の融合細胞（ハイブリドーマ）を取り出す．このハイブリドーマが産生する抗体は単一のクローンとなり，さらにミエローマの性質である無限増殖能をもつので，モノクローナル抗体を大量につくり出すことができる（図 16-17）．

16.6.6 万能細胞

受精卵と同じような細胞をつくり，そこから自由自在にさまざまな細胞をつくることができれば，自分の細胞から再生組織や再生臓器をつくることにつながる．そのような細胞を俗に**万能細胞（pluripotent cell）**というが，正確には何でもできる（胎盤までつ

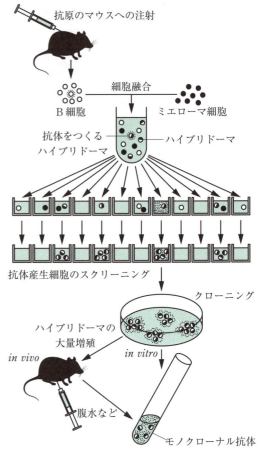

図 16-17 モノクローナル抗体の産生法

くれる）ほどの万能ではなく，「多能性細胞」というべきものである．現在，ES細胞ならびにiPS細胞という万能細胞があるが，これについては第20章で詳述する．

16.6 節のまとめ
- 細胞工学は，細胞を人工的に操作する方法論や技術論を学ぶものであり，生命科学にはなくてはならない学問である．
- 細胞培養技術はその最も基本的な技術であり，そこから派生して，細胞融合技術，モノクローナル抗体作成技術などが発展した．

16.7　細胞への遺伝子導入

細胞工学の発展において，最も特筆すべき技術の一つが，培養細胞への**遺伝子導入（transfection）**技術である．いくら細胞を培養したとしても，その細胞のしくみを理解するためには，何らかの人工的操作を施

16.7 細胞への遺伝子導入   **217**

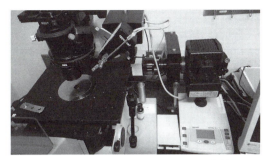

図 16-18　マイクロインジェクション装置
（提供：岡山大学医学部 成瀬恵治教授）

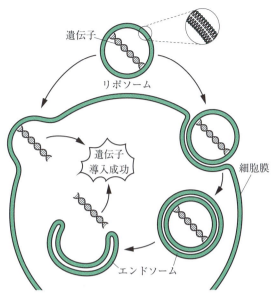

図 16-19　リポソームによる遺伝子導入

し，その結果，操作を施さない対照（コントロール）とどのような違いがあるかを検討しないことには，その先には研究が進まない．遺伝子導入は，そうした人工的操作の典型的かつ最も重要な技術である．

16.7.1　マイクロインジェクション法

　マイクロインジェクション（microinjection）は，培養した生きた細胞に，遺伝子やタンパク質などを直接「注射」する方法である．1個1個の細胞に，個別に直接，目的とする物質を導入することができるというメリットがある．細胞の中の細胞核にターゲットを据え，細胞核に直接導入することも可能である．一方において，非常に高度な装置とテクニックを要するというデメリットもある．「注射針」に相当するのは，先端の穴の直径が1μm以下の極細の針で，ガラスキャピラリーを極限にまで引きのばすことによりつくることができるが，現在では市販されているマイクロインジェクション用の注入針が用いられることがほとんどである．1μm以下の誤差で正確に注入するためには，針の保持，移動を行うためのマニピュレーターが必要である（図16-18）．これらを，培養皿中の培養細胞を生きたまま観察できる倒立型顕微鏡にセットし，マイクロインジェクションを行う．

16.7.2　リポソームによる遺伝子導入法

　培養フラスコ中に培養した細胞に，細胞に取り込まれやすくしたDNAを添加し，細胞の本来もつ細胞膜に付着したものを飲み込む貪食作用などを利用して，目的のDNA（遺伝子）を導入する方法は，古くからよく行われており，現在でも最もよく用いられる方法である．かつては，リン酸カルシウムやDEAE-デキストランなどをDNAと混合し，細胞に添加して取り込ませる方法があったが，現在では，細胞膜と同じ成分からなるリポソーム（liposome．脂質二重膜でできた小胞）の中に目的のDNAを入れ，リポソームが細胞膜と融合する性質を利用して遺伝子導入を行う方法（図16-19）が一般的となっており，それに特化したリポソーム試薬が広く市販されている．

16.7.3　遺伝子改変動物の作製

　実験動物の個体を構成するすべての細胞において，ある特定の遺伝子に変異を入れたり，欠失させたりして，その影響が個体の生存や表現型にどのような変化をもたらすかを研究する手法が，遺伝子改変動物の作製である．その中でも特によく用いられているのが，ある特定の遺伝子を欠失させたノックアウトマウス（knock-out mouce）であろう．

　ノックアウトマウスの作製法の概要は以下のとおりである．まず，欠失させたい遺伝子をゲノムから取り出し，遺伝子の途中に別の遺伝子（マーカー遺伝子）を挿入して，遺伝子の働きをなくす．マウスの初期胚（胚盤胞）の細胞を取り出し，ES細胞を作成した後，これにマーカー遺伝子を挿入した遺伝子を導入する．すると，細胞の中で，正常な遺伝子が，マーカー遺伝子を挿入して働きを失った「異常な」遺伝子と，相同的組換えとよばれる現象によって置き換わる．この細胞を，マーカー遺伝子が挿入されているかどうかを基準として正常な細胞から分離した後，これをマウスの胚盤胞に戻して発生させることにより，正常な細胞と，その遺伝子がノックアウトされた細胞のキメラとなったマウスが誕生する．キメラマウス同士を交配させることで，両親由来の二つの遺伝子にともにマーカ

一遺伝子の挿入がみられる「ホモ接合型」のマウスができる．これがノックアウトマウスである．

ただし，すべての遺伝子が"ノックアウト"できるわけではない．欠失させた遺伝子が発生に不可欠な遺伝子であった場合，その欠失が致死的であるためノックアウトマウス自体をつくることができない場合もある．さらに，重要な遺伝子であることが明らかであるにもかかわらず，そのノックアウトマウスに見掛け上異常がみられない場合もある．

16.7 節のまとめ
- 遺伝子導入技術はバイオテクノロジーの代表的技術である．
- 遺伝子を細胞に導入するには，マイクロインジェクション，リポソームによる遺伝子導入などの方法がある．
- ノックアウトマウスは，特定の遺伝子を遺伝子導入法により欠失させた実験動物であり，その遺伝子の機能の研究に利用される．

17. がんと治療

17.1 細胞のがん化

　がん（悪性腫瘍）とは，**がん細胞（cancer cell）**によって引き起こされる疾患である．がん細胞は，異常増殖，浸潤性，転移能の三つの特徴をもつ．またがんは，上皮細胞に由来する上皮性がん（肺がん，胃がん，大腸がんなど）とそれ以外の造血細胞や間質細胞などに由来する非上皮性がん（白血病，悪性リンパ腫や肉腫など）の二つに大別される．

17.1.1 遺伝子病としての「がん」

　がん（悪性腫瘍）は遺伝子の変異によって引き起こされる遺伝子病である．この遺伝子変異にはDNA配列そのものが変化する突然変異とDNA配列そのものは変化しないが遺伝子プロモーターのDNAメチル化などにより遺伝子発現が変化するエピジェネティック変異とがある．**遺伝子変異（genetic mutation）**を引き起こす要因は，発がん性物質や紫外線といった環境要因に加えて，ホルモンやウイルス感染に伴った遺伝子変異などがある．これらの遺伝子変異の大半は体細胞で起こるため，その変異が次世代に伝わることはない．しかしながら，生殖細胞で生じた変異は遺伝するため，次世代でがんを生じる確率が高くなる．

17.1.2 細胞の運命を制御する機構とその破綻

　がんは，遺伝子変異によって細胞の数を制御している機構が破綻することにより生じる．細胞の増殖・分化・老化・死は，さまざまなシグナルによって調節されており，これらの細胞運命の比率によって，発生過程や成長期における体の大きさや成長速度が決まり，成体になってもその比率は基本的に維持される．

　例えば，成体組織でも小腸や皮膚のように，古くなって不要な細胞は**アポトーシス（apoptosis）**により除去されるが，絶えず組織幹細胞や前駆細胞が増殖して常に組織を再生しているものもある．この場合でも，細胞の増殖，分化，死の比率は一定であるため，組織が一定の大きさを保ち機能する．また，創傷治癒反応などを除き成体組織中の細胞はほとんど増殖せず，一定の比率を保っている．

a. 良性腫瘍と悪性腫瘍

　正常細胞は，細胞間の接着や基底膜のような物理的な障壁によって，組織本来の部位に固定されている．しかし，細胞の数を維持する機構が破綻してしまい，過剰に細胞数が増加すると細胞の塊もしくは組織塊が生じる．この塊を**腫瘍（tumor）**といい，さらにその特徴が小さく限局的で非浸潤性であれば良性腫瘍とよばれる．良性腫瘍では，それを構成する細胞は正常細胞に類似し，その機能も似ている場合もある．また，正常細胞と同様に良性腫瘍の細胞は生じた組織に保持され，これを非浸潤性という．良性腫瘍でも腫瘍が大きくなりすぎると，組織の正常機能を圧迫することや，ホルモンなどを過剰に分泌することで，臨床上問題となる場合がある．その代表例には，先端巨大症がある．骨や筋肉に作用して成長を促す「成長ホルモン」が必要以上に分泌されてしまうことで引き起こされる疾患であり，その原因は脳下垂体（第19章参照）にできる良性の腫瘍である．

　一方，がん（悪性腫瘍）細胞は，この基底膜を突き破って周囲に移動する特徴をもつ．これを浸潤性といい，良性腫瘍と悪性腫瘍とを区別する大きな指標の一つである．さらに，ほとんどの悪性腫瘍の細胞はリンパ管や血管を通って別の離れた組織に移動する能力，すなわち転移能を有している．したがって，がんは細胞の異常増殖に加えて，浸潤と転移能を獲得した腫瘍である．

b. 上皮細胞の極性と発がん

　90％以上のがんは上皮組織由来であり，それ以外のがんには筋肉，血球，結合組織由来の肉腫や白血病などがある．上皮は，体の内と外を分けて細菌やウイルスの侵入を防ぐ役割を担っており，**上皮細胞（epithelial cell）**の形態は体の内側と外側に面した側で細胞の形が異なる．また，上皮細胞に限らず，細胞で機能する分子は，細胞内に無秩序にあるのではなく，それぞれの機能に応じた場所に存在する．このような秩序

だった空間配置を細胞極性という．

多くのがんの発生母体である上皮細胞は，この細胞極性が発達した細胞であり，がんではこの細胞極性が異常になっている．このことから，上皮細胞の細胞極性の破綻が，発がん過程で重要な役割を果たしていると考えられる．

17.1.3　発がんに関与する遺伝子変異

がんは遺伝子の変異によって引き起こされる遺伝子病であり，これにはがん原遺伝子とがん抑制遺伝子という二つの遺伝子群の変異が重要な役割を果たしている．

a. がん原遺伝子

がん原遺伝子（proto-oncogene）は，本来は正常細胞において細胞増殖を促進する機能を有しているが，遺伝子変異によってこの増殖促進がより恒常的に活性化するとがん遺伝子となる．この遺伝子変異には，タンパク質をコードしている部分のDNA配列が変化する変異以外にも，遺伝子数そのものが増幅したり，遺伝子発現やタンパク質合成が亢進したりすることも含む．代表的ながん原遺伝子として，myc 遺伝子や ras 遺伝子がある．

b. がん抑制遺伝子

がん抑制遺伝子（tumor suppressor gene, anti-oncogene）は，正常細胞では細胞増殖を抑制するような働きをする．その抑制を失わせるような遺伝子変異が生じることにより，細胞の増殖が促進される．このがん抑制遺伝子には，通常はアポトーシスやゲノムの安定性を保つ働きをしている遺伝子が含まれる．このような遺伝子の機能が変異によって失われることにより，アポトーシスができなくなり，ゲノムの安定性が失われて，細胞増殖が優位になる．さらには，変異したDNAの修復ができず，異常細胞が除去されないことによって，遺伝子変異の蓄積が起こる．これら遺伝子変異の多くは，細胞周期に関わるタンパク質，アポトーシスに関わるタンパク質や損傷を受けたDNAを修復するタンパク質をコードした遺伝子への遺伝子変異である．代表的ながん抑制遺伝子として，$p53$ 遺伝子，RB 遺伝子，$BRCA1$ 遺伝子，APC 遺伝子などがある．

c. 多段階発がんモデル

一つの遺伝子変異が発がんに結びつくことは少ないと考えられており，通常は複数の遺伝子に起こる一連の変異によって，段階的に発がんすると考えられている．これを多段階発がんといい，大腸がんがその一例といえる（図 17-1）．大半の大腸がんは，形態的に正常上皮から過形成（ポリープ，良性），初期腺腫（良性），中期腺腫（良性），後期腺腫（良性）を経てがん（悪性）のように進展していく．このとき，正常大腸上皮細胞から過形成（ポリープ）への過程では APC 遺伝子の消失，初期腺腫から中期腺腫への過程では K-ras 遺伝子の活性化変異，中期腺腫から後期腺腫への過程では $SMAD4$ 遺伝子の消失，後期腺腫からがんへの過程で $p53$ 遺伝子の消失，と段階的に変異が蓄積すると考えられている．この一連の段階的な遺伝子変異の結果，K-ras 活性化変異遺伝子はがん遺伝子として機能し，APC 遺伝子，$SMAD4$ 遺伝子，$p53$ 遺伝子の消失は機能していたがん抑制遺伝子の機能消失を意味している．

d. 遺伝性腫瘍・家族性腫瘍

がんを引き起こす遺伝子変異の大半は体細胞で起こるため，その遺伝子変異は次世代には伝わらない．しかし，生殖細胞で生じた変異は遺伝し，この遺伝した変異に体細胞変異が組み合わさって協同すると高い確率で発がんする．これを遺伝性腫瘍あるいは家族性腫瘍という．

その代表例には，がん抑制遺伝子の一つである RB 遺伝子の変異が原因となる家族性網膜芽腫がある．両親のどちらかの生殖細胞で RB 遺伝子に変異がある場合，その子供の体細胞は 2 コピーの RB 遺伝子のうち，欠陥のある変異型 RB 遺伝子を一つ，正常に機能する RB 遺伝子を一つもつことになる．この正常な RB 遺伝子が，体細胞変異によってその機能が失われると，その細胞は RB 遺伝子のすべての機能を失うため腫瘍形成の準備が整ってしまう．この家族性網膜芽腫は，患者が発症する前に両親からあらかじめ RB 遺伝子の変異を受け継いでおり，残る一つの RB 遺伝子の変異によって発症するので，表現型としてはメンデルの優性アレルの挙動と一致して次世代へと受け継がれる．

17.1.4　がん幹細胞

がんを誘発する変異の多くは，分裂可能な細胞で起こる．そのため変異が修復されずに分裂して生じた子孫細胞に伝達され固定される．成人では，筋肉や神経細胞は最終分化しており細胞分裂しないので，これらの成人でのがんの発生はまれである．

したがって，がんのもとになる細胞は分化した細胞ではなく，細胞分裂能を有する組織幹細胞や前駆細胞に由来すると考えられる．これらの組織幹細胞や前駆細胞は，長い間分裂し続けるために，DNAに変異が蓄積されやすい．その結果，これらの細胞にがん性の

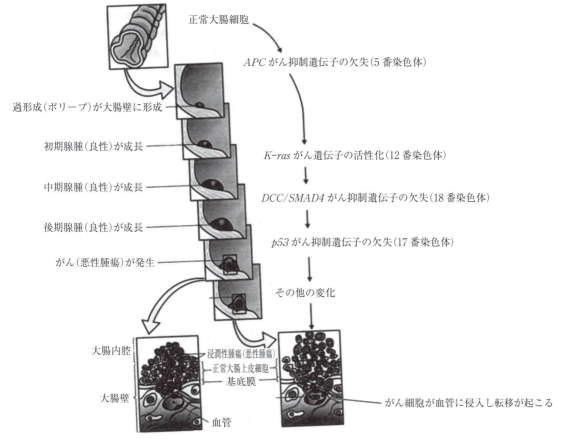

図 17-1 大腸がんの多段階発がんモデル（「分子細胞生物学 第 6 版」東京化学同人より．B. Vogelstein and K. Kinzler, 1993, Trends Genet. 9：101 より改変）

変異が生じてがん細胞になるものと考えられている．このがんの種（たね）ともいえる細胞が**がん幹細胞（cancer stem cell)** であると考えられ，近年ではこのがん幹細胞がさまざまながんで発見されている．がん幹細胞は，抗がん剤や放射線に対して耐性を示すことが多く，治療後にもしぶとく生き残り再発がんの種となる．

がん幹細胞も正常幹細胞と同様に分裂して，2 種類の娘細胞を生じる．幹細胞は，自分で増えるだけでなく，分化することもできるので，分裂して生じた 2 種類の娘細胞は，一つは母細胞と同じ多能性をもった幹細胞に，もう一つは組織をつくるのに適した分化した細胞になる．また，ニッチという微小環境が発がんやがんの進行過程において重要である．このニッチを構成する細胞（血管新生に関わる細胞，免疫に関わる細胞，がん細胞の隙間を埋める間質細胞など）とがん幹細胞との間のシグナルががんの成り立ちに重要であると考えられている．近年，このがん幹細胞を標的とした抗がん剤の開発や治療法の開発に向けて，がん幹細胞の性質やニッチとよばれる微小環境の性質を解明するための研究が精力的に行われている．

17.1 節のまとめ
- がん（悪性腫瘍）は遺伝子の変異によって引き起こされる遺伝子病である．
- 良性腫瘍と悪性腫瘍とを区別する指標として，基底膜を突き破って周囲に移動する「浸潤性」の有無がある．
- 発がんには，がん原遺伝子とがん抑制遺伝子という二つの遺伝子群の変異が重要である．
- 近年，がんの種（たね）であるがん幹細胞の存在が明らかとなった．

17.2 がんの治療

　一般的にがん治療は，手術療法，放射線療法，薬物療法に大別されるが，近年がん治療の主流は，これらを単独で行うのではなく，がんの種類や進行度に応じて，さまざまな療法を組み合わせた**集学的治療 (multimodal therapy)** である．

　手術療法は，がんの病巣を切除する治療法である．早期のがんやある程度進行しているがんでも，切除可能な状態であれば積極的に行われる．1804年に世界ではじめて日本の外科医，華岡青洲が全身麻酔下で乳がんの手術を成功させたことは有名である．その後，根治性を高めるためにさまざまな術式が開発されている．

　放射線療法は，1985年にドイツの物理学者レントゲンがX線を発見した翌年に開始されている．細胞に放射線を照射すると，放射線は細胞を構成している原子・分子と相互作用を起こし二次電子を生じる．この二次電子が直接的にDNAを切断する直接作用と，生体の水分子などと反応し発生したフリーラジカルによりDNAを損傷する間接作用により殺細胞作用を示す．

　がん薬物療法とは，抗がん剤，すなわち殺細胞薬，分子標的治療薬，ホルモン剤を用いた治療の総称である．がん薬物療法の臨床的な位置づけには，進行がんやほかに効果的な治療法がないがんに対する主治療，外科的切除や放射線照射などの局所治療後の補助治療あるいは術前治療，白血病や悪性リンパ腫に対する髄腔内注入，肝細胞がんに対する肝動脈注入といった特定の臓器に対する局所治療がある．本節では，薬物療法について概説する．

17.2.1 殺細胞薬

　現在用いられている殺細胞薬の多くは，ほとんどすべてDNA代謝に働きかけ，これを障害することによって，その増殖抑制効果や殺細胞効果を発揮している（図17-2）．がんは，細胞の異常増殖に加えて，浸潤と転移能を獲得した細胞集団（腫瘍）であり，殺細胞薬といわれる多くの抗がん剤は，分裂細胞を標的に細胞分裂を障害したり，細胞のアポトーシスを誘導したりすることで腫瘍の増大を抑制する．抗がん剤は細胞増殖に関与するため，一般にがん細胞の大半が細胞分裂過程にある細胞増殖率の高い腫瘍においては高い感受性を示すが，細胞分裂をほとんどしない腫瘍においては反応性が乏しい．また，分化段階が進むにつれて細胞の増殖が減少する傾向があるため，抗がん剤は未分化な腫瘍に効果が高い．

　がんは，腫瘍細胞の多様性，細胞周期の違い，耐性の獲得などの理由により多剤併用療法が主流である．細胞周期との関係としては，原則としてアルキル化薬は細胞周期非依存性，代謝拮抗薬やトポイソメラーゼ阻害薬はDNA合成のS期，ビンカアルカロイドなどの微小管機能阻害薬はM期に作用する．

a. アルキル化薬

　アルキル化薬は，毒ガスのナイトロジェンマスタードの研究から発展して開発されたもので，その構造内にアルキル基を有し，DNAの二本鎖に作用し，塩基同士に架橋をつくることで腫瘍の増殖を停止させる．アルキル化薬は，主として腫瘍細胞のグアニン塩基をアルキル化し，架橋をつくるとDNAは二本鎖のまま一本鎖に分離できなくなり，細胞は分裂不能となる．

　代表的な薬物として，多発性骨髄腫や悪性リンパ腫に適応をもつシクロホスファミドがある．

b. 代謝拮抗薬

　代謝拮抗薬は，核酸やタンパク質の合成過程で生成される生理代謝産物と化学的に類似した構造を有し，生理代謝産物と誤認されて細胞内に取り込まれることで細胞内の正常な反応を阻害して殺細胞作用を発揮する．腫瘍細胞の発育・増殖を抑制するため，多くの代謝拮抗薬は細胞周期のS期（DNA合成期）に作用する．

　代表的な薬物として，チミジル酸の合成酵素を阻害してDNAの生合成を阻害するフルオロウラシルや活

華岡青洲

日本の医師．東洋医学と蘭方医学に精通し，1804年には通仙散という経口麻酔薬を開発，それを用いて世界最古の乳がん手術に成功した．(1760-1835)

ヴィルヘルム・コンラート・レントゲン

ドイツの物理学者．1895年にX線の発見を報告し，1901年にノーベル物理学賞を受賞した．X線の発見は今でも画像診断や放射線療法といった形で医学に貢献している．(1845-1923)

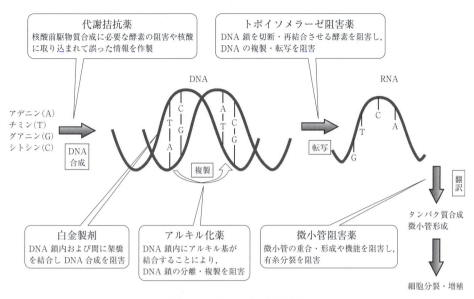

図 17-2 殺細胞薬の作用機序

性型葉酸であるテトラヒドロ葉酸の合成を阻害して DNA の生合成を阻害するメトトレキサートがある．フルオロウラシルは，胃がんや大腸がんなどの消化器がんや乳がんなど広範囲な適応をもち，メトトレキサートは慢性骨髄性白血病などの血液がんに適応をもつ．

c. 抗腫瘍抗生物質

抗腫瘍抗生物質は，培養された放線菌によって産生される化合物あるいはその誘導体である．その代表例であるドキソルビシンは，土壌から分離された放線菌から精製された化合物である．その作用機序は，腫瘍細胞の DNA の塩基対間に挿入（インターカレーション）され，複合体を形成する．これにより二重らせん構造に変化を生じさせ DNA ポリメラーゼや DNA 依存性 RNA ポリメラーゼを阻害することで，DNA あるいは RNA の合成を阻害する．また，ドキソルビシンはトポイソメラーゼⅡ阻害作用を有し，トポイソメラーゼⅡで切断された DNA-トポイソメラーゼⅡ複合体にドキソルビシンが結合し，開裂した DNA の再結合を阻害する．ドキソルビシンは，悪性リンパ腫，乳がん，肺がんなどに適応をもつ．

d. 抗腫瘍植物アルカロイド

植物由来のアルカロイドが示す抗腫瘍作用は微小管阻害とトポイソメラーゼ阻害の二つに大別される．

(ⅰ) 微小管阻害薬

微小管（microtubule）とは，チューブリンとよばれるタンパク質が数珠状に連なった管状の繊維である．細胞分裂時には紡錘糸とよばれる微小管が染色体と結合し，染色体を中心体のある両極に移動させる．したがって微小管阻害薬は，紡錘糸の機能を阻害することで細胞分裂を抑制する．代表的な薬物として，ビンクリスチン（ビンカアルカロイド系）やパクリタキセル（タキサン系）がある．ビンクリスチンは悪性リンパ腫や白血病に適応があり，パクリタキセルは乳がんや肺がん，胃がん，婦人科がんなどに適応をもつ．

(ⅱ) トポイソメラーゼ阻害薬

細胞が分裂するためには，DNA 分子の分離および再結合が必要となる．トポイソメラーゼ（topoisomerase）は DNA の切断と再結合に関与する酵素である．トポイソメラーゼはⅠ型とⅡ型に分けられ，トポイソメラーゼⅠは一本鎖 DNA 切断後の再結合に，トポイソメラーゼⅡは二本鎖 DNA 切断後の再結合に関与する．代表的な薬物として，イリノテカン（トポイソメラーゼⅠ阻害薬）やエトポシド（トポイソメラーゼⅡ阻害薬）がある．イリノテカンは小細胞肺がんや直腸・結腸がん，治癒切除不能な膵がんなどに適応があり，エトポシドは悪性リンパ腫や肺小細胞がんなどに適応をもつ．

e. 白金製剤

白金製剤は，DNA のグアニン塩基とアデニン塩基に結合し，一本鎖内や二本鎖間に白金架橋を形成して DNA の複製と RNA の合成を阻害する．細胞周期の S 期（DNA 合成期）の阻害だけでなく，M 期（分裂

期）の進行阻害作用をも有する．代表的な薬物として消化器がん，肺がん，泌尿生殖器がんなど広範な腫瘍に適応をもつシスプラチンがある．また，大腸がん治療の主流となったオキサリプラチンもこの白金製剤である．

f. 抗腫瘍ホルモン薬

抗腫瘍ホルモン薬は，乳がん，前立腺がん，子宮体がんに適応が可能である．それぞれのがん細胞がもつ性ホルモン依存性増殖という性格を利用して，その腫瘍量抑制や転移浸潤阻害を目指した治療法である．抗腫瘍ホルモン薬の標的となる性ホルモンは，卵胞ホルモン（エストロゲン），黄体ホルモン（プロゲステロン），男性ホルモン（アンドロゲン）であり，作用機序としてはホルモン受容体への阻害作用とホルモン産生阻害作用の二つに大別される（表17-1）．

ホルモン受容体阻害薬の代表例には，乳がん組織のエストロゲン受容体上でエストロゲンと拮抗するタモキシフェンとトレミフェン，前立腺がん組織のアンドロゲン受容体上でアンドロゲンと拮抗するフルタミド，ビカルタミド，クロルマジノンがある．一方，ホルモン産生阻害薬の代表例には，アロマターゼを阻害することでアンドロゲンからエストロゲンへの合成を阻害するアナストロゾール，レトロゾール，エキセメスタンや脳下垂体前葉からの性腺刺激ホルモンの産生・分泌の抑制を誘導する性腺刺激ホルモン放出ホルモン（LH-RH）誘導体のゴセレリンとリュープロレリンがある．アロマターゼ阻害薬は乳がんに，ゴセレリンとリュープロレリンは前立腺がんと閉経前乳がんに適応をもつ．

17.2.2 分子標的治療薬

最近の分子生物学的研究の成果により，がん細胞の分化・増殖に関わる，あるいはがん細胞に特異的な細胞特性を規定する分子が明らかとなっている．これらを特異的に阻害する分子標的治療薬が開発されており，この分子標的治療薬の主作用は殺細胞作用ではなく，細胞増殖抑制作用である（図17-3）．また，分子標的治療薬は，分子標的の活性化部位に作用する酵素阻害薬と分子標的の受容体に対する抗体薬とに大別される．

a. HER阻害薬

HER（ヒト上皮成長因子受容体）ファミリーは，HER1，HER2，HER3，HER4の四つのチロシンキナーゼ共役型受容体の総称である．そのうち，HER1は

表17-1 抗腫瘍ホルモン薬の分類

がん種	作用機序	薬物名
乳がん	エストロゲン受容体拮抗作用	タモキシフェン
		トレミフェン
	アロマターゼ阻害作用	アナストロゾール
		レトロゾール
		エキセメスタン
	LH-RH誘導体	ゴセレリン
		リュープロレリン
子宮体がん	抗エストロゲン作用	メドロキシプロゲステロン酢酸エステル
前立腺がん	アンドロゲン受容体拮抗作用	フルタミド
		ビカルタミド
		クロルマジノン
	LH-RH誘導体	ゴセレリン
		リュープロレリン

上皮成長因子受容体の略称であるEGFRとよばれている．これらの受容体に特異的なリガンドが結合すると，同じ受容体あるいはHERファミリーの他の受容体と二量体を形成し，チロシンキナーゼが活性化する．それにより，細胞増殖に関わるRAS/RAF/MAPキナーゼカスケードや抗アポトーシスに関わるPI_3キナーゼ/AKTカスケードなどの情報伝達系が活性化される．EGFR（HER1）やHER2は多くのがんで過剰発現がみられ，発がんや腫瘍増殖に関与していると考えられている．HER2は，過剰発現するとリガンド非依存的に恒常的に活性化し，正常細胞を形質転換することが知られている．乳がん患者の20〜30%，胃がん患者の10〜20%程度で過剰発現している．

HERファミリーを主な標的とする酵素阻害薬には，「EGFR遺伝子変異陽性の手術不能または再発非小細胞肺がん」に適応をもつゲフィチニブ，「切除不能な再発・進行性で，がん化学療法施行後に増悪した非小細胞肺がん」と「治癒切除不能な膵がん」に適応をもつエルロチニブ，「HER2過剰発現が確認された手術不能または再発乳がん」に適応をもつラパチニブがある．また，HERファミリーを標的とする抗体薬も使用されており，「EGFR陽性の治癒切除不能な進行・再発の結腸・直腸がん」に適応をもつセツキシマブとパニツムマブ，「HER2過剰発現が確認された乳がん」と「HER2過剰発現が確認された治癒切除不能な進

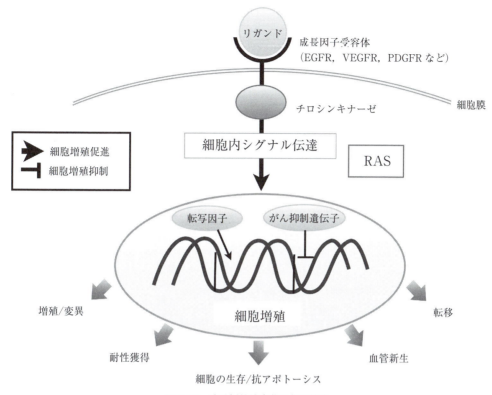

図 17-3　分子標的治療薬の作用機序

行・再発の胃がん」に適応をもつトラスツズマブがある．抗体薬の特徴的な作用機序は，受容体と結合することでチロシンキナーゼの活性阻害とその下流の情報伝達系の阻害作用のほかに，抗体のFc領域とNK細胞などのエフェクター細胞とが結合して起こる抗体依存性細胞介在性傷害作用（ADCC）や補体依存性細胞傷害作用（CDC）による抗腫瘍作用を示す．

b. VEGFR 阻害薬

ヒトの生体内には，血管新生を促進する因子（血管新生因子）と抑制する因子（抗血管新生因子）が存在し，生理的環境においては両因子が調節し合っている．血管新生因子の一つである**血管内皮増殖因子（vascular endothelial growth factor receptor：VEGF）**は多くのがんにおいて発現が亢進しており，その発現亢進と予後の相関が示唆されている．このVEGFが血管内皮細胞上に特異的に発現している受容体（VEGFR）に結合することで，血管内皮細胞の増殖，血管内皮細胞の遊走，未成熟な内皮細胞の生存，血管透過性の亢進などの作用を示す．VEGFRはチロシンキナーゼ共役型受容体であり，特にVEGFR2は血管新生と内皮細胞の増殖に関与し，VEGFがこの VEGFR2に結合すると，二量体を形成し，チロシンキナーゼが活性化する．それにより，細胞増殖に関わる下流の情報伝達系が活性化される．

VEGFRを主な標的とする酵素阻害薬には，「根治切除不能または転移性の腎細胞がん」，「切除不能な肝細胞がん」，「根治切除不能な分化型甲状腺がん」に適応をもつソラフェニブと「根治切除不能または転移性の腎細胞がん」，「膵神経内分泌腫瘍」，「イマチニブ抵抗性の消化管間質腫瘍」に適応をもつスニチニブがある．これらの酵素阻害薬が標的とするチロシンキナーゼ共役型受容体は，それぞれ類似した分子構造を有しているため，ソラフェニブやスニチニブはVEGFRのみを標的とすることは難しく多標的阻害薬ともよばれる．例えば，ソラフェニブは，血管新生阻害作用に加えてRAFキナーゼの抑制を介した腫瘍細胞のアポトーシス誘導作用を示す．また，VEGFRを標的とする抗体薬にベバシズマブがある．ベバシズマブは「治癒切除不能な進行・再発の結腸・直腸がん」，「扁平上皮がんを除く切除不能な進行・再発の非小細胞肺がん」，「卵巣がん」，「手術不能または再発乳がん」，「悪性神経膠腫」と幅広い適応をもつが，単独で抗腫瘍作用を示すことはない．これは，ベバシズマブの作用機序

が，VEGFR を介したチロシンキナーゼの活性抑制によって腫瘍血管新生を阻害し，腫瘍血管透過性を改善させ，腫瘍内間質圧を下げることで抗がん剤の腫瘍内移行を容易にすると考えられているためである．

c. mTOR 阻害薬

哺乳類ラパマイシン標的タンパク質（mammalian target of rapamycin：mTOR）は，細胞質内に存在するセリン／トレオニンキナーゼであり，多くのがんで恒常的に活性化している PI$_3$ キナーゼ／AKT カスケードの下流に存在し，細胞周期やアポトーシスなどの生存シグナルに関わるタンパク質をコードする mRNA の翻訳を調節している．そのため，mTOR カスケードは，細胞増殖，細胞周期，アポトーシス，がん血管新生に関連するがん遺伝子と考えられており，重要な標的分子の一つである．mTOR を標的とする酵素阻害薬にエベロリムスがある．エベロリムスは，「根治切除不能または転移性の腎細胞がん」，「膵神経内分泌腫瘍」，「手術不能または再発乳がん」，「結節性硬化症に伴う腎血管筋脂肪腫」，「結節性硬化症に伴う上衣下巨細胞性星細胞腫（脳腫瘍の一つ）」と幅広い適応をもつ．

がん診断機器

1. X 線 CT

X 線 CT（computed tomography）は，被写体の周囲から X 線の回転照射を行い，被写体を透過した X 線量をコンピュータ処理することで断層画像を得るものである．体軸方向に検出器を複数列配置して，同時に複数の断面を撮影できるマルチスライス CT が普及したことにより，三次元 CT 像が容易に得られるようになった．悪性腫瘍の診断において基本的な画像診断の一つとして広く用いられている．

CT の画像は，CT 値が大きいほど白く表示される．CT 値とは，水，空気，骨の X 線吸収係数をそれぞれ 0，−1000，+1000（HU）としたときの組織の X 線吸収係数を相対的に表したものである．代表的な病変として石灰化や出血は画像上，高吸収となり周囲の正常組織よりも白く表示される．

CT は，空間分解能が高く，客観性の高い断層画像であり，特に腫瘍の解剖学的・形態学的情報を得るのにすぐれている．ただし，コントラスト分解能が低いという欠点があり，通常はヨード系造影剤を投与して検査する必要がある．

2. MRI

MRI（magnetic resonance imaging，磁気共鳴画像）は，磁場の中に置かれた被写体に対してラジオ波を照射し，それによって得られる信号から断層画像を得るものである．一般に小さい病変の精査などにすぐれている．

磁気共鳴現象の原理により，体内に分布する水素原子核（プロトン）の分布と運動状態を画像化する．縦緩和時間（T1），横緩和時間（T2），プロトン密度といったパラメーターを強調することで組織や病変のコントラストを変えられるのが特徴である．X 線を利用する CT とは異なり，ラジオ波を使用するため放射線被曝をすることはないが，強力な磁場を扱うため体内に電子機器（ペースメーカーなど）の植込み術を行った患者には，破損や誤作動の危険があるため禁忌である．

MRI は，コントラスト分解能が高く，CT ではコントラストがつきにくい実質臓器の検査にすぐれている．造影剤には，ガドリニウム系造影剤を用い，造影 MRI は造影 CT よりも脳転移の検出にはすぐれている．また，動脈瘤の確認などに用いられる MRA（磁気共鳴血管造影）は MRI を用いて血管を撮像する方法であり，造影剤を使用せずに血管を選択的に画像化することが可能である．

3. PET/PET-CT

PET（positron emission tomography）とは，陽電子（ポジトロン）を放出する核種（^{11}C，^{15}O，^{18}F など）で標識された放射性医薬品を用いて，ポジトロンが消滅するときに体内から放出されるガンマ線の集積・分布状況を画像化する核医学検査である．

CT や MRI が腫瘍の形態を画像化するのに対して，PET は腫瘍の代謝を画像化する診断法である．腫瘍診断に用いられる FDG は，^{18}F で標識されたブドウ糖類似物質であり，腫瘍の糖代謝を反映する．一般に悪性腫瘍は糖代謝が亢進しているので FDG の集積が正常組織と比べて亢進する．

PET はコントラスト分解能が高く，空間分解能が低い．そこで PET の代謝情報と CT で得られる解剖学的位置情報とを融合し画像化したものが PET-CT である．一度に PET と CT が撮影できるため，別々で撮影するよりも検査時間が短縮できる．

d. 細胞表面抗原に対する抗体薬

白血球のうち，抗体を産生し体液性免疫に関与するのがB細胞である．このB細胞の膜表面に発現しているCD20に対する抗体薬やサイトカインのTNF（腫瘍壊死因子）受容体ファミリーの一つであるCD30に対する抗体薬などがある．抗CD20抗体であるリツキシマブは「CD20陽性のB細胞性非ホジキンリンパ腫」に適応をもち，オファツムマブは「再発または難治性のCD20陽性の慢性リンパ性白血病」に適応をもつ．また，抗CD30抗体であるブレンツキシマブは「再発または難治性のCD30陽性のホジキンリンパ腫および未分化大細胞リンパ腫」に適応をもつ．

そのほかにも，白血病細胞のCD33を標的とした抗CD33抗体薬ゲムツズマブオゾガマイシンや，Th2型CD4陽性ヘルパーT細胞に発現するケモカイン受容体の一つであるCCR4に対する抗体薬モガムリズマブが使用されている．いずれの抗体薬も基本的には，抗体依存性細胞介在性傷害作用（ADCC）および補体依存性細胞傷害作用（CDC）による抗腫瘍作用を示す．

17.2.3 細胞死の制御異常と薬物療法

抗がん剤は，それぞれの標的分子に作用し，DNAの損傷を引き起こすことによって細胞増殖抑制あるいはアポトーシスを誘導する．そのため，抗がん剤の耐性には，アポトーシスという細胞応答が起こりにくくなることが関与する．がん遺伝子の活性化や $p53$ などのがん抑制遺伝子の変異によってアポトーシス抵抗性を獲得したがん細胞は，多くの抗がん剤によるアポトーシス誘導に抵抗性を示す．また，抗がん剤や放射線によりNF-κBの活性化が認められるが，この活性化がアポトーシス阻害因子（IAP）や細胞の生存に必要な因子の発現を誘導してアポトーシス抵抗性を示すものと考えられている．このような機構は，がん薬物療法の難しさを象徴しているが，一方でアポトーシス抵抗性を示すがん細胞の生存には特定のがん化シグナルが強く依存（がん遺伝子依存）している場合があり，選択的な治療標的となりうる可能性が指摘されている．その代表例には，慢性骨髄性白血病におけるBCR/ABL融合遺伝子産物を標的としたイマチニブ，ニロチニブ，ダサチニブや肺腺がんにおけるEML4-ALK融合遺伝子産物を標的としたクリゾチニブ，アレクチニブなどがある．

近年，細胞死制御機構を標的とした抗がん剤の研究も盛んに行われており，デスレセプター（TRAILなど）を介したアポトーシス誘導やアポトーシス制御因子であるBcl-2，IAPなどは治療の標的として期待されている．

17.2節のまとめ

- 殺細胞薬といわれる多くの抗がん剤は，分裂細胞を標的に細胞分裂を障害したり，細胞のアポトーシスを誘導したりすることで腫瘍の増大を抑制する．
- 分子標的治療薬の主作用は殺細胞作用ではなく，細胞増殖抑制作用である．
- 細胞死制御機構を標的とした抗がん剤として，デスレセプター（TRAILなど）を介したアポトーシス誘導やアポトーシス制御因子であるBcl-2，IAPなどが新たな治療戦略の標的として期待されている．

参考文献

[1] 東京理科大学出版センター編，生命科学がひらく未来（東京理科大学坊っちゃん科学シリーズ），東京書籍（2013）．

[2] 日本臨床腫瘍学会編，新臨床腫瘍学 改訂第3版—がん薬物療法専門医のために，南江堂（2012）．

18. 創薬と生命科学

18.1 新薬開発の過程

ヒトが病気にかかったときに薬を服用すると，病気の症状が改善したり，病気の発症が抑えられ，健康な状態に回復したりする．一方で，病気の症状が現れても，病気の症状を改善したり，病気の発症を抑えたりする薬が未だに存在しない病気も少なくない．このようにヒトの健康維持において，薬は重要である．それでは，薬はどのような過程を経て開発されるのであろうか．薬は多くの過程を経て，多大な時間（～10年以上）と費用を費やして開発される．以下，新薬が開発されていく過程を概観する．

18.1.1 新薬の候補となる化合物

新薬の候補となる化合物はどこにあるだろうか．

一つは，さまざまな生物（例えば，海洋生物や植物）の構成成分や代謝産物などに，新薬の候補となる化合物が含まれている場合が少なくない．この場合には，その生物を採取したり，培養したりした後，その生物を破砕して，さまざまな化合物を含む抽出物を調製する．場合によっては，抽出物を化学的性質に基づいて，さらにいくつかの分画に分ける場合もある．この方法では，個々の化合物の構造式は不明であるが，多くの化合物が含まれている．

もう一つは，構造式が既知である，膨大な数の化合物の集合体にも，新薬の候補となる化合物が含まれている．このような膨大な数の化合物の集合体を**化合物ライブラリー（chemical library）**という．大学（例えば，東京大学）や公的研究機関（例えば，理化学研究所）が化合物ライブラリーを所有しており，他の機関に所属する研究者でも，これらの機関に依頼すれば，この化合物ライブラリーから必要な化合物を分譲してもらうことができる．また，製薬企業なども，他の機関に所属する研究者に化合物を分譲することはないが，化合物ライブラリーを所有している．化合物ライブラリーに含まれる化合物の数は，化合物ライブラリーごとに異なるが，大きい化合物ライブラリー（例えば，東京大学の化合物ライブラリー）の場合には，

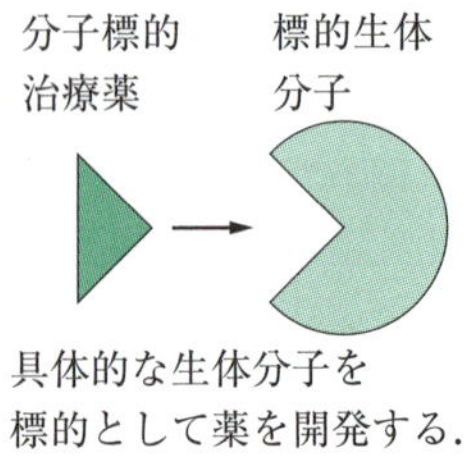

図 18-1 分子標的治療薬

数十万以上の化合物を有している．

18.1.2 新薬の標的となる生体分子

従来の創薬では，18.1.3 項で述べる化合物のスクリーニングにおいて，新薬の候補として必要な活性を示す化合物がみつかれば，その化合物が標的として結合する相手の生体分子を，創薬の初期の段階で必ずしも特定することはなかった．

近年，分子生物学（生体分子の構造や機能をもとに生命現象を理解する学問）の急速な進歩により，生体分子の構造や機能から生命現象を詳細に理解することが可能となった．これに伴い，生体分子の構造や機能にどのような不具合が生じたから，病気が発症しているかなど，病気の原因となっている生体分子が明らかである場合が近年少なくない．このような場合には，どの生体分子の構造や機能をどのようにコントロールすれば，病気の発症を抑えることができるかを論理的に推測することが可能である．このような場合には，この生体分子を標的として，この生体分子の機能を制御できる化合物を開発すればよいことになる．創薬の初期の段階で，ある特定の生体分子を標的として，この生体分子の機能を制御することにより，病気の発症を抑えようとする方法を**分子標的治療（molecular-targeted therapy）**といい，この方法に基づいて開発する薬を**分子標的治療薬（molecular target drug）**という（図 18-1）．近年の創薬では，この分子標的治療薬の開発が増加している．

18.1.3 化合物のスクリーニング

18.1.1項で述べた，新薬の候補となる化合物を含むさまざまな生物の抽出物を，生物試料（例えば，がん細胞などの培養細胞）に添加して，新薬の候補として必要な活性（例えば，がん細胞の増殖が停止する）を示す分画を見つけ出す（図18-2）．また，18.1.1項で述べた，化合物ライブラリーの化合物を，生物試料（例えば，標的とする生体分子）に添加して，新薬の候補として必要な活性（例えば，標的とする生体分子に結合する）を示す化合物を見つけ出す（図18-2）．このように，化合物を含む分画や化合物を生物試料に添加して，新薬の候補として必要な活性を解析する操作を アッセイ（assay）といい，アッセイを通して，新薬の候補として必要な活性を強く発現する，化合物を含む分画や化合物を探索する過程を スクリーニング（screening）という（図18-2）．

化合物ライブラリーのような，膨大な数の化合物の中から，新薬の候補として必要な活性を強く発現する化合物を見つけ出すためには，スクリーニングをきわめて効率的に実施する必要がある．このようなきわめて効率的なスクリーニングを，ハイスループットスクリーニング（high-throughput screening）という．具体的には，96穴プレートという，12行8列の穴の空いたプレートに化合物溶液を配置する．このプレートから，化合物溶液の濃度を何段階か希釈したプレートも作製する．これらのプレートからさまざまなアッセイに化合物溶液を添加して，新薬の候補として必要な活性を解析する．プレートに化合物溶液を配置する操作，化合物溶液を希釈する操作，さまざまなアッセイに化合物溶液を添加する操作は，ロボットアームなどを利用した自動分注装置で行い，膨大な数の化合物を取り扱うことを可能にしている．また，新薬の候補として必要な活性を解析するにあたっては，酵素反応に基づく発色反応などをうまく利用して，活性を一目で判別できるアッセイなどをデザインし，膨大な数の化合物の中から，新薬の候補として必要な活性を強く発現する化合物を効率的に見つけ出す．このようにして見つけ出された，新薬の候補として必要な活性を強く発現する化合物を ヒット化合物（hit compound）という（図18-2）．

化合物が新薬となるためには，生物試料に添加したときに，新薬の候補として必要な活性を強く発現するだけでは十分ではない．標的とする生体分子以外とも非特異的に結合して副作用を引き起こす，生物試料に対して毒性を示す，化合物として不安定であり，長期保存ができないなどの性質を示す化合物は，新薬の候補としてはふさわしくない．この段階では，生物試料としてがん細胞などの培養細胞のみならず，マウスやラットなどの実験動物も必要に応じて用い，これらに化合物を投与する．標的とする生体分子以外と非特異的に結合して副作用を引き起こさないか，毒性を示さないか，化合物として安定であるかなどの観点から，ヒット化合物の性質を精査する．これらの性質を比較し，新薬の候補としてふさわしい性質を有する化合物を選択する．このようにしてヒット化合物の中から選択した化合物を リード化合物（lead compound）という（図18-2）．

リード化合物の構造を出発点として，リード化合物の官能基などを系統的に変換した一連の化合物を，有機合成の手法により合成する（図18-2）．また，構造的に関連はあるものの，構造が少しずつ異なる化合物を，短時間で多種類，しかも系統的に調製することができる技術を コンビナトリアルケミストリー（combinatorial chemistry）といい，この手法によりリード化合物周辺の化合物を数多く調製する．このようにして取得した化合物を，マウスやラットなどの実験動物に投与して，新薬の候補として必要な活性がみられるかなどの薬効や薬理活性を解析するのはもちろんのこと，副作用や毒性が生じないかなどの安全性や毒性，長期保存ができるかなどの安定性や物性も解析する．また，必要に応じて，投与した化合物がどのように吸収され，分布し，排泄されるかなどの薬物動態も解析する．これらの知見を総合して，新薬の候補としてふさわしい性質を有する化合物を選択する（図18-2）．

18.1.4 新薬の候補化合物の特許出願

これまで述べてきたように，新薬の候補化合物を選択するためには，多くの過程を経る必要があり，多大

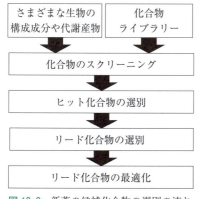

図18-2　新薬の候補化合物の選別の流れ

な時間と費用を費やす．選択した新薬の候補化合物について，これ以降，他者から侵害されることなく，18.1.5項で述べる非臨床試験や18.1.6項で述べる臨床試験（治験）を独占的に進めるために，**物質特許 (substance patent)**（新規に創製された物質に対して取得される特許）を出願する．成立した特許を製薬企業などに販売して得られた資金や，成立した特許をもとに製造した新薬を販売して得られた資金は，別の新薬の開発に使用される．

18.1.5 非臨床試験

18.1.6項で述べる，ヒトに化合物を投与する臨床試験（治験）に先立って行う試験を**非臨床試験 (non-clinical study)**という．臨床試験の適切な計画を作成するうえで必要なデータを集める重要な試験である．また，厚生労働省への医薬品の承認申請に必要な試験である．非臨床試験は，「薬効薬理試験」，「薬物動態試験」，「安全性薬理試験」，「毒性試験」の4種類に大きく分類される（図18-3）．

a. 薬効薬理試験

新薬の候補化合物を実験動物に投与したときに，これらがどの程度の活性を示し，薬の効果としてどのくらい有効であるか，どのくらいの薬を投与するとどのくらい薬効があるか，薬効の持続時間はどのくらいであるか，薬を投与するときにどのようなやり方で投与するか（例えば，口から服用する，皮下に注射する）などを検討する．

b. 薬物動態試験

薬を投与すると，体内で吸収，分布，代謝，排泄という段階を経て，尿などで体外に排出される．薬の種類によって，このような体内での薬物動態が異なる．新薬の候補化合物を実験動物に投与したときに，血中濃度や各臓器への分布を経時的に解析し，新薬の候補化合物が体内でどのような状態を経時的に示すかを検討する．

c. 安全性薬理試験

新薬の候補化合物を実験動物に大量に投与したときなどに，実験動物の生理機能に対してどのような望ましくない影響を及ぼすかを検討する．新薬の候補化合物の薬理作用や副作用を解析することを目的として行う．18.1.6項で述べる，ヒトに新薬の候補化合物を投与する臨床試験（治験）において，ヒトに対するこれらの化合物の安全性を予測するために行う．

d. 毒性試験

新薬の候補化合物を実験動物に1回で大量に投与したときに毒性が生じるか，18.1.6項で述べる，臨床試験（治験）の投与期間を考慮した期間にわたって，新薬の候補化合物を実験動物に反復投与したときに毒性が生じるか，実験動物の雌雄の生殖機能に対して有毒であるか，遺伝子の構造や機能に対して有毒であるかを検討する．また必要に応じて，新薬の候補化合物に発がん性があるか，皮膚や粘膜に投与したときに刺激性があるかなどを検討する．18.1.6項で述べる，ヒトに新薬の候補化合物を投与する臨床試験（治験）において，ヒトに投与する量や投与期間を決定するために行う．また，ヒトに対するこれらの化合物の毒性を予測するために行う．

18.1.6 臨床試験

ヒトに化合物を投与する試験を**臨床試験 (clinical study)**という．臨床試験は「治験」と「医師・研究者主導臨床試験」の2種類に大きく分類される．「治験」は，厚生労働省への新薬の承認申請に必要なデータを得ることを目的として，新薬の候補化合物を用いて，ヒトを対象として，主に製薬企業が行う臨床試験である．「医師・研究者主導臨床試験」は，厚生労働省にすでに承認された薬や治療法から，場合によっては複数を組み合わせて，最良の治療法を確立すること，薬のよりよい組合せを確立することなどを目的として，医師・研究者が主体となって行う臨床試験である．臨床試験には，「フェーズ1試験」，「フェーズ2試験」，「フェーズ3試験」の大きく分けて3段階がある（図18-3）．臨床試験に参加してもらう被験者には，試験の目的や内容を十分に説明して，文書による

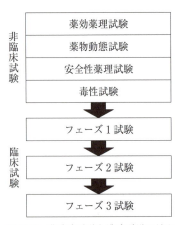

図18-3 非臨床試験と臨床試験の流れ

同意を得る必要がある．これを**インフォームド・コンセント（informed consent）**という．

a. フェーズ1試験
少数の健康なヒトを対象に，薬の投与量を段階的に増やしていき，薬の安全性を確認し，薬の安全な投与量や投与方法などを検討する．

b. フェーズ2試験
フェーズ1よりも多い数の患者を対象に，フェーズ1で安全と判断した投与量や投与方法などを用いて，薬の有効性や安全性を検討する．

c. フェーズ3試験
フェーズ2よりも多い数の患者を対象に，新薬が従来の既存薬と比較して，薬の有効性や安全性の面ですぐれているかどうかを比較検討する．

臨床試験（治験）において新薬の効果を検討するために，実際には効果のない物質（偽薬またはプラセボという）や既存薬との比較を行うが，新薬と対象薬（偽薬，既存薬）のどちらを投与されるかを被験者が知ると，薬効が変化する場合がある．これを**プラセボ効果（placebo effect）**という．また，投与する医師がどちらを投与するかを知ると，それが態度に表れたり，薬の有効性と安全性の評価に際して先入観が入る場合がある．これらを防ぐために，被験者にも投与する医師にもどちらを投与するかを知らせないで行う．これを**二重盲検（ダブルブラインド）試験（double blind test）**という．

18.1.7　新薬の承認申請と審査
臨床試験（治験）において有効性と安全性が確認された新薬について，製薬企業は厚生労働省に製造販売承認の申請を行う．これを受けて，厚生労働省は医薬品医療機器総合機構で審査を行い，審査結果をもって薬事・食品衛生審議会に諮問し，答申を得る．これらの審査に合格した場合には，厚生労働大臣から製造販売承認が与えられる．

18.1 節のまとめ
- 新薬の候補となる化合物は，さまざまな生物からの抽出物や化合物ライブラリーに含まれる．
- 分子標的治療では，病気の原因となる生体分子を標的として，この生体分子の機能を制御することにより，病気を治療する．
- 膨大な数の化合物の中から，スクリーニングでヒット化合物を選択し，ヒット化合物を精査して，リード化合物を選択する．
- リード化合物の官能基などを系統的に変換した一連の化合物を合成し，この中から新薬の候補としてふさわしい性質を有する化合物を選択する．
- 新薬の候補化合物は，独占的に開発を進めるため，特許出願をする．
- 新薬の候補化合物は，非臨床試験と臨床試験（治験）を経て，有効性と安全性を確認する．
- 有効性と安全性が確認された新薬については，厚生労働省に製造販売承認の申請を行い，審査に合格した場合には製造販売承認が与えられる．

18.2　創薬とコンピュータ

18.2.1　インシリコ創薬

18.1.3項で述べたように，化合物ライブラリーなどに含まれる膨大な数の化合物から，スクリーニングなどを通して新薬の候補化合物を選択するのは多大な労力と時間と費用を必要とする．近年のIT技術の急速な進歩の中で，この多大な労力と時間と費用を必要とする実験を主体とした創薬に，IT技術を活用した創薬を取り入れることにより，労力と時間と費用を軽減しようとするアプローチが盛んになってきている．コンピュータの心臓部に相当するCPU（中央処理装置）がシリコン（ケイ素）でできていることから，コンピュータを利用した創薬を，「シリコン内で（in silico）」すなわち「コンピュータを用いて」という意味を込めて，**インシリコ創薬（in silico drug design）**という（図18-4）．ここでは，インシリコ創薬で用いられる

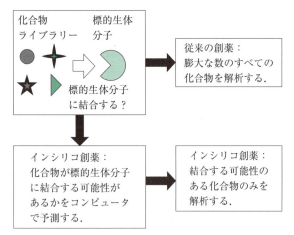

図 18-4　従来の創薬とインシリコ創薬の比較

手法のうち，新薬の候補化合物が結合する相手の生体分子（主にタンパク質）の立体構造に基づいて薬を設計する手法，タンパク質の立体構造に基づく薬剤設計（structure-based drug design：SBDD）について解説する．

18.2.2　タンパク質の立体構造に基づく薬剤設計（SBDD）

タンパク質の機能は，タンパク質に結合する分子との相互作用により制御されている．タンパク質と結合分子の結合には，双方の形がぴたりと一致しているという，相互作用面の相補性が重要な役割を果たす．一方，多くの病気においては，病気の原因となるタンパク質が正常な機能から逸脱し，異常な機能を発現していることが原因である場合が多い．病気の原因となるタンパク質が特定され，このタンパク質の立体構造がすでに明らかである場合には，このタンパク質の立体構造と相補的にぴたりと結合できる化合物をコンピュータ上で見つけ出すことができる．そしてこの化合物が，異常な機能を発現するタンパク質と結合することにより，異常な機能を阻害し，これが病気の原因を取り除き，治療に結びつくことになる．

そこでSBDDでは，タンパク質の立体構造と化合物ライブラリーに含まれる化合物を，コンピュータ上でドッキングさせ，エネルギー計算を行い，化合物がタンパク質と安定に結合できるか否か，また安定に結合できる場合には，どのくらいの強さで結合できるかを推測することができる．また，安定に結合できる場合には，化合物の構造式のどこの部分をどのように変換すれば，タンパク質との結合の強さを向上させることができるかも推測することができる．

これに対して，18.1.3項で述べたように，化合物ライブラリーなどに含まれる化合物からスクリーニングなどを通して化合物を選択する従来の方法では，膨大な数の化合物をハイスループットスクリーニングする必要があった．また，新薬の候補化合物を仮に見つけることができたとしても，この化合物をさらにどのように変換して活性を向上すればよいかに関する明確な指針はなく，運や勘に頼って，さらに膨大な量の実験を行う必要があった．SBDDでは，新薬の候補化合物の選択や設計を運や勘に頼るのではなく，標的のタンパク質の立体構造に基づいて，論理的に推測することを可能にしている．SBDDにより新薬の候補化合物を100%選択できるわけではないが，新薬の候補化合物の選択や設計を進めるうえで，有力な手法であるといえる．

18.2 節のまとめ

- 実験を主体とした創薬の，多大な労力と時間と費用を軽減するために，コンピュータを利用したインシリコ創薬を活用する．
- SBDDでは，新薬の候補化合物が結合する相手のタンパク質の立体構造に基づいて，薬を論理的に設計する．

18.3 バイオ医薬品

18.3.1 従来の医薬品とバイオ医薬品の相違

バクテリア，ウイルス，哺乳類細胞などの生物によって生産される生体物質（タンパク質や核酸など）に由来する医薬品を**バイオ医薬品（biological drug）**という．従来の医薬品は，低分子有機化合物の医薬品であり，単純な化学合成過程で製造される．これに対してバイオ医薬品は，分子量が大きく，構造が複雑な生体分子から成り立っており，環境変化に敏感な生物を用いた過程で製造される．このためバイオ医薬品は，製造過程におけるさまざまな要因の影響を受けやすい．バイオ医薬品の有効性や安全性を常に維持するため，バイオ医薬品は製造品質管理基準に高い精度で適合することを求められている．

18.3.2 バイオ医薬品の重要性

バイオ医薬品は，ヒトが自然に産生する分子の構造に非常によく類似しているので，多くの病気で高い治療効果を示すと同時に，病気の診断にも役立つ．また，従来の低分子医薬品で改善のみられなかった病気の治療にも効果があることが示されている．がんや糖尿病のような，患者数が多い病気の治療にも使用されるほか，多発性硬化症のような，患者数が少ないまれな病気の治療にも使用されている．

例えば，インスリンは血糖値を下げるタンパク質であり，糖尿病の治療に使用されてきた．当初はウシやブタの膵臓から抽出したものが使用されていたが，組換え DNA 技術により，ヒトのインスリン遺伝子を大腸菌や酵母に導入することで，ヒトのインスリンを生産することに成功した．これが，1980 年代初頭に「世界初のバイオ医薬品」として承認され，販売が開始された．1990 年代に入ると，組換え DNA 技術により，赤血球の産生を促し，赤血球を増加させる作用を有するエリスロポエチン，白血球の産生を促進する作用を有する顆粒球コロニー刺激因子（G-CSF）なども生産・販売されるようになった．エリスロポエチンは腎性貧血症の治療に，G-CSF は好中球減少症の治療に使用されている．18.3.4 項で述べるように，その後，さまざまな種類のバイオ医薬品が開発され，販売されている．

18.3.3 バイオシミラー

先行するバイオ医薬品の特許による保護が失効し，

正常細胞の表面には発現せず，がん細胞の表面にだけ発現するタンパク質を認識する．

図 18-5 抗体医薬の作用機序の例

独占権が喪失すると，既存のバイオ医薬品の後続品である類似バイオ医薬品の登録および販売が可能になる．この類似バイオ医薬品を**バイオシミラー（biosimilar drug）**という．バイオシミラーは，すでに認可されたバイオ医薬品と比較して，品質，安全性，有効性に関して同等であるように開発されたバイオ医薬品を指す．ただ，バイオシミラーは，すでに認可されたバイオ医薬品と類似しているものの，同一ではない．バイオ医薬品の複雑な性質のため，バイオシミラーの認可には，バイオ医薬品の独特の性質に対応するための特別な規制審査プロセスや特殊な評価基準が必要となる．

18.3.4 新世代の多様なバイオ医薬品

18.3.2 項で述べたような，組換え DNA 技術という単純でわかりやすい技術を用いた「第 1 世代のバイオ医薬品」に続いて，さまざまなバイオテクノロジーの先端技術を駆使した「第 2 世代のバイオ医薬品」が現れている．以下，新世代の多様なバイオ医薬品を概観する．

a. 抗体医薬

ヒトなどの生物は自己と非自己を区別して認識する免疫力を元来有している．この免疫力を担うタンパク質が抗体であり，抗体は体内に侵入した異物（抗原）に結合して異物（抗原）の活性を抑制できる．この免疫力を利用して，特定の細胞や組織（抗原）だけに結合し，特定の細胞や組織（抗原）の活性を抑制する抗体を調製できる．このような抗体由来の医薬品を抗体医薬という．例えば，正常細胞の表面には発現せず，がん細胞の表面にだけ発現するタンパク質があり，これに結合する抗体を調製できれば，この抗体は正常細胞には結合せず，がん細胞のみに結合し，がん細胞の増殖のみを特異的に抑制できる（**図 18-5**）．このような抗体由来の抗体医薬は正常細胞には作用せず，がん

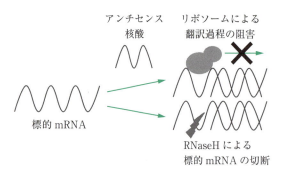

図 18-6　アンチセンス核酸の作用機序

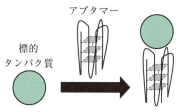

図 18-8　アプタマーの作用機序

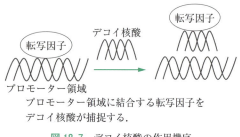

図 18-7　デコイ核酸の作用機序

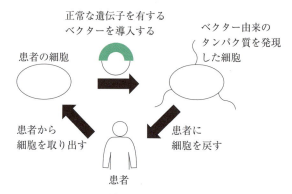

図 18-9　遺伝子治療薬の作用機序の例

細胞のみをピンポイントで狙い撃ちできるため，効率的な治療効果を期待でき，副作用の軽減を見込める．

b. 核酸医薬

DNA や RNA の構成成分である核酸由来の医薬品を核酸医薬という．核酸医薬は，アンチセンス核酸，デコイ核酸，アプタマーなどに分類される．

(i) アンチセンス核酸

5.1 節のセントラルドグマで述べたように，ほとんどの生物は「DNA → mRNA → タンパク質」の流れで遺伝情報は伝達される．アンチセンス核酸は，mRNA と相補的な塩基配列を有する，短い 1 本鎖核酸である．アンチセンス核酸が mRNA に結合して二本鎖核酸を形成すると，mRNA を鋳型にしてアミノ酸を連結してタンパク質を産生する，リボゾームによる翻訳過程が阻害され，標的タンパク質の発現が抑制される（図 18-6）．また，mRNA とアンチセンス核酸からなる二本鎖核酸中の mRNA を RNaseH が分解して，標的タンパク質の発現が抑制される（図 18-6）．標的 mRNA に結合するアンチセンス核酸を細胞内に人工的に導入し，標的タンパク質の発現を抑制することにより，遺伝子レベルで病気の治療を目指す．標的 mRNA の塩基配列がわかれば，アンチセンス核酸を簡便にデザインすることができる．

(ii) デコイ核酸

5.2 節の遺伝子の転写で述べたように，二本鎖 DNA から mRNA への転写は，二本鎖 DNA のプロモーター領域に転写因子というタンパク質が結合することにより制御されている．デコイ核酸は，転写因子が結合するプロモーター領域の塩基配列を有する二本鎖 DNA である．このデコイ核酸を細胞内に人工的に導入し，転写因子をデコイ核酸に捕捉することができれば，ゲノム DNA 上のプロモーター領域に転写因子が結合できなくなり，プロモーター領域の下流の遺伝子の発現を抑制することができる（図 18-7）．デコイ核酸は，転写因子のように，二本鎖 DNA に結合するタンパク質を標的とする．

(iii) アプタマー

アプタマーは，標的タンパク質に強固かつ特異的に結合する核酸である．N 塩基からなる核酸断片をランダムに作製すると，4 の n 乗という膨大な数の，塩基配列の多様性を有する核酸の集合体を調製でき，各々が任意の立体構造を形成する．標的タンパク質の形にぴたりと一致し，強固かつ特異的に結合できる核酸を，この核酸の集合体から選択する．核酸の塩基配

列を改変し，標的タンパク質にさらに強固かつ特異的に結合できる核酸を得る．このようにして得られたアプタマーは抗体医薬に比べて分子量は格段に小さいが，その立体構造で抗体医薬のように標的タンパク質を特異的に認識して結合し，標的タンパク質の機能を阻害する（図 18-8）．アプタマーは大量に化学合成でき，抗体医薬の調製に必要とされる大がかりな培養設備は不要である．

c. 遺伝子治療薬

遺伝子の塩基配列に異常があり，その遺伝子にコードされたタンパク質を産生することができない患者がいた場合に，この患者の骨髄から幹細胞を取り出す．ウイルスベクターなどに正常な遺伝子をクローニングして，細胞に導入する．この細胞を増殖して，患者の体内に戻すと，これまで産生することができなかったタンパク質が正常な遺伝子から産生され，病気の治療につながる．このような遺伝子治療由来の医薬品を遺伝子治療薬という（図 18-9）．

18.3 節のまとめ
- バイオ医薬品は，生物によって生産される生体物質（タンパク質や核酸など）に由来する．
- バイオ医薬品は，従来の低分子医薬品で改善のみられなかった病気の治療にも効果がある．
- バイオシミラーは，既存のバイオ医薬品の後続品である類似バイオ医薬品である．
- さまざまなバイオテクノロジーの先端技術を駆使した，抗体医薬，核酸医薬，遺伝子治療薬など，新世代の多様なバイオ医薬品が現れている．

19. 脳の働き

19.1 脳の構造

ヒトの身体は膨大な細胞や組織によって形成された複雑な共同体であり，その生命活動には身体各部の組織や器官を連絡し調節する神経系の役割が重要である．**脳（brain）** と **脊髄（spinal cord）** から構成される**中枢神経系（central nervous system）** は，ヒトでは，反射，生命維持などに関わる脊髄と脳幹の上に，本能や情動などに関わる間脳と大脳旧皮質が積み重なり，その上に知的活動を担う大脳新皮質が覆いかぶさるように発達している．中枢神経系（脳・脊髄）の基本的な構成とその役割を図19-1に示す．

19.1.1 大脳皮質

大脳皮質（cerebral cortex） には大まかに分けると葉（lobe）とよばれる四つの領域が存在する（図19-2）．一つの葉の中でも，領域によって司る機能は異なる（表19-1）．また，大脳新皮質は領域により各層の厚み，細胞密度が異なる．ブロードマンはこの細胞構築の差異に基づいて領域を区分しており，それをブロードマンの皮質領野という．

a. 前頭葉

前頭葉は高次脳機能と運動に関わる領域である．大脳の中心溝より前の部分を前頭葉といい，さらに前頭葉は，前頭連合野，高次運動野，一次運動野の三つに分けられる．

（ⅰ）前頭連合野

前頭連合野は，ヒトの大脳の約30％を占める．その役割は，判断，思考，計画，企画，創造，注意，抑

表19-1 大脳皮質の代表部位と主な役割

葉	代表的な部位	主な役割
前頭葉	前頭連合野	精神活動（判断，思考，計画，創造，注意など）
	ブローカ野	運動性言語（発語，自発書字など）
	一次運動野	随意運動
頭頂葉	体性感覚野	体性感覚
	頭頂連合野	感覚情報の統合と認知
側頭葉	一次聴覚野	聴覚
	ウェルニッケ野	感覚性言語（言語の理解）
	側頭連合野	視覚性認知
後頭葉	視覚野	視覚

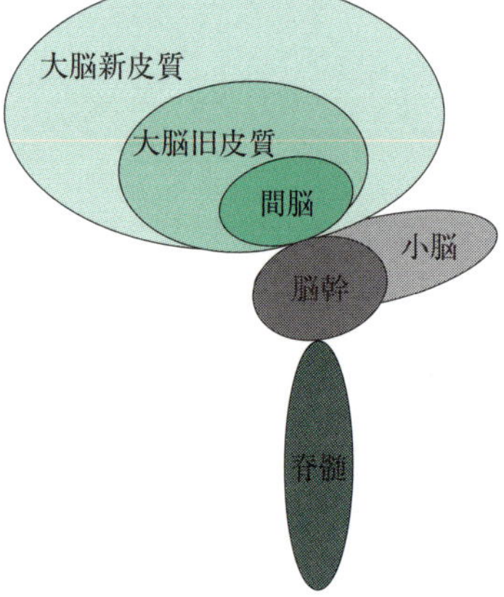

大脳新皮質：知的活動
大脳旧皮質：本能行動，情動，記憶
間脳：感覚情報の中継，自律神経系・内分泌系
脳幹：生命維持活動(呼吸，循環など)
小脳：運動の調節
脊髄：反射

図19-1 中枢神経系の基本的構成

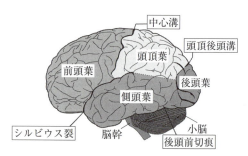

図19-2 大脳皮質の基本的構成

制，コミュニケーションなどの高次脳機能を担っている．したがって，ヒトが言語や数字などの抽象的な概念をもち，高度な分析や判断といった「人間らしい」活動をするには欠かすことのできない領域といえる．

また，前頭連合野には運動性言語野とよばれる領域がある．19世紀後半，フランスの病理学者ピエール・ブローカは，左半球の前頭葉，下前頭回に運動性言語（発話，自発書字など）に関わる領域があることを発見し，ブローカ野（運動性言語野）と命名した．

(ii) 高次運動野と一次運動野

ヒトが複雑な運動（動作）を行う際には，適切な運動（動作）を準備する高次運動野と運動（動作）の実行を指令する一次運動野が協調して機能している．一次運動野は，中心溝の直前の中心前回に存在し，電気生理学的な手法により，支配する体の部位ごとに運動野のニューロンが局在していることがわかっている．

b. 後頭葉

後頭葉は視覚に関わる領域である．側頭葉の後方，頭頂葉の後下方にある部分を後頭葉というが，それらとの境界は不明瞭である．また，後頭葉は一次視覚野から五次視覚野に分けられる．視覚情報は，網膜，視神経を介して一次視覚野に送られる．送られてきた視覚情報から色や形，動きや奥行きなどの特徴を抽出し，二次視覚野へ情報を伝達する．二次視覚野に送られた視覚情報のうち，動きや奥行きの情報は三次視覚野，五次視覚野を介して頭頂連合野に伝えられ「みているものの位置」を判断する．この経路を背側視覚路という．一方，色や形の情報は四次視覚野を介して側頭連合野に伝えられ「みえているものの存在」を判断する．この経路を腹側視覚野という．

c. 側頭葉

側頭葉は主に聴覚に関わる領域である．大脳の側面でシルビウス裂より下の部分を側頭葉といい，さらに一次聴覚野，聴覚周辺野，側頭連合野，ウェルニッケ野の四つに分けられる．

(i) 一次聴覚野と聴覚周辺野

耳でとらえられた音は，一次聴覚野と聴覚周辺野によって解釈される．一次聴覚野では，聴覚情報を音として認識し，聴覚周辺野では認識された音を過去の記憶と照合し，何の音であるかを解釈する．

(ii) 側頭連合野

視覚情報に基づく物体認識や高次聴覚情報処理，ならびに記憶に関わる領域である．したがって，この領域が障害されると，みただけではその物体が何であるかわからなくなる，あるいはたとえ家族や友人であっても顔をみただけではその人物が誰であるかわからなくなる．

(iii) ウェルニッケ野

19世紀後半，ブローカによる運動性言語野の発見と同時期に，ドイツの神経学者カール・ウェルニッケは，左半球の側頭葉，上側頭回に感覚性言語（音声言語の理解など）に関わる領域があることを発見し，ウェルニッケ野（感覚性言語野）と命名した．

d. 頭頂葉

頭頂葉は身体各部の体性感覚と他の感覚の統合，認知に関わる領域である．中心溝，頭頂後頭溝，シルビウス裂を境界として，それぞれ前頭葉，後頭葉，側頭葉と接した部分を頭頂葉といい，さらに体性感覚野と頭頂連合野の二つに分けられる．

(i) 体性感覚野

対側の身体各部の体性感覚に関わる領域を一次体性感覚野，一次体性感覚野および視床から感覚刺激を受けとる領域を二次体性感覚野という．一次体性感覚野は，中心溝の直後の中心後回に存在し，電気生理学的な手法により，支配する体の部位ごとに感覚野のニューロンが局在していることがわかっている．

(ii) 頭頂連合野

頭頂連合野は，大脳皮質の他の領域で受けとった感覚，聴覚，体性感覚（温痛覚や触覚）などを統合，認

ピエール・ポール・ブローカ

フランスの医師，病理学者．1861年に言語は理解できても発語ができない脳梗塞患者を診察し，その後の病理解剖により左半球の前頭葉に発語に関わる脳領域があることを発見し，ブローカ野と命名した．（1824-1880）

カール・ウェルニッケ

ドイツの医師，神経学者．1874年に流暢に発語ができても言語を理解できない患者の原因が，左半球の側頭葉にあることを発見し，その領域をウェルニッケ野と命名した．（1848-1905）

識することにより，物体の識別や空間認知に関わる領域である．この頭頂連合野で統合された情報は，前頭連合野に伝達され，適切な運動（動作）の計画につながる．

19.1.2 大脳辺縁系・大脳基底核

大脳辺縁系は大脳の内側部にあり，辺縁葉（梁下野，帯状回，海馬傍回），海馬，扁桃体，乳頭体，中隔核などの領域が存在する．主に情動，本能，記憶に関わる領域である．

一方，大脳半球の深部に存在し，随意運動の調節などに関わる神経核群を大脳基底核といい，さらに尾状核，被殻，淡蒼球の三つに分けられる．そのうち，被核と淡蒼球を合わせてレンズ核，尾状核と被殻を合わせて線条体という．大脳基底核は，大脳皮質からの入力を受けて，適切な行動の選択を司る領域である．この運動調節は，大脳皮質，大脳基底核，視床，大脳皮質というループ回路により制御されており，大脳基底核は，視床を介して大脳皮質を抑制性に制御している．この負の制御を適度に調節することで適切な運動を実行する．

a. 扁桃体

扁桃体（amygdala）は，情動と本能行動に関わる領域である．外界からの感覚情報に対して有益・有害，快・不快などの判断を行い，自律神経，内分泌，骨格筋系による身体的な反応や行動，喜怒哀楽などの感情的な反応を引き起こす．このような身体的・感情的な反応を情動という．情動は快情動と不快情動の二つに大別され，扁桃体は不快情動において重要な役割を担う．一方，快情動は扁桃体のほかに側坐核を中心とした報酬系が関与する．

b. 海馬

海馬（hippocampus）は記憶の形成に重要な領域である．海馬とその周辺部位は，脳内のあらゆる情報が集まる位置にあり，記憶の形成に重要な役割を果たしている．記憶とは，新しい経験が脳内に保存され，その経験が意識や行為の中に再生されることをいう．また，記憶は短期記憶と長期記憶の二つに分けることができ，情報を一時的に保持し，意識的に操作することができる記憶を短期記憶，一時的に保存された後，側頭葉などへと情報を伝達し長期的に保存されるものを長期記憶という（表19-2）．短期記憶は前頭連合野，長期記憶は海馬がその役割を担っている．ただし，長期記憶の中でも動作や行動における技能など，

表 19-2 記憶の分類

分類		特徴	責任脳部位
短期記憶	作業記憶	・情報を一時的に保持し，意識的に操作することができる記憶	前頭連合野
長期記憶	陳述記憶	・言葉の意味や学習して得た記憶（意味記憶） ・個人的な体験，出来事の記憶（エピソード記憶）	海馬，大脳皮質など
	非陳述記憶	・動作や行為における技能，繰返しによって覚えた記憶	小脳など

繰返しによって覚えた記憶（手続き記憶）は小脳がその役割を担う．

19.1.3 間脳

大脳と脳幹の間に存在し，大脳半球の中心部に位置する神経核群を間脳といい，さらに視床上部，視床，視床下部の三つに分けられる．

a. 視床上部

手綱，松果体から構成される視床上部は，メラトニンの合成・分泌による概日リズムの調節に関わる領域である．

b. 視床

感覚の中継地点である視床には，嗅覚以外のすべての感覚情報を集める中継核が存在し，情報を処理して大脳皮質へと伝達する機能を担う．また，運動野，大脳基底核，小脳などと連絡し，運動の制御に関わる核や情動・記憶に関わる核なども存在する．

c. 視床下部

視床下部（hypothalamus）は，自律神経系や内分泌系（ホルモン）に関わる領域である．視床の前下方にある視床下部は，多くの神経核が存在し，体温調節や体液・浸透圧の調節，睡眠・覚醒，摂食・摂水，性行動，情動などの生命活動の調節において中心的な役割を担っている．

子宮収縮を担うオキシトシンや腎集合管における水の再吸収促進（抗利尿）を担うバソプレシンといった下垂体後葉ホルモンは，視床下部の神経細胞（視索上核，室傍核）で合成され，長い軸索内を運搬されて下垂体後葉に分布する神経終末から分泌される．一方，

下垂体前葉ホルモンは，視床下部ホルモンの刺激により視床下部前葉から分泌される．なお，ホルモンの役割については 12.2 節を参照されたい．

19.1.4 脳幹

脳幹 (brain stem) は，間脳，脊髄，小脳に接する位置にあり，中脳，橋，延髄の三つに分けられる．脳幹には，多くの神経核が存在し，呼吸，循環，排尿，嘔吐などの生命維持活動を担う自律能に関わる領域である．また中脳は，眼球運動，聴覚入力の中継，歩行運動の制御などにも関わる．

19.1.5 小脳

小脳 (cerebellum) は，四肢・体幹の動きの調節や平衡，眼球運動の調節に関わる領域である．前葉，後葉，片葉小節葉，あるいは虫部，傍虫部，半球，片葉小節葉に区分される．四肢の動きの調節や言語に関わる機能は半球と傍虫部が，体幹の動きの調節や姿勢・歩行などに関わる機能は傍虫部と虫部が，平衡・眼球運動の調節に関わる機能は片葉小節葉が担っている．また，小脳は運動の学習に関わる領域であり，長期記憶の中でも，泳ぎや自転車の運転といった体で覚える記憶（手続き記憶）には小脳の神経回路が関与している（表 19-2）．

19.1.6 中枢神経系と末梢神経系

神経系は，運動，感覚，自律機能などの生体の諸機能を統括する中枢神経系と末梢の各器官と中枢神経系とを結ぶ末梢神経系に大別される．神経の役割は，さまざまな情報を中枢や末梢に伝えることであり，その代表的なものとして，大脳からの運動指令を骨格筋などへ伝える運動神経 (motor nerve)，感覚受容器でとらえた情報を大脳へ伝える感覚神経 (sensory nerve)，無意識に働き呼吸，循環，体温，消化などの恒常性の維持に関わる自律神経がある．中枢から末梢へと情報を伝える経路は遠心路，末梢から中枢へ情報を伝える経路は求心路とよばれる．したがって，運動神経は遠心路，感覚神経は求心路である．

脳の診断機器

1. X 線 CT，MRI

詳細は第 17 章のコラムを参照されたい．X 線 CT は X 線の照射，MRI はラジオ波の照射により断層画像が得られる．一般に外傷や出血などの診断には CT がすぐれており，小さい病変（小梗塞など）の精査などには MRI がすぐれている．

2. SPECT，PET

SPECT（single photon emission computed tomography, 単一光子放射コンピュータ断層撮影）とは，ガンマ線放出核種（^{123}I，^{99m}Tc など）で標識された放射性医薬品を用いた核医学検査である．特に脳血流動態の評価にすぐれており，脳血管障害やアルツハイマー型認知症の診断に有用である．
一方，PET は，^{11}C，^{15}O，^{18}F などで標識された放射性医薬品を用いて，ポジトロンが消滅するときに体内から放出されるガンマ線の集積・分布状況を画像化する．SPECT が脳血流の描出であったのに対して PET は脳の代謝機能の描出に利用される．用いられる放射性医薬品によってパーキンソン病や脳血管障害，アルツハイマー型認知症などの診断が可能である．

3. 脳波

電気生理学的検査の一つである脳波（脳電図）は，脳神経細胞の自発的電位変動を頭皮上の電極から記録したものである．てんかんの診断・病型分類，意識障害の評価，睡眠異常の診断，脳死判定などに用いられる．

脳波は振幅と周波数（振動数）で構成され，1 秒間に現れる律動波の回数を周波数（Hz）という．また，波の頂点から基線に下ろした垂線が，隣り合う谷と谷を結ぶ線と交わるまでの長さを振幅（μV）という．脳波のパターンは意識水準によって異なる．意識水準が高い（覚醒）とき，脳波の周波数は高く振幅は小さい．一方，睡眠や麻酔が次第に深くなり，意識水準が低下すると，振幅は大きく周波数は低くなる．

脳波には，α 波，β 波，θ 波，δ 波があり，それぞれ以下のような特徴をもつ．

- α 波：周波数 8〜13 Hz，振幅 30〜60 μV，目を閉じた安静時の波形
- β 波：周波数 14〜30 Hz，振幅 30 μV 以下，覚醒したときの精神活動時の波形
- θ 波：周波数 4〜7 Hz，振幅 10〜50 μV，浅い睡眠時，REM 睡眠時の波形
- δ 波：周波数 0.5〜4 Hz，振幅 20〜200 μV，深い睡眠時，深麻酔時の波形

19.1 節のまとめ
- 中枢神経系とは，脳と脊髄からなり，運動，感覚，自律機能などの生体の諸機能を統括している．
- 脳の構造は，生命維持などに関わる脳幹，本能や情動などに関わる間脳と大脳旧皮質，知的活動を担う大脳新皮質から成り立っている．

19.2 脳神経疾患

血管障害，感染，中毒などの誘因が明らかでないにもかかわらず，ある系統の神経細胞が徐々に障害されていく疾患群の総称を神経変性疾患という．その代表的な疾患としてハンチントン病やパーキンソン病，アルツハイマー型認知症などがある．また神経変性はないが，神経疾患の中で最も頻度が高い疾患として，てんかんがある．てんかんは，大脳皮質神経細胞の過剰興奮によって起こる反復性の発作を主徴とする慢性の脳疾患である．

19.2.1 パーキンソン病・ハンチントン病

通常，スムーズな運動が実行できるのは，大脳皮質から線条体を介して淡蒼球へと伝える興奮性の運動調節と，黒質から線条体を介して淡蒼球へと伝える抑制性の運動調節とがうまくバランスをとっているからである．したがって，黒質が変性すると，淡蒼球への抑制性の運動調節が制御できなくなり過度な運動抑制が生じる（パーキンソン病）．対照的に，線条体が変性・脱落すると，淡蒼球への興奮性の運動調節が制御できなくなり過剰な運動が生じる（ハンチントン病）．

a. パーキンソン病

パーキンソン病（Parkinson's disease）は，中脳の黒質とよばれる領域が変性することで，スムーズな運動ができなくなる神経変性疾患である．黒質から投射を受ける線条体は，随意運動の制御に関わる大脳基底核に存在する．また，この黒質から線条体に投射する神経はドパミン作動性神経であることから，パーキンソン病により黒質の細胞が変性するとドパミン産生が低下し，大脳基底核が関わる運動の制御が障害される．

パーキンソン病に対する根治治療はいまだみつかっておらず，対症療法が中心となる．ドパミン産生の低下を補充するためにドパミン前駆物質を中心としたドパミンが治療薬となる．

b. ハンチントン病

ハンチントン病は，遺伝疾患で徐々に発症し進行する舞踏運動，認知症，幻覚・妄想といった精神症状を主徴とする特定疾患治療研究対象疾患である．ハンチントン病は，大脳基底核の線条体とよばれる領域が変性することで，運動に対する抑制が効かなくなり不随意運動が出現する．この不随意運動はまるで踊りを踊っているようにみえることから舞踏運動とよばれる．

ハンチントン病に対する根治治療はいまだみつかっておらず，対症療法が中心となる．統合失調症治療薬であるドパミン受容体遮断薬が治療薬として用いられている．

19.2.2 アルツハイマー型認知症

アルツハイマー型認知症（Alzheimer's dementia）は，認知症を主体とし，病理学的には大脳の全般的な萎縮，組織学的には老人斑，神経原線維変化の出現を特徴とする神経変性疾患である．一部に家族性アルツハイマー病があるが，ほとんどが孤発性であり，遺伝子素因と環境要因による多因子疾患と考えられている．

アルツハイマー型認知症の発症機序として有力視されているものにアミロイド仮説がある．通常，神経細胞体の細胞膜に存在するアミロイド前駆体タンパク質はαセクレターゼにより分解されるが，何らかの要因でβセクレターゼとγセクレターゼがアミロイド前駆体タンパク質を分解することでアミロイドβタンパク質が産生される．このアミロイドβタンパク質が，細胞外に凝集・沈着したものが老人斑となる．またアミロイドβタンパク質により微小管に結合するτタンパクが異常にリン酸化され微小管が崩壊，神経原線維変化が生じる．神経原線維変化は神経細胞の変性・消失へとつながり，脳の萎縮が進行していく．近年，アミロイド仮説に基づく新薬開発が行われているものの，根治治療には至っていない．

アルツハイマー型認知症では，脳の萎縮が徐々に進行し，記憶障害（記銘力障害）を主とした中核症状の進行と周辺症状が出現する．周辺症状とは，幻覚や妄

想，興奮・混乱，徘徊，抑うつ，睡眠障害といった症状をいう．アルツハイマー型認知症に対する根治治療はなく，対症療法が中心となる．中核症状の進行を遅らせることを目的にドネペジル，ガランタミン，リバスチグミンといったアセチルコリンエステラーゼ阻害薬が用いられる．これは，アルツハイマー型認知症において著しく減少することが知られている認知・学習機能に関わる神経伝達物質アセチルコリンの脳内遊離量を増加させて，一時的にでも認知機能を改善させるために用いる．一方，周辺症状には，抗精神病薬や抗うつ薬，睡眠導入薬などを用いた対症療法が行われる．

19.2.3 脊髄小脳変性症

小脳性またはその連絡線維の変性により，運動失調症をきたす神経変性疾患の総称である．

小脳は協調運動に関わる領域であるため，小脳やその連絡線維が障害されると歩行，動作，話し方などがぎこちなく，不正確になる．孤発性と遺伝性とに分けられ，孤発性では多系統萎縮症の一つであるオリーブ橋小脳萎縮症が代表例である．オリーブ橋小脳萎縮症は，小脳症状を初発症状とし，進行するにつれパーキンソン症状（錐体外路症状），自律神経症状なども出現する．

脊髄小脳変性症に対する根治治療はなく，対症療法が中心となる．小脳症状に対しては甲状腺刺激ホルモン放出ホルモン（TRH）の誘導体であるタルチレリンが用いられる．TRH は下垂体前葉からの甲状腺刺激ホルモン（TSH）分泌を制御する以外の薬理作用として，アセチルコリンやドパミンなどの神経伝達物質の遊離量増加を介して脳幹や小脳の神経細胞を活性化させることで運動失調の改善作用を示すことが想定されている．

19.2.4 筋萎縮性側索硬化症（ALS）

上位・下位運動ニューロンがともに変性し，徐々に全身の筋肉の萎縮が進行する原因不明の難病である．

孤発性と遺伝性とに分かれるが，9 割以上は孤発性である．ALS では，脊髄の側索の変性や脊髄前角の萎縮が起こる．側索は上位運動ニューロンの通り道，前角は下位運動ニューロンの始点であるため，結果として運動神経が障害される．一方，感覚神経や自律神経は障害されない．

ALS に対する根治治療はなく，対症療法が中心となるが，進行を遅らせることを目的にリルゾールが用いられる．リルゾールの作用機序には不明な点も多いが，グルタミン酸遊離阻害，興奮性アミノ酸受容体の一つである NMDA 受容体における非競合的な阻害，電位依存性ナトリウムチャネル阻害などの複合的な作用により神経細胞保護作用を示すことが想定されている．グルタミン酸は中枢神経系の興奮性シナプスの伝達物質として重要な役割を担うが，過剰なグルタミン酸の遊離は過剰な細胞内へのカルシウム流入を引き起こし，神経細胞毒性を惹起する．この神経細胞毒性が ALS における側索変性や前角萎縮につながるものと考えられている．

19.2 節のまとめ

- 代表的な脳の疾患の一つである神経変性疾患とは，ある系統の神経細胞が徐々に障害されていく疾患群である．
- 神経変性疾患には，大脳基底核の変性が主体となるパーキンソン病やハンチントン病，大脳皮質の障害が主体となる疾患にアルツハイマー型認知症，小脳の変性が主体となる疾患に脊髄小脳変性症，上位・下位運動ニューロンの変性が主体となる筋萎縮性側索硬化症（ALS）などがある．

19.3 精神疾患

精神疾患は，脳の機能的あるいは器質的障害によって引き起こされる疾患である．精神疾患の多くは原因や病態生理が不明であり，内因性，外因性，心因性の要因が複合して発症に関わるものと推察されている．代表的な疾患として，統合失調症，気分障害（うつ病性障害・双極性障害），神経症・心身症，薬物依存症などがある．

19.3.1 統合失調症

統合失調症（schizophrenia）は，主として思春期から青年期に発症する精神疾患である．幻覚や妄想，自我障害などの陽性症状，感情鈍麻や能動性消失などの

陰性症状，認知機能障害を呈する．

統合失調症の発症機序として有力視されているものとして，遺伝などの素因にストレスが加わることで発症するストレス脆弱性モデルやドパミン仮説，グルタミン酸仮説などがある．そのうち，ドパミン仮説は，ドパミンの過剰放出をきたす覚せい剤が幻覚や妄想といった統合失調症様の病像を示すこと，ドパミン受容体の遮断作用がほぼすべての抗精神病薬に共通する作用であること，この二つの事由から最も広く受け入れられている仮説となっている．統合失調症の病態に関与するドパミン経路として，中脳の腹側被蓋野から大脳辺縁系の側坐核へと投射する中脳辺縁ドパミン神経系と腹側被蓋野から大脳皮質の前頭葉へと投射する中脳皮質ドパミン神経系の二つが想定されている．中脳辺縁系の過剰活動は幻覚や妄想といった陽性症状に，中脳皮質系の活動抑制が感情鈍麻などの陰性症状および認知機能障害に寄与していると考えられている．

薬物治療にはドパミン受容体拮抗薬であるクロルプロマジンやハロペリドールが用いられ，最近では多受容体作用型とよばれるオランザピンやクエチアピンによる治療が主流である．

19.3.2 気分障害

病的な気分と欲動の変動が続く**気分障害（mood disorder）**には，うつ病相のみが現れる大うつ病性障害とうつ病相と躁病相の両方が出現する双極性障害がある．大うつ病性障害は抗うつ薬による薬物治療が，双極性障害では気分安定化薬による薬物治療が基本となる．大うつ病性障害の主な症状は，抑うつ気分，興味関心の低下，睡眠不足，焦燥感，自殺念慮（死にたいと思うこと）などである．一方の双極性障害では，上記のうつ病相の症状と躁病相の症状である気分の高揚，易怒性，自信過剰，多弁，不眠などが反復して起こる．

気分障害の発症機序として有力視されているものとして，モノアミン仮説と神経細胞新生仮説がある．モノアミン仮説は，既存の抗うつ薬の作用機序が，脳内の神経伝達物質であるセロトニンおよびノルアドレナリンの再取込み阻害作用によるシナプス間隙でのセロトニン，ノルアドレナリン濃度の上昇に基づくこと，逆に脳内のセロトニンやノルアドレナリンを枯渇させる作用をもつレセルピンによりうつ状態が惹起されることに起因する．しかしながら，抗うつ薬には即効性がなく，脳内のセロトニンやノルアドレナリンの濃度が上昇しただけでは説明がつかない．このような背景から新しい仮説として登場したのが神経細胞新生仮説である．この仮説は，ストレスなどにより視床下部から副腎皮質刺激ホルモン放出ホルモン（CRH）の分泌促進が起こり，脳下垂体前葉からの副腎皮質刺激ホルモン（ACTH）の刺激により副腎皮質からのコルチゾール分泌が上昇する．このコルチゾール高値が遷延すると，神経傷害や**脳由来神経栄養因子（brain-derived neurotrophic factor：BDNF）**の減少が引き起こされる．この神経傷害が認知機能に深く関与する海馬において生じ，さらにBDNFによる神経新生が抑制されることで海馬の萎縮および機能低下が引き起こされるという仮説である．

薬物治療にはセロトニンおよびノルアドレナリン再取込み阻害薬であるイミプラミンやアミトリプチリンが用いられる．これらの薬は，その構造式の特徴から三環系抗うつ薬とよばれる．最近ではより副作用の少ない選択的セロトニン再取込み阻害薬（SSRI）であるパロキセチンやセルトラリン，セロトニン・ノルアドレナリン再取込み阻害薬（SNRI）であるミルナシプランが第1選択薬となっている．

19.3.3 神経症・心身症

神経症とは心理的要因により精神的・身体的な症状を自覚するものをいい，心身症とは身体疾患の中で，その発症や経過に心理社会的要因が密接に関与し，器質的あるいは機能的障害が認められるものをいう．神経症の代表例として，強迫性障害，パニック障害，社交不安障害などがある．強迫性障害では，自分自身でも不合理だと感じる考えが頭から離れず，不安を打ち消すために過剰な洗浄（手洗いなど）や確認作業（鍵の閉め忘れなど）を繰り返し行わざるをえない．また，パニック障害では，動悸や息苦しさ，冷や汗といった身体症状を伴う急性不安発作が予期せずに起こる．そして，また急に発作が起こるのではないかという不安が持続する予期不安，あるいは雑踏や乗り物，一人での行動といった発作時に助けを求められない状況や場所への恐怖により日常生活が制限される．社交不安障害では，注目される状況で，緊張による動悸や震え，発汗，赤面などの身体症状と強い苦痛・不安により，社会生活に不都合を生じる．

いずれの神経症も薬物治療においては抗うつ薬の一種である選択的セロトニン再取込み阻害薬（SSRI）が用いられる．

19.3.4 薬物依存症

薬物依存とは「生体と薬物の相互作用の結果，生じた生体の精神的もしくは精神的・身体的状態を指し，

薬物の精神状態に及ぼす効果を反復体験するために，また，時には退薬による苦痛から避けるために，薬物を絶えず衝動的に求める行為あるいは薬物の使用による反応によって特徴づけられる」と世界保健機構（WHO）は定義している．また，薬物依存は精神依存と身体依存の二つに分けられる．精神依存とは，精神的に薬物に頼り，薬物に対する強度の欲求（渇望）を示す状態であり，身体依存とは身体が薬物の存在している状態に適応した状態である．薬物依存の形成までの過程を図 19-3 に示す．

薬物依存の恐ろしさは，覚せい剤の乱用でよく知られているように，反復使用により陶酔感や多幸感に耐性が生じ，使用量と使用頻度が次第に増加する一方で，幻覚や幻聴，妄想，錯乱などの精神症状が徐々に出現する点にある．これは覚せい剤精神病とよばれる．このような状態に陥ると，覚せい剤の乱用を中止してもストレスなどにより精神症状が再発（フラッシュバック）してしまう．これを一生背負って生きていくこととなる．

a. 急性アルコール中毒・アルコール依存症

酒に含まれるエタノールとその代謝産物であるアセトアルデヒドはさまざまな生理作用（薬理作用）を示す．エタノールの代表的な作用は中枢抑制作用であり，大脳皮質，小脳，脊髄，延髄の順に不規則性下行性麻痺が生じる．また，エタノールは肝臓において，アルコール脱水素酵素などにより酸化されアセトアルデヒドになる．さらにアセトアルデヒドは，アルデヒド脱水素酵素により酸化され酢酸になる．しかし，アルデヒド脱水素酵素の活性が低いとアセトアルデヒドが蓄積しやすく，顔面潮紅や血圧低下，頭痛，悪心・嘔吐などの症状を呈する．これが俗にいう「二日酔い」である．

（i）急性アルコール中毒

少量の飲酒では，中枢神経系の中でも抑制系神経の抑制作用（脱抑制）により興奮を起こすが，さらに大量の飲酒により中枢神経系が抑制されると意識障害を生じる．血中アルコール濃度が 0.05〜0.15% では，大脳皮質が抑制され，多弁，多幸，自制心欠如，判断力の低下，心拍数の上昇などがみられる．さらに血中濃度が上昇すると，小脳が抑制され，構音障害（ろれつが回らない）や失調性歩行（千鳥足）がみられる．さらに歩行困難や著明な言語障害，意識障害が生じ，血中濃度が 0.40% 以上になると昏睡，尿失禁，呼吸抑制，循環不全となり最終的には死に至る．

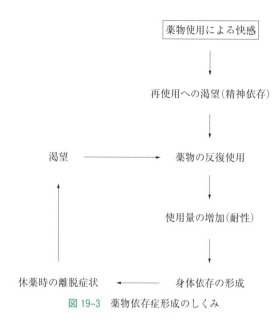

図 19-3　薬物依存症形成のしくみ

（ii）アルコール依存症

アルコールは，肝臓における細胞傷害作用や線維化作用を示すため，長期飲酒により肝障害をきたす．長期の習慣飲酒は肝障害だけでなく，アルコールに対する精神依存，身体依存および耐性を生じる．アルコール依存症とは，飲酒行動の自己制御が不可能になり，仕事や人間関係を犠牲にしてまでも常に相当量の飲酒をせざるをえない状態になることをいう．主な症状として，飲酒の渇望，飲酒中心の思考，飲酒中止時の離脱症状（自律神経症状，振戦，せん妄，けいれん発作）などがある．

唯一の治療は，断酒の継続であり，断酒の手助けになる薬物治療として，アルデヒド脱水素酵素阻害薬であるジスルフィラム，シアナミドがある．これらは嫌酒薬とよばれ，嫌酒薬服用時は飲酒することでアセトアルデヒドの蓄積による頭痛や悪心・嘔吐などの症状が引き起こされるため，飲酒を躊躇させることができる．最近は，アルコール依存により亢進した脳内グルタミン酸神経系を抑制し，飲酒欲求を抑制する作用機序をもつアカンプロサートが登場した．

b. ニコチン依存症

タバコは体に悪いとよくいわれるが，これは主成分であるニコチンのほかにも多くの有害物質が含まれているためであり，それにより肺がんや虚血性疾患，閉塞性肺疾患などのリスクが高くなる．一方，タバコの主成分であるニコチンは，脳内のニコチン性アセチルコリン受容体と結合し，さまざまな神経伝達物質の遊

離を促進する．中でも，快の情動に関与する中脳辺縁ドパミン神経系の機能亢進により多幸感や精神依存性を生じる．また，ニコチンが体内から消失することで離脱症状として，焦燥感，怒り，抑うつ，倦怠感などが生じ，再喫煙への渇望が高まる．

現在の禁煙治療は，ニコチンガムやニコチン貼付剤を用いたニコチン置換療法とニコチン性アセチルコリン受容体部分作動薬バレニクリンを用いた治療の二つに大別される．いずれの治療法もニコチン性アセチルコリン受容体を刺激することで中脳辺縁ドパミン神経からのドパミン遊離作用を残しつつ，それを漸減しながら離脱症状の軽減および喫煙への欲求を減少することを目的としている．

c. 指定薬物・危険ドラッグ

脱法ドラッグとよばれる薬物の乱用が社会問題となり，多くの指定薬物が麻薬指定を受けるなど，法的な整備が着実に進んでいる．このような背景から脱法ドラッグは危険ドラッグと名称を変え，その乱用防止の政策が強化されるようになってきた．危険ドラッグの多くはトリプタン系（MDMAなど），ピペラジン系，フェネチルアミン系，カンナビノイド系（大麻に含まれる化学物質）とよばれる合成幻覚薬が原型である．これらの薬物は，LSDやマジックマッシュルームなどのセロトニン神経系を介した幻覚作用を示す薬物と同様の作用機序をもつものや，覚せい剤であるアンフェタミンやメタンフェタミンと同様のドパミン神経系を介した興奮作用を示すものなどさまざまであり，医療上の有用性はもちろん，安全性も確認されていない．さらに法の網をかいくぐって出回っている危険ドラッグは，原型となる薬物の構造式を変化させて合成された未知な化合物であり，実際にどのような作用をもつのかも明確ではないものが多く，まさに危険なドラッグといえる．

19.3 節のまとめ
- 精神疾患とは，脳の機能的あるいは器質的障害によって引き起こされる「こころの病気」である．
- 精神疾患には，幻覚・妄想や感情鈍麻などの症状を呈する統合失調症，抑うつ気分や興味関心の低下，睡眠不足，焦燥感，自殺念慮などを呈するうつ病性障害，精神的に薬物に頼り，薬物に対する強度の欲求（渇望）を示す薬物依存症などがある．

参考文献

[1] 山本敏行，鈴木泰三，田崎京二，新しい解剖生理学 改訂第12版，南江堂（2010）．

[2] 医療情報科学研究所編，病気がみえる vol.7 脳・神経，メディックメディア（2011）．

[3] 田中千賀子，加藤隆一編，NEW 薬理学 改訂第6版，南江堂（2011）．

20. 器官再生と医療

再生研究は，古くから発生生物学の一領域として扱われてきた．再生（regeneration）は多くの人が関心をもつ現象だが，再生開始から完了まで時間がかかること，また観察以外の解析の糸口がみえにくかったことなどで，1980年代まではもっぱら組織・細胞レベルでの記載に留まっていた．しかし，発生研究において分子レベルの理解が進み，またクローン動物やES細胞などの多能性幹細胞の研究が進む中で，その知見が転用される形で器官再生研究も急速に理解が進んできた．さらにES細胞と同程度の分化能をもったiPS細胞の誘導法が確立され，器官再生を目指した臨床医療の点からも注目される分野となっている．

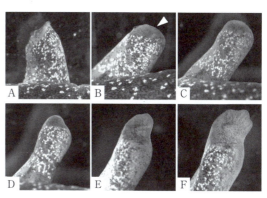

図20-1 有尾両生類の肢再生

20.1 生体で起こる組織・器官の再生

20.1.1 器官再生の概要

成体の器官を部分的に欠損しても，その部位がもとに戻る再生現象は観察が容易な現象であり，古くから記載されてきた．対象として，無脊椎動物ではプラナリアやヒドラ，節足動物の付属肢（エビの肢やヒゲなど），脊椎動物では有尾両生類（イモリやサンショウウオ）などが使われてきた．ヒトの場合はこれらの動物にみられる大規模な再生能はもたないが，部分的な再生は起こる．再生は失われた器官を補う過程だが，それには組織欠損部位での創傷治癒が正しく進行することが必要で，これにより再生が促進される．

器官の再生はおおまかに「欠損部位への再生担当細胞（再生の主体となる未分化細胞）の集合」と「担当細胞による形態形成」の二つの局面に分けられる．前者の過程は再生に特異的な過程であり，再生担当細胞の由来と，それが集まってできる**再生芽**（blastema）の形成過程が主な問題である．一方，後者の過程では，なぜ失われた部分だけが過不足なく再生されるのかが問題となる．この場合，再生担当細胞は「何を形成すればいいのか」についての情報が必要になるため，器官全体を順に形成していく発生過程よりも複雑

といえる．

20.1.2 有尾両生類の再生

イモリやサンショウウオなどの有尾両生類は非常に高い器官再生能を有する．四肢，眼のレンズ，網膜などは完全に再生でき，心臓や脳，顎骨も部分的に再生できる．ここでは，四肢とレンズ再生を説明する．

a. 四肢の再生（図20-1）

四肢を切断すると，切断面は周囲から移動してきた上皮細胞で覆われる．この上皮は**傷上皮**（wound epithelium）とよばれ，その直下には未分化間葉細胞が集積し，再生芽が形成される．再生芽は先端側に膨らむように伸長し，一方で基部から軟骨が分化して骨格パターンを再形成する．再生が進行すると，先端には凹凸ができて指となり，さらに筋や神経パターンも含めて正常肢のミニチュアが再生される．この段階で，小さいながらも肢としての運動能は有する．ただし，軟骨性骨格が骨に置換されて切断前の状態に戻るには年単位の時間を要する．

再生芽を構成する未分化細胞は切断面にある真皮や骨，筋に由来するとされ，どの組織が再生の主体を担うかについては長く議論されていた．GFP遺伝子をもつトランスジェニックイモリを用いた組織移植実験により，切断面にある組織はそれぞれが脱分化して再

生芽形成に関与し，次いで脱分化する前の組織に再分化することがわかった（例，筋→筋，骨→骨）．すなわち分化転換（後述）は起こっていない．一方，切断により失われた構造だけが再生されるメカニズムについては未だ不明である．再生芽細胞で発現する *Hox* 遺伝子のパターンが変化して，形成される構造が決定されると考えられている．これについては再生芽細胞同士の接着性が近遠軸に沿って異なることから，*Hox* により細胞の接着性制御による説明も試みられているが，これに反論する報告もあって，解明は今後の課題である．

b．レンズの再生（図20-2）

イモリは眼球を構成する組織も再生できる．レンズ（水晶体）を除去すると，その周辺にある虹彩色素上皮から細胞が増殖してレンズを再生する．このとき再生に寄与するのは，虹彩色素上皮のうちレンズがあった部分よりも背側（上部）に位置する上皮であり，腹側（下部）の細胞が再生に関与することはない．したがって，虹彩の細胞群の再生能には背腹の違いがあることがわかる．また，虹彩色素上皮から色素をもたないレンズが再生するので，分化転換の例としても解析されてきた．さらにイモリでは網膜も再生する．ヒトにおいてはレンズも網膜も再生しないことから，イモリ再生の研究の展開によって，白内障や網膜剥離などによる視機能の障害に対して治療が可能になる可能性もある．

20.1.3　ゼブラフィッシュの再生

ゼブラフィッシュやメダカなど魚類の再生能も注目されつつある．ゼブラフィッシュではヒレ（鰭条），心臓，眼のレンズなどが高い再生能を示す．例えばゼ

図20-2　レンズ再生の模式図

ブラフィッシュの尾ビレを途中で切断すると約2日で再生芽が形成され，2〜3週間でヒレの形に再生する（ただし，もとの大きさまで戻るにはやや時間がかかる）．同様の再生能は心室（心筋）の部分除去を行った場合にも観察され，除去部位に血塊ができて出血が止まり，その奥で細胞増殖と形態形成が進行して再生する．ヒト心臓（心筋）の再生能は低いため，心筋の部分的壊死は生死に影響する障害となることから，魚類の心筋はヒト心臓の再生を見据えた再生モデルになる．

20.1.4　哺乳類における再生

我々ヒトを含む哺乳類の再生能はきわめて限定的で，大部分は皮膚とそれに付随する構造が部分的に修復されるだけだが，いくつかの器官は顕著に再生することが知られている．肝臓が高い再生能を有することは古代から知られていて，全体の3分の1量が除去された場合でも再生する．また，指の先端部も欠損（切断）の状況によっては再生する．例えば，切断面の組織構造が比較的きれいで爪の基部構造が残っている場合，指骨を含む先端構造が再生する．このとき，イモリの肢再生と同様に残存構造から傷上皮が生じ，切断部を覆うことが重要である．他方，第一関節に近い部位からは再生が起こらないので，残念ながら再生は限定的である．

20.1 節のまとめ

- 器官再生では，欠損部位に再生担当細胞が集合して再生芽をつくる局面と，それに続く形態形成の局面がある．前者では細胞の由来と再生芽形成過程の解明が重要で，後者では失われた組織だけが再生されるしくみの理解が鍵になる．
- 有尾両生類はさまざまな器官を再生でき，ゼブラフィッシュの再生能も明らかになりつつある．一方，哺乳類における再生は限定的である．

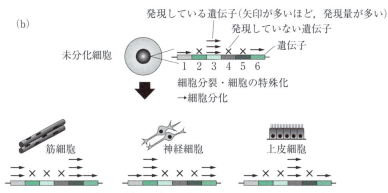

図 20-3 分化の模式図.（a）エピジェネティックランドスケープ（Waddington, 1957）.（b）分化と転写制御の模式図.

20.2 細胞分化制御

20.2.1 分化の概念

細胞が固有の形質を示すようになることを**分化（differentiation）**といい，発生過程だけでなく生体維持の過程でもみられる．発生過程では，細胞がその環境に応じて多様な性質をもつ過程であり，生体維持では組織や器官の構造維持あるいは機能維持のために，もとになる細胞から単一あるいは複数の機能性細胞が生じる過程である．一方，ここまで説明してきた器官の再生過程では，分化していた細胞がその形質を失う様子や，その細胞がその後の過程で再度形質を示す様子が観察されている．分化していた細胞がその形質を失うことを**脱分化（dedifferentiation）**といい，脱分化した細胞が再び分化することを**再分化（redifferentiation）**という．また，分化状態にある細胞が脱分化や再分化の過程で別の細胞・組織になる現象を**分化転換（trans differentiation）**という．

発生過程における細胞分化方向が決定される過程は，1958年にワディントンによって発表された**エピジェネティックランドスケープ（epigenetic laudscape）**という，山の頂上からボールが転がり落ちるモデルで概念的に理解できる（図 20-3 (a)）．これは山の頂上を受精卵，個々の谷を分化した状態と考えるもので，ボールが頂上にあるときはすべての谷に行き着く可能性がある（＝全能性）が，少し落ちると徐々に行き着くことのできる谷は限定され（＝万能性，多能性），さらに落ちると特定の谷にしか行くことができなくなり，分化方向が固定される（＝単能性）ことを比喩的に示している．

また，このモデルからわかるように，ある谷に落ちたボールが別の谷に移動することは通常は不可能で，そのためには一度落ちてきた坂道を分岐点まで遡るか，谷を区切っている山を「無理やり」横切るしかない．今きた坂道を遡ることは，程度の差はあれ分化状態が戻ることになるため，これは脱分化に相当する．また，分岐点まで戻ったボールが再度いずれかの谷に落ちることは，再び分化状態になるわけで，これは再

コンラッド・ハル・ワディントン

英国の生物学者．1947年よりケンブリッジ大学の教授となる．ショウジョウバエの突然変異を研究材料として発生遺伝学の研究に取り組み，環境要因による集団への遺伝構成の変化の研究などを行った．(1905-1975)

分化に相当する．一方，山道を遡らずにある谷から別の谷に移動することは，脱分化を経ずに分化状態が変化することになり，これは分化転換と解釈できる．いずれにしても，今の分化状態を変更するには一度坂を登る必要があるわけで，この図はその難しさをうまく表現している．

20.2.2 分化と遺伝子発現制御

実際の分化はボールが転がるよりももっと複雑である．以前から，細胞が分化するとその細胞（組織）に特徴的なタンパク質の合成が起こることに注目し，この分化特異的なタンパク質の発現が分化の指標とされてきた．現在は，ある組織を構成する細胞に固有の遺伝子発現セットがあり，この発現の組合せにより決まると考えられている（図20-3（b））．特に，分化マスター遺伝子とされる転写制御因子の発現は，その細胞の分化方向を最初に決定するので重要視される．遺伝子発現の組合せは，細胞周囲の環境や細胞の系譜によって異なる．

一方，我々の体では，分化方向が一度「決定」されると，ほかの分化関連遺伝子の発現が抑制される．この過程に関係するのが**エピジェネティクス（epigenetics）**とよばれる遺伝子発現制御機構である．これにはいくつかのしくみがあるが，分化制御で特に問題になるのはDNAのメチル化とヒストンのメチル化あるいはアセチル化修飾である．DNAメチル化はDNAを構成する塩基のうちCpGという配列に対してメチル基が付加されることであり，これにより転写が抑制される．一方ヒストンはその化学修飾によってDNA-ヒストンの凝集状態が変化し，メチル化により凝集して転写が抑制され，アセチル化により弛緩して転写が促進される．これらの化学修飾により，どの遺伝子が発現制御されるかは発生段階によって変化する．発生が進行するとエピジェネティクスによる転写抑制が進み特定の遺伝子しか転写されなくなるため，細胞分化の「可塑性」が減り，脱分化や再分化が難しくなるわけである．

20.2 節のまとめ

- 分化している細胞が形質を失うことを脱分化，これが再度分化することを再分化といい，このとき別の細胞に分化することを分化転換という．
- 分化の概念は，山の頂上からボールが転がり落ちるモデルにより端的に理解できる．
- 遺伝子発現調節は分化方向の制御に重要であり，これは発現する転写制御因子の働きと，エピジェネティクスによって調節される．

20.3 細胞の脱分化とクローン動物

一度分化した細胞を脱分化し，再分化させることは難しいが，これを山の頂上，すなわち受精卵の段階に戻して再度個体をつくろうという試みが，**クローン生物（clone）**の作製である．クローン生物とは，無性的な生殖によって生じた遺伝子型を同じくする個体のことである．植物では体細胞由来の細胞から完全なクローンを作製することができるが，動物では植物のように体細胞を培養しただけではクローンはできない．これまでに作製されている「クローン動物」は，**核移植クローン技術（nuclear transplantation technique）**という，体細胞や割球から取り出した核を，除核した未受精卵に導入する方法によって得られたものである（**体細胞クローン（somatic clone）**，図20-4）．この場合，核を別の細胞に移植するため，核と細胞質の由来が異なることになり，厳密な意味でのクローンとはやや異なるが，畜産や移植医療ではこれをクローンとして扱っていて，以下の説明でもこれに準ずるものとする．

クローン動物を作製する意義は以下である．
(1) 遺伝的にまったく同じ個体を人為的につくることが可能になり，畜産業および医療用として特定の形質をもった品種を安定的に供給することが可能になる．
(2) 細胞初期化研究の一領域として，分化した細胞が潜在的にもつ個体形成能を理解し，細胞の脱分化と再分化の可能性や，受精卵と分化細胞の共通性と相違点が明らかになる．

クローン作製の試みは，1952年のカエル初期胚の核移植実験が最初で，これが1962年のガードンによるオタマジャクシ小腸上皮細胞の核移植による成体ク

ローンガエル作出へとつながる（2012 年ノーベル賞）．哺乳類でのクローン作製は，1997 年，雌成体ヒツジの乳腺上皮細胞由来の核移植による「ドリー」の誕生が最初で，現在はマウスや豚，牛など複数の動物で成功例が報告されている．ただし出生して成体になるまでの生産率は必ずしも高いとはいえず，応用には至っていない．

体細胞クローン胚の細胞核の状態は，必ずしも受精卵と同等ではない．これは，通常の発生過程では受精後にエピジェネティクス修飾が解除されたうえで，新たな発生が進行するが，体細胞クローンの場合は受精を経ないため，この修飾が正常発生時ほどには解除されないためである．この状態で発生が進むと新たな修飾が起こるため，修飾状態は過剰あるいは異常となるため，正常発生に必要な遺伝子発現に影響することが原因と考えられる．これらの問題が解消されれば，生産率も向上すると期待される．

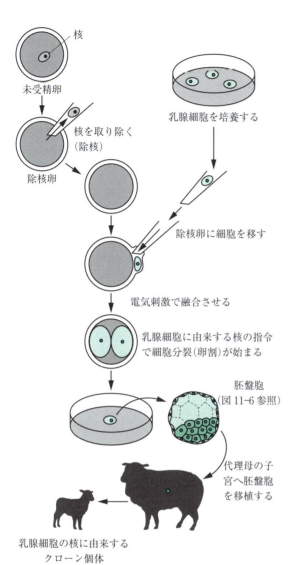

図 20-4　核移植技術による体細胞クローン個体の作出

20.3 節のまとめ

- 一度分化した細胞を脱分化させ，再分化の後個体をつくる試みがクローン生物の作製である．
- 動物では，除核した未受精卵に体細胞の核を移植することで体細胞クローンが得られる．
- クローン動物の作製は可能であるが，実用化にはエピジェネティクス修飾の初期化などの問題を解消する必要がある．

20.4 さまざまな幹細胞，ES細胞とiPS細胞

20.4.1 幹細胞の定義と種類

幹細胞（stem cell）とは「機能細胞に分化できる，高い増殖能をもった特定の形質を示さない細胞」であり，具体的には以下のような特徴がある．第1に，無限増殖が可能でありながら，生体内では増殖が制御されている．第2に，特定の形質を示さず，一見すると未分化の状態で維持されている．第3に，その細胞が細胞分裂したときに自らと等価な幹細胞と，ある方向に分化する細胞の両者を産生できる．なお，複数の細胞種への分化能，すなわち多能性については必要条件ではない．

幹細胞はまた分化多能性の点から次のように分類できる．それぞれの細胞はランドスケープモデルの山の頂上からふもとに至って順に位置づけられる（図20-3（a））．

① 全能性（totipotency）を示す幹細胞：生物を構成するすべての組織に分化できるだけでなく，個体を形成できる細胞のことで，動物や植物における受精卵，植物細胞に由来するカルス（脱分化により誘導された細胞塊）などが相当する．培養細胞としては存在しない．

② 万能性（pluripotency）を示す幹細胞：生物体として必要なすべての組織に分化できるが，単独で個体を形成することはできない細胞のこと．哺乳類細胞では，受精卵の中に形成される内部細胞塊がこれに相当する．培養細胞としては，内部細胞塊の性質を維持したまま in vitro で安定的に培養した ES 細胞（embryonic stem cell：ES cell，胚性幹細胞）や，体細胞を人為的に操作して ES 細胞に相当する分化能をもたせた iPS 細胞（induced pluripotent stem cell：iPS cell，人工多能性幹細胞）などがある．

③ 多能性（multipotency）を示す幹細胞：限定的ながら複数の種類の細胞に分化できる細胞のこと．組織幹細胞や体性幹細胞などとよばれることもある．例として造血幹細胞や間葉系幹細胞，神経幹細胞がある．

④ 単能性（unipotency）を示す幹細胞：特定組織の1種類の細胞に分化できる細胞．例として，横紋筋だけに分化できる骨格筋の幹細胞がある．

なお，ここで用いた日本語は定義されたものではなく，文脈によって使い分けられることがあり，TVや新聞などではここで示した意味どおりに使われているとは限らない．特に「② pluripotency」の訳についてはさまざまな意見があり，「多能性」と訳されることも多い（iPS 細胞の場合は「多能性」が用いられている）が，本書では「③ multipotency」と区別するために「万能性」という訳語を用いた．

20.4.2 ES 細胞：体を構成するすべての細胞に分化できる細胞

ES 細胞は，哺乳類の受精卵の中にできる内部細胞塊を卵外に取り出し，その分化多能性を維持した状態で培養された細胞である．マウスの ES 細胞は1981年に確立され，その後霊長類 ES 細胞としてサル由来の ES 細胞が1995年に，ヒト由来の ES 細胞が1998年にそれぞれ確立された．ヒト ES 細胞は，不妊治療目的で得られた体外受精胚のうち，用いられずに余剰胚として廃棄されることになった胚を用い，その内部細胞塊から得られる．細胞の確立にはさまざまな努力があったが，現在では安定した細胞として世界中で使用されている．ES 細胞は体を構成するすべての細胞に分化できることから，発生生物学の実験材料として有用で，特にゲノム遺伝子の一部を外部から導入した遺伝子と組換え，目的遺伝子の一部あるいは全部を欠損させる遺伝子欠損マウス（ノックアウトマウス）（gene-mouse，または knockout mouse）の作製研究には不可欠である．一方，幹細胞研究においては，細胞分化の多能性やその維持のしくみの解明，目的細胞への分化誘導法，さらに臓器様構造を形成するしくみの解明に用いられる．

20.4.3 ES 細胞の医療応用と，その諸問題

ES 細胞の多能性を利用すれば，培養下で目的の組織や器官（の原基）を形成させることも可能であり，形成させた器官や組織を生体に移植すれば，事故や病気で失った臓器の一部あるいは全部を代替することができるはずである．また，核移植クローン技術により体細胞由来の核を用いて受精卵様の細胞を作製し，ここから ES 細胞を得ることも可能である（核移植 ES 細胞（nuclear transfer ES cell），ntES 細胞，図20-5）．このとき ntES 細胞のもつ遺伝情報は核移植に用いた体細胞と同じなので，ntES 細胞から形成させた組織や器官の遺伝情報も体細胞と同じである．そのため，例えば遺伝子変異による疾患において，その患者の体細胞核を用いて ntES 細胞を作製し，次に問題となる遺伝子を遺伝子操作により「修復＝治療」したうえで，核移植クローン技術により組織や器官を誘導さ

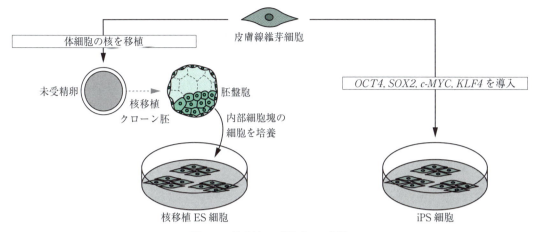

図20-5 核移植ES細胞とiPS細胞

せて，これを患者に移植するという「治療」方法が考えられている．

このように，ES細胞を用いた医療応用はさまざまな可能性を秘めている．しかし，ES細胞からの器官形成自体が難しいことに加え，以下のような課題が指摘されている．

① 免疫拒絶の克服の必要性：ES細胞はもともと受精卵に由来する細胞なので，ES細胞由来の組織を移植することは「他人」の細胞を移植することになり，免疫拒絶の問題が生じる．これを克服するとされるのがntES細胞による治療である．この場合，細胞のもつ遺伝情報は基本的に患者のものとなるので，免疫拒絶の可能性はなくなる．

② ntES細胞の扱いに関する諸問題：ntES細胞を使う場合，ヒト未受精卵を除核し，代わりに体細胞の核を移植する．ここで未受精卵はボランティアにより提供されることになるが，「医療用」として用いる場合には安定供給が問題になる．一方，ntES細胞を作製する場合，核移植・初期化によって作製された「受精卵」から内部細胞塊を得るわけだが，この「受精卵」を不妊治療時の余剰胚と同列に扱えるのか，また臓器作製を目的として「受精卵」を作製することについては議論がある．

③ ヒトntES細胞作製の難易度：ヒトを含む霊長類の体細胞に由来するntES細胞の作製は難しく，成功したのは2013年である．今後，安定的な作製技術の確立が望まれるのと，ntES細胞から誘導された組織や器官の安全性の確保も課題である．

20.4.4 iPS細胞

ES細胞研究の進展に伴い，体細胞をES細胞と同程度まで初期化させることの可能性が検討された．2000年代になった頃，ES細胞中には未分化状態の維持に関わる因子が存在することが予想されるようになり，実際に未分化状態で発現する遺伝子が複数報告されていたことから，初期化との関連が検討された．これらの分子群の機能的スクリーニング実験から，*Oct4*, *Sox2*, *Klf4*, *c-Myc*という4遺伝子を体細胞に同時に導入すると，体細胞の分化形質が消失してES細胞様の形質を示すようになった．またマウス胚への移植実験などから，これらの細胞は全身の細胞に分化できることがわかり，人為的に体細胞が初期化されたことが確認された．この人為的初期化によって作製された細胞を **iPS細胞**とよぶ（図20-5）．用いた4遺伝子はすべて転写制御因子をコードしており，分化調節における遺伝子発現制御の重要性を改めて理解できる．

iPS細胞は体細胞に由来するので，ES細胞を用いた医療での問題点のうち，①の免疫拒絶については，移植を受ける本人の細胞を用いてiPS細胞をつくることで解消される．また②については，iPS化でできる細胞は内部細胞塊に相当するため，受精卵を扱うよりもさまざまな制約は少なくなるなどの長所があるとされる．

ES細胞に比べて扱いやすい印象を受けるiPS細胞だが，いくつか課題はある．まず遺伝子導入の問題で，当初は4遺伝子をゲノム挿入型ウイルスによって導入していたが，ゲノム改変の問題やゲノム挿入による周辺遺伝子の発現制御への影響が考えられた．現在は，細胞に高効率で導入できるが一過性で発現するエピソーマルベクターやセンダイウイルスなどが検討されている．また，導入する遺伝子のうち*c-Myc*は内

在性がん遺伝子のため，細胞がん化の可能性が指摘されていたが，これは L-Myc に置き換えることでほぼ解消された．他の遺伝子については，現段階で細胞がん化などとの関係は報告されていないが，遺伝子導入だけでなく試薬を併用した初期化の試みも進められている．

一方，iPS 細胞の標準化の問題もある．特に問題になるのはヒト iPS 細胞とヒト ES 細胞の等価性，および iPS 細胞間での等価性という点である．ES 細胞が内部細胞塊という一定の状態の細胞から得られるのに対し，iPS 細胞は起源となる細胞の由来が一定ではない．また iPS 細胞の誘導には前述のようにさまざまな方法があることなどから，遺伝的背景の異なる細胞から異なる方法で誘導された iPS 細胞が，分化能やがん化などについて同じ性質を示すかどうかは不明で，細胞株間での差異も報告されている．これらの等価性の問題は，組織への分化誘導のしやすさや，その後の安定性にも影響する問題である．したがって，これらの差異は医療での実用化を考えるうえで重要な問題であり，細胞間の等価性の評価と標準化問題は今後の課題である．

20.4 節のまとめ
- 幹細胞とは分化能を維持したまま高い増殖能を示す，特定の形質を示さない細胞を指す．
- 幹細胞はまた，その由来や分化多能性によって，いくつかの種類に分類される．
- ES 細胞とは，内部細胞塊の性質を維持した培養細胞であり，体中の組織に分化できる．
- 分化した体細胞を遺伝子導入により ES 細胞と同程度まで初期化した細胞を iPS 細胞とよぶ．

細胞の自己組織化による器官形成

発生や再生の過程で器官や組織はそれぞれ固有の形をつくる．形態形成の過程で，器官や組織の原型となる形は細胞間の比較的単純な相互作用により自律的に形成されるという自己組織化（self-organization）という概念が注目されている．自己組織化は，もとは増大するエントロピーに逆らって，秩序ある構造や状態が維持されていることを解釈するための概念で，無秩序に分布している構成物質が，周辺環境の影響下で秩序ある構造を（勝手に）つくる現象を指す．無機物の場合は基本的に外的環境に応じた受動的な現象であるが，細胞の場合は細胞間の接着力や相互認識，細胞運動などの総和の結果と考えられ，細胞自律的な側面がある．自己組織化の例として，複数の臓器に由来する細胞を混合培養したときに起こる生体内を反映した細胞分布や，体節や四肢骨格の基本パターン形成など，細胞が一定の繰返しパターンをつくる機構のモデルとして用いられる．

最近になり，in vitro で ES 細胞や組織幹細胞から器官様体（オルガノイド（organoid））を形成させ，これを用いて器官形成や器官機能解析のモデル系とする研究が報告されている．オルガノイドとは幹細胞から複数の細胞種を誘導してできる「脳胞」や「眼胞」「消化管上皮」など成体器官を模した構造のことである．誘導された細胞はまず秩序だって並び，さらに細胞間相互作用で新たな細胞を誘導することから，オルガノイドの形態形成は細胞の自己組織化によるものと解釈されている．

自己組織化を促す機構として，チューリング（Turing）により 1952 年に提唱された反応拡散モデル（reaction-diffusion model）が注目されている．これは相互に発現を制御する拡散性分子を想定したときにできる空間的な振動パターン形成機構モデルであり，形態形成では細胞はこの振動パターンに従って形態形成を行うとすると，魚の縞模様や四肢の前後軸に沿った骨格パターンなど，繰返しパターンを説明できる．モルフォゲン勾配によるパターン形成では説明できない系でも解釈が可能なので，自己組織化による細胞配置など比較的単純な繰返しパターンを説明するモデルとして参照されている．

20.5 再生医療

20.5.1 再生医療とは

再生医療とは，ここまで述べた幹細胞の多能性を利用し，培養下で目的の組織や器官（の原基）を形成させ，これを利用して疾患により機能低下した内在性器官や組織の機能回復を目指す治療方法である．従来の治療が，機能低下した器官の機能回復を目指し，それに向けた治療薬の投与などを中心としたものであるのに対し，外部から臓器や機能性細胞を移植する点で大きく異なっている．従来の移植医療の延長上にあるようにもみえるが，移植の場合，免疫拒絶が起こらない提供者が必要になるなど臓器の入手に困難が伴うのに対し，再生医療の場合は基本的に患者本人の細胞を利用するため，HLA型が問題になることはなく，また原理的には目的とする臓器の細胞を増やせばいいだけなので，適用できる疾患の幅は広くなる．そのため，従来の治療方法では対応が難しかった疾患についても治療が可能になるとして注目されている．

20.5.2 幹細胞の医療応用

再生医療で対応が可能な疾患としては，従来の移植医療の対象となる機能不全臓器そのものの置換や，造血幹細胞のような幹細胞として機能する細胞の移植に加え，比較的小さな組織塊や細胞シートの移植による臓器再生の促進などが挙げられる．機能不全が遺伝子変異に伴う場合，移植や治療に先立って遺伝子治療を行い，変異を修復しておくことで，正常な機能をもった臓器や組織を再生させることが可能となる．

一方，細胞や器官の移植以外の利用も考えられている．例えば，ES細胞やiPS細胞からある特定の細胞種を分化誘導して，薬剤の安全性の検証に用いることができる．また特定の遺伝子変異を導入してから分化誘導することで，これを疾患モデルとみなして発症原因を探ったり，効果的な薬剤の探索やその効果の検証をする，という研究も進んでいる．

20.5.3 課題

いくつかの課題が残っている．まず移植を目指す場合，膨大な量の細胞数が必要になる．幹細胞は無限増殖するので単純に増やせばよいように思われるが，移植を前提とする場合，感染を避けるなどの安全性を確保しつつ均一な細胞群として増やす必要があり，その操作は容易ではない．また，細胞の分化状態をそろえる必要がある．治療材料として分化多能性を有する幹細胞を用いた場合，目的細胞を得ることは容易であるが，分化多能性を維持した細胞が残る可能性もある．この場合，奇形腫など目的としない細胞に分化することが考えられ，安全性の点で問題がある．また形はつくれるのかという問題も残っている．

20.5節のまとめ
- 再生医療とは，幹細胞の性質を利用して人為的に培養下で目的組織や器官を形成させ，これを用いて機能低下した内在性組織・器官の機能回復や代替を目指す医療である．患者本人の細胞を用いることで，従来の医療で問題となるいくつかの点は克服できる．
- 培養下で遺伝子治療を行うことや，疾患モデルとして新薬の検討を行うこともできる．
- 必要とする細胞群だけを安定的にかつ大量に供給できるのかどうかが課題となる．

21. 生命倫理

21.1 生命科学の流れと生命倫理

　形態観察，分類などの観点から生物（生命体）を扱ってきた生物学から生命科学（ライフサイエンス）に大きくパラダイムシフトするきっかけとなった発見がある．1953年にワトソンとクリックによって，立体模型を用いた推論によりDNAの二重らせん構造が提唱され，「Nature」（vol. 171, pp. 737-738, 1953）に発表されたことに端を発する．生物学の分野におけるこの20世紀最大の発見を契機として，生物を構成する物質がDNA→RNA→タンパク質という流れに沿って生合成されるという，"セントラルドグマ"に焦点が当てられることになった．これにより，生物学はメンデルの古典的な遺伝学から分子遺伝学（分子生物学）へと発展し，生命科学という学問体系が生まれた．その結果，種々の生命現象を支えている数多くの遺伝子やタンパク質分子が見出され，ヒトゲノムをはじめとする分子の構造や機能が次々と明らかになってきた．その後，DNA→RNA→タンパク質の一方向の情報伝達が教義（ドグマ）のように考えられた時期もあったが，逆転写酵素やリボザイムといった発見も20世紀後半に相次いで報告され，セントラルドグマが一部書き換えられた．

　今後は，このような生命科学の発展がさらに加速し，核磁気共鳴画像法（MRI），脳磁計測装置（MEG），陽電子放射断層撮像法（PET），コンピュータ断層撮影法（CT），中性子捕捉療法（BNCT）などの技術開発と相まって，生物体をシステムとして理解しようとする動きがますます活発になることが予測される．

　このような流れの中で，生命に係る倫理（**生命倫理，バイオエシックス（bioethics）**）は，この分野の進歩によって得られる成果を，生命体に応用していく際の人間の行動規範ということができる．具体的には，生命体に応用していくにあたって，そして，その結果得られる科学の知見に対して，以下の行動をとることが重要である．

(1) いかに科学の成果が使われるのかを常に広く推察しておく態度
(2) どのような結果をもたらしたのかを直視する態度
(3) いかなる事実も客観的に受け入れる態度

　したがって，「これらの行動規範がどうあるべきか」を考えながら進めていくことは，生命科学の教育や研究にたずさわる人たちだけでなく，文系の学生も含め市民にも広く求められることになる．

　一方で，生命倫理の対象や考え方は，自然科学からの視点だけでなく個人や社会の視点からも捉えるべきで，その時代の生命科学，生命工学といった学問の進歩や社会背景にも依存することになる．

　このような背景下，現代の生命倫理では，人間中心主義で考えざるをえないこともあり，「医療現場における医師と患者の関係」，「医学研究における研究者と被験者の関係」，「新しい医療技術が社会にもたらす倫理的および法的な問題」をはじめとして，人命や環境を取り巻くさまざまな問題を扱うことになる．そのため，生命科学，医学，薬学，看護学に限らず，哲学，心理学，宗教学，文化人類学などの人文学や，法学，経済学，政治学，社会学をはじめとする社会科学の知見を広く集めることが求められる．

21.2 科学研究の倫理的・法的・社会的諸問題

　新たな技術の社会への適用について，その社会的な側面を検討する際には，自然環境や人の健康に対する影響だけでなく，倫理観や法秩序などさまざまな社会的影響も併せて考えておく必要がある．このような，科学技術の発展に伴って社会との間で生ずる，倫理的，法的，社会的な課題は総称して，**ELSI (ethical, legal and social implications)** とよばれている．

　1990年，米国においてヒトゲノム計画を開始する構想段階ですでに，ヒトゲノムの解析が人類の健康増進のために大いに貢献することが期待される一方で，個人の遺伝子情報データが差別や生命の軽視など深刻な社会問題を引き起こすことが懸念された．このよう

表21-1 医療関連研究プロジェクトにおける倫理的問題対応の体制の位置づけと役割

プロジェクト名	脳科学研究戦略推進プログラム	再生医療実現拠点ネットワークプログラム	オーダーメイド医療の実現プログラム
想定される主な倫理的問題	・人に対する核磁気共鳴画像法等の試験結果の扱い ・人の脳の活動をコントロールする危険性	・ヒトiPS細胞の多能性に関わる管理の問題 ・ヒト細胞採取時の同意取付け ・難病患者の個人情報の扱い	・ヒトの血液等試料採取時の同意取付け ・個人情報の扱い ・実験過程で判明した疾病等に関する情報の取扱い
倫理的問題対応の関係者の実施体制	・プロジェクト開始当初,ブレイン・マシン・インタフェイス関係研究グループの下に体制を位置づけ,倫理問題に関わる研究を担当.その後,プロジェクト全体にまたがる形で研究チームを形成	・プロジェクト全体にまたがる形で研究チームを形成	・プロジェクト全体にまたがる形で「ELSI委員会」を設置.プロジェクトにおいて発生する倫理的問題について対応策を検討
倫理的問題対応の関係者の体制に期待される役割	・プロジェクト内各研究チームに対する相談窓口を運営 ・各研究チームの研究成果報告書のチェック ・各研究チームの機関内倫理審査委員会への提出資料のチェック ・想定される倫理的問題に関する国外内での検討状況のレビュー	・想定される倫理的問題に関する検討 ・再生医療実現化のための研究開発に関する情報発信活動	・想定される倫理的問題に関する検討 ・研究チームの機関内倫理審査委員会への提出資料のチェック

(長野裕子,人間文化創成科学論叢,第15巻,pp.331-337,2012より改変)

な背景の下,ELSIは,ヒトゲノム研究に関する倫理的・法的・社会的諸問題のあり方が検討されたことに端を発し,1990年の最初の報告書において,ELSIの内容として以下の取組みが大切であると結論づけられている.

(1) ヒトゲノム解析が個人や社会に与える課題の予測と対処
(2) ヒトゲノム解析の倫理的・法的・社会的課題の調査
(3) ヒトゲノム解析に関する社会での議論の喚起
(4) ヒトゲノム解析による情報が個人や社会にとって有益に利用されるような政策

この報告を受けて,1990年に米国国立ヒトゲノム研究所と米国エネルギー省で,ELSIに関する取組みが始まり,両機関がヒトゲノム計画に係る予算の一部をELSIの取組み研究に充てたのが始まりである.このELSIのしくみは,ナノテクノロジー分野(2002～2006年)をはじめ,種々のサイエンスプロジェクトの場面で活かされ,ELSIの調査活動に充てられている.

今後,大学における研究の管理を効果的に行っていく場合にも,ELSIの対応に十分注意を払っておく必要がある.科学研究を行う場合には,常に人類への恩恵とそのための社会的責任が配慮されるべきで,その上で,研究の自由を追求していくことが正当化されるべきである.したがって,いかなる研究計画も,その策定にあたって社会に対する透明性の担保と説明責任が考慮されていなければならない.生命科学は,その研究の有する科学的価値を見極めるとともに,倫理的対応についていかにバランスよく計っていけるかが重要になる.それには,安全や倫理に係る規定についても整備し,円滑に運用できる体制を構築していかなければならない.

日本においては,文部科学省を中心に最先端の生命科学研究の大規模プロジェクト(脳科学研究戦略推進,再生医療実現化,オーダーメイド医療実現化の各プログラムなど)が実施され,各プロジェクトの中で倫理的問題への対応が必要なものについては,当初からプロジェクト内の体制に倫理的問題に対応できる専門家が組み入れられる試みが始まった(表21-1).

21.3 医の倫理と生命倫理

医学的な倫理(医の倫理)について,「ヒポクラテ

スの誓い」には，「私は能力と判断の限り患者に利益すると思う養生法をとり，悪くて有害と知る方法を決してとらない」（小川鼎三訳）と述べられていて，患者の生命と健康保護のための医療を行うべきであると定めている．

19 世紀以降になって，これらの倫理に加えて，看護の倫理，ケアの思想，患者への責任感といったことが，医療の現場で強調されるようになり，これらの伝統は現代の医の倫理の中に引き継がれている．

さらに，現代の生命倫理では，従来の医学的な倫理に加えて，次の二つの点があげられている．一つ目は，医療は人間を中心に考えざるをえないにしても，生命科学全体の中で医療をいかに方向づけるべきかという公共政策の問題を含んでいること，二つ目には，患者の自己決定権を尊重してインフォームドコンセントとパターナリズムを医療に絶対不可欠の条件とみなすという点があげられている（日本学術会議生命科学の全体像と生命倫理特別委員会報告 生命科学の全体像と生命倫理—生命科学・生命工学の適正な発展のために—平成 15 年 7 月 15 日生命科学の全体像と生命倫理特別委員会を参照）．

21.4　21 世紀の生命工学と生命倫理

20 世紀の生命科学から生まれた革新的な生命工学の技術としては，以下の三つの技術をあげることができる．
(1)　塩基配列やゲノムの解析技術と遺伝子改変技術
(2)　胚操作の技術とクローン胚の作製技術
(3)　脳の高次機能を解析する技術

これらの技術は，単クローン抗体の作製技術，ナノテクノロジー，MRI，MEG，PET，CT，BNCT などの先端技術の開発と融合することによって，生物の多様性についても科学的な解析と説明ができるようになったばかりでなく，人為的に生命を操作できることにもなった．

したがって，21 世紀においては，生命倫理に関わる問題や価値を理解して判断するためには，これらの生命工学的な技術がどのような経緯で発展してきたか，今後どのような功罪の可能性があるのか，そして，これらの技術がどのように利用されようとしているのかについてもできるだけ正確に捉え予測することが必要である．

21 章のまとめ
- 生命に係る倫理（生命倫理，バイオエシックス）の対象や考え方は，自然科学からの視点だけでなく個人や社会の視点からも捉えるべきで，その時代の生命科学，生命工学といった学問の進歩や社会背景にも依存することになる．
- 生命倫理は，科学分野の進歩によって得られる成果を，生命体に応用していく際の人間の行動規範ということができ，生命体に応用していくにあたって，そしてその結果得られる科学の知見に対して，以下の三つの態度をとることが重要である．
  (1)　いかに科学の成果が使われるのかを常に広く推察しておく態度
  (2)　どのような結果をもたらしたのかを直視する態度
  (3)　いかなる事実も客観的に受け入れる態度

参考文献

[1] 日本学術振興会「科学の健全な発展のために」編集委員会編, 科学の健全な発展のために—誠実な科学者の心得, 丸善出版 (2015).

[2] 神里彩子, 武藤香織編, 医学・生命科学の研究倫理ハンドブック, 東京大学出版会 (2015).

[3] 池内了, 科学・技術と現代社会 (上・下), みすず書房 (2014).

索引

あ

アカンプロサート 243
アーキア 168,169
悪性腫瘍 219
アクチン 74
アクチンフィラメント 106,109
アグロバクテリウム 172,213
アーケプラスチダ 176
亜硝酸酸化古細菌 199
亜硝酸酸化細菌 199
亜硝酸酸化微生物 197
アゾスピリラム属細菌 200
アゾトバクター属細菌 200
アデニル酸シクラーゼ 154
アデノシン三リン酸 4,7,13,42
アナストロゾール 224
アナモックス細菌 200
アプタマー 234
アポトーシス 219
アポトーシス阻害因子 227
アミトリプチリン 242
アミノアシル tRNA 合成酵素 64
アミノ基 19
アミノ酸 7,19
　α—— 29
　D—— 29
　L—— 29
アミノ酸残基 31
アミノ末端 31
アミラーゼ 26
アミロイド仮説 240
アミロイドβタンパク質 240
アミロース 25
アメーボゾア 174
アルキル化薬 222
アルコール依存症 243
アルコール発酵 86
アルツハイマー型認知症 240
アルベオラータ 175
アレクチニブ 227
アレルギー 162
アロステリック調節 39
アロマターゼ阻害薬 224
安全性薬理試験 230
アンチセンス核酸 234
アンチセンス鎖 50
アンドロゲン 151
アンフェタミン 244
アンモニア酸化古細菌 199
アンモニア酸化細菌 199
アンモニア酸化微生物 197

い

硫黄酸化微生物 197
硫黄循環 201
イオン結合 20
イオンチャネル 157
イオンチャネル内蔵型受容体 154
異化型硝酸還元 200
鋳型 46
維管束系 142,144
維管束鞘細胞 99
閾値 137
異数性 121
異数体 125
イソプレノイド 173
一遺伝子・一酵素説 55
一遺伝子雑種 117
一塩基置換 177
位置価 137
一次運動野 237
一次精母細胞 125
一次聴覚野 237
一次免疫応答 166
位置情報 137
一次卵母細胞 126
一倍体 122
遺伝 5,117
　——の法則 3
遺伝暗号 55
遺伝形質 117
遺伝子 3,5,27,28,49
　——の多様性 11
遺伝子医療 3
遺伝子改変動物 217
遺伝子組換え 208,213
遺伝子組換え作物 3,172,213
遺伝子欠損マウス 250
遺伝子重複 182,183
遺伝子治療薬 235
遺伝子導入 216
遺伝子突然変異 120,177
遺伝子頻度 177,180
遺伝子変異 219
遺伝性腫瘍 220
遺伝的浮動 178,180
イネの秋落ち 201
医の倫理 255
イマチニブ 227
イミプラミン 242
イリノテカン 223
インシリコ創薬 231
インスリン 152
陰性症状 242

う

イントロン 62

ウイルス 5,28,78
ウィント 136
ウェルニッケ野 237
運動神経 156,239

え

衛星細胞 139
栄養細胞 171
エキセメスタン 224
エキソサイトーシス 77
エキソン 62
液胞 75
エクスカバータ 175
エストラジオール 151
エストロゲン 151
エタノール発酵 197
エトポシド 223
エネルギー 189
エネルギー代謝 82
エネルギー通貨 82
エピジェネティクス 248
エピジェネティックランドスケープ 247
エフェクター 39
エベロリムス 226
エボデボ 10
エラスターゼ 26
エルロチニブ 224
塩基 8
　——の欠失 180
　——の挿入 180
塩基性アミノ酸 31
塩基置換 177,180
延髄 142
延長因子 65
エンドサイトーシス 77

お

黄体ホルモン 152
岡崎フラグメント 48
オキサリプラチン 224
オキシトシン 150
オーキシン 145
雄しべ 144
雄ヘテロ型 120
オゾン層 189
オートファジー 77
オピストコンタ 175
オペレーター 50
オペロン 50
オランザピン 242

オリゴ糖　8
オルガノイド　252

か

界　168
介在配列　62
開始因子　65
開始コドン　56
解糖系　84
海馬　238
外胚葉　130
外胚葉性頂堤　140
海綿状組織　143
化学合成従属栄養微生物　197
化学合成独立栄養微生物　197
化学進化　184
鍵と鍵穴モデル　37
核　17,74
核移植 ES 細胞　250
核移植クローン　248
核酸　8
核酸医薬　234
核受容体　155
核小体　74
覚せい剤　243
獲得免疫　162
核内低分子 RNA　62
核内低分子リボ核タンパク質　62
核分裂　104,123
隔壁　107
がく片　144
核膜　74,105
角膜　136
核ラミナ　110
化合物ライブラリー　228
花序分裂組織　144
化石燃料　193
家族性腫瘍　220
活性汚泥　204
活性汚泥法　204
　　　嫌気・好気式――　204
活性化エネルギー　36
活性酸素　190
活動電位　158
過分極　154
花弁　144
ガラクトース　24
ガリオネラ属細菌　202
顆粒球系細胞　162
カルシトニン　150
カルス　145
カルビン回路　98
カルボキシ基　19
カルボキシソーム　102
カルボキシ末端　31
がん　114,219
がん遺伝子　115
感覚神経　156,239
がん幹細胞　220
環境応答　6
還元　83
がん原遺伝子　115,220

幹細胞　143,250
幹細胞群　142
感染症　171
陥入　130
間脳　238
間脳胞　141
眼杯　136
眼胞　136
がん薬物療法　222
がん抑制遺伝子　112,115,220

き

キアズマ　124
偽遺伝子　180,183
記憶 B 細胞　166
危険ドラッグ　244
気孔　143
基質特異性　36
傷上皮　245
気分障害　242
基本組織系　142
キメラマウス　217
キモトリプシン　26
逆位　177
逆転写酵素　206
逆平行　46
キャッピング　61
ギャップ結合　76
キャップ構造　61
球状タンパク質　34
急性アルコール中毒　243
胸腺　162
鏡像異性体　29
共通祖先　169
強迫性障害　242
峡部　142
共役　85
共有結合　20
共優性　119
共有派生形質　181
極性　17
極性アミノ酸　30
極性化活性帯　141
巨大系統群　174
キラー T 細胞　162,167
筋萎縮性側索硬化症　241
筋芽細胞　139
筋原線維　139
筋細胞　138
筋節　133
筋繊維　138
近隣結合法　181

く

クエチアピン　242
クエン酸回路　85
クチクラ　143
組換え　119,165,183
組換え DNA 実験　3
クラススイッチ組換え　164,165
クラミジア　170

グラム陰性細菌　170
グラム陽性細菌　170,171
クランツ構造　99
グリコーゲン　7,25
クリゾチニブ　227
グルカゴン　152
グルコース　24,82
グルタミン酸仮説　242
クローニング法　205
グロビンタンパク質遺伝子　183
クロマチン　51,104
クロムアルベオラータ　175
クロルプロマジン　242
クロルマジノン　224
クロロフィルタンパク質　197
クローン生物　248

け

形質　117,176
形質細胞　162
形質転換成長因子β　136
形成層　143
茎頂分裂組織　143
系統学　179,181
系統樹　181
ゲスタゲン　152
血管新生　221,225
欠失　177
ゲノム　28,49,179,183,205
　　　――の守護神　115
ゲノム情報　179,181
ゲフィチニブ　224
ゲムツズマブオゾガマイシン　227
ケラチン　110
原核細胞　69,78
原核生物　4,69,78,168,169
嫌気呼吸　197
嫌気性細菌　191,194
嫌気性従属栄養微生物　199
嫌気性生物　197
嫌気性微生物消化法　204
原口　130
原始生命体　185
減数分裂　107,119,122
原生木部　144
元素組成　7
原腸　130

こ

コアセルベート　184
好塩基球　162
光化学系Ⅰタンパク質複合体　96
光化学系Ⅱアンテナタンパク質複合体　94
光化学系Ⅱタンパク質複合体　94
好気呼吸　86,197
好気性従属栄養微生物　204
好気性生物　197
抗原　161,164
光合成　91
光合成硫黄細菌　201,202
光合成紅色硫黄細菌　201
光合成従属栄養微生物　197

光合成独立栄養微生物 197	根粒 200	視床上部 238
光合成微細藻類 193	根粒菌 200	シスプラチン 224
光合成緑色硫黄細菌 201		ジスルフィド結合 20, 31, 33
交叉 119, 124	**さ**	ジスルフィラム 243
虹彩色素上皮 246	細菌 168, 169	自然選択 9, 178, 180
好酸球 162	サイクリン 111	自然免疫 162
好酸性鉄酸化古細菌 201, 202	サイクリン依存性タンパク質キナーゼ 111	指定薬物 244
好酸性鉄酸化細菌 201, 202	再生 245	磁鉄鉱 202
高次運動野 237	再生医療 253	シトクロム b_6/f 複合体 95
向軸 143	再生芽 245	シナプス 157
鉱質コルチコイド 150	サイトカイニン 145	シナプス後電位 160
抗腫瘍抗生物質 223	サイトカイン 163	師部 143
抗腫瘍植物アルカロイド 223	再分化 247	脂肪酸 8, 21
抗腫瘍ホルモン薬 224	細胞 1, 4, 13	姉妹染色分体 106, 108
甲状腺ホルモン 150	細胞核 169, 217	縞状鉄鉱床 190
紅色硫黄細菌 197	細胞株 215	シャイン・ダルガーノ配列 66
紅色非硫黄細菌 197	細胞工学 214	社交不安障害 242
合成幻覚薬 244	細胞骨格 73, 109	シャペロン 20
抗生物質 171	細胞質 18, 71	シャルガフの規則 43
硬節 133	細胞質受容体 155	種 176
酵素 35, 82	細胞質分裂 104, 123	──の多様性 11
酵素共役型受容体 154	細胞周期 111	集学的治療 222
酵素阻害剤 38	細胞性免疫 163	終結因子 65
酵素反応の初速度 38	細胞説 2	終止コドン 56
抗体 161, 164	細胞体 157	収縮環 106
抗体依存性細胞介在性傷害作用 225	細胞内オルガネラ 13, 17	従属栄養生物 81, 185
抗体遺伝子 165	細胞内受容体 155	従属栄養微生物 197, 198
抗体医薬 233	細胞培養 215	終脳胞 141
抗体産生細胞 216	細胞分裂 104	主溝 45
好中球 162	細胞壁 74, 106	主根 142
後頭葉 237	細胞膜 71, 215	主鎖 31
後脳胞 141	細胞膜受容体 152	手術療法 222
興奮 158	細胞融合 216	樹状細胞 162
厚壁細胞 143	サイレンス変異 120	樹状突起 157
厚壁組織 143	柵状組織 143	受精 127
孔辺細胞 143	殺細胞薬 222	受精能獲得 127
合胞体 108	サブユニット 20, 33	出芽 104
高リン酸化型 Rb タンパク質 113	左右軸 129	出芽酵母 104
高リン酸蓄積細菌 204	サール 175	シュート 142
枯渇の恐れがないエネルギー 192	酸化 83	受動輸送 76
呼吸鎖 88	酸化還元反応 88	主要組織適合遺伝子複合体 166
黒死病 171	酸化的気体 189	循環的電子伝達系 96
古細菌 168, 169, 172	酸化的リン酸化 88	純系 117
ゴセレリン 224	酸性アミノ酸 31	純粋分離法 205
枯草菌 171	酸素呼吸 197	硝化 199, 204
五炭糖 8, 24	三炭糖 24	消化管ホルモン 152
骨髄 162		消化器ホルモン 152
固定 180	**し**	硝化菌 204
固定結合 75	シアナミド 243	硝酸還元 200
コドン 55	シアノバクテリア 102, 171, 189, 197, 200	硝酸呼吸 197, 200
ゴナドトロピン 150	シェトナタンパク質 200	小進化 176
コヒーシン 108	師管 143	硝石 200
コヒーシン環 108	軸索 157	常染色体 120
コモノート 185	シクロホスファミド 222	少糖 8
ゴルジ体 17, 72	始原生殖細胞 125	小脳 239
コレステロール 21, 23	自己組織化 252	小脳胞 142
コレラ菌 170	自己複製 5	上皮間葉相互作用 138
根冠 144	脂質 8, 21, 81	上皮細胞 219
根端 142, 144	脂質二重膜 71, 76, 217	小胞体 17, 72
根端分裂組織 144	視床 238	植物極 130
コンピテントセル 209	視床下部 238	植物細胞 74
コンビナトリアルケミストリー 229	視床下部ホルモン 148, 149	食物連鎖 203

女性ホルモン　151
ショ糖　25
自律神経　156
進化　6,9,176,179,181
進化医学　10
進化学　10,179
進化距離　181
真核細胞　17,69
真核生物　4,69,168,169,174
進化速度　180,181
進化論　10
神経管　131
神経系　156
神経細胞新生仮説　242
神経褶　131
神経症　242
神経伝達物質　160
神経板　131
神経誘導　131
人工多能性幹細胞　250
シンシチウム　108
心室　141
辰砂　203
浸潤　219
心身症　242
身体依存　243
伸長領域　144
真皮節　133
心房　141

す

水銀還元酵素　203
水銀循環　203
膵臓ホルモン　152
水素結合　17,20,33
水和　17
スクラーゼ　26
スクリーニング　229
スクロース　25,83
スタッキング相互作用　44
ステロイド　21,23
ストラメノパイル　175
ストレス脆弱性モデル　242
スニチニブ　225
スーパーグループ　174
スピロヘータ　170
スプライシング　61,62
スプライソソーム　62

せ

制限酵素　209
精原細胞　125
生元素　14
生合成　81
精細胞　125,126
精子　125
静止中心　144
静止膜電位　158
生殖　5
生殖細胞　122
生殖細胞突然変異　120
精神依存　243

性腺刺激ホルモン　150
性染色体　120
生態系の多様性　11
生体高分子　7,17
生体高分子化合物　19
成長ホルモン　150
静電的相互作用　33
生物学　1
生物学的種概念　176
生物工学　4
生物濃縮　203
生物の共通性　5
生物の集団　176
性ホルモン　151
生命　5
生命維持　236
生命科学　1
生命倫理　254
セカンドメッセンジャー　155
赤芽球　107
脊索　131
脊髄　156
脊髄小脳変性症　241
節　142
節間　142
セツキシマブ　224
赤血球　107
接着結合　76
セパラーゼ　108
セルトラリン　242
セルロース　7,106
セロトニン　242
繊維芽細胞成長因子　136
繊維状タンパク質　34
全割　129
前駆体RNA　58
前後軸　129,140
線条体　240
染色体　74,105,108
——の不等交叉　183
染色体凝縮　114
染色体数異常　121
染色体説　119
染色体突然変異　121,177
染色体分配　108
染色分体　122
センス鎖　50
先体　126
センダイウイルス　216
先体突起　127
先体反応　127
選択的スプライシング　63
前頭葉　236
前頭連合野　236
セントラルドグマ　55
セントロメア　108
全能性　145,250
前脳胞　141

そ

双極子相互作用　20
双極性障害　242

双性イオン　29
相同検索　206
相同染色体　122
挿入　177
藻類バイオエネルギー　195
側芽　142
側鎖　32
側頭葉　237
側頭連合野　237
組織培養　214
疎水性相互作用　20,33
側根　142
ソニック・ヘッジホッグ　136
ソマトスタチン　152
ソラフェニブ　225
ソレノイド　52

た

第一減数分裂　122
大うつ病性障害　242
体液性免疫　163
体液の調節機構　147
体温の調節機構　147
体外受精　126
体細胞クローン　248
体細胞突然変異　120,165
体細胞分裂　122
体軸　129
代謝　81
代謝拮抗薬　222
代謝経路　82
大進化　176
体性感覚野　237
体節　133
大腸菌　170
第二減数分裂　123
第二卵母細胞　127
大脳基底核　238
大脳皮質　236
大脳辺縁系　238
胎盤　132
太陽光エネルギー　192
対立遺伝子　177
大量絶滅　181
ダウン症　125
多核細胞　108
多機能性タンパク質　35
多細胞生物　4
多重遺伝子族　183
多精拒否　128
多段階発がんモデル　220
脱核　108
タッチダウンPCR法　205
脱窒　199,200,204
脱窒（細）菌　197,200,204
脱分化　247
脱分極　154,158
脱リン酸化　39,111
多糖　7
多能性　250
多能性細胞　216
ターミネーター　61

索引　261

タモキシフェン　224
多様性　11
ターン　19
単球系細胞　162
単細胞生物　4
炭酸呼吸　198
炭酸水素イオン　99
単純脂質　21
単純タンパク質　34
炭水化物　7, 24
男性ホルモン　151
炭素循環　198
単糖　7
単能性　250
タンパク質　2, 7, 19, 29, 81
　　――の一次構造　19, 32
　　――の階層的構造　32
　　――の高次構造　20
　　――の三次構造　19, 32
　　――の二次構造　19, 32
　　――の変性　34
　　――の四次構造　20, 33
タンパク質分解酵素　26
タンパク質リン酸化酵素　155

ち

チェックポイント　111, 112
置換　177
置換骨　139
窒素固定　171, 200
窒素固定細菌　200
窒素循環　199
チャネル　154
中間径フィラメント　74, 110
中期染色体　105
中心体　73, 105
中心柱　144
中枢神経系　236
中性アミノ酸　31
中性脂肪　21
中脳胞　141
中胚葉　130
中胚葉誘導　132
中立の進化　180
中立変異　180
チューブリン　73, 109, 223
頂芽　142
聴覚周辺野　237
超好熱細菌　169, 189
超好熱性古細菌　201
超好熱性鉄還元古細菌　202
超好熱性硫酸還元古細菌　201
腸内細菌叢　172
重複　177

つ

通性嫌気性細菌　204

て

定量的 PCR 法　206
デオキシリボ核酸　13, 27
デオキシリボース　8, 24, 27

適応放散　181
適者生存的進化　180
デコイ核酸　234
テストステロン　151
デスモソーム　76
鉄還元細菌　202
鉄呼吸　197, 202
鉄酸化微生物　197
鉄循環　202
転位　67
電位依存性 Na^+ チャネル　157
転移能　219
電解質の恒常性　147
電気陰性度　17
電子伝達系　86
転写　55
点突然変異　180
デンプン　7, 25, 82

と

同化型硝酸還元　200
道管　143
同義的置換　180
動原体　105
統合失調症　241
糖脂質　22, 25
糖質　7, 24, 81
糖質コルチコイド　150
糖タンパク質　25
頭頂葉　237
頭頂連合野　237
同定　205, 206
等電点　30
動物極　130
ドキソルビシン　223
毒性試験　230
独立栄養生物　81, 185
独立栄養微生物　197
突然変異　11, 120, 176, 180, 183
ドパミン仮説　242
トポイソメラーゼ阻害薬　222, 223
ドメイン　168
トラスツズマブ　225
トランスポゾン　183
トランスロケーション　67
ドリー　249
トリアシルグリセロール　22
トリオース　24
トリオースリン酸　98
トリグリセリド　22
トリプシン　26
トレミフェン　224

な

内鞘　142, 144
内胚葉　130
内皮　144
内部細胞塊　132, 250
中干し　201
軟骨　139
ナンセンス変異　120

に

二遺伝子雑種　118
二価染色体　122
ニコチン依存症　243
ニコチン置換療法　244
二次精母細胞　126
二次免疫応答　166
二重盲検試験　231
二重らせん構造　28, 42
二重らせんモデル　43
ニッチ　221
ニトロゲナーゼ　191, 200
二倍体　122
乳酸菌　171
乳酸発酵　197
乳糖　25
ニューロン　157
ニロチニブ　227

ぬ

ヌクレイン　2
ヌクレオシド　42
ヌクレオソーム　51
ヌクレオチド　8, 28, 42

ね

熱水噴出孔　183

の

脳　156
脳下垂体ホルモン　149
脳幹　239
能動輸送　77
脳由来神経栄養因子　242
ノックアウトマウス　217, 250
乗換え　119, 124
ノルアドレナリン　242
ノンコーディング領域　180

は

灰色三日月環　131
バイオ医薬品　233
バイオエシックス　254
バイオシミラー　233
バイオテクノロジー　4, 208
バイオマス　194
配偶子形成　125
背軸　143
ハイスループットスクリーニング　229
胚性幹細胞　250
胚盤胞　217
背腹軸　129, 140
背腹軸形成　131
ハイブリドーマ　216
培養法　205
パーキンソン病　240
白亜紀末　181
麦芽糖　24
バクテリア　168, 169
バクテリアリーチング　202
バクテリオクロロフィルタンパク質　197

バクテリオファージ 78
バクリタキセル 223
派生形質 181
バソプレシン 150
バソラテラル膜 26
白金製剤 223
発現配列 62
発酵 197
発生進化生物学 10
ハーディー・ワインベルグの法則 178
花分裂組織 144
パニック障害 242
パニツムマブ 224
ハーバー・ボッシュ法 190
バレニクリン 244
パロキセチン 242
ハロペリドール 242
盤割 129
伴細胞 143
反射 236
伴性遺伝 120
ハンチントン病 240
反応拡散モデル 252
万能細胞 216
万能性 250
反復配列 182,183
半保存的複製 46

ひ

光エネルギー 92
光呼吸 99
ビカルタミド 224
非共有結合 20
非極性アミノ酸 30
微小管 73,105,109,223
微小管阻害薬 223
ヒストン 51,105
微生物群集構造解析法 205
微生物叢 205,206
皮層 144
ビタミン 26
必須アミノ酸 26
必須元素 16
ヒット化合物 229
非同義の置換 180
ヒドロゲナーゼ 194
ピノサイトーシス 77
非翻訳領域 49,56
肥満細胞 162
ビメンチン 110
表現型 117
病原菌 171
表皮 144
表皮系 142
表皮細胞 143
ヒーラ細胞 215
ピリミジン 42
非臨床試験 230
ピロリ菌 170
ビン首効果 178
ビンクリスチン 223
品種改良 145,213

ふ

ファイトマー 142
ファイトレメディエーション 205
ファゴサイトーシス 77
ファージ 28
ファブリキウス嚢 162
ファンデルワールス力 20
フィードバック制御 144
フィードバック阻害 39
フェーズ1試験 231
フェーズ2試験 231
フェーズ3試験 231
不完全優性 118
副溝 45
複合脂質 21,22
副甲状腺ホルモン 150
複合タンパク質 34
複合糖鎖 25
副腎髄質ホルモン 151
副腎性男性ホルモン 151
副腎皮質ホルモン 150
副腎ホルモン 150
複製 5,8
複製エラー 177
複製開始点 48,113
複製終了点 48
複製前複合体 113
複製フォーク 47
複対立遺伝子 119
腐植質 198,202
不斉炭素 29
物質特許 230
ブドウ球菌 171
普遍遺伝暗号 56
不飽和脂肪酸 22
プライマー 205,206
プラセボ効果 231
フラッシュバック 243
フランス国旗モデル 137
プリブナウボックス 61
フリーラジカル 222
プリン 42
フルオロウラシル 222
フルクトース 24,83
フルタミド 224
フレームシフト変異 120
ブレンツキシマブ 227
プロゲステロン 152
プロセシング 40
フロック 204
プロテインキナーゼA 154
プロテインキナーゼC 154
プロテオバクテリア 170
プロモーター 60
プロラクチン 150
プロラクチン放出ホルモン 149
フロリゲン 144
分化 138,247
分化転換 247
分化領域 144
分極 157

分子系統学 179,181,205
分子系統樹 181
分子進化 10
　　――の中立説 181
分子進化学 179
分子時計 180
分子標的治療薬 224,228
分裂組織 142

へ

ヘキソース 24
ベクター 208
ペスト菌 171
ヘッジホッグ 136
ヘテロシスト 171,191
ヘテロシスト細胞 200
ヘテロ接合体 117
ペニシリン 171
ペバシズマブ 225
ペプチジル転移 67
ペプチジルトランスフェラーゼセンター 63
ペプチド 19,31
ペプチドグリカン 170,173
ペプチド結合 19,31
ヘルパーT細胞 162,167
ペルム紀末 181
返送汚泥 204
扁桃体 238
ペントース 24

ほ

補因子 37
胞子 171
放射線療法 222
紡錘体 105
胞胚腔 130
補酵素 37
補酵素A 85
ホスファターゼ 113
ホスホエノールピルビン酸カルボキシラーゼ 99
ホスホリパーゼ 26
ホスホリパーゼC 154
補体 164
補体依存性細胞傷害作用 225
骨 139
ホメオーシス 134,135
ホメオスタシス 147
ホメオティック遺伝子 144
ホメオティック遺伝子群 133,135
ホメオティック突然変異 135
ホモ接合体 117
ポリA付加 61
ポリシストロニックmRNA 50
ポリソーム 68
ポリリン酸 192
ホルミルメチオニン 173
ホルモン 148
翻訳 55
翻訳領域 49,56

ま

マイクロインジェクション　217
マイクロフィラメント　74
マーカー遺伝子　217
膜性骨　139
膜電位　158
マグネトスピリラム属細菌　202
マクロファージ　162,167
マジックマッシュルーム　244
マスター遺伝子　139,248
マトリックス　85
マメ科植物　200
マルチレプリコン　49
マルトース　24,82

み

ミエローマ　216
ミオシンフィラメント　106
ミカエリス定数　38
ミカエリス・メンテンの式　38
ミクログラフィア　2
水　7
ミスセンス変異　120
ミスマッチ塩基対　177
密着結合　75
ミトコンドリア　17,72
水俣病　203
ミルナシプラン　242

む

無性生殖　122

め

雌しべ　144
雌ヘテロ型　120
メタン酸化細菌　199
メタン生成菌　194
メタン生成古細菌　173,197,198,203,204
メタンハイドレート　199
メタンフェタミン　244
メチル水銀　203
メトトレキサート　223
メリステム領域　144
免疫　161
免疫グロブリン　161,164
メンデルの法則　117

も

毛状突起　143
網膜　136
網膜芽細胞腫　112
モガムリズマブ　227
木部　143
モータータンパク質　109
モノアミン仮説　242
モノクローナル抗体　216
モルフォゲン　136,137

や

薬物依存症　242
薬物動態試験　230
薬効薬理試験　230

ゆ

有糸分裂　105
優性　117
　　――の法則　117
有性生殖　122
誘導適合モデル　37
ユカタン半島　181
ユーキャリア　168
ユーグレナ　175
ゆらぎ塩基対　68
ユーリ古細菌　173

よ

葉原基　143
陽性症状　242
葉肉組織　143
葉緑体　17,74,92
余剰汚泥　204
予定心臓中胚葉　141

ら

ラギング鎖　48
ラクターゼ　26
ラクトース　25,83
卵　125
卵黄　129
卵割　129
ランゲルハンス細胞　162
卵原細胞　125
卵細胞　125
ラン藻（類）　102,185,189
ランビエ絞輪　159
卵胞ホルモン　151

り

リアルタイムPCR装置　206
リグニン　143
リザリア　175
リソソーム　17,72
リゾビウム属細菌　200
離脱症状　243
リツキシマブ　227
リーディング鎖　47
リード化合物　229
リパーゼ　26
リボ核酸　13,27
リボザイム　45,59
リボース　8,27
リボソーム　64,72
リボソーム　184,217
リボソームRNA遺伝子　170,181
硫酸還元細菌　201,202
硫酸呼吸　197,201
リュープロレリン　224
両親媒性物質　17
両性イオン　29
良性腫瘍　219
菱脳胞　142
緑色硫黄細菌　197
緑膿菌　203

リルゾール　241
リン鉱石　192
リン酸　8
リン酸化　39,111,112
リン酸飢餓状態　204
リン脂質　22,71,76
臨床試験　230
リンパ球　162
倫理的問題への対応　255

る

ループ　19
ルーメン　199

れ

レグヘモグロビン　200
レチノイン酸　26
劣性　117
レトロウイルス　79
レトロゾール　224
レプリコン　48
連鎖地図　119
レンズ　136

ろ

六炭糖　24
ロンボメア　142

英・数

16S rRNA遺伝子　205
18S rRNA遺伝子　205
3ドメイン　169
3′末端　43
5′末端　43
αアミノ酸　29
α-チューブリン　110
αプロテオバクテリア　170
αヘリックス構造　19,32
βカテニン　131
βシート構造　19,32
β-チューブリン　110
γプロテオバクテリア　170
εプロテオバクテリア　170
σ因子　61
ABCモデル　144
ABO式血液型　25
ADCC　225
AER　140
ALS　241
*APC*遺伝子　220
ATP　4,7,13,43
　　――の合成　96
B細胞　162,216
B細胞受容体　162
BMP　136,137
*BRCA1*遺伝子　220
C_4型光合成　99
C_4植物　99
C末端　31
CAM型光合成　100
CAM植物　100
CDC　225

Cdc45　113
Cdc6　113
Cdk-サイクリン複合体　108, 111, 112
Cdk1　111
Cdk1-サイクリン B　114
Cdk2　111
Cdk2-サイクリン E　113
Cdk4　111
Cdk4-サイクリン D　113
Cdk6　111
Cdk6-サイクリン D　113
Cdt1　113
CLAVATA3　143
CLV3　143
CO_2 補償点　102
CRISPR　212
DGGE 法　205
DNA　2, 5, 8, 13, 27, 42, 105, 108
DNA 多型　11
DNA 複製　111
DNA プローブ　206
DNA ポリメラーゼ　46
DNA ポリメラーゼ α-プライマーゼ複合体　113
DNA ポリメラーゼ δ　113
DNA ポリメラーゼ ε　113
DNA リガーゼ　209
ELSI　254
ES 細胞　133, 216, 250
Fe タンパク質　191
FGF　136, 140
FISH 法　206
G_1 期　111
G_2 期　111
G タンパク質共役型受容体　153
Gi タンパク質共役型受容体　154
Gq タンパク質共役型受容体　154

Gs タンパク質共役型受容体　153
HER 阻害薬　224
HER2　224
Hox 遺伝子群　133, 141
IAP　227
IgA　164
IgD　164
IgE　164
IgG　164
IgM　164
iPS 細胞　3, 216, 250, 251
ITS 領域　205
K^+ リークチャネル　157
L1 層　143
L2 層　143
L3 層　143
LHC II　95
LSD　244
M 期　111
Mad タンパク質　115
Max タンパク質　115
MCM　113
MoFe タンパク質　191
mRNA　58, 72
mTOR　226
mTOR 阻害薬　226
myc 遺伝子　220
Myc タンパク質　115
MyoD　139
N 末端　31
Na^+ ポンプ　157
ncRNA　49
NF-κB　227
NK 細胞　162
ntES 細胞　250
ori　48
p53 遺伝子　220

p53 タンパク質　115
PCR 法　205, 211
PI_3 キナーゼ/AKT カスケード　224
PTC　64
qPCR 法　206
ras 遺伝子　220
Ras タンパク質　115
RAS/RAF/MAP キナーゼカスケード　224
RB 遺伝子　220
Rb タンパク質　112
RNA　2, 8, 13, 27, 42
RNA ポリメラーゼ　60
RNA ワールド　45, 59
rRNA　58, 72
RuBisCO　98
S 期　111
SBDD　232
Shh　136, 137, 141
Src タンパク質　115
T 細胞　162
T 細胞受容体　162
TACK　173
TALENs　211
ter　48
TGFβ　132, 136
Toll 様受容体　163
tRNA　58, 72
V(D)J 組換え　165
VEGFR 阻害薬　225
Wnt　136
WUS　143
WUSCHEL　143
X 染色体　120
Y 染色体　120
ZPA　137, 141

執筆者一覧

武村 政春（たけむら まさはる）
[1章, 9章, 13章2～4節, 16章5～8節]
1998年 名古屋大学大学院医学研究科病理系専攻博士課程修了，博士（医学）．1998年 名古屋大学医学部・大学院医学研究科助手，2004年 三重大学生命科学研究支援センター助手，2006年 東京理科大学理学部第一部講師，2008年准教授を経て，2016年より同大教授．

田村 浩二（たむら こうじ）[4章, 5章]
1994年 東京大学大学院理学系研究科物理学専攻博士課程修了，博士（理学）．理化学研究所研究員，米国スクリプス研究所上級研究員等を経て，2012年より東京理科大学基礎工学部生物工学科教授．

池北 雅彦（いけきた まさひこ）
[2章, 21章]
1977年 東京理科大学大学院薬学研究科薬学修士課程修了，薬学博士．1980年 東京理科大学助手，講師，助教授を経て，2000年 同大教授．また2011年より同大理事，2013年 筆頭常務理事．

水田 龍信（みずた りゅうしん）
[6章, 12章5節]
1990年 京都大学大学院医学研究科博士課程修了，博士（医学）．京都大学病院医員．京都大学遺伝子実験施設助手．1992年 ハーバード大学医学部博士研究員．1997年 東京理科大学生命科学研究所講師を経て，2008年より同准教授．

鳥越 秀峰（とりごえ ひでたか）
[3章, 18章]
1990年 東京大学大学院理学系研究科生物化学専攻博士課程修了，理学博士．1990年 自治医科大学助手，1991年 理化学研究所研究員，先任研究員，2002年 東京理科大学理学部第一部応用化学科講師，准教授を経て，2012年より同大教授．
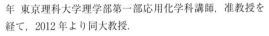

橋本 茂樹（はしもと しげき）
[7章, 12章4節, 13章1, 8節]
1996年 東京理科大学大学院基礎工学研究科博士課程中退，博士（工学）．1996年 東京理科大学基礎工学部助手，1999年 バージニア大学化学科博士研究員，2002年 JST博士研究員を経て，2005年 東京理科大学基礎工学部教養講師，2014年より同大准教授．

太田 尚孝（おおた ひさたか）
[8章1～2節, 16章1～4節]
1990年 三重大学大学院医学研究科博士課程修了，医学博士．1996年 東京理科大学理学部助手，講師，助教授を経て，2013年より同大教授．

吉澤 一巳（よしざわ かずみ）
[12章1～3節, 17章, 19章]
2001年 星薬科大学大学院薬学研究科博士前期課程修了，博士（薬学）．2001年 日本医科大学千葉北総病院薬剤部，2011年 筑波大学附属病院薬剤部を経て，2013年より東京理科大学薬学部薬学科講師．

鞆 達也（とも たつや） [8章3節, 14章]
1997年 岡山大学大学院博士課程修了，博士（理学）．理化学研究所基礎化学特別研究員およびフロンティア研究員，日本大学助手，京都大学研究員，東京理科大学理学部准教授を経て，2014年より同大教授．

鈴木 智順（すずき とものり）
[13章5～7節, 15章]
1993年 東京大学大学院農学系研究科農芸化学専攻博士後期課程修了，博士（農学）．1993年 東京理科大学理工学部応用生物科学科助手を経て，2009年より同大准教授．

和田 直之（わだ なおゆき）
[10章, 11章1～5節, 20章]
1994年 東北大学大学院理学研究科生物学専攻博士課程修了，博士（理学）．1994年 早稲田大学人間科学部助手，1997年 川崎医科大学医学部助手/助教，2010年 東京理科大学准教授を経て，2015年より同大教授．

秋本 和憲（あきもと かずのり）[17章]
1996年 東京理科大学大学院薬学研究科修了，博士（薬学）．1996年 横浜市立大学医学部医学科助手を経て，2012年 東京理科大学薬学部生命創薬科学科准教授．

松永 幸大（まつなが さちひろ）
[11章6節]
1998年 東京大学大学院理学系研究科生物科学専攻博士課程修了，博士（理学）．東京大学大学院助手，大阪大学大学院講師，准教授を経て，2011年 東京理科大学理工学部准教授，2014年より同大教授．

理工系の基礎　生命科学入門

平成 28 年 4 月 25 日　発　行

著作者　池北　雅彦・武村　政春・鳥越　秀峰
　　　　田村　浩二・水田　龍信・橋本　茂樹
　　　　太田　尚孝・鞆　達也・和田　直之
　　　　松永　幸大・吉澤　一巳・鈴木　智順
　　　　秋本　和憲

発行者　池　田　和　博

発行所　丸善出版株式会社
　　　　〒101-0051　東京都千代田区神田神保町二丁目17番
　　　　編集：電話 (03) 3512-3263／FAX (03) 3512-3272
　　　　営業：電話 (03) 3512-3256／FAX (03) 3512-3270
　　　　http://pub.maruzen.co.jp/

ⓒ 東京理科大学, 2016

組版印刷・製本／三美印刷株式会社

ISBN 978-4-621-30032-9 C 3045　　　　Printed in Japan

JCOPY　〈(社)出版者著作権管理機構　委託出版物〉

本書の無断複写は著作権法上での例外を除き禁じられています．複写される場合は，そのつど事前に，(社)出版者著作権管理機構（電話 03-3513-6969, FAX 03-3513-6979, e-mail：info@jcopy.or.jp）の許諾を得てください．